"十三五"职业教育国家规划教材

国家卫生健康委员会"十三五"规划教材

全国中医药高职高专教育教材

供中药学、中药制药技术、药学等专业用

有 机 化 学

第 4 版

主　编　王志江　陈东林

副主编　喻祖文　喻　菁　贾丽云

编　委　（按姓氏笔画排序）

马思提　山东中医药高等专科学校

王志江　山东中医药高等专科学校

石宝珏　济南护理职业学院

石焱芳　泉州医学高等专科学校

李　军　益阳医学高等专科学校

杨　俊　遵义医药高等专科学校

吴　晟　安徽中医药高等专科学校

张　红　山西职工医学院

陈东林　遵义医药高等专科学校

赵桂欣　南阳医学高等专科学校

贾丽云　黑龙江中医药大学佳木斯学院

柴晓苇　乐山职业技术学院

喻　菁　江西中医药高等专科学校

喻祖文　湖南中医药高等专科学校

人民卫生出版社

图书在版编目（CIP）数据

有机化学/王志江，陈东林主编．—4版．—北京：人民卫生
出版社，2018

ISBN 978-7-117-26445-7

Ⅰ.①有… Ⅱ.①王…②陈… Ⅲ.①有机化学－高等职业教育－教材 Ⅳ.①O62

中国版本图书馆 CIP 数据核字（2018）第 119398 号

| 人卫智网 | www.ipmph.com | 医学教育、学术、考试、健康，购书智慧智能综合服务平台 |
| 人卫官网 | www.pmph.com | 人卫官方资讯发布平台 |

有 机 化 学
第 4 版

主　　编：王志江　陈东林
出版发行：人民卫生出版社（中继线 010-59780011）
地　　址：北京市朝阳区潘家园南里 19 号
邮　　编：100021
E - mail：pmph @ pmph.com
购书热线：010-59787592　010-59787584　010-65264830
印　　刷：人卫印务（北京）有限公司
经　　销：新华书店
开　　本：787×1092　1/16　印张：19
字　　数：438 千字
版　　次：2005 年 6 月第 1 版　2018 年 7 月第 4 版
　　　　　2022 年 11 月第 4 版第 11 次印刷（总第 22 次印刷）
标准书号：ISBN 978-7-117-26445-7
定　　价：46.00 元
打击盗版举报电话：010-59787491　E-mail：WQ @ pmph.com
（凡属印装质量问题请与本社市场营销中心联系退换）

修 订 说 明

为了更好地推进中医药职业教育教材建设,适应当前我国中医药职业教育教学改革发展的形势与中医药健康服务技术技能人才的要求,贯彻落实《国家中长期教育改革和发展规划纲要(2010—2020年)》《医药卫生中长期人才发展规划(2011—2020年)》《中医药发展战略规划纲要(2016—2030年)》精神,做好新一轮中医药职业教育教材建设工作,人民卫生出版社在教育部、国家卫生健康委员会、国家中医药管理局的领导下,组织和规划了第四轮全国中医药高职高专教育、国家卫生健康委员会"十三五"规划教材的编写和修订工作。

本轮教材修订之时,正值《中华人民共和国中医药法》正式实施之际,中医药职业教育迎来发展大好的际遇。为做好新一轮教材出版工作,我们成立了第四届中医药高职高专教育教材建设指导委员会和各专业教材评审委员会,以指导和组织教材的编写和评审工作;按照公开、公平、公正的原则,在全国1400余位专家和学者申报的基础上,经中医药高职高专教育教材建设指导委员会审定批准,聘任了教材主编、副主编和编委;启动了全国中医药高职高专教育第四轮规划第一批教材,中医学、中药学、针灸推拿、护理4个专业63门教材,确立了本轮教材的指导思想和编写要求。

第四轮全国中医药高职高专教育教材具有以下特色:

1. **定位准确,目标明确** 教材的深度和广度符合各专业培养目标的要求和特定学制、特定对象、特定层次的培养目标,力求体现"专科特色、技能特点、时代特征",既体现职业性,又体现其高等教育性,注意与本科教材、中专教材的区别,适应中医药职业人才培养要求和市场需求。

2. **谨守大纲,注重三基** 人卫版中医药高职高专教材始终坚持"以教学计划为基本依据"的原则,强调各教材编写大纲一定要符合高职高专相关专业的培养目标与要求,以培养目标为导向、职业岗位能力需求为前提、综合职业能力培养为根本,同时注重基本理论、基本知识和基本技能的培养和全面素质的提高。

3. **重点考点,突出体现** 教材紧扣中医药职业教育教学活动和知识结构,以解决目前各高职高专院校教材使用中的突出问题为出发点和落脚点,体现职业教育对人才的要求,突出教学重点和执业考点。

4. **规划科学,详略得当** 全套教材严格界定职业教育教材与本科教材、毕业后教育教材的知识范畴,严格把握教材内容的深度、广度和侧重点,突出应用型、技能型教育内容。基础课教材内容服务于专业课教材,以"必须、够用"为度,强调基本技能的培养;专业课教材紧密围绕专业培养目标的需要进行选材。

5. **体例设计,服务学生** 本套教材的结构设置、编写风格等坚持创新,体现以学生为中心的编写理念,以实现和满足学生的发展为需求。根据上一版教材体例设计在教学中的反馈意见,将"学习要点""知识链接""复习思考题"作为必设模块,"知识拓展""病案分析(案例分析)""课堂讨论""操作要点"作为选设模块,以明确学生学习的目的性和主动性,增强教材的可读性,提高学生分析问题、解决问题的能力。

6. **强调实用,避免脱节** 贯彻现代职业教育理念。体现"以就业为导向,以能力为本位,以发展技能为核心"的职业教育理念。突出技能培养,提倡"做中学、学中做"的"理实一体化"思想,突出应用型、技能型教育内容。避免理论与实际脱节、教育与实践脱节、人才培养与社会需求脱节的倾向。

7. **针对岗位,学考结合** 本套教材编写按照职业教育培养目标,将国家职业技能的相关标准和要求融入教材中。充分考虑学生考取相关职业资格证书、岗位证书的需要,与职业岗位证书相关的教材,其内容和实训项目的选取涵盖相关的考试内容,做到学考结合,体现了职业教育的特点。

8. **纸数融合,坚持创新** 新版教材最大的亮点就是建设纸质教材和数字增值服务融合的教材服务体系。书中设有自主学习二维码,通过扫码,学生可对本套教材的数字增值服务内容进行自主学习,实现与教学要求匹配、与岗位需求对接、与执业考试接轨,打造优质、生动、立体的学习内容。教材编写充分体现与时代融合、与现代科技融合、与现代医学融合的特色和理念,适度增加新进展、新技术、新方法,充分培养学生的探索精神、创新精神;同时,将移动互联、网络增值、慕课、翻转课堂等新的教学理念和教学技术、学习方式融入教材建设之中,开发多媒体教材、数字教材等新媒体形式教材。

人民卫生出版社医药卫生规划教材经过长时间的实践与积累,其中的优良传统在本轮修订中得到了很好的传承。在中医药高职高专教育教材建设指导委员会和各专业教材评审委员会指导下,经过调研会议、论证会议、主编人会议、各专业编写会议、审定稿会议,确保了教材的科学性、先进性和实用性。参编本套教材的 800 余位专家,来自全国 40 余所院校,从事高职高专教育工作多年,业务精纯,见解独到。谨此,向有关单位和个人表示衷心的感谢!希望各院校在教材使用中,在改革的进程中,及时提出宝贵意见或建议,以便不断修订和完善,为下一轮教材的修订工作奠定坚实的基础。

人民卫生出版社有限公司

2018 年 4 月

全国中医药高职高专院校第四轮第一批规划教材书目

教材序号	教材名称	主编	适用专业
1	大学语文(第4版)	孙 洁	中医学、针灸推拿、中医骨伤、护理等专业
2	中医诊断学(第4版)	马维平	中医学、针灸推拿、中医骨伤、中医美容等专业
3	中医基础理论(第4版)*	陈 刚 徐宜兵	中医学、针灸推拿、中医骨伤、护理等专业
4	生理学(第4版)*	郭争鸣 唐晓伟	中医学、中医骨伤、针灸推拿、护理等专业
5	病理学(第4版)	苑光军 张宏泉	中医学、护理、针灸推拿、康复治疗技术等专业
6	人体解剖学(第4版)	陈晓杰 孟繁伟	中医学、针灸推拿、中医骨伤、护理等专业
7	免疫学与病原生物学(第4版)	刘文辉 田维珍	中医学、针灸推拿、中医骨伤、护理等专业
8	诊断学基础(第4版)	李广元 周艳丽	中医学、针灸推拿、中医骨伤、护理等专业
9	药理学(第4版)	侯 晞	中医学、针灸推拿、中医骨伤、护理等专业
10	中医内科学(第4版)*	陈建章	中医学、针灸推拿、中医骨伤、护理等专业
11	中医外科学(第4版)*	尹跃兵	中医学、针灸推拿、中医骨伤、护理等专业
12	中医妇科学(第4版)	盛 红	中医学、针灸推拿、中医骨伤、护理等专业
13	中医儿科学(第4版)*	聂绍通	中医学、针灸推拿、中医骨伤、护理等专业
14	中医伤科学(第4版)	方家选	中医学、针灸推拿、中医骨伤、护理、康复治疗技术专业
15	中药学(第4版)	杨德全	中医学、中药学、针灸推拿、中医骨伤、康复治疗技术等专业
16	方剂学(第4版)*	王义祁	中医学、针灸推拿、中医骨伤、康复治疗技术、护理等专业

教材序号	教材名称	主编	适用专业
17	针灸学(第4版)	汪安宁　易志龙	中医学、针灸推拿、中医骨伤、康复治疗技术等专业
18	推拿学(第4版)	郭　翔	中医学、针灸推拿、中医骨伤、护理等专业
19	医学心理学(第4版)	孙　萍　朱　玲	中医学、针灸推拿、中医骨伤、护理等专业
20	西医内科学(第4版)*	许幼晖	中医学、针灸推拿、中医骨伤、护理等专业
21	西医外科学(第4版)	朱云根　陈京来	中医学、针灸推拿、中医骨伤、护理等专业
22	西医妇产科学(第4版)	冯　玲　黄会霞	中医学、针灸推拿、中医骨伤、护理等专业
23	西医儿科学(第4版)	王龙梅	中医学、针灸推拿、中医骨伤、护理等专业
24	传染病学(第3版)	陈艳成	中医学、针灸推拿、中医骨伤、护理等专业
25	预防医学(第2版)	吴　娟　张立祥	中医学、针灸推拿、中医骨伤、护理等专业
1	中医学基础概要(第4版)	范俊德　徐迎涛	中药学、中药制药技术、医学美容技术、康复治疗技术、中医养生保健等专业
2	中药药理与应用(第4版)	冯彬彬	中药学、中药制药技术等专业
3	中药药剂学(第4版)	胡志方　易生富	中药学、中药制药技术等专业
4	中药炮制技术(第4版)	刘　波	中药学、中药制药技术等专业
5	中药鉴定技术(第4版)	张钦德	中药学、中药制药技术、中药生产与加工、药学等专业
6	中药化学技术(第4版)	吕华瑛　王　英	中药学、中药制药技术等专业
7	中药方剂学(第4版)	马　波　黄敬文	中药学、中药制药技术等专业
8	有机化学(第4版)*	王志江　陈东林	中药学、中药制药技术、药学等专业
9	药用植物栽培技术(第3版)*	宋丽艳　汪荣斌	中药学、中药制药技术、中药生产与加工等专业
10	药用植物学(第4版)*	郑小吉　金　虹	中药学、中药制药技术、中药生产与加工等专业
11	药事管理与法规(第3版)	周铁文	中药学、中药制药技术、药学等专业
12	无机化学(第4版)	冯务群	中药学、中药制药技术、药学等专业
13	人体解剖生理学(第4版)	刘　斌	中药学、中药制药技术、药学等专业
14	分析化学(第4版)	陈哲洪　鲍　羽	中药学、中药制药技术、药学等专业
15	中药储存与养护技术(第2版)	沈　力	中药学、中药制药技术等专业

续表

教材序号	教材名称	主编	适用专业
1	中医护理(第3版)*	王 文	护理专业
2	内科护理(第3版)	刘 杰 吕云玲	护理专业
3	外科护理(第3版)	江跃华	护理、助产类专业
4	妇产科护理(第3版)	林 萍	护理、助产类专业
5	儿科护理(第3版)	艾学云	护理、助产类专业
6	社区护理(第3版)	张先庚	护理专业
7	急救护理(第3版)	李延玲	护理专业
8	老年护理(第3版)	唐凤平 郝 刚	护理专业
9	精神科护理(第3版)	井霖源	护理、助产专业
10	健康评估(第3版)	刘惠莲 滕艺萍	护理、助产专业
11	眼耳鼻咽喉口腔科护理(第3版)	范 真	护理专业
12	基础护理技术(第3版)	张少羽	护理、助产专业
13	护士人文修养(第3版)	胡爱明	护理专业
14	护理药理学(第3版)*	姜国贤	护理专业
15	护理学导论(第3版)	陈香娟 曾晓英	护理、助产专业
16	传染病护理(第3版)	王美芝	护理专业
17	康复护理(第2版)	黄学英	护理专业
1	针灸治疗(第4版)	刘宝林	针灸推拿专业
2	针法灸法(第4版)*	刘 茜	针灸推拿专业
3	小儿推拿(第4版)	刘世红	针灸推拿专业
4	推拿治疗(第4版)	梅利民	针灸推拿专业
5	推拿手法(第4版)	那继文	针灸推拿专业
6	经络与腧穴(第4版)*	王德敬	针灸推拿专业

* 为"十二五"职业教育国家规划教材

前　言

    《有机化学》第4版是国家卫生健康委员会"十三五"规划教材,根据全国中医药高职高专第四轮规划教材工作会议的精神,参阅相关资料,在第3版教材的基础上修订编写而成。

    为了使教材建设更好地适应中医药高职高专教育的快速发展和人才培养的实际需要,科学地整合课程体系,淡化学科意识,突出应用型、技能型知识内容,注重教材的相对独立性以及与相关专业的协调性,保留了第3版教材的特色,采纳各方面的意见和建议,使修订后的第4版教材的基础知识、基本理论、基本操作技能训练与医药学的联系更紧密,更进一步符合学生对未来职业岗位的需求,符合行业和职业发展的实际。

    全书共十六章,为理实一体化教材,以官能团为主线,阐明各类有机化合物的结构、分类、命名、性质及应用。根据形势发展和知识、理论、技能需求的变化调整教材结构,删除了上版第十七章内容,使重点更加突出,层次和条理更加清晰,教材更加实用。为了增强与其他交叉学科之间的关系,突出中药特色,在每章中增加了与医药学有关的各类化合物的相关知识,充分地展现学科前沿动态。同时,对全书各章节在文字上进行精简与必要的调整,使整套教材统一协调、规范有序。为增加教材的可读性和激发学生学习的兴趣,在各章中穿插了与正文内容相关的学习要点、与当前有机化学发展新动向有关的知识链接及与生活、医药有关的课堂互动,丰富了教材内容。实验指导部分既有各类经典有机化学实验,又有自主综合性实验的技能训练。为了方便使用,每章均附有复习思考题。在本教材的二维码中还设有教学课件(PPT)、多媒体(动画、视频、图片)、扩展阅读、扫一扫、复习思考题参考答案、模拟试题、教学大纲等内容供参考学习。

    本教材在修订过程中,得到了人民卫生出版社和各参编单位的大力支持和帮助,全体编写人员付出了辛勤的劳动,在此一并表示衷心感谢。

    限于编者的知识水平有限,书中可能存在不妥之处,敬请各位专家和读者在使用过程中提出宝贵意见,以便进一步修订和完善。

《有机化学》教材编委会
2018年4月

目　录

课件
01章PPT

绪　论

学习要点

1. 有机化合物和有机化学的定义;有机化合物的特性和分类。
2. 有机化合物的结构特点及表示方法;共价键的键参数及断裂方式。
3. 研究有机化合物的一般程序。

第一节　有机化合物和有机化学

一、有机化学起源与发展

　　有机化合物简称有机物,有机化合物广泛存在于自然界中,与人类的生命活动密切相关,人类对有机化合物的应用由来已久,最初是从动植物中提取和加工得到染料、药物和香料等开始。18 世纪末人类已经能够得到了枸橼酸、酒石酸、尿酸和乳酸等纯的化合物。这些从动植物体内得到的化合物与从矿物、水和空气中得到的物质完全不同。1806 年瑞典化学家柏则利乌斯(Berzelius J)把从有生命的动植物体内得到的化合物定义为有机化合物,研究这些化合物的化学称为有机化学。并认为有机化合物是在"生命力"的影响下才能生成的神秘物质,人工合成是不可能的。1828 年德国青年化学家维勒(Wöhler F)在实验室里通过加热无机化合物氰酸铵溶液,得到当时公认的有机化合物尿素。随后化学家又合成了醋酸、油脂等有机化合物,生命力学说才被彻底否定。此后人们又陆续地合成了许多有机化合物,不断地促进有机化学的发展。

　　随着科学技术的不断进步,对有机化合物的广泛研究发现,有机化合物都含有碳元素,绝大多数还含有氢元素,有的还含有氧、氮、卤素、硫、磷等元素。根据有机化合物的组成,也可以说有机化合物是碳氢化合物及其衍生物。

　　研究有机化合物的化学称为有机化学(organic chemistry)。有机化学是研究有机化合物的组成、结构、性质、合成、应用以及它们之间的相互关系和变化规律的科学。现在虽然仍沿用"有机化合物"和"有机化学"这些名词,但其中"有机"的含义已发生了变化,失去了其原有意义。

二、有机化合物的特性

有机化合物都含碳元素,由于碳原子的结构和成键特点,使有机化合物的结构和性质具有特殊性。有机化合物与无机化合物比较,具有以下特性:

1. 有机化合物容易燃烧　大多数有机化合物容易在空气中燃烧,燃烧时主要生成二氧化碳和水。而无机化合物一般不易燃烧。

2. 有机化合物熔点较低　固态有机化合物是靠相对较弱的分子之间作用力结合而成的分子晶体,破坏这种晶体所需的能量较小,所以有机化合物的熔点较低,一般不超过400℃。许多有机化合物常温下为液体。而无机化合物中多为离子键,靠离子间较强的静电作用力形成离子晶体,破坏离子晶体所需的能量较高。

3. 有机化合物大多难溶于水而易溶于有机溶剂　大多数有机化合物分子的极性较弱或者是无极性的。根据"相似相溶"原理,它们难溶于极性较强的水,而易溶于非极性或极性小的有机溶剂。

4. 有机化合物一般为非电解质　有机化合物中的化学键基本上是共价键,极性小或无极性。所以一般为非电解质,在水溶液中或熔化状态下难电离,不导电。

5. 有机化合物反应速度较慢,反应复杂,常伴有副反应　无机化合物的反应大多是离子反应,反应迅速,瞬间即可完成。而有机化合物分子中的共价键在进行反应时不易离解为离子,因此比无机化合物反应速度慢,一般需要加热、搅拌及使用催化剂来加快其反应速度。而且有机化合物进行反应时,受影响的部位可能不止一个。因此,除主反应外,常伴有副反应发生,反应产物多为混合物。所以一般书写有机化学反应方程式时只写主产物,反应物与主产物之间用"——→"隔开。

6. 有机化合物结构复杂、种类繁多　由于碳原子之间连接顺序、成键方式和空间位置的不同,使得有些有机化合物虽然分子组成相同,但却有不同的分子结构,性质也不相同,因而不是同一种物质。这种分子组成相同,但具有不同结构的现象,称为同分异构现象。分子式相同而结构不同的化合物互称为同分异构体。分子中含碳原子数目越多,同分异构体的数目也就越多。而无机化合物结构简单,一个分子式只代表一种物质。因此,有机化合物中所含的元素种类虽然很少,但有机化合物的数目却远远大于无机化合物。

有机化合物一般具有以上通性,但也有例外的情况。例如,四氯化碳不但不燃烧,而且可用做灭火剂;糖、乙酸、乙醇等在水中极易溶解;作为炸药的梯恩梯(TNT)、苦味酸等反应都是瞬间完成的。

三、有机化学与医药学的关系

有机化学是医药学的一门重要的专业基础学科。医药学的研究是为人服务的,人体的组成成分大部分是有机化合物,人体自身的变化就是一系列非常复杂、彼此制约、相互协调的有机化合物的变化过程。

药学与有机化学密切相关。人类用于防病治病的药物绝大部分是有机化合物,如对乙酰氨基酚(扑热息痛)、乙酰水杨酸(阿司匹林),特别是中草药的有效成分几乎全部是有机化合物。中草药主要来自植物;生化药物来自动物组织;抗生素大多来自微生物,也有合成或半合成品;合成药则是由有机化学的合成原理和方法制取的。这些有机物质要想符合药用要求,一般都需先用化学方法加工炮制、提取或精制。对中草药有效成分的分析研究,要经过提取、分离、测定结构、人工合成等步骤,所有这些研究程序,都离不开有机化学的基本理论和实验方法。

中药具有非常复杂的成分。一种中药往往具有多种功效,这与中药本身含有多种有效成分有关。为了达到治疗疾病的目的,就必须对中药采用化学方法进行炮制,保留或增强其有效成分,减轻或消除无用的或有毒副作用的成分。药物的合成,必须熟悉有机化学反应的特点和方法,才能选择合理的合成路线。此外,中药的鉴定、贮存、剂型的改革,药物的开发和创新,药物结构与药效关系的研究,药物的质量管理等,都必须清楚药物的组成或结构、理化性质,具备丰富的有机化学知识。

学好有机化学是医药各专业学生深入贯通医药学各专业课程的必要条件,也是应对未来专业岗位、探索医药学未知领域的最基本手段。因此,医药专业的学生需要掌握一定的有机化学基础理论和基本技能,并且能利用有机化学的理论和方法去了解中药的主要活性成分、作用机制,以及相应的分离、合成、配伍、分析研究等一系列技术问题。为毕业以后的实际工作打下牢固的基础。

第二节　有机化合物的结构

有机化合物的结构包括分子的组成、分子内原子间的连接顺序、排列方式、化学键和空间构型及分子中电子云的分布等。有机化合物除含碳元素外,还含有氢、氧、氮、卤素、硫、磷等元素。有机化合物有上千万种,这与碳原子的结构及其独特的成键方式是分不开的。

一、碳原子的成键特点

1. 碳原子总是 4 价　碳原子的核外电子排布式为 $1s^2 2s^2 2p^2$,其最外电子层有 4 个电子,要通过得到或失去电子达到稳定的电子构型都是不容易的,它往往通过共用电子对(电子云重叠)与其他原子成键。因此,在有机化合物分子中碳有 4 个共价键,碳原子总是 4 价的。

2. 共价键的类型　成键时由于原子轨道重叠方式的不同,共价键分为 σ 键和 π 键。两个原子轨道沿着轨道的对称轴方向以"头碰头"的方式相互重叠所形成的共价键叫 σ 键。s 轨道和 s 轨道之间、s 轨道和 p 轨道之间、p 轨道和 p 轨道之间均可以形成 σ 键(图 1-1)。由两个对称轴相互平行的 p 轨道以"肩并肩"方式,从侧面相互重叠所形成的共价键叫 π 键(图 1-2)。

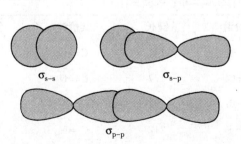

图 1-1　σ 键的形成

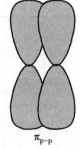

图 1-2　π 键的形成

σ 键的电子云呈圆柱形对称分布于键轴周围,可以绕键轴自由旋转,说明 σ 键电子云比较集中,受两核的约束较大,不易受外电场的影响,因此,σ 键不易断裂,性质稳定;而 π 键的电子云分布于键轴的上下两边,轨道重叠程度较小,说明 π 键电子云比较分散,受两核的约束较小,易受外电场的影响,因此,π 键容易断裂,性质较活泼;σ键比 π 键牢固。有机化合物中的单键都是 σ 键,π 键不能单独存在,只能与 σ 键共存于双键或叁键之中。

3. 碳原子之间的连接方式 碳原子不仅能与氢、氧、氮、卤素等原子形成共价键,而且碳原子之间也可以通过共价键自相结合,称为**自相成键**。碳原子之间可以通过共用电子对形成单键、双键或叁键。共用一对电子的键叫作**单键**,用"—"表示;共用两对电子的键叫作**双键**,用"="表示;共用三对电子的键叫作**叁键**,用"≡"表示。如:

H H
| |
H—C—C—H   H   H   H—C≡C—H
| | \ /
H H   C=C
                    / \
                   H   H

乙烷   乙烯   乙炔

碳原子之间也可以相互连接成各种不同的链状和环状,从而构成有机化合物的基本骨架。如:

二、**共价键的键参数**

共价键的键参数包括键长、键角、键能和键的极性等物理量。这些物理量能体现共价键的基本性质,是分析和研究有机化合物结构和性质的重要依据。

1. 键长 键长是指形成共价键的两个原子核之间的距离,通常用 pm 作单位。键长主要取决于电子云的重叠程度,重叠程度越大,键长越短。在不同的分子中,键长与成键原子的杂化状态及成键类型有关。同类共价键的键长在不同化合物中可能稍有区别。一些常见共价键的键长见表 1-1。

表 1-1 一些常见共价键的键长(pm)

共价键	键长	共价键	键长	共价键	键长
C—C	154	C—F	141	C=C	134
C—H	109	C—Cl	177	C=O	122
C—O	143	C—Br	191	C=N	128
C—N	147	C—I	212	C≡N	116
O—H	96	N—H	109	C≡C	120

2. 键角 原子与其他两个原子形成共价键时,键与键之间的夹角称为键角。键角的大小与成键中心原子的杂化状态有关,也与中心原子所连接的原子或基团有关。如甲烷的键角为 109.5°,乙烯的键角为 121.6°,乙炔的键角为 180°。

键角是决定有机化合物分子空间结构的重要因素。若键角与正常角度相比改变过大,就会影响分子的稳定性,导致一些特殊的性质。

3. 键能 双原子分子的共价键裂解时所吸收的能量,称为该共价键的键能,又称为离解能。但对于多原子分子,键能与离解能是不同的,其键能是指分子中同类共价键的平均离解能。键能是共价键强度的重要标志。一般来说,相同类型的共价键中,键能越大,共价键越稳定。常见的共价键的键能见表 1-2。

表 1-2 常见共价键的平均键能(kJ/mol)

共价键	键能	共价键	键能	共价键	键能
C—H	414	C—F	485	C=C	611
C—C	347	C—Cl	349	C≡C	837
C—O	360	C—Br	285	C≡N	891
C—N	306	C—I	218	C=O(醛)	736
O—H	464	N—H	389	C=O(酮)	749

4. 键的极性 两个相同原子形成共价键时,电子云对称分布在两个原子之间,这样的共价键无极性,是非极性共价键。但两个不同原子形成共价键时,由于成键两原子吸引电子的能力(电负性)不同,电子云偏向电负性较大的原子一端,使其带有部分负电荷,用"δ^-"表示;电负性较小的原子带部分正电荷,用"δ^+"表示。所以两个不同原子形成的共价键具有极性,是极性共价键。如:$H^{\delta^+}—Cl^{\delta^-}$、$H_3C^{\delta^+}—Cl^{\delta^-}$。共价键极性的大小,取决于成键两原子电负性之差,差值越大,键的极性就越大。有机化学中常见元素的电负性值见表 1-3。

表 1-3 有机化学中常见元素的电负性值

元素	H	C	N	O	F	Cl	Br	I	S	P
电负性	2.1	2.5	3.0	3.5	4.0	3.0	2.9	2.5	2.5	2.2

键的极性大小一般用偶极矩(μ)表示,偶极矩数值越大,表明键的极性越大。偶极矩就是正或负电荷中心的电荷量(q)与两电荷中心之间距离(d)的乘积,即 $\mu = q \times d$。偶极矩的 SI 单位为库仑·米(C·m)。常用的单位为德拜(Debye),简写为 D,$1D = 3.34 \times 10^{-30} C \cdot m$。常见共价键的偶极矩见表 1-4。偶极矩具有方向性,用 +—→ 表示,箭头指向带负电荷一端。如:

$$\overset{\delta^+}{CH_3} \overset{\delta^-}{- I} \qquad \overset{\delta^+}{H} \overset{\delta^-}{- Cl}$$

表 1-4　常见共价键的偶极矩（10^{-30}C·m）

共价键	偶极矩	共价键	偶极矩	共价键	偶极矩
C—H	1.33	C—Cl	4.78	C≡N	11.67
N—H	4.37	C—Br	4.60	C=O	7.67
O—H	5.04	C—I	3.97		
H—Cl	3.60	C—N	0.73		
H—Br	2.60	C—O	2.47		

分子的偶极矩等于各键偶极矩的向量和。双原子分子中，键的偶极矩就是分子的偶极矩。但多原子分子的偶极矩是分子中各键偶极矩的向量和，也就是说它不只决定于键的极性，也决定于各键的空间分布，即决定于分子的形状。偶极矩影响化学反应活性和有机化合物的某些性质。

$$H—Cl \qquad H—C\equiv C—H$$
$$\mu=1.43\times10^{-30}C\cdot m \qquad \mu=0$$

共价键在外电场（如试剂、溶剂等）影响下，电子云分布会发生变化，即键的极性发生了变化，这种现象称为共价键的极化性。成键原子的体积越大、电负性越小、对核外电子的束缚力越弱，受外电场影响时，共价键极性的变化就越大。如：π 键比 σ 键易极化。

共价键的极性是由成键两原子电负性不同引起的，是固有的；极化性是由外电场引起的，外电场消失后，电子云分布即分子的极化状态又恢复原状，所以极化性是暂时的。共价键的极性和极化性都是共价键的重要性质，与有机化合物的各种反应性能有密切关系。

三、共价键的断裂方式及有机化学反应类型

有机化学反应就是在一定条件下，原有化学键的断裂和新键的形成。共价键的断裂方式有两种：均裂和异裂。

1. 均裂　共价键断裂时，两个原子共用的电子对由两个原子各保留一个，这种共价键的断裂方式称为均裂。由均裂产生的带有单电子的原子或原子团（基团）称为自由基或游离基，它是瞬间存在的反应活性中间体。

$$R-\overset{H}{\underset{H}{C}}\cdot A \xrightarrow{均裂} R-\overset{H}{\underset{H}{C}} + \cdot A$$

由均裂引起的反应称为自由基（或游离基）反应或均裂反应。这类反应一般在较高温度或光照等条件下进行。自由基反应包括自由基取代反应和自由基加成反应。自由基反应参与许多有机体的生理或病理反应代谢过程，是有机化学中的重要反应之一。

2. 异裂 共价键断裂时,两个原子共用的电子对归一个原子所有,产生正、负离子,这种共价键的断裂方式称为异裂。碳与其他原子间的 σ 键异裂可得到碳正离子或碳负离子。它们也是瞬间存在的反应活性中间体,与可以稳定存在的无机物的正、负离子不同。

$$
\begin{array}{c}
\underset{\underset{H}{|}}{\overset{\overset{H}{|}}{R-C}} : A \xrightarrow{\text{异裂}} \underset{\underset{H}{|}}{\overset{\overset{H}{|}}{R-C^{+}}} + : A^{-} \\
\\
\underset{\underset{H}{|}}{\overset{\overset{H}{|}}{R-C}} : A \xrightarrow{\text{异裂}} \underset{\underset{H}{|}}{\overset{\overset{H}{|}}{R-C^{-}}} + A^{+}
\end{array}
$$

由异裂引起的反应称为离子型反应或异裂反应。这类反应除了催化剂外,多在极性溶剂中进行。根据反应试剂的类型不同,离子型反应又可分为:

$$
离子型反应
\begin{cases}
亲电反应 \begin{cases} 亲电取代反应 \\ 亲电加成反应 \end{cases} \\
\\
亲核反应 \begin{cases} 亲核取代反应 \\ 亲核加成反应 \end{cases}
\end{cases}
$$

四、有机化合物结构的表示方法

有机化合物一般用能表明分子组成和结构的结构式(蛛网式)、结构简式和键线式表示。因为有机化合物普遍存在着同分异构现象,往往几种物质具有相同的分子式。所以有机化合物一般不用分子式表示。

结构式中用短线代表共价键,标出分子中每个原子之间的连接顺序和成键方式。为了简便,通常用的是结构简式,省略表示化学键的短线,合并相同碳原子上的氢原子等。结构式和结构简式都能反映有机化合物的分子中原子种类和数目、原子间的连接顺序和方式。另外还可以用只由短线和除碳、碳氢基团以外的其他原子(基团)来表示的键线式。一般有环状结构的有机化合物多用键线式。见表 1-5。

表 1-5 结构式、结构简式和键线式示例

名称、分子式	结构式	结构简式	键线式
戊烷 C_5H_{12}	H-C-C-C-C-C-H (各碳上连 H)	$CH_3CH_2CH_2CH_2CH_3$	∿
2-甲基丁烷 C_5H_{12}	H-C-C-C-C-H(中间碳下连 CH₃)	$CH_3CH_2CHCH_3$ 　　　　CH_3	键线式图

续表

名称、分子式	结构式	结构简式	键线式
2-丁烯 C_4H_8	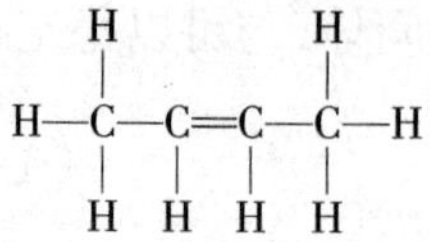 (结构式)	$CH_3CH = CHCH_3$	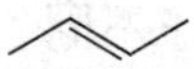 (键线式)
1-丙醇 C_3H_8O	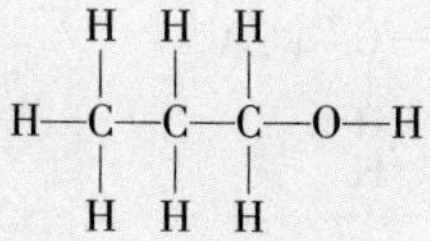 (结构式)	$CH_3CH_2CH_2OH$	 (键线式)
苯甲酸 $C_7H_6O_2$	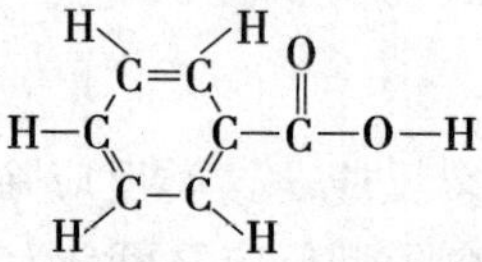 (结构式)	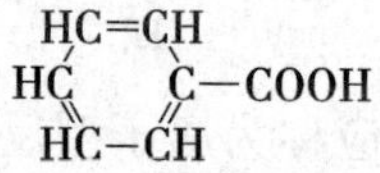 (结构简式)	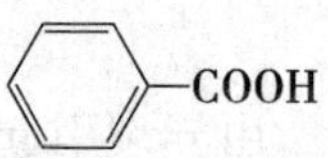 (键线式)

第三节 有机化合物的分类

有机化合物的数目繁多,结构各异。为了便于学习和系统研究,必须对有机化合物进行科学的分类。由于有机化合物的结构决定性质,所以主要根据结构特征对有机化合物进行分类。有机化合物一般的分类方法有两种,一种是根据碳原子的连接形式(基本骨架)分类;另一种是按照官能团分类。

一、按基本骨架分类

1. 链状化合物 这类化合物分子中的碳原子与碳原子,或碳原子与其他原子以链状相连,碳链上可以带有支链。由于脂肪中以这种链状结构为主,所以链状化合物又称脂肪族化合物。如:

$$CH_3CH_2CH_2CH_2CH_3$$
戊烷

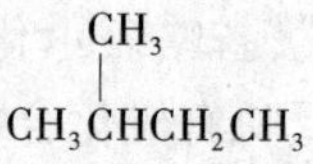

$$CH_3CHCH_2CH_3 \ (CH_3)$$
甲基丁烷

$$CH_3COOH$$
乙酸

2. 碳环化合物 这类化合物分子结构中一定有碳原子间相互连接成的环状结构。根据其结构和性质,又可分为:

(1) 脂环族化合物:性质与脂肪族化合物相似的碳环化合物。如:

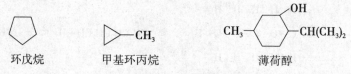

环戊烷　　　　甲基环丙烷　　　　　薄荷醇

(2) 芳香族化合物:大多含有苯环结构,而且具有特殊性质的化合物。如:

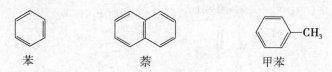

苯　　　　　　萘　　　　　　甲苯

3. 杂环化合物 这类化合物分子中的环是由碳原子和氧、氮、硫等原子连接而成的。如：

吡咯   呋喃   噻吩

二、按官能团分类

有机化合物分子中最容易发生化学反应的原子或原子团(基团)称为官能团。含有相同官能团的有机化合物,其主要化学性质相似。常见的官能团及化合物类别见表 1-6。

表 1-6 常见的官能团及化合物的类别

官能团		化合物类别	官能团		化合物类别
碳碳双键	$>C=C<$	烯烃	羰基	$>C=O$	醛、酮
碳碳叁键	$-C\equiv C-$	炔烃	氨基	$-NH_2$	胺
卤原子	$-X$	卤代烃	酯基	$\overset{\displaystyle -C-OR}{\underset{O}{\|\|}}$	酯
羟基	$-OH$	醇、酚	酰基	$\overset{\displaystyle -C-R}{\underset{O}{\|\|}}$	酰基化合物
巯基	$-SH$	硫醇、硫酚	氰基	$-CN$	腈
醚键	$-\overset{\|}{C}-O-\overset{\|}{C}-$	醚	硝基	$-NO_2$	硝基化合物
羧基	$\overset{\displaystyle -C-OH}{\underset{O}{\|\|}}$	羧酸	磺酸基	$-SO_3H$	磺酸

第四节 研究有机化合物的一般程序

分析研究有机化合物或测定中草药中有效成分一般有以下的步骤和方法。

一、分离、提纯

无论是天然产物还是人工合成的有机化合物,一般都是含有多种杂质的混合物。所以在进行分析之前,首先必须进行分离和提纯。常用的方法有:重结晶、蒸馏、萃取、升华、层析、色谱法等。

化合物经分离纯化后,还需检验纯度,通常是用测定物理常数(如熔点、沸点等)和色谱验证。一般有机化合物的熔点、沸点等物理常数是固定值。

二、元素分析

经过分离提纯得到纯度较高的有机化合物后,再进行元素的定性分析和定量分析,确定该有机化合物的元素组成及各组成元素的相对含量。进而计算得出该有机化合物分子中各组成元素间原子比例的最简式(实验式)。

化合物的实验式的计算是将各元素的百分含量除以相应元素原子的原子量,得出各元素原子的数值比例,再将这些数值分别除以其中最小的一个数值,就得到该化合物中各元素原子的最小个数比 —— 实验式。如某化合物从元素分析得知有 C、H、O 三种元素,其百分含量分别为 40.00%、6.65% 和 53.35%,各元素原子的数值比为 $\frac{40.00}{12.01}:\frac{6.65}{1.008}:\frac{53.35}{16.00}=3.33:6.60:3.33$;各元素原子的最小个数比为 $\frac{3.33}{3.33}:\frac{6.61}{3.33}:\frac{3.33}{3.33}=1:2:1$,则该化合物的实验式为 CH_2O。

三、确定分子式

根据有机化合物的分子量和实验式的式量之比,就可以确定该有机化合物的分子式。例如,实验式为 CH_2O 的化合物,若测得分子量为 30,则其分子式仍为 CH_2O;若测得的分子量为 60,则其分子式为 $C_2H_4O_2$。

测定有机化合物的分子量过去常用蒸气密度法、凝固点下降法和渗透压法等经典方法;现代是用质谱法测定,用质谱仪可准确、快速地测定有机化合物的分子量。

四、结构式的测定

有机化合物中同分异构现象普遍存在,因此确定了分子式之后,还需测定其结构。过去确定结构通常是用经典的化学方法,通过化学反应证实其官能团,然后经降解、合成或衍生物制备等方法来确定结构。随着科学技术的发展,结构测定的方法有了质的变化。目前主要采用 X- 射线衍射、红外光谱、紫外光谱、核磁共振谱和质谱等波谱技术测定有机化合物的结构,其特点是样品用量少、快捷和准确率高。红外光谱可以确定化合物分子中存在什么官能团;紫外光谱可揭示化合物中有无共轭体系存在;核磁共振谱可以提供分子中氢原子与碳原子及其他原子的结合方式,这是测定有机化合物结构最主要的方法。X- 射线衍射可以揭示化合物结晶体中各原子的几何形状,对确定复杂分子的空间构型非常有用。

(王志江)

复习思考题

1. 以生活中的常见物质为例,说明有机化合物的特性。

2. 什么是共价键的极性和极化性?有何区别?

3. 将共价键 C—H、N—H、F—H、O—H 按极性由大到小的顺序进行排列。

4. 将下列化合物由键线式改写成结构简式,并指出含有哪种官能团。

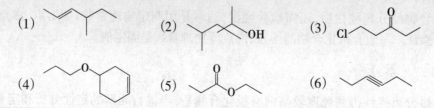

第二章

烷烃和环烷烃

 学习要点

1. 烷烃和环烷烃的定义、结构、命名、理化性质及同分异构现象。
2. 烷烃和环烷烃的构象异构现象;环烷烃的顺反异构现象。

由碳和氢两种元素组成的化合物称为碳氢化合物,简称为烃。其他有机化合物都可以看作是烃的衍生物,所以烃是有机化合物的母体。

根据分子中碳骨架的不同,可将烃分为两大类:链烃(又称脂肪烃)和环烃。根据碳原子间互相连接的化学键不同,可将链烃分为饱和链烃和不饱和链烃。饱和链烃也称烷烃;不饱和链烃包括烯烃和炔烃;环烃可分为脂环烃和芳香烃。其中,烷烃和环烷烃都是饱和烃。

$$
烃\begin{cases}
链烃\begin{cases}
饱和链烃——烷烃\\
不饱和链烃\begin{cases}烯烃\\炔烃\end{cases}
\end{cases}\\
环烃\begin{cases}脂环烃\\芳香烃\end{cases}
\end{cases}
$$

第一节 烷 烃

碳原子相互连接成"链状"的碳氢化合物称为链烃,也叫脂肪烃。分子中所有碳原子之间都以碳碳单键(C—C)相连,其余的价键都与氢原子结合,这样的链烃叫烷烃。如:

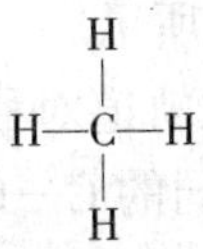

甲烷(CH₄)　　　乙烷(C₂H₆)　　　丙烷(C₃H₈)　　　丁烷(C₄H₁₀)

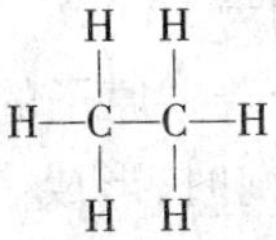

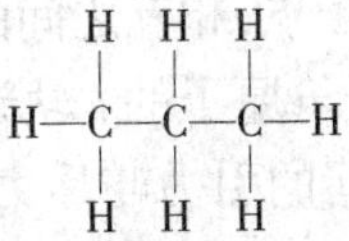

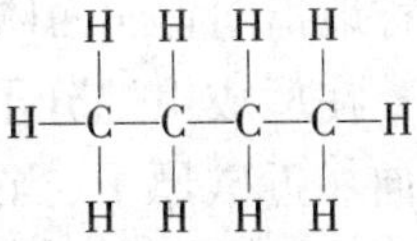

11

在烷烃分子中,与碳原子结合的氢原子数目达到了最大值,故烷烃也称为饱和链烃。

一、烷烃的结构

烷烃的结构

(一)甲烷的立体构型

甲烷是最简单的烷烃,其分子式是 CH_4。实验证明,甲烷分子里的 1 个碳原子和 4 个氢原子形成一个正四面体的立体结构。碳原子位于正四面体的中心,4 个氢原子位于正四面体的 4 个顶点上。碳原子的 4 个价键之间的键角彼此相等,都是 $109.5°$,4 个碳氢键都相同,如图 2-1 所示。甲烷分子的正四面体构型可用球棍模型或比例模型直观地表示,如图 2-2 所示。

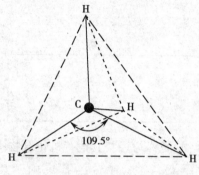

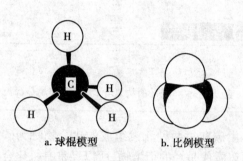

a. 球棍模型　　　b. 比例模型

图 2-1　甲烷分子结构示意图　　　　图 2-2　甲烷分子模型

(二)烷烃碳原子的 sp^3 杂化

单键碳原子的 sp^3 杂化

甲烷的立体结构用普通原子轨道重叠成键是不能解释的,为了解决这个问题,鲍林(Pauling)等人提出了杂化轨道理论。

杂化轨道理论认为,在形成烷烃时,碳原子的 2s 轨道中的 1 个电子跃迁到 2p 轨道上去,跃迁时所需要的能量可以从成键时所产生的能量得到补偿。这样碳原子就具有 4 个各占据 1 个轨道的未成对电子,因此表现为四价。为了使形成的化学键更加牢固,更有利于体系能量的降低,4 个单电子轨道(1 个 2s 轨道、3 个 2p 轨道)进行杂化(混合),形成能量相等、形状相同的 4 个 sp^3 杂化轨道。

$$\boxed{\uparrow\;\uparrow\;}\;2p_x2p_y2p_z \quad\xrightarrow{\text{激发}}\quad \boxed{\uparrow\;\uparrow\;\uparrow}\;2p_x2p_y2p_z \quad\xrightarrow{sp^3\text{杂化}}\quad \boxed{\uparrow\;\uparrow\;\uparrow\;\uparrow}\;sp^3sp^3sp^3sp^3$$

$$\boxed{\uparrow\downarrow}\;2s \qquad\qquad \boxed{\uparrow}\;2s$$

基态　　　　　　　　激发态　　　　　　杂化态

每个 sp^3 杂化轨道含有 1/4 的 s 轨道成分和 3/4 的 p 轨道成分,4 个 sp^3 杂化轨道对称地指向正四面体的 4 个顶点,相互之间的夹角均为 $109.5°$。如图 2-3 所示。

在形成甲烷分子时,4 个氢原子的 s 轨道分别沿着碳原子的 sp^3 杂化轨道对称轴方向靠近碳原子,当它们之间的引力与斥力达到平衡时,形成了 4 个等同的 C—H σ 键,如图 2-4 所示。由于 4 个 C—H 键的组成和性质完全相同,所以甲烷分子为正四面体结构。

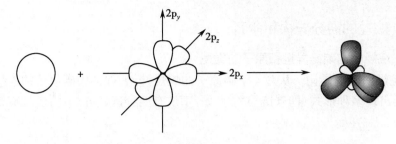

图 2-3　sp^3 杂化轨道

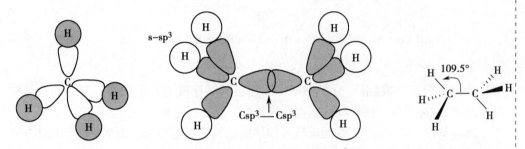

图 2-4　甲烷分子结构　　　　　　图 2-5　乙烷分子结构示意图

(三) 烷烃的分子结构

烷烃分子中,所有的碳原子都采用 sp^3 杂化。C—C σ 键为 sp^3-sp^3,C—H σ 键为 sp^3-s。例如乙烷分子中两个碳原子各以一个 sp^3 杂化轨道重叠形成 1 个 C—C σ 键,其余的杂化轨道分别和 6 个 H 原子的 1s 轨道形成 6 个 C—H σ 键,如图 2-5 所示。

由于 sp^3 杂化轨道的几何构型是正四面体,轨道对称轴夹角为 109.5°,这就决定了烷烃分子中碳原子的排列不是直线型的。在结晶状态时,烷烃的碳链排列整齐,且成锯齿状。例如戊烷的分子模型和结构式如图 2-6 所示。

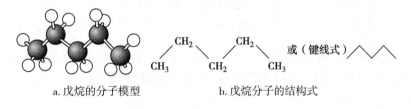

a. 戊烷的分子模型　　　　　　b. 戊烷分子的结构式

图 2-6　戊烷的分子模型和结构式

二、烷烃的通式、同系列和同系物

从甲烷、乙烷、丙烷和丁烷等几个烷烃的分子式可以看出,烷烃的分子组成可以用通式 C_nH_{2n+2} 来表示。从烷烃的结构式可以看出,它们的结构相似,相邻两个分子之间相差一个 CH_2,不相邻的两个分子之间相差两个或多个 CH_2。像这种结构相似,组成上相差一个或多个 CH_2(称为系列差)的一系列化合物,称为同系列。同系列中各化合物互称为同系物。同系物的结构相似,性质也相近。除了烷烃同系列之外,还有其他同系列,因此,同系列是有机化学中的普遍现象。

三、烷烃的同分异构和命名

(一) 烷烃中的碳链异构和原子的类型

1. 烷烃的碳链异构　从含 4 个碳原子的烷烃开始,碳链中碳原子的连接顺序或方式就会出现多种形式(即碳链异构)。如:丁烷有两种碳链异构体;戊烷有 3 种碳链异构体。

$$CH_3—CH_2—CH_2—CH_3 \qquad \begin{array}{c} CH_3 \\ | \\ CH_3—CH—CH_3 \end{array}$$

$$CH_3CH_2CH_2CH_3 \qquad \begin{array}{c} CH_3 \\ | \\ CH_3—CH—CH_2—CH_3 \end{array} \qquad \begin{array}{c} CH_3 \\ | \\ CH_3—C—CH_3 \\ | \\ CH_3 \end{array}$$

像这种分子组成相同,分子中原子间连接的顺序或方式不同而引起的同分异构现象,称为构造异构。碳链异构是构造异构的一种。

随着碳原子数的增多,烷烃碳链异构体的数目会迅速增加。例如:庚烷(C_7H_{16})有 9 种,癸烷($C_{10}H_{22}$)有 75 种,十五烷($C_{15}H_{32}$)有 4347 种。

2. 碳原子和氢原子的类型　烷烃分子中的碳原子根据与它直接结合的碳原子数目多少的不同可分为 4 种:只与 1 个碳原子直接相连的碳原子,称为伯碳原子或称一级碳原子,常用 1° 表示(如下式中的 C_1、C_5、C_6、C_7 和 C_8);与 2 个碳原子直接相连的碳原子,称为仲碳原子或称二级碳原子,常用 2° 表示(如下式中的 C_4);与 3 个碳原子直接相连的碳原子,称为叔碳原子或称三级碳原子,常用 3° 表示(如下式中的 C_3);与 4 个碳原子直接相连的碳原子,称为季碳原子或称四级碳原子,常用 4° 表示(如下式中的 C_2)。

$$\begin{array}{c} {}^6CH_3 \\ | \\ {}^1CH_3—{}^2C—{}^3CH—{}^4CH_2—{}^5CH_3 \\ | \\ {}^7CH_3\,{}^8CH_3 \end{array}$$

除了季碳原子上不能再连接氢原子外,伯、仲、叔碳原子都连有氢原子,化学上分别把这些氢原子称为伯、仲、叔氢原子,同样可以用级别来表示。不同类型的氢原子化学活性有一定差别。

(二) 烷烃的命名

有机化合物结构复杂、种类繁多,根据结构,准确而简便地命名有机化合物是有机化学的重要内容之一。烷烃的命名常用普通命名法和系统命名法两种。

1. 普通命名法　根据分子中碳原子总数称为"某烷"。含 1~10 个碳原子的烷烃,用天干(甲、乙、丙、丁、戊、己、庚、辛、壬、癸)表示;从含 11 个碳原子开始就用十一、十二、十三……等中文数字表示。在"某烷"前加上"正、异、新"等文字来区别同分异构体。"正"表示直链(不含支链的)烷烃,"异"表示在链端第二位碳原子上连有一个甲基的烷烃,"新"表示在链端第二位碳原子上连有两个甲基的烷烃。如:

$$CH_3CH_2CH_2CH_2CH_3 \qquad CH_3-\overset{\displaystyle CH_3}{\underset{}{CH}}-CH_2-CH_3 \qquad CH_3-\overset{\displaystyle CH_3}{\underset{\displaystyle CH_3}{C}}-CH_3$$

正戊烷	异戊烷	新戊烷

普通命名法简单方便,但只适用于结构比较简单、同分异构体数目不多的低级烷烃,对于比较复杂的烷烃必须使用系统命名法。

2. 系统命名法 系统命名法是根据国际纯粹与应用化学联合会(IUPAC)制定的命名原则,结合我国的文字特点而制定的,也称 IUPAC 命名法。

(1) 直链烷烃的命名:系统命名法中直链烷烃的命名和普通命名法基本相同,仅不加"正"字。如:

$$CH_3CH_2CH_2CH_2CH_2CH_2CH_2CH_3$$

普通命名法: 正辛烷

系统命名法: 辛烷

(2) 带支链烷烃的命名:对于带支链的烷烃,可以看作是直链烷烃的烷基衍生物。烃分子中去掉 1 个氢原子后剩余的部分叫作烃基。烷烃分子中去掉 1 个氢原子后剩余的部分叫作烷基,常用 R— 表示。烷基命名是把和它相对应的烷烃名称中的"烷"字改为"基"字。烷基中的正字可以省略。常见的烷基见表 2-1。

表 2-1 常见的烷基

烷基	名称	烷基	名称
CH_3—	甲基(Me)	$CH_3CH_2CH_2CH_2$—	丁基(n-Bu)
CH_3CH_2—	乙基(Et)	$(CH_3)_2CHCH_2$—	异丁基(iso-Bu)
$CH_3CH_2CH_2$—	丙基(n-Pr)	$CH_3CH_2\overset{}{\underset{\displaystyle CH_3}{CH}}$—	仲丁基(sec-Bu)
$(CH_3)_2CH$—	异丙基(iso-Pr)	$(CH_3)_3C$—	叔丁基(ter-Bu)

支链烷烃系统命名法的步骤如下:

1) 确定主链:选择分子中最长的碳链为主链,按主链所含碳原子数称为"某烷",将主链以外的其他烷基看做取代基(或叫支链)。如:

$$CH_3-CH_2-\overset{3}{CH}-\overset{2}{CH_2}-\overset{1}{CH_3}$$
$$\underset{4}{CH_2}-\underset{5}{CH_2}-\underset{6}{CH_3}$$

当具有相同长度的碳链可作为主链时,应选择连有取代基多的链作为主链。如:

$$CH_3-CH_2-CH_2-\overset{4}{CH}-\overset{3}{CH_2}-\overset{2}{CH_2}-\overset{1}{CH_3}$$
$$\underset{7}{CH_3}-\underset{6}{CH_2}-\underset{5}{CH}-CH_3 \qquad \underset{}{CH_3}$$

2) 主链编号:从靠近取代基的一端开始,用阿拉伯数字给主链碳原子依次编号,确定取代基的位次。若有选择,应使小的取代基位次以及多个取代基位次和尽可能小。

$$CH_3-CH_2-\underset{3}{\overset{}{CH}}-\underset{4}{\overset{}{CH}}-CH_2-CH_3 \qquad CH_3-\underset{6}{\overset{}{CH}}-CH_2-CH_2-\underset{3}{\overset{}{CH}}-\underset{2}{\overset{}{CH}}-CH_3$$

3) 书写名称:把取代基的名称写在"某烷"之前,取代基的位次写在取代基名称的前面,中间用短线隔开。如有相同的取代基,就将其合并,取代基的数目用二、三等汉字表示,写在取代基的名称前,表示取代基位次的阿拉伯数字之间要用","号隔开;如果几个取代基不同,应把小的取代基写在前面,大的取代基写在后面。常见烷基的大小次序为:甲基 < 乙基 < 丙基 < 丁基 < 异丁基 < 异丙基 < 仲丁基(见第三章第一节中"次序规则"相关内容)。

$$CH_3-CH-CH_2-CH_2-CH_3 \qquad CH_3-CH-CH_2-CH-CH_3$$

3-甲基己烷 　　　　　　　　　　　　　2-甲基-4-乙基己烷

$$CH_3-C-CH-CH_2-CH_3 \qquad CH_3-CH-CH-CH_2-CH-CH_3$$

2,2,3-三甲基戊烷 　　　　　　　　　　2,3,5-三甲基-4-丙基庚烷

课堂互动

命名下列化合物或根据名称写出结构式

(1) $CH_3-CH-CH-CH-CH_3$
　　　　$CH_3\ \ C_2H_5\ CH_3$

(2) 2,2,5-三甲基己烷

四、烷烃的物理性质

有机化合物的物理性质通常包括物态、沸点、熔点、密度、溶解度和光谱性质等。它们在一定条件下有固定的数值,这些数值称为物理常数。烷烃同系物的物理性质随分子中碳原子数目的增加而呈现规律性的变化。部分正烷烃的某些物理常数见表2-2。

表2-2　部分正烷烃的某些物理常数

名称	分子式	沸点(℃)	熔点(℃)	密度(kg/L)(20℃)
甲　烷	CH_4	−161.7	−182.6	—
乙　烷	C_2H_6	−88.6	−172.0	—
丙　烷	C_3H_8	−42.2	−187.1	0.5000
丁　烷	C_4H_{10}	−0.5	−135	0.5788
戊　烷	C_5H_{12}	36.1	−129.7	0.6260
己　烷	C_6H_{14}	68.7	−94.0	0.6594
庚　烷	C_7H_{16}	98.4	−90.5	0.6837
辛　烷	C_8H_{18}	125.7	−56.8	0.7028

续表

名称	分子式	沸点（℃）	熔点（℃）	密度(kg/L)(20℃)
壬 烷	C_9H_{20}	150.7	−53.7	0.7179
癸 烷	$C_{10}H_{22}$	174.0	−29.7	0.7298
十五烷	$C_{15}H_{32}$	268	10	0.7688
十六烷	$C_{16}H_{34}$	280	18.1	0.7749
十七烷	$C_{17}H_{36}$	303	22.0	0.7767
十八烷	$C_{18}H_{38}$	308	28.0	0.7767
十九烷	$C_{19}H_{40}$	330	32.0	0.7767
二十烷	$C_{20}H_{42}$	—	36.4	0.7777
三十烷	$C_{30}H_{62}$	—	66	—
四十烷	$C_{40}H_{82}$	—	81	—

在常温(25℃)和常压(101.325kPa)下，$C_1 \sim C_4$ 的正烷烃是无色的气体，$C_5 \sim C_{17}$ 的正烷烃是无色的液体，C_{18} 以上的正烷烃是无色的固体。

（一）沸点

烷烃是非极性分子，分子间的作用力主要是色散力，色散力具有加和性，随分子中碳原子数和氢原子数的增加，色散力加大，因此正烷烃的沸点(bp)随着分子量的增加而表现出规律性的升高。在低级烷烃中，因分子量增加的幅度比较大，沸点升高比较明显。而在高级烷烃中，分子量增加的幅度较慢，这种影响就不太明显了。

同碳原子数的支链烷烃的沸点比直链烷烃低，这是由于支链的存在使分子不能相互靠得更近，减弱了色散力，因此使沸点降低。支链越多，沸点越低。

（二）熔点

直链烷烃的熔点(mp)，基本上也是随分子量的增加而逐渐升高。但偶数碳原子的烷烃熔点增高的幅度比奇数碳原子的要大一些。实验证明，在固体直链烷烃的晶体中，偶数碳原子的链比奇数更为紧密，链间的作用力增大，所以偶数碳原子的直链烷烃的熔点增高相对大一些。对于含有相同碳原子数的烷烃来说，分子对称性越好，其熔点越高。在戊烷的 3 种碳链异构体中，新戊烷的对称性最好，正戊烷次之，异戊烷最差；因此，新戊烷的熔点最高，异戊烷的熔点最低。

（三）密度

烷烃是所有有机化合物中密度最小的一类化合物。无论是固体还是液体，烷烃的密度均比水小。随着分子量的增大，烷烃的密度也逐渐增大。

（四）溶解度

烷烃是非极性化合物，难溶于水，易溶于极性小的有机溶剂，尤其是烃类。所以烷烃的溶解度也是"相似相溶"经验规律实例之一。

五、烷烃的化学性质

烷烃的化学性质比较稳定，一般情况下，不与强酸、强碱、强氧化剂、强还原剂及活泼金属发生化学反应。这是由于烷烃分子中的 C—C、C—H 键是非极性或弱极性的，键能较高，不易极化。

但是，烷烃的稳定性是相对的，在一定条件下也能发生某些化学反应。

（一）氧化反应

含 20~40 个碳原子的高级烷烃的混合物,在特定条件下能氧化生成高级脂肪酸。

$$RCH_2CH_2R' + O_2 \xrightarrow[107\sim110℃]{MnO_2} RCOOH + R'COOH$$

烷烃在空气或氧气中完全燃烧,生成二氧化碳和水,同时放出大量的热。

$$C_nH_{2n+2} + \frac{3n+1}{2}O_2 \longrightarrow nCO_2 + (n+1)H_2O + 热量$$

（二）卤代反应

烷烃分子中氢原子被卤素原子取代的反应称为卤代反应。例如,甲烷在加热或光照下可与氯气发生取代反应,得到氯化氢和一氯甲烷、二氯甲烷、三氯甲烷(氯仿)及四氯化碳的混合物。

$$CH_4 + Cl_2 \xrightarrow{h\nu} CH_3Cl + HCl$$

$$CH_3Cl + Cl_2 \xrightarrow{h\nu} CH_2Cl_2 + HCl$$

$$CH_2Cl_2 + Cl_2 \xrightarrow{h\nu} CHCl_3 + HCl$$

$$CHCl_3 + Cl_2 \xrightarrow{h\nu} CCl_4 + HCl$$

控制反应条件和原料的用量比,可使其中一种氯代烷烃成为主要产物。

烷烃发生卤代反应的速率,与卤素的活性顺序有关,卤素越活泼,反应速率越快,其活性次序为 $F_2 > Cl_2 > Br_2 > I_2$;同一烷烃卤代反应的速率还与氢原子的类型有关,实验证明,叔氢原子最容易被取代,仲氢原子次之,伯氢原子最难被取代。

（三）卤代反应的反应历程

有机化学反应所经历的途径或过程,称为反应历程,又称反应机理。烷烃的卤代反应属于自由(游离)基的链锁反应历程,自由基的化学活泼性很大,一旦形成,立即引起一连串的反应发生,称为链锁反应。例如:甲烷的卤代反应分为链引发、链增长和链终止 3 个阶段。

1. 链引发 在光照或加热至 250~400℃时,氯分子吸收能量,均裂为 2 个氯原子自由基,引发反应。

$$Cl : Cl \xrightarrow[或热]{h\nu} 2Cl \cdot$$

2. 链增长 氯原子自由基非常活泼,它能夺取甲烷分子中的氢原子,结合成氯化氢分子并产生甲基自由基。

$$Cl \cdot + CH_4 \longrightarrow HCl + \cdot CH_3$$

甲基自由基与体系中的氯分子作用,生成一氯甲烷和新的氯原子自由基。

$$\cdot CH_3 + Cl_2 \longrightarrow CH_3Cl + Cl \cdot$$

如此每一步都消耗一个活泼的自由基,同时为下一步反应产生另一个活泼的自由基,这是自由基的链锁反应,叫做链的增长阶段。在此阶段中所产生的氯原子也可以与刚生成的一氯甲烷作用而逐步生成二氯甲烷、三氯甲烷和四氯化碳。

3. 链终止　随着反应的进行,自由基的浓度不断增加,自由基互相结合形成稳定的化合物,反应随之终止。如:

$$Cl \cdot + Cl \cdot \longrightarrow Cl_2$$
$$\cdot CH_3 + \cdot CH_3 \longrightarrow CH_3 - CH_3$$
$$\cdot CH_3 + Cl \cdot \longrightarrow CH_3Cl$$

最终的产物是由多种物质组成的混合物。自由基反应多可被高温、光或过氧化物催化,一般在气相或非极性溶剂中进行。

六、烷烃的构象异构

烷烃中的 C—C 键和 C—H 键都是 σ 键。σ 键的特点是能够绕对称轴旋转,而不影响键的强度和键角。当烷烃分子中的 C—C σ 键沿键轴旋转时,分子中的氢原子或基团在空间的排列方式(即分子的立体形象)不断变化。这种因 σ 键的旋转而产生的分子的各种立体形象称为构象。同一化合物的各种不同构象,称为构象异构体。这种异构现象的特点是组成分子的原子或基团相互连接的方式和顺序都相同,只是其空间排列方式不同,所以属于立体异构的范畴。

(一) 乙烷的构象

乙烷是最简单的含有一个 C—C σ 键的化合物。如果使乙烷中的一个碳原子不动,另一个碳原子绕 C—C 键轴旋转,可以产生无数个构象,其中交叉式和重叠式是两种典型构象,可用透视式和纽曼(Newman)投影式表示。

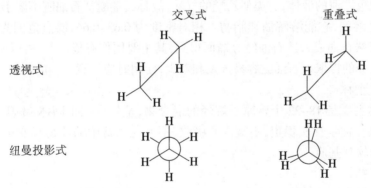

透视式是表示从侧面看到的乙烷分子模型的形象。纽曼投影式是沿 C—C 键的键轴投影而得的分子模型的形象,其中从圆圈中心伸出的 3 条线表示离观察者近的碳原子上的价键,从圆圈边缘向外伸出的 3 条线表示离观察者远的碳原子上的价键。

在交叉式构象中,两个碳原子上的氢原子间的距离最远,相互的排斥力最小,因而内能最小,最稳定。在重叠式构象中,两个碳原子上的氢原子两两相对,距离最近,相互的排斥力最大,因而是内能最高的构象,最不稳定。交叉式与重叠式是乙烷的两个极端构象,其他构象都介于两者之间。交叉式与重叠式的内能虽不同,但差别较小,约为 12.5kJ/mol,室温下的热能就足以使这两种构象之间以极快的速率相互转变,因而可以把乙烷看做是交叉式与重叠式以及介于这两者之间的无数个异构体的平衡混合物。在室温下,我们不可能分离出某个构象异构体。在一般情况下,乙烷主要以交叉式存在。

（二）正丁烷的构象

正丁烷可看做是乙烷的二甲基衍生物，有 3 个 C—C σ 键，每个 σ 键的旋转都能产生无数个构象，因此正丁烷的构象要比乙烷复杂得多。这里只讨论围绕 C_2—C_3 键轴旋转时所形成的 4 种典型构象。

a. 对位交叉式　　　　b. 邻位交叉式　　　　c. 部分重叠式　　　　d. 全重叠式

在丁烷的 4 种典型构象中，原子或基团特别是两个体积较大的甲基，相距越远，斥力越小，内能越低，越稳定。因此，它们的稳定性顺序为：对位交叉式 > 邻位交叉式 > 部分重叠式 > 全重叠式。

室温时，在正丁烷的各种构象的平衡混合物中，最稳定的对位交叉式构象约占 63%，邻位交叉式约占 37%，其余构象含量极少。

七、与医药学有关的烷烃类化合物

（一）石油醚

石油醚是轻质石油产品的一种，主要是戊烷和己烷等低分子量烷烃的混合物。常温下为无色澄清的液体，有类似乙醚的气味，故称石油醚。石油醚不溶于水，而溶于大多数有机溶剂，它能溶解油和脂肪。相对密度为 0.63~0.66，沸点范围为 30~90℃。石油醚由天然石油或人造石油经分馏而得到，其主要用作有机溶剂，可以用于某些中草药有效成分的提取。石油醚容易挥发和着火，使用时应注意。

（二）凡士林

凡士林主要是 18~22 个碳原子烷烃的混合物，呈软膏状半固体，不溶于水，溶于醚和石油醚。化学性质稳定，不被皮肤吸收，不易与软膏中的药物起变化，所以在医药上常用作软膏基质。

（三）石蜡

固体石蜡为白色蜡状固体，是 C_{25}~C_{35} 的正烷烃的混合物。在医药上用于蜡疗、调节软膏的硬度、中成药的密封材料等，也是制造蜡烛的原料。

课堂互动

现今世界人口过快增长，人类过度依赖石油、天然气、煤等化石能源，加速了这些资源的枯竭。你能说说有什么新能源替代吗？

第二节 环 烷 烃

具有环状结构而性质与链烃（也叫脂肪烃）相类似的烃称为脂环烃。脂环烃及其衍生物广泛存在于自然界中,如石油中含有环戊烷、环己烷等脂环烃,动植物体内的甾族化合物、萜类、激素等含有脂环烃结构的物质,许多药物中也有脂环烃的结构。分子中碳原子间全部以碳碳单键(C—C)相连接的脂环烃称为饱和脂环烃,也叫环烷烃。环烷烃的性质大体上与烷烃相似。

一、环烷烃的分类和命名

(一) 环烷烃的分类

根据所含碳环数目,环烷烃可分为单环环烷烃和多环环烷烃。

单环环烷烃的分子通式为 $C_nH_{2n}(n \geqslant 3)$,比同碳原子数的烷烃少 2 个氢原子。常见的单环环烷烃有:

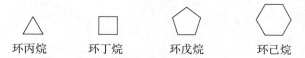

根据成环碳原子的数目,环烷烃可分为小环(三元环、四元环)、常见环(五元环、六元环)、中环(七元环~十二元环)和大环(十三元环以上)等四类。

多环环烷烃又有螺环烷烃和桥环烷烃之分。如:

螺环烃是指环与环之间只共用 1 个碳原子的多环脂环烃,共用的碳原子称为螺原子。桥环烃是指环与环之间共用 2 个或 2 个以上碳原子的多环脂环烃,其中重要的是二环桥环烃。环与环相连的 2 个碳原子称为桥头碳原子,2 个桥头碳原子之间的部分称为桥。

(二) 环烷烃的命名

1. 单环环烷烃的命名 单环环烷烃的命名与烷烃的命名相似,根据环上碳原子数称为"环某烷",如有取代基,编号应使环上取代基的位次较小。如:

环上取代基复杂不易命名时,可将环作为取代基命名。如:

2. 螺环烷烃的命名 螺环烷烃的命名,是根据成环碳原子总数称为"螺[ ]某烷"。方括号中写出除螺原子以外由小到大各环的碳原子数,数字间用圆点隔开。编

号是从与螺原子相邻的碳开始,由小环经螺原子到大环。并使取代基的位次较小。如:

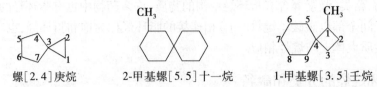

螺[2.4]庚烷　　　　2-甲基螺[5.5]十一烷　　　　1-甲基螺[3.5]壬烷

3. 桥环烷烃的命名　桥环烷烃的命名是根据成环碳原子总数称为"几环[ ]某烷"。方括号中写出除桥头碳以外由多到少各桥的碳原子数,数字间用圆点隔开。编号是从桥头碳沿最长桥路到另一个桥头碳,再沿次长桥路回到第一个桥头碳,最后编最短的桥,并使取代基的位次较小。如:

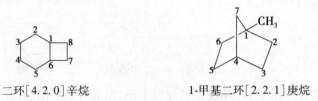

二环[4.2.0]辛烷　　　　　　1-甲基二环[2.2.1]庚烷

二、环烷烃的性质

(一) 环烷烃的物理性质

通常情况下,环丙烷和环丁烷为气体,环戊烷和环己烷为液体,中环及大环的环烷烃为固体。环烷烃都不溶于水。由于环中单键旋转受限,分子具有一定的刚性,环烷烃的熔点、沸点、密度比同碳原子数的开链烷烃高,且随成环碳原子数增加,环烷烃的熔点、沸点也逐渐升高。

(二) 环烷烃的化学性质

常见环烷烃的化学性质大体上与烷烃相似。但小环还有一些特殊的性质,可以发生开环加成反应。

1. 加氢　在催化剂镍的作用下,小环环烷烃可以加氢生成烷烃。

$$\triangle + H_2 \xrightarrow[80℃]{Ni} CH_3CH_2CH_3$$

$$\square + H_2 \xrightarrow[200℃]{Ni} CH_3CH_2CH_2CH_3$$

2. 加卤素　室温下环丙烷可与溴加成。而环丁烷需要加热才能与溴发生加成反应。

$$\triangle + Br_2 \longrightarrow BrCH_2CH_2CH_2Br$$

$$\square + Br_2 \xrightarrow{\triangle} BrCH_2CH_2CH_2CH_2Br$$

3. 加卤化氢　有取代基的环烷烃与卤化氢作用时,开环发生在含氢最多和含氢最少的2个碳原子之间。加成符合马氏规则(见第三章第一节),氢原子加在含氢较多的碳原子上。如:

$$\overset{CH_3}{\triangle} + HI \longrightarrow CH_3\overset{I}{CH}CH_2CH_3$$

上述反应说明,环烷烃的反应活性:三元环 > 四元环 > 五、六元环。

三、环烷烃的结构和立体异构

(一) 环烷烃的结构和稳定性

与烷烃相似,环烷烃的碳原子也是 sp^3 杂化,其杂化轨道之间的夹角按正常应为 109.5°。但是环丙烷成环的 3 个碳原子组成平面三角形,夹角为 60°。因此,形成共键价时,不能沿键轴方向最大限度重叠,只能弯曲着部分重叠形成"弯曲键",见图 2-7。弯曲键比正常的 σ 键重叠程度小,键能低,容易断裂,所以环丙烷易开环,不稳定。环丁烷的情况也有些类似。随着成环碳原子数的增加,成环碳原子不在同一平面上,键与键之间的夹角接近 109.5°,也能沿键轴方向最大限度重叠形成 σ 键,所以除小环环烷烃以外的环烷烃都比较稳定。

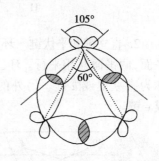

图 2-7 环丙烷的结构示意图

(二) 环烷烃的顺反异构

环烷烃中由于环的存在,C—C σ 键的自由旋转受到限制,使环上碳原子所连接的原子或基团在空间的排列方式不同,只要环上 2 个碳原子各自连有 2 个不同的原子或基团,就会产生顺反异构。2 个相同的原子或基团在环平面同侧的称为顺式,在环平面异侧的称为反式。如:

顺-1,2-二甲基环丙烷
Z-1,2-二甲基环丙烷

反-1,2-二甲基环丙烷
E-1,2-二甲基环丙烷

也可以用 Z、E 标记,根据次序规则(见第三章第一节),2 个较大的原子或基团在环平面同侧的为 Z 构型;在异侧的为 E 构型。有关顺反异构的知识我们将在第三章重点讨论。

(三) 环己烷的构象异构

1. **椅式和船式** 环己烷中的 6 个碳原子都是 sp^3 杂化,C—C 键之间的夹角均接近 109.5°。转动 C—C σ 键时可以形成非平面的不同构象,其中有两种典型的构象,它们环上的 C_2、C_3、C_5、C_6 都在同一平面,一种构象的 C_1 和 C_4 分别处于此平面的两侧,形似椅子,称为椅式构象;另一种构象的 C_1 和 C_4 处于平面的同侧,形状似船,称为船式构象。在椅式构象中,相邻碳原子的键都处于交叉位,相邻碳原子上的氢原子相距较远,斥力较小,能量较低;而船式构象中的 C_2 与 C_3、C_5 与 C_6 上的氢原子处于全重叠位,而且 C_1 和 C_4 上的氢原子相距较近,斥力较大,能量较高(椅式与船式的能量差为 28.9kJ/mol)。所以椅式比船式更稳定。椅式构象是环己烷的优势构象。

环己烷的构象异构

环己烷的椅式构象

环己烷的船式构象

透视式

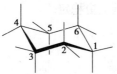

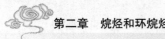

投影式

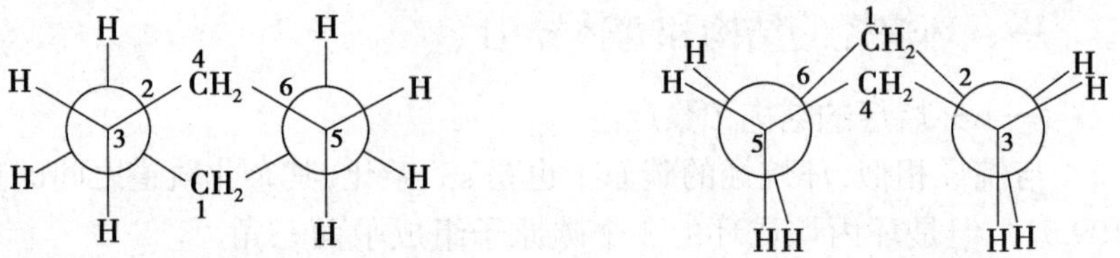

2. 直立键和平伏键 环己烷的椅式构象中，C_1、C_3、C_5 和 C_2、C_4、C_6 各确定一个平面，两平面互相平行。环己烷的 12 个 C—H 键中，6 个 C—H 键垂直于此两平面，称为直立键或 a 键。另外的 6 个 C—H 键斜伸，大体上与两平面持平，称为平伏键或 e 键。

两平面　　　　　　　　直立键(a 键)　　　　　　平伏键(e 键)

由于 C—C 单键能转动，环可以翻转。当椅式构象翻转成另一种椅式构象时，a 键转变为 e 键，e 键转变为 a 键。

3. 取代环己烷 环己烷中的氢原子被其他原子或基团取代时，取代基可处于 a 键或 e 键方向，形成不同的构象。例如甲基环己烷，甲基处于平伏键时，甲基与环上的其他氢原子距离较远，斥力较小，能量较低，是较稳定的优势构象。常温下，甲基处于平伏键方向的甲基环己烷占 95%。甲基处于直立键时，甲基与 C_3、C_5 直立键上的氢原子距离较近，斥力较大，能量较高。

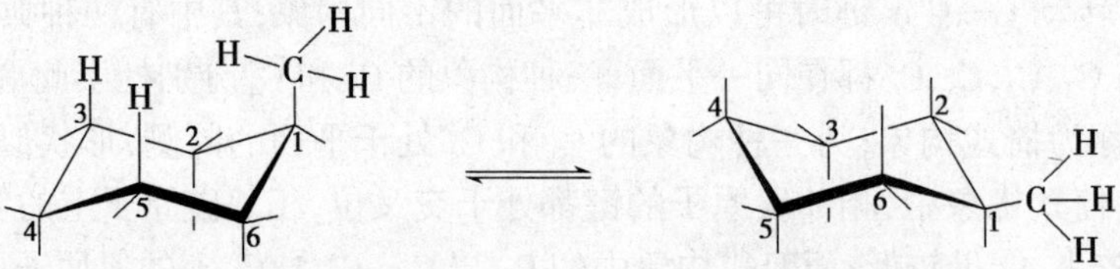

95%

当取代环己烷上的取代基较大时，取代基在平伏键上的构象比例就更大。如异丙基有 97% 处于平伏键，而叔丁基几乎 100% 处于平伏键。当取代基不止一个时，平伏键取代多的为优势构象；大取代基在平伏键上更稳定。

知识链接

可燃冰

可燃冰是一种由天然气与水在高压低温条件下形成的冰状结晶体 $CH_4·xH_2O$,主要分布于深海沉积物或陆域的永久冻土中,平时受到海水和地层的巨大压力,加上温度很低,结成团状。因其外观像冰一样且遇火即可燃烧,所以称作"可燃冰"。据初步估计,可燃冰总量相当于161万亿吨煤,可用100万年。

但是,对于深海可燃冰的开采,世界上至今还没有一种完美的开采方案。因为如果开采不当易导致大量甲烷气体瞬间释放,引起海底崩塌、滑坡,甚至引发海啸,这是非常危险的。

2017年5月18日,我国南海神狐海域天然气水合物试开采实现连续超过7天的稳定产气,取得天然气水合物试开采的历史性突破。

(喻祖文)

复习思考题

1. 指出 $(CH_3)_3C\ CH_2CH(CH_3)_2$ 分子中分别含伯、仲、叔、季碳原子各几个。
2. 试写出分子式为 C_6H_{14} 的烃的所有异构体和名称(在已学知识范围内)。
3. 命名下列化合物

(1) $(CH_3)_2CHCH_2CH_3$

(2) 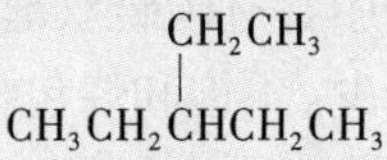 $CH_3CH_2CHCH_2CH_3$ 带 CH_2CH_3

(3) $CH_3CH_2CHCH_2CH_3$ 带 CH_3、H_3C、CH_3

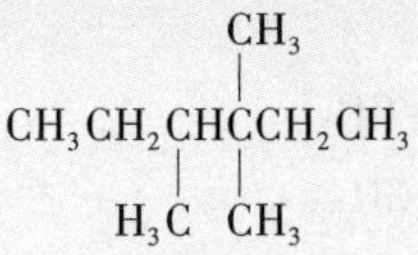

(4) 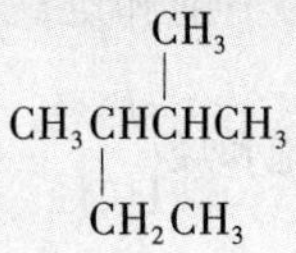 $CH_3CHCHCH_3$ 带 CH_3、CH_2CH_3

(5)

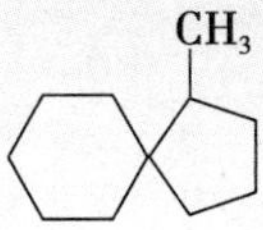

(6)

4. 完成下列反应

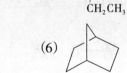 CH_3 + HI ⟶

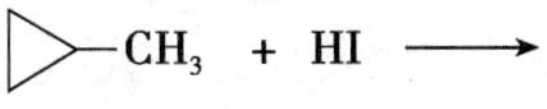

5. 用化学方法鉴别环丙烷和丙烷。

第三章

烯烃和炔烃

 学习要点

1. 烯烃、二烯烃和炔烃的定义、结构特点。
2. 烯烃、二烯烃和炔烃的命名及异构现象。
3. 烯烃、二烯烃和炔烃的理化性质。
4. 马氏规则、诱导效应、共轭效应。

不饱和烃是指分子中含有碳碳双键（C═C）或碳碳叁键（C≡C）的烃，它所含的氢原子数目比相应的烷烃少。不饱和烃包括烯烃（含有碳碳双键）和炔烃（含有碳碳叁键）。碳碳双键及碳碳叁键统称为不饱和键。

$$不饱和烃\begin{cases}烯烃 \quad 如:乙烯 \quad H_2C═CH_2 \\ 炔烃 \quad 如:乙炔 \quad HC≡CH\end{cases}$$

第一节 烯 烃

分子中含有碳碳双键（C═C）的不饱和链烃称为烯烃，碳碳双键（C═C）是烯烃的官能团。含有一个碳碳双键（C═C）的不饱和链烃叫做单烯烃，简称烯烃。烯烃分子中有碳碳双键，比相同碳原子数的烷烃要少2个氢原子，其烯烃的通式为$C_nH_{2n}(n \geq 2)$。烯烃与相同碳原子数的单环烷烃是同分异构体。

一、烯烃的结构

乙烯（C_2H_4）是最简单的烯烃，其结构式为：

实验证明，在乙烯分子里，2个碳原子和4个氢原子都处在同一平面上，C═C 的键长（134pm）比 C—C 的键长（154pm）短。

(一) 双键碳的 sp² 杂化

双键碳原子的 sp² 杂化

乙烯分子的平面结构可以用杂化轨道理论解释如下：

形成乙烯分子时，2 个双键碳原子均采用 sp² 杂化(1 个 2s 轨道和 2 个 2p 轨道)，形成 3 个能量相等、形状相同的 sp² 杂化轨道。每个 sp² 杂化轨道含有 1/3 的 s 成分和 2/3 的 p 成分，3 个 sp² 杂化轨道的对称轴在同一平面上，轨道对称轴间的夹角约为 120°。每个碳原子上还剩下 1 个未杂化的 2p 轨道，其对称轴垂直于 3 个 sp² 杂化轨道所在的平面，如图 3-1 所示。

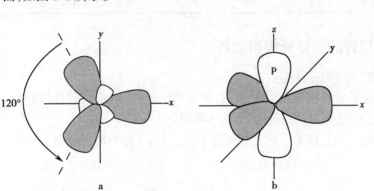

图 3-1 碳原子的 sp² 杂化轨道分布图

(二) 乙烯的结构

乙烯的结构

乙烯分子的每个碳原子各以 1 个 sp² 杂化轨道形成 C—C σ 键，以 2 个 sp² 杂化轨道分别与 2 个氢原子形成 2 个 C—H σ 键，5 个 σ 键都在同一平面上，故乙烯分子为平面型分子。2 个碳原子上未参加杂化的 2p 轨道，同垂直于 5 个 σ 键所在的平面而互相平行，这 2 个平行的 p 轨道从侧面平行重叠形成 π 键。由此可见，乙烯分子中的碳碳双键(C=C)是由 1 个 σ 键和 1 个 π 键组成的。乙烯分子的结构如图 3-2 所示。

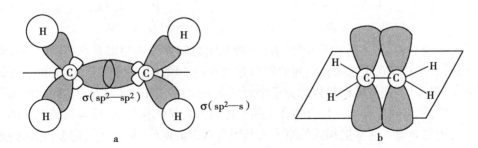

图 3-2 乙烯分子的结构示意图

由于 π 键电子云分布在 C—C σ 键的上下两侧，受原子核的束缚力弱，所以 π 键不稳定，与烷烃相比烯烃具有较活泼的化学性质。σ 键与 π 键特征比较见表 3-1。

表 3-1　σ 键与 π 键特征比较

键类型	σ 键	π 键
原子轨道重叠方式	以"头碰头"方式沿键轴正面重叠	以"肩并肩"方式沿键轴侧面重叠
原子轨道重叠部位	位于键轴上；重叠程度大	位于键轴上方和下方；重叠程度小
键的性质	键能较大、较稳定；不易被极化；成键原子可沿键轴自由旋转	键能较小、不稳定；易被极化；成键原子不能自由旋转
存在形式	可以独立存在	不能独立存在，只能与 σ 键共存

烯烃的同分异构和命名

二、烯烃的同分异构和命名

（一）烯烃的同分异构

烯烃的同分异构较烷烃复杂，主要有碳链异构、双键位置异构和顺反异构三种，前两种属于构造异构，第三种属于立体异构。

1. 碳链异构　碳原子的连接顺序不同。如：丁烯有两种碳链异构体。

$$CH_2\!=\!CHCH_2CH_3 \qquad\qquad CH_2\!=\!C\!-\!CH_3$$
$$\qquad\qquad\qquad\qquad\qquad\qquad |$$
$$\qquad\qquad\qquad\qquad\qquad\qquad CH_3$$

　　1-丁烯　　　　　　　　　　　　　　2-甲基丙烯

2. 位置异构　双键所在的位置不同。如：直链丁烯有两种位置异构体。

$$CH_2\!=\!CHCH_2CH_3 \qquad\qquad CH_3CH\!=\!CHCH_3$$

　　1-丁烯　　　　　　　　　　　　　　2-丁烯

3. 顺反异构　由于烯烃分子中存在着限制碳原子自由旋转的双键，当双键两端碳原子上各连有 2 个不同的原子或基团时，则双键碳原子上 4 个基团在空间的排布就可以有两种不同的构型。如：2- 丁烯。

$$\begin{array}{cc} H_3C & CH_3 \\ \diagdown & \diagup \\ C\!=\!C \\ \diagup & \diagdown \\ H & H \end{array} \qquad\qquad \begin{array}{cc} H_3C & H \\ \diagdown & \diagup \\ C\!=\!C \\ \diagup & \diagdown \\ H & CH_3 \end{array}$$

　　顺 -2- 丁烯　　　　　　　　　　　反 -2- 丁烯

从结构上看，上述两种异构体的原子或基团之间连接顺序以及官能团的位置均无区别，其区别仅在于基团在空间的排列方式不同。像这种分子构造相同，由于碳碳双键（或碳环）不能旋转而导致的分子中原子或基团在空间的排列方式不同而引起的异构现象，称为顺反异构。化合物在空间的排列方式又称构型，顺反异构属于立体异构中的构型异构。通常把相同的原子或基团在双键的同侧，称为顺式构型；相同的原子或基团在双键的异侧，称为反式构型。两种异构体的化学性质基本相同，但物理性质和生理活性有较大的差别。

并不是所有的烯烃都有顺反异构现象。如果同一双键碳原子上连有相同的原子或基团，就没有顺反异构现象。如：

$$\begin{array}{cc} a & b \\ \diagdown & \diagup \\ C\!=\!C \\ \diagup & \diagdown \\ a & d \end{array} \qquad = \qquad \begin{array}{cc} a & d \\ \diagdown & \diagup \\ C\!=\!C \\ \diagup & \diagdown \\ a & b \end{array}$$

产生顺反异构必须具备两个条件:①分子不能自由旋转(如双键或脂环);②双键的同一碳上应连有两个不同的原子或基团。

利用"顺""反"来标记顺反异构体的构型,要求双键或环上至少有一对原子或基团是相同的,当双键或脂环的碳原子上所连的4个原子或基团都不相同时,国际上统一采用 Z、E 来标记顺反异构体的构型。

Z、E 标记构型时,首先用次序规则确定连接在双键碳原子上的原子或基团的大小顺序。当两个较大的原子或基团在双键的同侧为 Z 构型;在异侧则为 E 构型。如下列构型式中,若 a>b,d>e,则它们的构型分别为:

Z 构型　　　　　　　　　E 构型

次序规则的要点:

(1) 与双键碳直接相连的原子不同时,按原子序数大小排列,原子序数大者为大基团,原子序数小者为小基团,如 I>Br>Cl>S>O>N>C>H;同位素按质量大小排列,如:D>H。

(2) 如与双键碳直接相连的两个原子相同,则向外延伸,比较其次相连原子的原子序数,依次类推,以确定基团的大小次序。例如,双键碳原子上连有甲基($-CH_3$)和乙基($-CH_2CH_3$),与双键碳原子直接相连的第一个原子都是碳原子,原子序数相同,就延伸比较第一个碳原子上所连接的原子。$-CH_3$ 中与第一个碳原子相连的是 H、H、H,而在 $-CH_2CH_3$ 中与之相连的是 C、H、H,故

$$\begin{array}{ccc} & CH_3 & & & H \\ & | & & & | \\ -C\!-\!H & & > & -C\!-\!H \\ & | & & & | \\ & H & & & H \end{array}$$

(3) 当与双键碳相连的为不饱和基团时,看做是连有多个相同的原子。如:在 $-CHO$ 中看做碳2次与氧相连,在 $-C\equiv N$ 中看做碳3次与N相连。如 $-COOH$、$-CHO$、$-CH_2OH$ 次序为:

$$\begin{array}{ccccc} & O & & O & \\ & \| & & \| & \\ -C\!-\!OH & > & -C\!-\!H & > & -CH_2OH \\ C(O,O,O) & & C(O,O,H) & & C(O,H,H) \end{array}$$

(二) 烯烃的命名

烯烃的系统命名法与烷烃相似,但由于烯烃分子中有碳碳双键存在,因此在命名方法上与烷烃也有所不同。命名步骤如下:

1. 选择含有双键的最长碳链为主链,根据其碳原子数,称为"某烯"。

2. 从靠近双键的一端开始,给主链上的碳原子编号,确定双键和取代基的位次,若双键正好在主链中央,编号则从靠近取代基的一端开始。

3. 以双键碳原子中编号较小的数字表示双键的位次,写在烯烃名称前面。再在前面写出取代基的位次、数目和名称。若有多个取代基,命名方法与烷烃的相同。如:

$$CH_3CH-C=CH_2$$
（上方：CH_3 CH_2CH_3）
3-甲基-2-乙基-1-丁烯

$$CH_3CHCH=CHCH_2CH_3$$
（上方：CH_3 CH_3）
2,4-二甲基-3-己烯

4. 对于有顺反异构的烯烃,命名时应将其构型标在系统名称之前。

$$\underset{CH_3}{\overset{CH_3CH_2}{}}C=C\underset{CH_2CH_2CH_3}{\overset{CH_3}{}}$$

反-3,4-二甲基-3-庚烯或(E)-3,4-二甲基-3-庚烯

三、烯烃的物理性质

烯烃的物理性质如熔点、沸点、密度和溶解度等同对应的烷烃相似。常温常压下,$C_2 \sim C_4$ 的烯烃是气体,$C_5 \sim C_{18}$ 的烯烃是液体,C_{19} 以上的烯烃是固体。烯烃比水轻,有微弱的极性,都难溶于水而易溶于有机溶剂。

四、烯烃的化学性质

烯烃的化学性质比烷烃活泼,因为烯烃分子中的 π 键不牢固,易被极化,受反应试剂的进攻,π 键易断裂,故烯烃的化学性质比较活泼,反应主要发生在 π 键上。

乙烯与溴水的
加成反应

(一) 加成反应

加成反应是指,在反应过程中烯烃分子中 π 键断裂,形成两个新的 σ 键,从而生成饱和化合物的反应,是烯烃的主要反应。双键碳原子由原来的 sp^2 杂化转变成了 sp^3 杂化。

1. 催化加氢　烯烃在催化剂(铂、钯、镍等)存在的条件下,与氢加成生成烷烃。

$$C=C + H_2 \xrightarrow{催化剂} \underset{H}{\overset{|}{-}}C\underset{}{-}\underset{H}{\overset{|}{C}}-$$

$$R-CH=CH_2 + H_2 \xrightarrow{Pt} RCH_2CH_3$$

由于催化加氢可以定量地进行,所以在鉴定化学结构上常用微量加氢法来测定双键的数目。

2. 加卤素　烯烃和卤素发生加成反应能生成二卤代物。例如,将乙烯通入溴的四氯化碳溶液或溴水中,溴的棕红色很快褪去。常用此反应来检验碳碳双键($C=C$)的存在。

$$CH_2=CH_2 + Br_2 \longrightarrow \underset{Br}{\overset{}{C}H_2}-\underset{Br}{\overset{}{C}H_2}$$
1,2-二溴乙烷

氟与烯烃的反应太剧烈,往往使它完全分解;碘与烯烃难以发生加成反应。所以一般所谓烯烃加卤素,实际上是指加氯或加溴。

烯烃的加成反应通常是亲电加成反应,其反应历程是一个复杂的过程。以烯烃和溴的加成为例,在反应时,烯烃分子中的 π 键受极性物质影响而发生变形,π 键电

子云有转向双键一端的趋势,使双键产生了偶极;溴分子由于受 π 键电子的影响而极化变成偶极分子。

$$\overset{\delta^+}{CH_2}\!=\!\!\overset{\delta^-}{CH_2} \qquad\qquad \overset{\delta^+}{Br}\!-\!\overset{\delta}{Br}$$

　　两种偶极分子间的加成分为两步:首先是烯烃与溴加成,生成环状有机溴正离子中间体,然后溴负离子从环状有机溴正离子的背面进攻碳原子,生成二溴代物。像这种两个原子或基团从双键的两侧加到烯烃分子中的加成方式称为反式加成。

$$\overset{\delta^+}{CH_2}\!=\!\!\overset{\delta^-}{CH_2} + \overset{\delta^+}{Br}\!-\!\overset{\delta^-}{Br} \longrightarrow \overset{\overset{\displaystyle Br^+}{|}}{CH_2\!-\!CH_2} + Br^- \longrightarrow \overset{\overset{\displaystyle Br}{|}}{CH_2\!-\!\underset{\underset{\displaystyle Br}{|}}{CH_2}}$$

　　因为烯烃的加成反应首先是由试剂中带正电荷部分进攻负电性碳引起的,所以称为亲电加成反应,此种试剂称为亲电试剂。

　　3. 加卤化氢　烯烃能与卤化氢发生加成反应,生成一卤代烷。如:

$$CH_2\!=\!CH_2 + HI \longrightarrow CH_3CH_2I$$

卤化氢的反应活性为:HI>HBr>HCl。

　　当结构不对称的烯烃与卤化氢(不对称试剂)加成时,就有可能生成两种加成产物。如:

$$CH_3CH\!=\!CH_2 + HX \left\{ \begin{array}{ll} \longrightarrow CH_3CH_2CH_2X & \text{1-卤丙烷} \\[3mm] \longrightarrow CH_3\underset{\underset{\displaystyle X}{|}}{CH}CH_3 & \text{2-卤丙烷} \end{array} \right.$$

　　实验证明,其主要产物是 2- 卤丙烷。从加成产物可以看出:不对称烯烃与卤化氢(不对称试剂)加成时,卤化氢中的氢一般加到含氢较多的双键碳原子上。即当不对称烯烃与不对称试剂加成时,不对称试剂带正电的部分总是优先加到含氢较多的双键碳原子上,这一规律称为马尔科夫尼科夫(Markovnikov)规则,简称马氏规则。

　　马氏规则可用诱导效应来解释。由于丙烯分子中的甲基具有斥电子诱导效应,使 π 电子云发生偏移,从而引起 π 键的极化。

$$CH_3 \longrightarrow \overset{\delta^+}{CH}\!=\!\!\overset{\delta^-}{CH_2}$$

　　电子云转移的结果,使甲基所连的双键碳原子,即含氢较少的那个双键碳原子带有部分正电荷,而含氢较多的双键碳原子则带有部分负电荷。加成反应时,首先由 H^+ 加到含氢较多的双键碳原子上,然后 X^- 加到含氢较少的双键碳原子上,所以主产物是 2- 卤丙烷。

　　当反应体系中有少量过氧化物存在时,不对称烯烃与不对称试剂如溴化氢加成时,按照反马氏规则进行。原因是反应历程发生了改变。

　　4. 加硫酸　烯烃能与浓硫酸反应,生成硫酸氢烷酯。硫酸氢烷酯易溶于硫酸,用水稀释后水解生成醇。不对称烯烃与硫酸加成,遵守马氏规则。如:

$$CH_3CH\!\!=\!\!CH_2+HOSO_2OH \longrightarrow CH_3\underset{\underset{OSO_2OH}{|}}{C}HCH_3 \xrightarrow[\triangle]{H_2O} CH_3\underset{\underset{OH}{|}}{C}HCH_3+H_2SO_4$$

硫酸氢异丙酯　　　　异丙醇

5. 加水　在酸(硫酸或磷酸)的催化下,烯烃与水加成生成醇。如:

$$CH_2\!\!=\!\!CH_2+H_2O \xrightarrow[280\sim300℃,7\sim8MPa]{H_3PO_4} CH_3CH_2OH$$

6. 加硼氢化合物　烯烃与硼氢化合物加成,生成烷基硼的反应,称为硼氢化反应。常用的硼氢化合物是乙硼烷(B_2H_6),其中硼原子有很强的亲电性,与不对称烯烃加成时,硼原子加到含氢较多的双键碳原子上。乙硼烷与烯烃反应最终产物是三烷基硼。

$$2R\!-\!CH\!\!=\!\!CH_2+B_2H_6 \longrightarrow 2R\!-\!\underset{\underset{H}{|}}{C}H\!-\!\underset{\underset{BH_2}{|}}{C}H_2$$

$$R\!-\!\underset{\underset{H}{|}}{C}H\!-\!\underset{\underset{BH_2}{|}}{C}H_2+R\!-\!CH\!\!=\!\!CH_2 \longrightarrow RCH_2CH_2\!-\!BH\!-\!CH_2CH_2R$$

$$RCH_2CH_2\!-\!BH\!-\!CH_2CH_2R+R\!-\!CH\!\!=\!\!CH_2 \longrightarrow RCH_2CH_2\!-\!\underset{\underset{CH_2CH_2R}{|}}{B}\!-\!CH_2CH_2R$$

三烷基硼用过氧化氢的碱性水溶液处理,发生氧化、水解反应,生成伯醇。

$$(RCH_2CH_2)_3B \xrightarrow[NaOH,H_2O]{H_2O_2} 3RCH_2CH_2OH+H_3BO_3$$

烯烃经硼氢化和氧化转化为醇,总称为硼氢化-氧化反应。总的结果是烯烃分子中加了一分子水。这是合成伯醇的重要方法。

(二) 氧化反应

烯烃的氧化反应发生在碳碳双键($C\!\!=\!\!C$)上。例如:稀高锰酸钾碱性冷溶液,能使烯烃氧化为邻二醇。

$$3RCH\!\!=\!\!CH_2+2KMnO_4+4H_2O \xrightarrow[或中性]{碱性} 3RCH\!\!-\!\!CH_2+2MnO_2+2KOH$$
　　　　　　　　　　　　　　　　　　　　　　OH　OH

烯烃被高锰酸钾氧化后,溶液的紫红色很快褪去,并生成二氧化锰沉淀,此反应可用于烯烃的鉴别。

若在酸性高锰酸钾或重铬酸钾等强氧化剂作用下,双键会发生断裂,烯烃的结构不同,得到的氧化产物不同。如:

$$CH_3CH\!\!=\!\!CH_2 \xrightarrow{[O]} CH_3COOH+CO_2+H_2O$$

$$CH_3\underset{\underset{CH_3}{|}}{C}\!\!=\!\!CHCH_3 \xrightarrow{[O]} \underset{H_3C}{\overset{H_3C}{>}}C\!\!=\!\!O + CH_3COOH$$

由此可见,不同结构的烯烃氧化产物不同。烯烃分子中,碳碳双键($C\!\!=\!\!C$)断裂,

$$CH_2= 基氧化成 CO_2；R—CH= 基氧化成羧酸（RCOOH）；\underset{R}{\overset{R}{|}}C= 基氧化成酮 \underset{R}{\overset{R}{|}}C=O$$

（两个烃基可以相同，也可以不同）。所以，从烯烃的氧化产物可推知烯烃原来的结构。

（三）聚合反应

在一定条件下，烯烃还能发生自身加成反应，生成高分子化合物（聚合物），这种聚合方式称为加成聚合反应，简称加聚反应。

乙烯的聚合是通过加聚反应进行的，例如在 160~285℃ 和大于 101.325kPa 的压力下，加入少量过氧化物作为引发剂，乙烯分子能彼此发生加成，形成相对分子质量可达 4 万左右的聚乙烯。

$$nCH_2=CH_2 \longrightarrow \text{[}CH_2—CH_2\text{]}_n \qquad (n=500\sim2000)$$
乙烯　　　　　　聚乙烯

课堂互动

为什么使用主要成分为聚苯乙烯的一次性饭盒，会给环境造成"白色污染"？

五、诱导效应

有机化合物中，某些原子或基团对电子云具有排斥或吸引作用，使分子中电子云密度的分布发生改变。这种因某一原子或基团的电负性而引起的电子云沿着分子链向某一方向移动的效应，称为诱导效应，以符号 I 表示。诱导效应分为吸电子诱导效应（-I）和斥电子诱导效应（+I）两种。

诱导效应的方向是以 C—H 键中的氢原子为标准，根据原子或基团电负性不同，可以把它们分为两类：斥电子基和吸电子基。斥电子基的电负性比氢原子小，由它所引起的电子云转移叫做斥电子诱导效应；吸电子基的电负性比氢原子大，由它所引起的电子云转移叫做吸电子诱导效应。如下所示：

$$—\overset{|}{\underset{|}{C}}\rightarrow X \qquad —\overset{|}{\underset{|}{C}}—H \qquad —\overset{|}{\underset{|}{C}}\leftarrow Y$$

吸电子诱导效应（-I）　　　　　斥电子诱导效应（+I）

常见取代基的电负性次序由大到小排列如下，排在 H 前面的是吸电子基，排在 H 后面的是斥电子基。

—F>—Cl>—Br>—I>—OCH₃>—NHCOCH₃>—C₆H₅>—CH=CH₂>H>—CH₃>—CH₂CH₃>—C(CH₃)₃

在多原子分子中，诱导效应可由近及远地沿着分子链传递，但其影响逐渐减弱，一般到第三个原子以后，就可忽略不计。如：

$$H—\overset{H}{\underset{H}{\overset{|}{\underset{|}{C_3}}}}\overset{\delta\delta\delta^+}{\longrightarrow}\overset{H}{\underset{H}{\overset{|}{\underset{|}{C_2}}}}\overset{\delta\delta^+}{\longrightarrow}\overset{H}{\underset{H}{\overset{|}{\underset{|}{C_1}}}}\overset{\delta^+}{\longrightarrow}Cl^{\delta^-}$$

六、与医药学有关的烯烃类化合物

(一)乙烯

乙烯($CH_2=CH_2$)为无色稍有甜味的气体。燃烧时火焰明亮但有烟。当空气中含有 3%~33.5% 乙烯时,就形成了爆炸性的混合物,遇火星发生爆炸。

在医药上,乙烯与氧的混合物可作麻醉剂。农业上,乙烯可作为果实的催熟剂。乙烯是石油化工的基本原料,它除了可以用来制备乙醇,还可氧化制备环氧乙烷,环氧乙烷是有机合成上的重要物质。由乙烯还可以制备苯乙烯,苯乙烯是制造塑料和合成橡胶的原料。乙烯聚合后生成的聚乙烯,具有良好的化学稳定性,其耐寒性、防水性、电绝缘性和辐射稳定性均好,而且相对密度小、无毒、易于加工。聚乙烯不仅可用做日常生活中的食品袋、塑料瓶、塑料水壶等,也广泛用于电气、食品、制药、机械制造等工业部门。在国防工业上,聚乙烯可用做雷达设备的绝缘材料、各种高频电缆和海底电缆的绝缘层,还可用来做防辐射的保护衣。

知识链接

聚乙烯

聚乙烯(PE)属惰性材料,很难在自然环境中降解,且收集、再生、利用成本高昂。大量使用聚乙烯一次性塑料,对环境造成污染,破坏生态平衡。2007 年 12 月 31 日,中华人民共和国国务院办公厅下发了《国务院办公厅关于限制生产销售使用塑料购物袋的通知》。但"限塑"只是一种手段,最终目标是要解决塑料的自然降解问题,使塑料进入生态良性循环,消除其对自然与环境的破坏。

(二)丙烯

丙烯($CH_2=CHCH_3$)为无色气体,燃烧时产生明亮的火焰。丙烯是重要的化工原料,广泛用于有机合成及塑料、纤维工业。如工业上用丙烯来制备异丙醇和丙酮,还可用空气直接氧化丙烯生成丙烯醛。丙烯经聚合后得到聚丙烯。聚丙烯相对密度小,机械强度比聚乙烯高,具有优良的化学稳定性,耐热性好。聚丙烯用途广泛,主要用作薄膜、纤维、耐热和耐化学腐蚀的管道和装置、医疗器械、电缆和电线包皮等。

第二节 二 烯 烃

分子中含有 2 个碳碳双键的不饱和链烃,叫做二烯烃。它的通式为 $C_nH_{2n-2}(n \geqslant 3)$。

一、二烯烃的分类和命名

(一)二烯烃的分类

根据二烯烃中两个双键相对位置的不同,可将二烯烃分为聚集二烯烃、隔离二烯烃和共轭二烯烃 3 类。

1. 聚集二烯烃 2 个双键共用 1 个碳原子的二烯烃,又称累积二烯烃,如 $CH_2=C=CH_2$。聚集二烯烃性质不稳定。

2. 共轭二烯烃　2个双键被1个单键隔开的二烯烃。最简单的共轭二烯烃是1,3-丁二烯(CH_2=CH—CH=CH_2)。共轭二烯烃的结构和性质都很特殊,是最重要的二烯烃。

3. 隔离二烯烃　2个双键被2个或2个以上的单键隔开的二烯烃,又称孤立二烯烃,如CH_2=CH—CH_2—CH=CH_2。隔离二烯烃分子中两个双键可看做独立的双键,其性质与单烯烃相似。

(二) 二烯烃的命名

二烯烃的系统命名与单烯烃的相似,只是要注意标出所有双键的位置。如:

$$\overset{1}{C}H_2=\overset{2}{C}H-\overset{3}{C}H=\overset{4}{C}H_2 \qquad \overset{6}{C}H_3-\overset{5}{C}H=\overset{4}{C}H-\overset{3}{C}H_2-\overset{2}{C}H=\overset{1}{C}H_2$$

1,3-丁二烯　　　　　　　　1,4-己二烯

二、共轭体系与共轭效应

(一) 共轭体系

1,3-丁二烯(CH_2=CH—CH=CH_2)是最简单的共轭二烯烃。分子中4个碳原子都是sp^2杂化,3个C—C σ键和6个C—H σ键共平面,各碳原子上未杂化的p轨道相互平行,都垂直于σ键所在的平面。C_1和C_2之间、C_3和C_4之间的p轨道电子云从侧面平行重叠,形成两个π键,由于这两个π键距离很近,C_2和C_3的p轨道电子云之间也可发生重叠,使4个碳原子的p轨道电子云相互连接为一个整体,这样π电子不再局限(定域)在C_1和C_2之间或C_3和C_4之间,而是在整个分子之间运动,即π电子发生了离域,形成了一个共轭大π键,如图3-3a所示。

分子中两个π键不是孤立存在,而是相互结合成一个整体,称为π-π共轭体系(除π-π共轭体系外,还有p-π共轭体系等,在后面的章节中讨论)。离域π键的形成,不仅使单、双键的键长产生了平均化的趋势,而且分子的内能也降低,使体系趋于稳定,这种体系称为共轭体系。形成共轭体系的原子必须在同一平面上,必须有可以实现平行重叠的p轨道,还要有一定数量的供成键用的p电子。

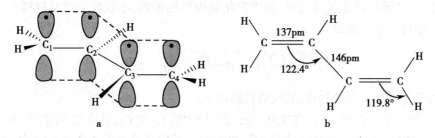

图3-3　1,3-丁二烯的结构

a.1,3-丁二烯分子中的大π键;b.1,3-丁二烯分子中的键长和键角

(二) 共轭效应

实验表明,1,3-丁二烯分子中C=C的键长(137pm)较一般烯烃C=C双键(134pm)长,而C—C的键长(146pm)较一般烷烃中C—C单键(154pm)短,说明共轭

体系中键长趋于平均化,如图 3-3b 所示。共轭体系的内能较低,结构较稳定。

共轭体系一般有 3 个显著特点:一是键长平均化;二是体系能量降低,稳定性明显增加;三是当进行反应时,外界试剂的作用不仅能使一个双键极化,而且会影响到整个共轭体系,使整个共轭体系电子云变形,产生交替极化现象。在共轭体系中,分子中原子间相互影响,使整个分子的电子云的分布趋于平均化,键长也趋于平均化,体系能量降低而稳定性增加,这种效应称为共轭效应。

三、共轭二烯烃的性质

共轭二烯烃的化学性质与烯烃相似,但由于有共轭体系,又表现出其特殊性。

(一) 亲电加成

1,3- 丁二烯能与卤素、卤化氢等发生亲电加成反应,通常有 1,2- 加成和 1,4- 加成两种产物生成。

$$CH_2=CH-CH=CH_2 + HBr$$

1,2-加成 → $CH_3-CH-CH=CH_2$
$\qquad\qquad\qquad\qquad |$
$\qquad\qquad\qquad\quad Br$
3-溴-1-丁烯

1,4-加成 → $CH_3-CH=CH-CH_2$
$\qquad\qquad\qquad\qquad\qquad\qquad |$
$\qquad\qquad\qquad\qquad\qquad\quad Br$
1-溴-2-丁烯

由上面的反应可以看出,加成有两种不同的方式:一种是发生在一个双键上的加成,这种加成方式与烯烃的加成相似,称为 1,2- 加成;另一种加成方式是试剂的两部分加到 C_1 和 C_4 两个碳原子上,即分别加到共轭体系的两端,分子中原来的两个双键消失,而在 C_2 和 C_3 之间,形成一个新的双键,称为 1,4- 加成。两种产物的比例,受反应条件(如溶剂、温度等)的影响。极性溶剂有利于 1,4- 加成;低温条件下反应,1,2- 加成产物为主;较高温度下反应,1,4- 加成产物为主。例如,控制反应温度在 $-80℃$ 时,1,2- 加成产物占 80%;当反应温度在 40℃ 时,1,4- 加成产物占 80%。

共轭二烯烃能够发生 1,4- 加成的原因,是由于共轭体系中 π 电子离域的结果。当 1,3- 丁二烯与溴化氢反应时,由于溴化氢极性的影响,不仅使一个双键极化,而且使分子整体产生交替极化:

$$\overset{\delta^+}{CH_2}=\overset{\delta^-}{CH}-\overset{\delta^+}{CH}=\overset{\delta^-}{CH_2} + \overset{\delta^+}{H}-\overset{\delta^-}{Br}$$
$$\quad 4 \qquad 3 \qquad 2 \qquad 1$$

按照不饱和烃亲电加成,其反应机制如下:

反应的第一步,H^+ 首先进攻电子云密度较大的 C_1 和 C_3,进攻 C_1 后生成的碳正离子(Ⅰ)比进攻 C_3 生成的碳正离子(Ⅱ)更稳定。其原因是在碳正离子(Ⅰ)中,C_2 的 p 轨道与双键的 π 电子形成了 p-π 共轭。

在碳正离子(Ⅰ)的共轭体系中,由于 π 电子的离域,C_2 上的正电荷分散,使得 C_2 和 C_4 都带上正电荷。

$$CH_2=CH-CH=CH_2 + H^+$$
$$\quad 4 \qquad 3 \qquad 2 \qquad 1$$
$$\longrightarrow CH_2=CH-\overset{+}{C}H-CH_3 \quad (Ⅰ)$$
$$\longrightarrow \overset{+}{C}H_2-CH_2CH=CH_2 \quad (Ⅱ)$$

反应的第二步，是 Br⁻ 加到带正电的 C_2 或 C_4 上。Br⁻ 加到 C_2 上，发生 1,2- 加成；Br⁻ 加到 C_4 上发生 1,4- 加成。

$$CH_2\!=\!CH\!-\!\overset{+}{C}H\!-\!CH_3 \longrightarrow \overset{\delta^+}{CH_2}\!=\!=\!CH\!=\!=\!\overset{\delta^+}{C}H\!-\!CH_3$$

（二）双烯合成

双烯合成又叫狄尔斯 - 阿尔德（Diels-Alder）反应，属于协同反应。其反应特点是共轭二烯烃与某些具有碳碳双键的不饱和化合物发生 1,4- 加成反应，生成环状化合物。它在合成六元环状化合物方面具有重要意义。如：

（结构图：1,3-丁二烯 + 乙烯 20~40MPa,200℃ → 环己烯）

环己烯

一般把进行双烯合成的共轭二烯称作双烯体，另一个不饱和的化合物称为亲双烯体。上述反应中，1,3- 丁二烯为双烯体，乙烯为亲双烯体。从上述反应条件可见，双烯合成条件苛刻，实际产率也很低。实践证明，当亲双烯体的双键碳原子上连有吸电子基团（如—CHO、—COR、—CN、—COOH）时，则反应易于发生。

四、与医药学有关的共轭多烯烃

胡萝卜素是天然植物的成分之一，是一种色素。胡萝卜素有 α、β、γ 三种异构体，其中以 β- 胡萝卜素的活性最高。β- 胡萝卜素进入人体后可以转变为维生素 A（又名视黄醇），因此也称为维生素 A 原。β- 胡萝卜素的结构中存在着多个共轭双键，为天然存在的共轭多烯烃化合物。

（β-胡萝卜素结构图）

β-胡萝卜素

（维生素 A 结构图）

维生素 A

许多天然食物中，如绿色蔬菜、甘薯、胡萝卜、菠菜、木瓜、芒果等，皆含有丰富的 β- 胡萝卜素，其中含量最高的是胡萝卜。随着对天然 β- 胡萝卜素需求的增加，人们开始从海藻中提取 β- 胡萝卜素。在追求绿色食品的潮流中，天然胡萝卜素更受欢迎。天然胡萝卜素内含80% 的 β- 胡萝卜素、10% 的 α- 胡萝卜素及10% 的其他胡萝卜素。

1989 年，世界卫生组织经过论证认为：β- 胡萝卜素为最有希望的人体抗氧化剂之一。它可以防止和消除体内生理代谢过程中产生的"自由基"，是氧自由基较强的"克星"。β- 胡萝卜素的防癌、抗癌、防衰老、防治白内障和抗射线对人体损伤等功效已得到普遍认可。此外，β- 胡萝卜素还有提高机体免疫力的功效。

β- 胡萝卜素是人体必需的维生素之一，正常人每天需摄入 6mg。在我国，由于饮食习惯的差异,各人日摄入量极不均衡,多数人的 β - 胡萝卜素摄入量严重不足。有人预计:含有丰富 β - 胡萝卜素的天然胡萝卜素将成为今后市场上的畅销保健品原料之一。

知识链接

番茄红素

番茄红素($C_{40}H_{56}$)是类胡萝卜素的一种,呈红色,因从番茄中提取而得名。它是含有 2 个单独双键和 11 个共轭双键的长链分子。

各种植物中大多含有番茄红素,成熟的红色果实(如番茄、西瓜、石榴等)中含量较高。人体内(主要是人的血液、肝脏、睾丸中)也含有番茄红素,而体内不能合成番茄红素,只能由食物摄取。

番茄红素的抗氧化作用和清除自由基的能力比 β - 胡萝卜素和维生素 A 还强,并且具有防癌抗癌、防衰老、降低心血管疾病的危害、提高机体免疫能力的多重功效。

第三节 炔 烃

分子中含有碳碳叁键($C{\equiv}C$)的不饱和链烃称为炔烃,其通式为 C_nH_{2n-2}($n{\geqslant}2$)。与同碳原子数的二烯烃互为官能团异构。碳碳叁键($C{\equiv}C$)是炔烃的官能团。

一、炔烃的结构

最简单的炔烃是乙炔,结构式为 $H{-}C{\equiv}C{-}H$。科学实验证明,乙炔分子中 $C{\equiv}C$ 键与 $C{-}H$ 键间的夹角是 180°,乙炔分子为直线型分子。碳碳叁键($C{\equiv}C$)中,1 个是 σ 键,2 个是 π 键。

炔烃的结构

叁键碳原子的 sp 杂化

(一) 叁键碳的 sp 杂化

乙炔分子的直线型结构可用杂化轨道理论解释如下:

形成乙炔分子的每个叁键碳原子在成键时,都是以 1 个 2s 轨道和 1 个 2p 轨道进行 sp 杂化,形成 2 个能量相同的 sp 杂化轨道,这两个 sp 杂化轨道的对称轴在同一条直线上,夹角为 180°,如图 3-4 所示。

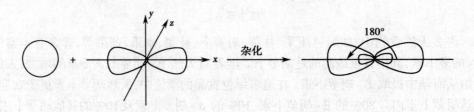

图 3-4 乙炔的 2 个 sp 杂化轨道分布图

(二) 乙炔的结构

乙炔的 2 个碳原子各以 1 个 sp 杂化轨道相互重叠,形成 $C{-}C$ σ 键,每个碳原子又各以 1 个 sp 杂化轨道与氢原子的 1s 轨道重叠形成 $C{-}H$ σ 键,所以乙炔分子中 2

个碳原子和 2 个氢原子都在一条直线上,如图 3-5 所示。

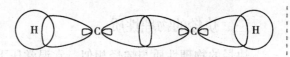

图 3-5 乙炔分子中的 σ 键

每个碳原子还有 2 个未参加杂化的 p 轨道,它们的轴互相垂直,并且都与分子所处直线垂直。形成 σ 键的同时,2 个碳原子上未杂化的 2 个 p 轨道分别从侧面平行重叠,形成两个相互垂直的 π 键。这 2 个 π 键与 sp 杂化轨道的轴之间相当于 3 个垂直坐标的关系,如图 3-6 所示。2 个 π 键的电子云分布在 σ 键周围,形成圆筒形。如图 3-7 所示。

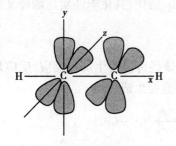

图 3-6 乙炔 π 键形成示意图

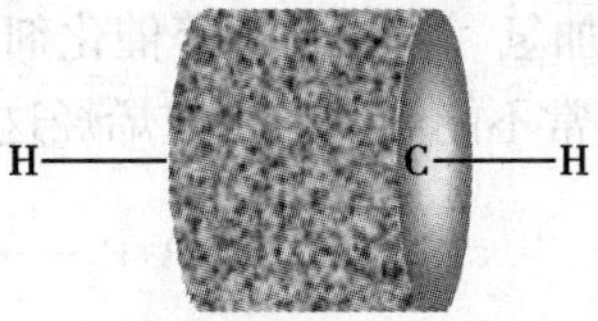

图 3-7 乙炔分子中 π 键电子云的分布

C≡C 的键长比 C═C 及 C—C 短,叁键上 C—H 的键长也较烷烃和烯烃 C—H 的键长短。C≡C 的键能也大于 C═C 及 C—C 的键能。

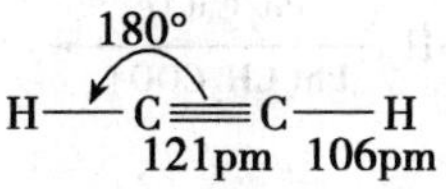

$$H \!-\! \underset{121pm}{C} \overset{180°}{\equiv} \underset{106pm}{C} \!-\! H$$

二、炔烃的同分异构和命名

炔烃的同分异构与烯烃类似,有叁键位置异构(从丁炔开始),也有碳链异构(从戊炔开始)。但炔烃没有顺反异构。与相同碳原子数的烯烃相比,炔烃的异构体数目相对较少。

炔烃的同分异构体和命名

炔烃的命名方法与烯烃相似,只需依据碳碳叁键(C≡C)确定主链、编号,名称中把"烯"改为"炔"。如:

$$CH \equiv C\!-\!CH_2CH_3$$

$$\overset{1}{C}H_3\!-\!\overset{2}{C} \equiv \overset{3}{C}\!-\!\overset{4}{C}H\!-\!CH_2\!-\!CH_3$$
$$\underset{CH_2\!-\!CH_2\!-\!CH_3}{\overset{|}{}}$$
$$\overset{5\quad\;6\quad\;7}{}$$

1-丁炔　　　　　　　　4-乙基-2-庚炔

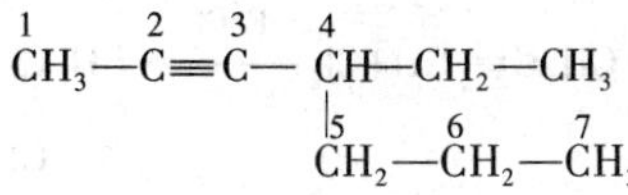

当化合物同时含有双键和叁键时,若双键和叁键距离碳链末端的位置不同,应该从靠近碳链末端的一侧编号;若双键和叁键距离碳链末端的位置相同,则按先烯后炔的顺序编号。书写名称时,总是烯在前、炔在后,称为"某烯炔"。如:

$$CH_3\!-\!CH \!=\! CH\!-\!C \equiv CH$$　　　$$CH_3\!-\!C \equiv C\!-\!CH \!=\! CH_2$$

3-戊烯-1-炔　　　　　　　　1-戊烯-3-炔

$$HC \equiv C\!-\!CH_2\!-\!CH \!=\! CH_2$$

1-戊烯-4-炔

三、炔烃的物理性质

炔烃的物理性质与烯烃相似。常温常压下,$C_2 \sim C_4$ 的炔烃是气体,$C_5 \sim C_{18}$ 的炔烃是液体,C_{19} 以上的炔烃是固体。简单炔烃的沸点、熔点及密度等比相应烯烃要高。炔烃也难溶于水,易溶于丙酮、石油醚及苯等有机溶剂。

炔烃的加成

四、炔烃的化学性质

炔烃的碳碳叁键(C≡C)比较活泼,其化学性质与烯烃相似,也可发生亲电加成、氧化、聚合等反应。但由于炔烃的叁键碳原子是 sp 杂化,其化学性质与烯烃又有一些区别,能发生一些特殊的反应。

(一) 加成反应

1. 催化加氢 在铂或钯等催化剂的存在下,炔烃可以发生加氢反应,反应是分步进行的,但通常不能停留在生成烯烃这一步,而是直接生成烷烃。

$$HC \equiv CH + H_2 \xrightarrow{Pt} H_2C = CH_2 \xrightarrow[H_2]{Pt} H_3C - CH_3$$

若用特殊方法制备的催化剂,如林德拉(Lindlar)催化剂(将金属钯的细粉末沉淀在碳酸钙上,再用醋酸铅溶液处理以降低其活性),反应也可以停止在生成烯烃阶段,产物为顺式烯烃,这个方法的立体专一性很强,可以用来制备顺式烯烃。如:

$$CH_3CH_2C \equiv CCH_2CH_3 + H_2 \xrightarrow[Pb(CH_3COO)_2]{Pd/CaCO_3}$$

顺-3-己烯

若分子内同时存在 C≡C 和 C=C 时,催化加氢首先发生在 C≡C 上,这是与加卤素(首先加到双键上)不同的。如:

$$CH_2 = CH - C \equiv CH + H_2 \xrightarrow[Pb(CH_3COO)_2]{Pd/CaCO_3} CH_2 = CH - CH = CH_2$$

2. 加卤素 炔烃与卤素的加成是分两步进行的,先加一分子氯或溴,生成二卤代烯,在过量的氯或溴存在下,再进一步与一分子卤素加成,生成四卤代烷。

$$CH_3C \equiv CH + Cl_2 \xrightarrow{FeCl_3} CH_3\underset{\underset{Cl}{|}}{C} = \underset{\underset{Cl}{|}}{CH} \xrightarrow{Cl_2} CH_3CCl_2CHCl_2$$

1,2-二氯丙烯   1,1,2,2-四氯丙烷

在二卤代烯烃中,由于两个双键碳原子中都连有吸电子的卤素原子,使 C=C 双键的亲电加成活性减小,所以反应也可以停止在生成卤代烯烃阶段,产物为反式卤代烯烃。如:

$$CH_3CH_2C \equiv CCH_2CH_3 + Br_2 \longrightarrow$$

反-3,4-二溴-3-己烯

由于炔烃的亲电加成活性比烯烃小,当分子内同时存在 C≡C 和 C≡C 时,与卤素的加成首先发生在 C≡C 上。

$$HC≡CCH_2CH=CH_2+Br_2 \longrightarrow HC≡CCH_2\underset{Br}{CH}-\underset{Br}{CH_2}$$

4,5-二溴-1-戊炔

炔烃使溴的四氯化碳溶液褪色的反应也可用作炔烃的鉴别。

3. 加卤化氢　炔烃与卤化氢的加成,碘化氢容易进行,氯化氢则难进行,一般要在催化剂存在下才能发生反应。不对称炔烃加卤化氢时,遵守马氏规则。如:

$$CH_3C≡CH \xrightarrow{HBr} CH_3-\underset{Br}{C}=CH_2 \xrightarrow{HBr} CH_3CBr_2CH_3$$

又如,在汞盐的催化作用下,乙炔与氯化氢在气相发生加成反应,生成氯乙烯。这是工业上生产氯乙烯的重要反应,氯乙烯是合成聚氯乙烯的单体。

$$CH≡CH+HCl \xrightarrow[150\sim160℃]{HgCl_2} CH_2=\underset{Cl}{CH}$$

在光或过氧化物的作用下,不对称炔烃与卤化氢的加成反应,得到反马氏规则的加成产物。

4. 加水　在汞盐(如硫酸汞)的催化下,炔烃在稀硫酸溶液中,能与水发生加成反应,首先生成烯醇,然后异构化为更稳定的羰基化合物,此反应也称为炔烃的水合反应。不对称炔烃加水遵守马氏规则。

$$R-C≡CH+H_2O \xrightarrow[H_2SO_4]{HgSO_4} R-\overset{OH}{\underset{}{C}}=CH_2 \longrightarrow R-\overset{O}{\underset{}{C}}-CH_3$$

炔烃　　　　　烯醇　　　　酮

乙炔加水最终产物是乙醛,这是工业上制备乙醛的方法之一;其他炔烃的加水产物都是酮。

$$HC≡CH+H_2O \xrightarrow[\triangle]{HgSO_4/H_2SO_4} CH_2=\overset{OH}{\underset{}{CH}} \longrightarrow CH_3-\overset{O}{\underset{}{C}}-H$$

(二) 氧化反应

炔烃的碳碳叁键(C≡C)在高锰酸钾酸性溶液等氧化剂的作用下可发生断裂,生成羧酸、二氧化碳等产物。

$$R-C≡CH \xrightarrow{KMnO_4}{H^+} RCOOH+CO_2$$

$$CH_3(CH_2)_2C≡CCH_2CH_3 \xrightarrow{KMnO_4}{H^+} CH_3(CH_2)_2COOH+CH_3CH_2COOH$$

根据生成产物的种类和结构也可推断炔烃的结构。与烯烃一样,炔烃的氧化反应能使高锰酸钾溶液褪色,也可作为炔烃的鉴定。

（三）聚合反应

1. 聚合成链状化合物　在氯化亚铜和氯化铵的强酸溶液中,乙炔二聚或三聚成链状化合物。

$$2CH{\equiv}CH \xrightarrow[NH_4Cl]{CuCl} CH_2{=}CH{-}C{\equiv}CH \xrightarrow[CH{\equiv}CH]{CuCl,NH_4Cl} CH_2{=}CH{-}C{\equiv}C{-}CH{=}CH_2$$

$\qquad\qquad\qquad\qquad$乙烯基乙炔$\qquad\qquad\qquad\qquad\qquad\qquad$二乙烯基乙炔

2. 聚合成环状化合物　用三苯基膦羰基镍 $Ni(CO)_2{\cdot}[(C_6H_5)_3P]_2$ 作催化剂,乙炔能三聚成苯,产率可达 80%,合成上很有意义。

$$3CH{\equiv}CH \xrightarrow[60{\sim}70℃,1.5MPa]{Ni(CO)_2{\cdot}[(C_6H_5)_3P]_2} \bigcirc$$

在四氢呋喃中,经氰化镍催化,乙炔可聚合成环辛四烯。

$$4CH{\equiv}CH \xrightarrow[50℃,1.5{\sim}2MPa]{Ni(CN)_2} \bigcirc$$

与烯烃聚合不同的是,炔烃一般不能聚合成高分子化合物。

（四）金属炔化物的生成

采用 sp 杂化的碳原子,表现出较大的电负性,使炔烃中叁键碳原子上的氢具有弱酸性,可以被金属取代而生成金属炔化物。如将乙炔通入氯化亚铜的氨水溶液中,则生成红棕色乙炔亚铜沉淀。如用硝酸银代替氯化亚铜,则生成白色的乙炔银沉淀。

$$HC{\equiv}CH+2Cu(NH_3)_2Cl \longrightarrow CuC{\equiv}CCu{\downarrow}+2NH_4Cl+2NH_3$$
$$HC{\equiv}CH+2Ag(NH_3)_2NO_3 \longrightarrow AgC{\equiv}CAg{\downarrow}+2NH_4NO_3+2NH_3$$

末端炔烃（$R{-}C{\equiv}CH$）也能发生以上类似的反应,生成炔化物沉淀。此反应很灵敏,现象也明显,常用来鉴别分子中是否含有 $-C{\equiv}CH$ 基。炔化物在潮湿状态及低温时比较稳定,干燥时遇热或受撞击即分解并爆炸,使用或制备时必须小心(实验后应加硝酸进行破坏,然后倒入废物缸中)。

课堂互动

用化学方法鉴别乙烷、乙烯和乙炔。

五、与医药学有关的炔烃类化合物

乙炔是无色无味的气体,也是有机合成的重要原料之一。电石（CaC_2）与水作用可制得乙炔。乙炔在氧气中燃烧的火焰可达到 $3000℃$ 以上,称为氧炔焰,广泛用于焊接和切割金属,称为气焊和气割。研究发现,乙炔对人体有弱麻醉作用,接触 $10\%{\sim}20\%$ 乙炔时,会引起急性中毒。因此,在检修乙炔发生器时,要注意通风,佩戴空气呼吸机,防止急性中毒。

$\hfill$（陈东林）

复习思考题

1. 举例说明烯烃、炔烃结构的不同？指出 $CH_2 = CH—C \equiv C—CH_3$ 中各碳原子的杂化状态。

2. 命名下列化合物或根据名称写出结构式

(1) $CH_2 = CHCH_2C \equiv CH$

(2) $CH_2 = CHCH_2C \equiv CCH_3$

(3)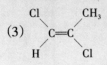

(4)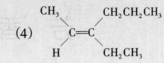

(5) 3,3-二甲基-1-丁烯

(6) 反-3-甲基-2-己烯

3. 完成下列反应

(1) $(CH_3)_2CHCH = CH_2 + Br_2 \xrightarrow{CCl_4}$

(2) $CH_3CH_2CH = CH_2 + HCl \longrightarrow$

(3)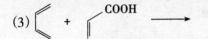

(4)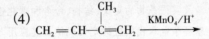

4. 用化学方法鉴别下列各组化合物

(1) 丙烷、环丙烷、乙烯

(2) 2-戊炔、1-己炔

5. 化合物 A 和 B 互为同分异构体，两者都能使溴水褪色。A 能与硝酸银的氨溶液反应而 B 不能。A 用酸性高锰酸钾溶液氧化后生成 CH_3CH_2COOH 和 CO_2，B 用酸性高锰酸钾溶液氧化后生成 CH_3COOH。试推测 A 和 B 的结构式和名称，并写出有关的反应式。

第四章

芳　香　烃

 学习要点

1. 苯及其同系物的定义、结构、命名和理化性质。
2. 苯环亲电取代反应的定位规律及其应用。
3. 稠环芳香烃的命名和理化性质;休克尔(Hückel)规则。

　　芳香烃简称芳烃,是芳香族化合物的母体,通常用 Ar-H 表示。芳香族化合物原来是指从天然植物树脂和香精油中提取得到的一些具有芳香气味的化合物,后来发现它们大多含有苯环结构,因而将含苯环结构的化合物称为芳香族化合物。进一步研究发现许多含苯环结构的化合物不仅无香味,有的甚至还具有令人不愉快的气味。因此,沿用至今的"芳香"一词已失去其原来的含义。现在的芳香烃是指具有特殊稳定性的环状结构,难以发生加成和氧化反应,而易发生取代反应的一类有机化合物。

　　根据分子中是否含有苯环,芳香烃分为苯系芳香烃和非苯芳香烃。

　　苯系芳香烃中根据所含苯环的数目和连接方式,又分为单环芳香烃、多环芳香烃和稠环芳香烃。单环芳香烃是指分子中只含一个苯环的芳香烃。主要包括苯和苯的同系物。

　　如:

苯 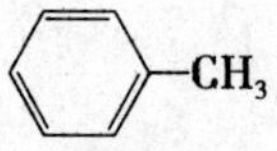　　　　　甲苯 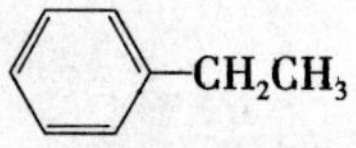　　　　　乙苯

　　多环芳香烃是分子中含有两个或两个以上独立苯环的芳香烃。如:

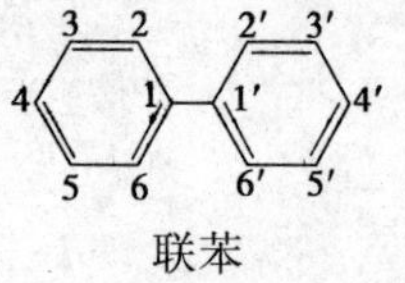

联苯 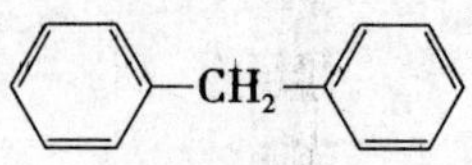　　　　　　　　二苯甲烷

　　稠环芳香烃是分子中两个或两个以上的苯环彼此间通过共用两个相邻碳原子结合而成的芳香烃。如:

萘

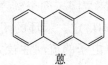
蒽

菲

第一节　苯及其同系物

一、苯的结构

苯是最简单的芳香烃,经元素分析及相对分子量测定,确定苯的分子式为 C_6H_6。从苯分子中碳与氢的比例 $1:1$ 来看,苯应该是一个高度不饱和的化合物,但实际上苯很稳定,难以进行加成反应,不易被氧化,不使高锰酸钾溶液褪色,而容易发生取代反应。苯的一元取代物只有一种,说明苯分子中的 6 个氢原子是完全等同的。1865 年德国化学家凯库勒(A.Kekulé)提出苯具有环状结构。苯分子中 6 个 C 组成六元环,碳原子之间以间隔的单双键相连,每个碳原子连接 1 个氢原子。

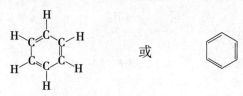

苯的凯库勒结构式可以解释苯的一元取代物只有 1 种,苯经催化加氢可以得到环己烷等一些客观事实,但却不能解释为什么苯有 3 个双键却不易发生加成反应,为什么苯的邻位二元取代物只有 1 种。

现代物理学方法研究表明,苯分子的 6 个碳原子和 6 个氢原子在同一平面,6 个碳原子组成一个正六边形,键角均为 $120°$,碳碳键长都是 139pm。见图 4-1。

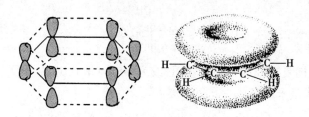

图 4-1　苯环的共轭大 π 键及电子云分布示意图

杂化轨道理论认为苯分子中的碳原子都是 sp^2 杂化,每个碳原子都以 sp^2 杂化轨道形成 2 个 C—C σ 键和 1 个 C—H σ 键,构成 1 个平面。每个碳原子还有 1 个未杂化的 p 轨道,均垂直于环平面而相互平行。每个 p 轨道都可以与两个相邻碳原子的 p 轨道侧面重叠,6 个 p 轨道之间相互重叠的程度完全相同,形成了包含 6 个碳原子的环状闭合 π-π 共轭体系,称为大 π 键。π 电子云位于碳环平面的上方和下方,电子云密度均匀,环上没有单键和双键之别,见图 4-1。苯的结构仍然用凯库勒结构式表示,

还常用圆圈代表大 π 键,用 表示苯分子。

苯环结构的共轭体系中,π电子不局限于两个碳原子之间,而为多个原子共享的离域现象,使体系内能降低,苯的结构稳定。苯环的闭合共轭体系难以破坏,所以苯不易发生加成和氧化反应;而离域π电子的流动性较大,受亲电试剂的影响,苯容易发生亲电取代反应。

二、苯的同系物和命名

苯是单环芳香烃的母体,苯分子中氢原子被烷基取代的衍生物就是苯的同系物。苯及苯的同系物的通式为 C_nH_{2n-6}($n \geqslant 6$)。

苯的同系物命名是以苯为母体,烷基作取代基,称为"某苯"。如:

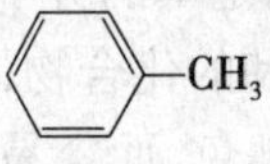

—CH₃ 甲苯　　　—CH₂CH₃ 乙苯　　　—CH(CH₃)₂ 异丙苯

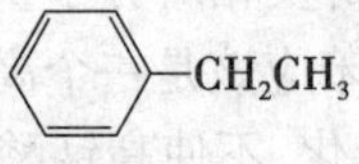

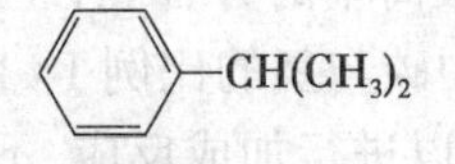

如果苯环上有 2 个取代基,编号原则是应使环上取代基的位次较小,用阿拉伯数字表示取代基的位置,也可用"邻、间、对"表示取代基的相对位置。如:

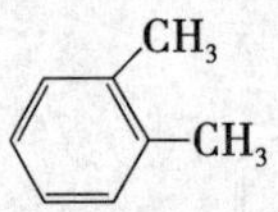

1,2-二甲苯　　1,3-二甲苯　　1,4-二甲苯
邻二甲苯　　　间二甲苯　　　对二甲苯
o-二甲苯　　　m-二甲苯　　　p-二甲苯

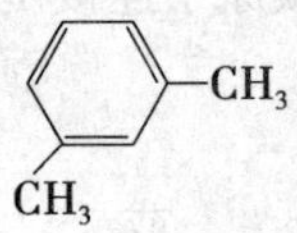

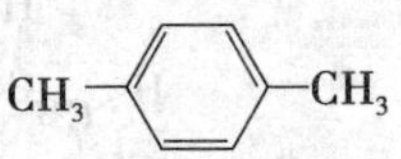

如果苯环上有 3 个相同的取代基,其相对位置同样可用阿拉伯数字表示,也可用"连、偏、均"等表示。

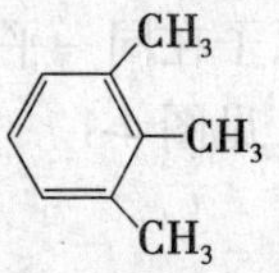

连三甲苯　　　偏三甲苯　　　均三甲苯
1,2,3-三甲苯　1,2,4-三甲苯　1,3,5-三甲苯

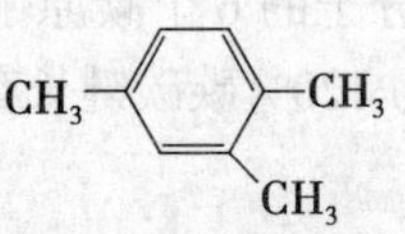

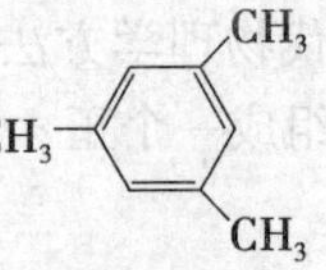

当取代基结构复杂或为不饱和基团,或为多苯基取代芳烃时,可以把链烃作为母体,苯环视为取代基来命名。

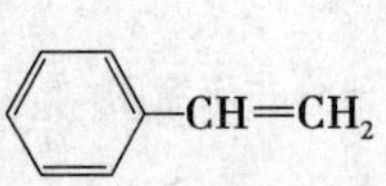

—CH=CH₂
苯乙烯　　　CH₃CHCH₂CH— 2-甲基-4-苯基戊烷

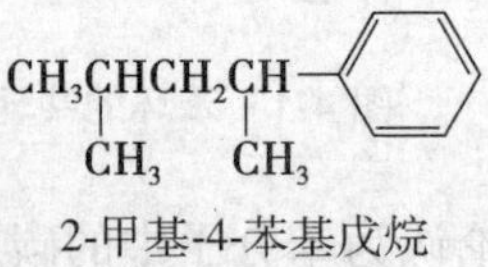

芳烃分子中去掉 1 个 H 后剩下的基团称为芳香烃基或芳基,常用"Ar-"表示。常见的芳基有:苯基 C_6H_5—(phenyl),可用"Ph—"表示;苯甲基或称苄基 C_6H_5—CH₂—。

苯基　　　苯甲基或苄基　　　邻甲苯基

三、苯及其同系物的物理性质

苯及其同系物一般为具有特殊气味的液体,不溶于水,是许多有机物的良好溶剂。苯及其同系物的蒸气有毒,对中枢神经和造血器官有损害,长期接触会导致白细胞减少和头晕乏力等,使用时需注意采取防护措施。

苯及同系物密度都小于 $1g/cm^3$,但比链烃、脂环烃高。沸点随分子中碳原子数的增加而升高,同碳原子数的各种异构体沸点相差不大。熔点的变化与结构的对称性有关,对称性较好的分子熔点较高。苯及同系物的物理常数见表 4-1。

表 4-1　苯及其同系物的物理常数

化合物	熔点（℃）	沸点（℃）	密度（g/cm³）
苯	5.3	80.1	0.8765
甲苯	−95	110.6	0.8669
邻二甲苯	−25	144.4	0.8802
间二甲苯	−48	139.1	0.8642
对二甲苯	13	138.4	0.8610
乙苯	−93	136.2	0.8667
丙苯	−99	159.2	0.8620
异丙苯	−96	152.4	0.8617

四、苯及其同系物的化学性质

苯环的特殊结构使苯的化学性质与不饱和烃有显著不同,具有芳香性。即较难发生加成反应和氧化反应,而一定条件下容易发生取代反应。

(一) 亲电取代反应

苯环富有 π 电子,易受亲电试剂的进攻,反应中苯环上的氢原子易被—X、—NO$_2$、—SO$_3$H 等原子或原子团所取代,发生亲电取代反应。

1. 卤代反应　在铁粉或三卤化铁的催化下,苯与卤素作用生成卤代苯。由于氟代反应太剧烈不易控制,而碘不活泼难以反应,所以苯的卤代反应通常是氯代和溴代反应。

烷基苯的卤代反应条件不同,获得的产物不同。以乙苯为例,在铁粉或三氯化铁的催化下,生成邻位和对位的卤代产物。

在光照或加热的条件下,发生侧链上的氯代和溴代反应。

$$\underset{}{\overset{CH_2CH_3}{\bigcirc}} + Cl_2 \xrightarrow{光} \underset{}{\overset{ClCHCH_3}{\bigcirc}} + HCl$$

此反应与烷烃的卤代反应相同,属于自由基反应。卤原子优先取代与苯直接相连的碳原子(α-C)上的氢原子(即 α-H),因为 α-H 受苯环影响较活泼,而且苯甲型自由基较稳定,氯原子自由基进攻侧链比进攻苯环更有利。

2. 硝化反应 苯与浓硝酸和浓硫酸的混合物(也称混酸)作用,生成硝基苯的反应叫硝化反应。

$$\bigcirc + HNO_3 \xrightarrow[50\sim60℃]{浓H_2SO_4} \bigcirc\!-\!NO_2 + H_2O$$

硝基苯进一步硝化较困难,需要更高的温度和更浓的混酸,第二个硝基主要进入第一个硝基的间位。烷基苯硝化比苯容易,主要得到邻位和对位的硝化产物。

$$\underset{}{\overset{NO_2}{\bigcirc}} + HNO_3 \xrightarrow[100℃]{浓H_2SO_4} \underset{NO_2}{\overset{NO_2}{\bigcirc}} + H_2O$$

$$\underset{}{\overset{CH_3}{\bigcirc}} + 2HNO_3 \xrightarrow[30℃]{浓H_2SO_4} \underset{}{\overset{CH_3}{\bigcirc}}\!NO_2 + \underset{NO_2}{\overset{CH_3}{\bigcirc}} + 2H_2O$$

3. 磺化反应 苯与浓硫酸共热,苯环上的氢原子被磺酸基(—SO$_3$H)取代,生成苯磺酸。苯磺酸同样条件下可以水解,所以磺化反应是一个可逆反应。

$$\bigcirc + H_2SO_4 \rightleftharpoons \bigcirc\!-\!SO_3H + H_2O$$

4. 傅 - 克(Friedel-Crafts)反应 苯环上引入烷基或酰基的反应称为傅 - 克烷基化反应和傅 - 克酰基化反应。反应是法国的傅瑞德尔(C.Friedel)和美国的克拉弗茨(J.M.Crafts)两位化学家发现的,简称傅 - 克反应。

在无水三氯化铝催化下,苯与卤代烷作用生成烷基苯的反应是烷基化反应。

$$\bigcirc + CH_3CH_2Cl \xrightarrow{无水AlCl_3} \bigcirc\!-\!CH_2CH_3 + HCl$$

提供烷基的试剂称为烷基化试剂。常用的烷基化试剂除了卤代烷外,还有醇、烯烃等。烷基化试剂含 3 个或 3 个以上碳原子时,反应中烷基容易异构化,产物不止 1 种。如:

$$\bigcirc + 2CH_3CH_2CH_2Cl \xrightarrow{无水AlCl_3} \underset{正丙苯\ 31\%}{\overset{CH_2CH_2CH_3}{\bigcirc}} + \underset{异丙苯\ 69\%}{\overset{CH_3CHCH_3}{\bigcirc}} + 2HCl$$

在无水三氯化铝催化下,苯与酰卤或酸酐等作用生成酮的反应是酰基化反应。

$$\text{苯} + R-\overset{O}{\underset{}{C}}-Cl \xrightarrow{\text{无水}AlCl_3} \text{苯}-\overset{O}{\underset{}{C}}-R + HCl$$

5. 苯环上亲电取代反应机制 苯的取代反应都是亲电取代反应。亲电试剂 E^+ 进攻富有 π 电子的苯环,产生碳正离子中间体。碳正离子中间体不稳定,很容易失去 1 个质子,生成取代产物。

$$\text{苯} + E^+ \overset{\text{慢}}{\rightleftharpoons} \text{中间体} \xrightarrow{\text{快}} \text{苯}-E + H^+$$

如:在苯的氯代反应中,第一步,氯与三氯化铁作用,形成亲电试剂氯正离子。

$$Cl_2 + FeCl_3 \rightleftharpoons Cl^+ + [FeCl_4]^-$$

第二步,氯正离子进攻苯环,生成碳正离子中间体。

第三步,碳正离子中间体失去 1 个 H^+,生成氯苯。

硝化反应中,浓硫酸的作用是使硝酸变为亲电试剂硝酰正离子;磺化反应中,亲电试剂是缺电子的中性分子 SO_3,S 带部分正电荷;傅 - 克反应中,亲电试剂是烃基正离子。亲电试剂的形成如下:

$$HNO_3 + H_2SO_4 \rightleftharpoons NO_2^+ + HSO_4^- + H_2O$$
$$2H_2SO_4 \rightleftharpoons SO_3 + HSO_4^- + H_3O^+$$
$$RCl + AlCl_3 \rightleftharpoons R^+ + AlCl_4^-$$

烷基化反应中产生烷基异构是因为碳正离子的稳定性不同($3℃^+ > 2℃^+ > 1℃^+$),碳正离子会自动重排,形成更稳定的碳正离子。如正丙基碳正离子(1°)发生重排,形成异丙基碳正离子(2°);异丁基碳正离子(1°)重排,形成叔丁基碳正离子(3°)。

$$CH_3CH_2CH_2^+ \longrightarrow CH_3\underset{CH_3}{CH}^+ \qquad CH_3\underset{CH_3}{CH}CH_2^+ \longrightarrow CH_3\underset{CH_3}{\overset{CH_3}{C}}^+$$

(二)加成反应

苯及其同系物的性质稳定,不易发生加成反应。在特殊条件下,也可以加氢、加氯,并且一般是 3 个双键同时发生反应。

$$\text{苯} + 3H_2 \xrightarrow[200℃,\text{加压}]{Ni} \text{环己烷}$$

$$\text{苯} + 3Cl_2 \xrightarrow[50℃]{\text{日光}} \text{六氯环己烷}$$

49

（三）氧化反应

苯环较稳定,一般不会被氧化。但烷基苯的侧链只要有 α-H 就容易被氧化,而且不论侧链多长,氧化的结果都是侧链被氧化为羧基。

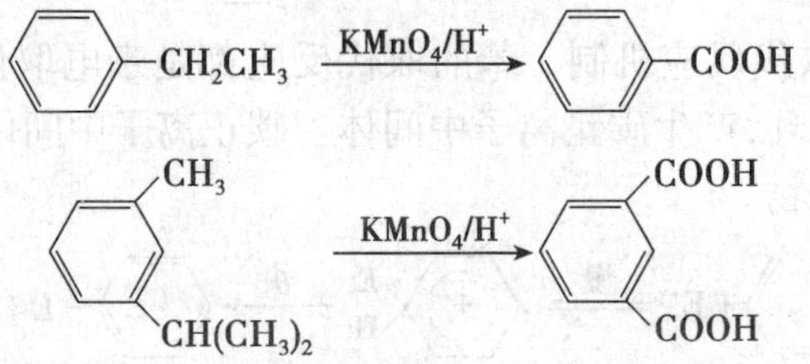

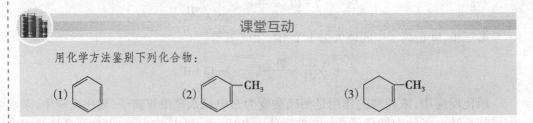

若苯环侧链上不含 α-H,一般不能被氧化。

烷基苯的侧链氧化反应,多用于合成苯甲酸或鉴别烷基苯。当用酸性高锰酸钾做氧化剂时,随着苯环的侧链氧化反应的发生,高锰酸钾的颜色逐渐褪去,这可作为苯环上有无含有 α-H 的侧链的鉴别反应。

课堂互动

用化学方法鉴别下列化合物:

(1)   (2)   —CH₃   (3)   —CH₃

五、苯环亲电取代反应的定位规律

苯环亲电取代反应的定位规律

（一）定位规律

根据苯的结构,当苯发生亲电取代反应时,其一元取代物只有一种。但一元取代苯再继续进行取代时,取代基的位置就有三种可能,即第一个取代基的邻位、间位和对位。苯环上的取代基会影响苯环亲电取代反应的活性,并且对第二个取代基进入苯环的位置具有支配作用。我们将苯环上原有的取代基称为定位基。

1. 邻、对位定位基 邻、对位定位基一般使新引入的取代基主要进入其邻位和对位。该类定位基中与苯环相连的原子不含重键,且多数有未共用电子对。属于这类定位基的主要有:

$$—NR_2、—NH_2、—OH、—OR、—NHCOR、—OCOR、—R、—Ar、—X$$

2. 间位定位基 间位定位基一般使新引入的取代基主要进入其间位。该类定位基中与苯环相连的原子一般含有重键或带正电荷。属于这类定位基的主要有:

$$—N^+R_3、—NO_2、—CN、—SO_3H、—CHO、—COOH$$

邻、对位定位基(除卤素外)一般使苯环活化,即使苯环的亲电取代反应变得比苯容易。如甲苯的氯代比苯更容易,主要生成邻氯甲苯和对氯甲苯。间位定位基可使苯环钝化,使苯环发生亲电取代反应变得比苯困难。如硝基苯继续硝化要求更高的反应条件,主要生成间二硝基苯。

（二）定位规律的解释

定位规律是电子效应(诱导效应和共轭效应)影响的结果。苯环是 1 个电子云分布均匀的闭合共轭体系。当苯环上有 1 个取代基时,苯环上电子云密度分布发生改变。

取代基通过诱导效应和共轭效应,可使苯环的电子云密度增大或降低,而且还会使环上出现电子云密度大小交替的现象,导致环上各个位置的取代难易程度不同。

1. 邻、对位定位基的影响 这类定位基一般有供电子效应,能使苯环电子云密度增大(除卤素外),尤其是邻位和对位的电子云密度增加更显著,更有利于亲电反应发生。

在甲苯中,甲基是供电子基,有供电子诱导效应,而且甲基的C—Hσ轨道与苯环的大 π 键存在部分重叠,形成了 σ-π 超共轭效应。甲基的诱导效应和超共轭效应方向一致,都使苯环上的电子云密度增大,使甲苯比苯更容易发生亲电取代反应。而且电子效应沿共轭体系传递,使甲基邻位和对位的电子云密度增大更多,所以主要生成邻、对位取代的产物。

当苯环上连有—OH、—OR、—NH$_2$等取代基时,由于氧、氮等原子电负性较大,有吸电子诱导效应,使苯环上电子云密度减小;但同时氧、氮等原子的 p 轨道上有未共用电子对与苯环形成供电子的 p-π 共轭效应。由于共轭效应大于诱导效应,结果是苯环上的电子云密度增大,而且邻位和对位上电子云密度增加更多,所以苯环上发生亲电取代反应的活性增大,取代作用主要发生在邻位和对位。

卤原子对苯环的影响也是两种电子效应综合的结果。卤素原子电负性较大,具有较强的吸电子诱导效应,因此卤代苯会使苯环上的电子云密度减小,苯环上发生亲电取代反应的活性减小;而卤素原子 p 轨道上的未共用电子对也会与苯环形成 p-π 共轭,而共轭效应又会使其邻位和对位的电子云密度减小不多。所以卤素产生邻、对位的定位效应。

2. 间位定位基的影响 以硝基苯为例。硝基有吸电子诱导效应,同时硝基中氮氧 π 键与苯环的大 π 键形成 π-π 共轭效应,因氧和氮的电负性都比碳大,使共轭体系的电子云移向硝基。诱导效应和共轭效应方向一致,均使苯环上的电子云密度降低,尤其是硝基的邻、对位电子云密度降低较多,所以硝基苯进行亲电取代反应比苯难,且主要产物是间位取代物。

(三) 定位规律的应用

应用苯环上取代基的定位规律,可以合理设计合成路线,以及预测取代反应的主要产物。例如,由苯制备邻硝基氯苯,因为—Cl 是邻、对位定位基,要先氯代后硝化。而制备间硝基氯苯,则需要先硝化后氯代。

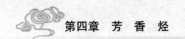
二取代苯进行取代时,可应用定位效应推测导入基团的位置。两个基团定位效应一致,取代基的作用具有加和性。两个基团定位效应不一致时,定位效应强的起主导作用;活化基的作用超过钝化基。此外应用定位效应时还应考虑空间效应。

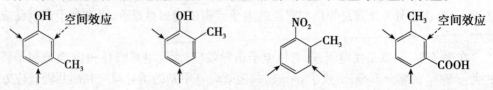

课堂互动

指出下列化合物硝化时导入硝基的位置:

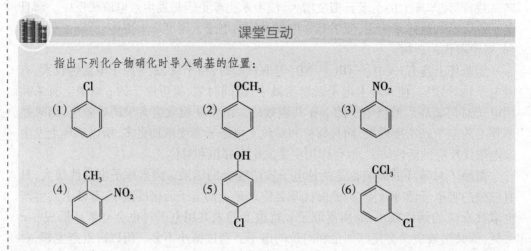

第二节 稠环芳香烃

分子中两个或两个以上的苯环通过共用两个相邻碳原子稠合而成的芳香烃称为稠环芳香烃。重要的稠环芳香烃有萘、蒽、菲等,它们存在于煤焦油中,是重要的化工原料。

一、萘

萘的分子式为 $C_{10}H_8$,由两个苯环稠合而成。与苯相似,萘是一个平面型分子,组成分子的原子都在同一平面上。萘的每个碳原子都以 sp^2 杂化轨道形成 C—C σ 键或 C—H σ 键,每个碳上未杂化的 p 轨道相互平行,侧面重叠形成大 π 键。在萘分子中,1、4、5、8 位置等同,称为 α- 位,2、3、6、7 位置等同,称为 β- 位。命名时取代基的位次可以用阿拉伯数字标明,也可以用 α-、β- 标明。

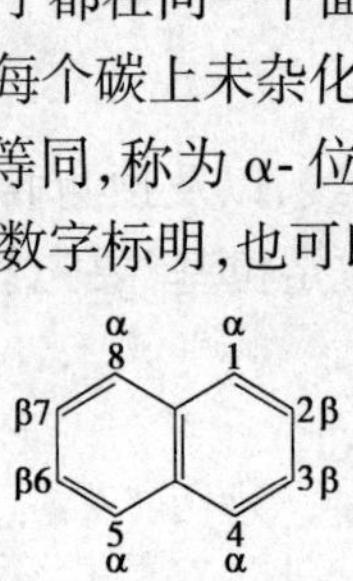

萘 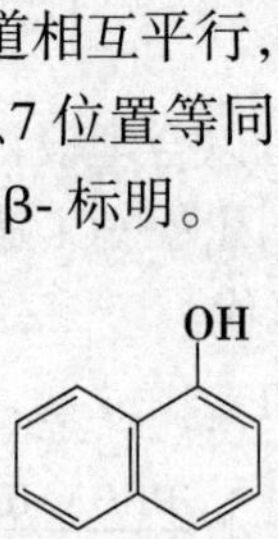   α-萘酚 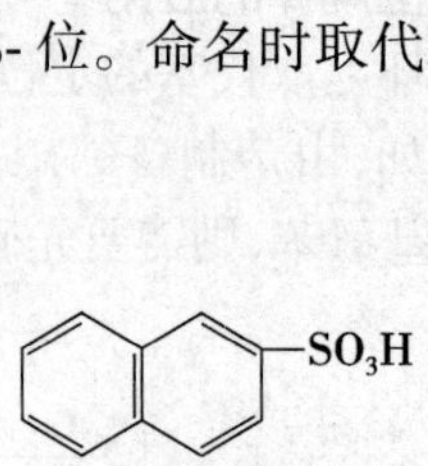   β-萘磺酸

萘为白色片状晶体,有特殊的气味,熔点 80.5℃,沸点 218℃,易升华,不溶于水,能溶于有机溶剂。

萘具有与苯相似的性质,但比苯活泼一些。萘分子的电子云分布不是完全平均化,α- 位电子云密度较大,所以 α- 位比 β- 位更易发生反应。

1. **亲电取代反应** 萘可以发生卤代、硝化、磺化等反应。主要生成 α- 位取代产物。如:

2. **加成反应** 萘可以发生催化加氢反应,条件不同,得到不同的加成产物。

3. **氧化反应** 萘比苯易氧化,主要发生在 α- 位。萘室温下就可被三氧化铬氧化成 1,4- 萘醌。强烈条件下被空气氧化,生成重要的化工原料邻苯二甲酸酐。这是工业上生产邻苯二甲酸酐的方法。

1,4-萘醌   邻苯二甲酸酐

二、蒽和菲

蒽和菲的分子式都是 $C_{14}H_{10}$,都是由 3 个苯环稠合而成的,蒽为直线稠合,菲为角式稠合,它们互为同分异构体。蒽分子中 1、4、5、8 位置等同,称为 α- 位,2、3、6、7 位置等同,称为 β- 位,9 和 10 位置等同,称为 γ- 位。蒽和菲的分子都是平面结构,形成了共轭体系。但是电子云密度不完全平均化,反应主要发生在 9、10 位。

蒽   菲

蒽为无色片状晶体,有蓝紫色荧光,熔点 216℃,沸点 340℃;菲是具有金属光泽的无色片状晶体,熔点 100℃,沸点 340℃。都不溶于水,而易溶于苯。各种甾体药物中都含有环戊烷多氢菲的结构(见第十五章)。

三、致癌芳香烃

致癌芳香烃主要是稠环芳香烃的衍生物,多存在于煤焦油、沥青和烟草的焦油中。致癌芳香烃本身不具有致癌活性,但在体内经代谢活化,与细胞作用,促使其发生癌变。下面列举几种致癌芳香烃。

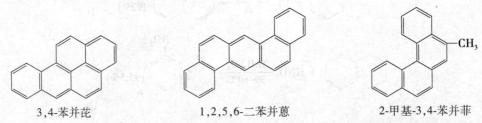

| 3,4-苯并芘 | 1,2,5,6-二苯并蒽 | 2-甲基-3,4-苯并菲 |

其中 3,4-苯并芘的致癌作用最强。糖、脂肪和蛋白质等加热时,若"烧焦"则会产生此致癌物质;食物在烟熏过程中也会遭此致癌物污染。烟气和汽车尾气中都含有 3,4-苯并芘。

第三节 非苯芳香烃

含苯环的芳香烃都具有环状的闭合共轭体系的结构,都具有芳香性。但是有些不含苯环的有机化合物,结构为环状闭合的共轭体系,性质也表现为环结构稳定,易发生取代反应,难以发生加成和氧化反应等,具有一定的芳香性。1931 年德国化学家休克尔(W.Hückel)提出了判断芳香性的规则:在环多烯化合物中,具有共平面的离域体系,其 π 电子数为 $4n+2$($n=0,1,2,3\cdots$),均具有芳香性。这个规则称为休克尔规则,又称为 $4n+2$ 规则。按此规则,芳香性化合物必须具备 3 个条件:①分子必须是环状化合物且成环原子共平面;②构成环的原子必须都是 sp^2 杂化原子,它们能形成一个离域的 π 电子体系;③π 电子总数必须等于 $4n+2$。

苯是一个平面的环状共轭体系,其 π 电子数为 6,符合休克尔规则,具有芳香性。萘是 10 个碳共平面的环状共轭体系,其 π 电子数为 10,也符合 $4n+2$ 规则,具有芳香性。蒽和菲成环碳原子也是在同一平面的共轭体系,π 电子数 14 也符合 $4n+2$ 规则,具有芳香性。这些化合物都是苯系芳香烃。

分子中不含苯环,但结构符合休克尔规则,有一定程度的芳香性的化合物,属于非苯系芳香烃。如:薁和〔18〕轮烯。

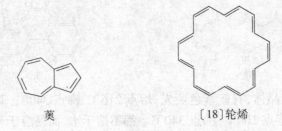

薁   〔18〕轮烯

知识链接

萘丸和樟脑丸

以前市场上出售的卫生球,实际是萘丸,它是以从煤焦油中分离提炼出的精萘为原料压制而成的,虽有防虫、防蛀、防霉作用,但有一定的毒性。它能干扰红细胞内氧化还原作用,妨碍一些重要物质的生成,因而影响、破坏红细胞膜的完整性,还可能导致溶血性贫血。萘丸中毒症状为恶心、呕吐、腹痛、腹泻、头晕、头痛等。长期与萘丸放在一起的衣服,婴儿穿后会引起黄疸病,有时甚至危及生命。因此,萘丸不适合在人们日常生活中使用。

樟脑丸的原料是从樟树的枝杆、木片、根部、樟叶及樟油中提炼出来的,还有的是以松节油为原料制成的合成樟脑。这两种樟脑丸符合国家药品标准,对人体无毒、无害,具有防虫、防蛀、防霉等许多优良性能,对保存衣服、书籍、文物和动物标本均有良好效果。

要注意区别萘丸和樟脑丸。萘丸具有强烈的煤焦油气体臭味,是白色挥发性晶体,不透明,在常温下易升华,萘的氧化物接触白衣料会使之变黄。樟脑丸则有较强的清香味,并有清凉感,它是白色粉状晶体,透明或半透明,在常温下易升华,它的氧化物不会使衣服变色。

(李 军)

 复习思考题

1. 命名下列化合物或根据名称写出结构式

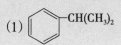 (1)

(2)

(3)

(4) β-硝基萘　　(5) 苯乙炔　　(6) 1,3,5-三甲苯

2. 完成下列反应

(1) [图] + $CH_3CH_2\overset{O}{C}-Cl$ $\xrightarrow{\text{无水}AlCl_3}$

(2) [图] + Cl_2 $\xrightarrow[\text{光照}]{Fe}$

(3) [图] + $HNO_3(浓)$ $\xrightarrow[\text{加热}]{H_2SO_4(浓)}$

(4) [图] + $CH_3CH_2CH_2Cl$ $\xrightarrow{\text{无水}AlCl_3}$

(5) 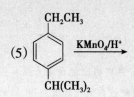 $\xrightarrow{\text{KMnO}_4/\text{H}^+}$

3. 某芳香烃 A 分子式为 C_8H_{10},被酸性高锰酸钾溶液氧化生成分子式为 $C_8H_6O_4$ 的 B。若将 B 进一步硝化,只得到一种一元硝化产物而无异构体,试推出 A、B 的结构式并写出反应方程式。

4. 如何以甲苯为原料合成间硝基苯甲酸?

第五章

对 映 异 构

学习要点

1. 手性、手性分子、旋光性和对映异构体的定义。
2. 物质的旋光性与结构的关系。
3. 含有手性碳原子化合物的对映异构体及构型的表示方法。

　　有机化合物数目众多的一个主要原因,就是由于有机化合物中普遍存在着多种同分异构现象。按产生原因的不同,同分异构现象可分为两大类:一类是构造异构(结构异构),是由于分子中原子或基团的连接次序或方式不同而产生的异构,构造异构包括碳链异构、官能团种类异构、官能团位置异构及互变异构等;另一类是立体异构,是由于分子中原子或基团在空间的排列位置不同而引起的异构,立体异构包括顺反异构、对映异构和构象异构。

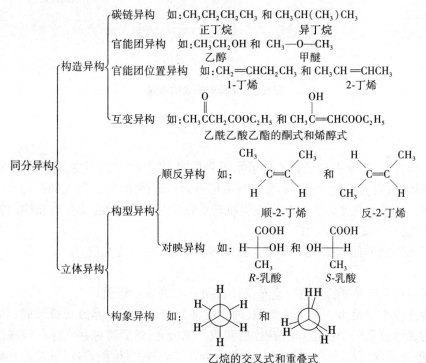

在有机化学中,从三维空间来研究立体异构的结构和性质之间的关系称为立体化学。研究立体化学在有机合成、天然有机化合物、生物化学等方面都具有重要意义。立体异构中的顺反异构和构象异构前面已经讨论过了。本章着重讨论有关对映异构的基本知识。

第一节 偏振光和物质的旋光性

一、偏振光

光波是电磁波,是横波。光波振动的方向与其前进的方向互相垂直。如图 5-1 所示。

普通光的光波是在与前进方向垂直的平面内任意方向振动。当普通光通过一个像栅栏一样的尼柯尔(Nicol)棱镜时,不是所有方向的光都能通过,只有和棱镜的晶轴平行振动的光才能通过。例如,如果这个棱镜的晶轴是直立的,那么只有在这个垂直平面上振动的光才可通过,这种只在一个方向上振动的光称为平面偏振光,简称偏振光,如图 5-2 所示。

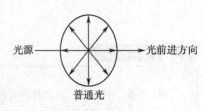

图 5-1 普通光波

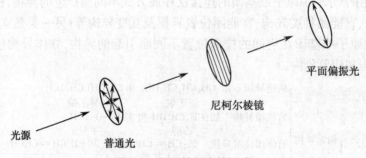

图 5-2 平面偏振光的形成

二、旋光性和比旋光度

实验证明,当偏振光通过乙醇或水等物质时,其振动方向不变,这类物质对偏振光没有影响;而当偏振光通过葡萄糖或乳酸等物质的溶液时,偏振光的振动方向会发生旋转。能使偏振光的振动方向发生旋转的性质称为旋光性,具有旋光性的物质称为旋光性物质,或称光学活性物质。

旋光性物质使偏振光的振动平面旋转的角度,称为旋光度,用 α 表示,如图 5-3 所示。

测定物质旋光度的仪器叫旋光仪,图 5-4 是旋光仪示意图。

旋光仪主要是由一个单色光源、两个尼柯尔棱镜和一个盛液管所组成。当一定波长的光通过第一个棱镜(起偏镜)后变成了偏振光,然后通过盛有样品溶液的盛液管,偏振光振动面旋转了一定角度 α,最后由第二个棱镜(检偏镜)检试偏振光旋转的

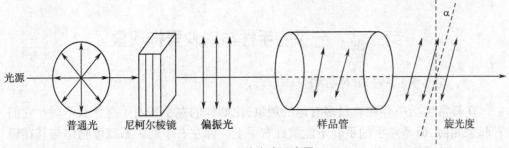

图 5-3　旋光度示意图

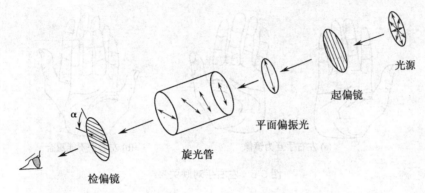

图 5-4　旋光仪示意图

角度和方向,固定在检偏镜上的刻度盘可读出旋光度 α 的数值。如果从面对光线入射方向观察,使偏振光的振动方向顺时针旋转的物质称为右旋体,用"+"表示,而使偏振光的振动方向逆时针旋转的物质称为左旋体,用"–"表示。

　　由于旋光度的大小不仅取决于溶液的浓度(或纯液体的密度),还与盛液管的长度、溶剂的性质、温度和光波的波长等有关。国际上通常规定在 20℃,波长为 589nm(钠光源的 D 线),偏振光通过长为 1dm 试样管、样品浓度为 1.0g/ml 时,所测得的旋光度称为比旋光度,用 $[\alpha]_{\lambda}^{t}$ 表示。所以比旋光度可用下式求得:

$$[\alpha]_{\lambda}^{t} = \frac{\alpha_{\lambda}^{t}}{l \times \rho_{B}}$$

　　式中:ρ_{B} 为溶液的质量浓度(g/ml),当测定物是纯液体时,ρ_{B} 为该物质的密度;t 为测定时的温度(℃);λ 为波长(nm);l 为盛液管长度(dm)。

　　通过旋光度的测定可计算出比旋光度,从而可以鉴定未知的旋光性物质。如从肌肉中得到的某物质的水溶液,用旋光仪测得其比旋光度为 $[\alpha]_{D}^{20} = +3.8°$,可知该物质为乳酸。

　　可见,比旋光度与熔点、沸点、密度、折光率一样,也是化合物的一个物理常数,可在理化手册及文献中查到。

第二节 分子的手性与对映异构现象

一、分子的手性和对称性

在日常生活中存在着很多有趣的现象,比如你的左手和右手有什么不同? 它们看起来相似,但是左手的手套不能戴到右手上。你左右手的关系就像物体与其在镜子里的镜像的关系一样——相似而又不能重叠(图 5-5)。这种实物与其镜像不能重叠的特性叫做手性。凡是与其镜像不能重合的分子称为手性分子。

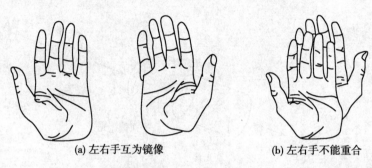

(a) 左右手互为镜像   (b) 左右手不能重合

图 5-5 左右手对映关系

分子能否与其镜像重合,与分子的对称性有关,所以判断分子有无手性,需考察其是否存在对称因素,主要是对称面和对称中心。

(一) 对称面

有一个平面能把分子分割成两部分,其中一部分正好是另一部分的镜像,该平面就是这个分子的对称面。

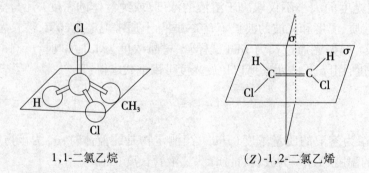

1,1-二氯乙烷   (Z)-1,2-二氯乙烯

上述具有对称面的化合物是非手性的,它没有对映异构体和旋光性。

(二) 对称中心

设想分子中有一点 i,从分子的任一原子向该点作一直线,再将直线延长出去,在距该点等距离处,总会遇到相同的基团,这个点就叫做分子的对称中心。

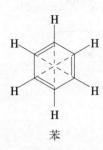

苯

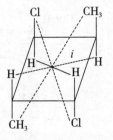

1,3-二甲基-2,4-二氯环丁烷

一般说来,一个分子不存在对称因素(对称面或对称中心),这个分子就是手性分子,并且具有旋光性和对映异构。反之,若存在对称因素,则为非手性分子,无旋光性和对映异构。

二、旋光性与对映异构

19世纪中叶,法国化学家巴斯德(Louis Pasteur)在研究酒石酸的旋光性时,发现左旋和右旋酒石酸盐的晶体犹如左右手的关系,他推测这可能与它们分子的空间排列方式有关。之后人们通过大量的物质旋光性试验了解到物质旋光性与分子空间结构的关系。以乳酸为例(图5-6):左旋乳酸与右旋乳酸的

图5-6 乳酸的对映体

空间构型犹如实物与镜像的关系,相互对映而又不能重叠,称作对映异构体,简称对映体。

一对对映异构体的比旋光度数值相等,旋光方向相反。仔细观察乳酸的分子空间结构,可以看出:乳酸分子中的C_2原子所连接的4个原子或基团都不相同,分别是:—H、—OH、—COOH、—CH$_3$。这种直接与4个不同的原子或基团相连的碳原子叫做手性碳原子,用 *C 表示。含有一个手性碳原子的化合物分子,一定是手性分子,具有旋光性和对映异构体。

判断一个分子是否是手性分子,手性碳原子并不是决定的因素,还要看分子是否含有对称因素。

有些旋光性物质的分子中没有手性碳原子,但因为分子中没有对称中心或对称面,它的物体和镜像不能重叠,这些分子也是手性分子,因而具有对映体及旋光性。如丙二烯型化合物,由于聚集二烯烃中的双键所连的4个基团不同,是具有手性轴的手性分子,因而有旋光性,有一对对映体。例如2,3-戊二烯分子的立体构型如下:

2,3-戊二烯的一对对映体

联苯型的某些化合物,如2,2'-二硝基-6,6'-联苯二甲酸,因其两个苯环间单键自由旋转受阻也是手性分子,有一对对映体。

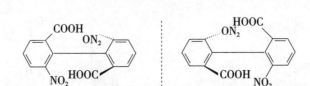

2,2′-二硝基-6,6′-联苯二甲酸的一对对映体

课堂互动

怎样判断化合物有无手性?

第三节 含有手性碳原子化合物的对映异构体

一、含一个手性碳原子的化合物

乳酸是只含一个手性碳原子的化合物。从肌肉中得到的乳酸是右旋乳酸,由葡萄糖经左旋乳酸菌发酵而产生的是左旋乳酸,它们是一对对映异构体。含一个手性碳原子的化合物都和乳酸一样,有一对对映异构体。外消旋体是左旋体和右旋体的等量混合物,例如,从酸牛奶中得到的是外消旋乳酸,没有旋光性。外消旋体常用(±)或 d,l 表示。

对映异构体属于构型异构,下面主要讨论它的表示方法及命名法。

(一) 对映异构体的表示方法

1. 透视式 透视式也称楔形式,是一种立体图形表示法。楔形实线键表示基团伸向纸平面前方;虚线键表示基团在纸平面后方;实线键表示基团在纸平面上。乳酸分子的楔形式如下:

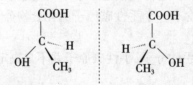

2. 费歇尔投影式 透视式虽然直观,但书写时相当不方便。一般用费歇尔(Fischer)投影式表示。其投影规则如下:

(1) 将手性碳原子放在纸平面上,以十字交叉线的交叉点表示。

(2) 一般将命名时编号最小的碳原子放在竖线上端。

(3) 横线上两个基团表示指向纸平面前方,竖线上两个基团伸向纸平面后方。例如乳酸的一对对映体可用下式表示:

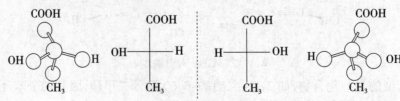

费歇尔投影式是分子立体模型在纸面上投影的平面图形,所以不能自由翻转。投影式中的基团相对位置变化必须遵守下述规律,才能保持构型不变:①投影式中手性碳原子上任何两个原子或基团的位置经偶数次交换后构型不变;②投影式在纸平面上旋转90°的偶数倍,则构型不变;③固定投影式中一个基团不动,其余3个基团按顺时针或逆时针方向旋转,构型不变。

（二）构型的命名方法

构型的命名方法

1. D/L 命名法　在20世纪初,人们无法确定分子的真实空间构型。当时,费歇尔选择了(+)-甘油醛作为标准,人为规定它的构型。在其费歇尔投影式中,手性碳原子上的羟基在右边的表示右旋甘油醛,称为 D- 型(拉丁文 Dexter 的缩写,意为"右");手性碳原子上的羟基在左边的表示左旋甘油醛,称为 L- 型(拉丁文 Laevus 的缩写,意为"左")。它们的投影式表示如下:

$$
\begin{array}{cc}
\text{CHO} & \text{CHO} \\
\text{H}\!-\!\!\!-\!\!\!-\text{OH} & \text{HO}\!-\!\!\!-\!\!\!-\text{H} \\
\text{CH}_2\text{OH} & \text{CH}_2\text{OH}
\end{array}
$$

D-(+)-甘油醛　　　　　L-(−)-甘油醛

将其他分子的对映异构体与标准甘油醛通过各种直接或间接的方式相联系,来确定其构型。这种与人为规定的标准物相联系而得出的构型称为相对构型。

D/L 构型命名法有一定局限性,它一般只能命名含一个手性碳原子的构型,而有些化合物,特别是含多个手性碳原子的化合物,用相对构型法难以实现。由于长期习惯,糖类和氨基酸类化合物的构型命名,目前仍沿用 D/L 构型命名方法。

2. *R/S* 命名法　*R/S* 构型命名法最早是由凯恩(Cahn)- 英果尔(Ingold)- 普瑞洛格(Prelog)提出的,在1970年由国际纯粹和应用化学联合会(IUPAC)建议采用其作为对映异构体构型的命名方法。它是基于手性碳原子的实际构型,因此又称为绝对构型。其原则是:

（1）将手性碳原子上连接的4个不同原子或原子团(a、b、c、d),按次序规则的优先次序由大到小排列,假设为 a>b>c>d。

（2）将最小的原子或基团 d 摆在离观察者最远的位置,视线与 d 及手性碳原子在一条直线上。

（3）最后绕 a→b→c 画圆,如果为顺时针方向,则该化合物的构型为 *R*- 型(拉丁文 Rectus 的缩写,意为"右"),如果为逆时针方向,则为 *S*- 型(拉丁文 Sinister 的缩写,意为"左")。

这种绕 a→b→c 画圆的模式类似于汽车驾驶员把握方向盘,如图 5-7 所示。

当化合物的构型以费歇尔投影式表示时,*R/S* 构型的确定方法是:

1) 当最小基团在竖线上时,其他3个基团的顺序,如果按顺时针由大到小排列,则构型为 *R*- 构型;若按逆时针排列,则是 *S*- 构型。例如:

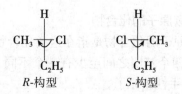

$$
\begin{array}{cc}
\text{H} & \text{H} \\
\text{CH}_3\!-\!\!\!-\!\!\!-\text{Cl} & \text{Cl}\!-\!\!\!-\!\!\!-\text{CH}_3 \\
\text{C}_2\text{H}_5 & \text{C}_2\text{H}_5
\end{array}
$$

R-构型　　　　　*S*-构型

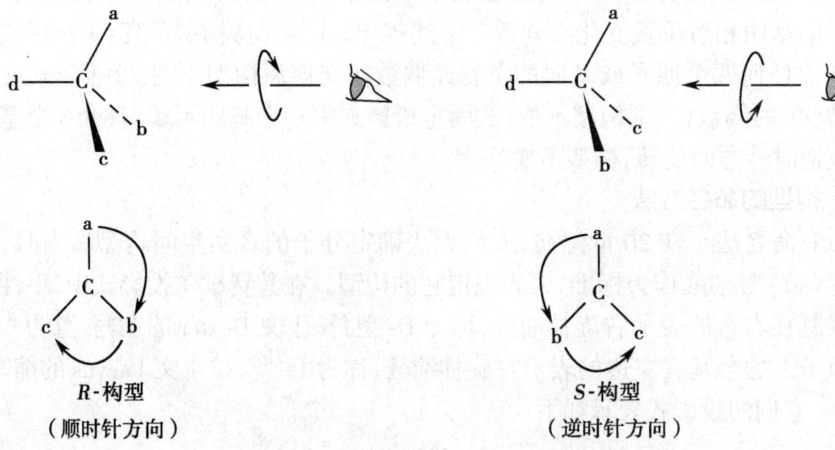

图 5-7 *R*/*S* 构型命名方法示意图

2) 当最小基团在横线上时,其他 3 个基团的顺序,如果按顺时针由大到小排列,则构型为 *S*- 构型;若按逆时针排列,则是 *R*- 构型。例如:

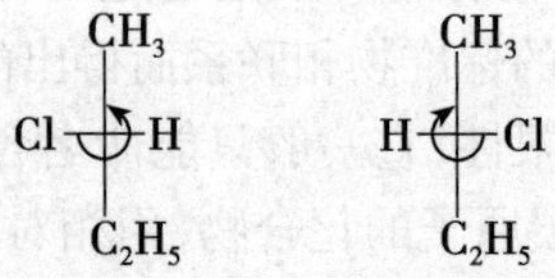

$$\begin{array}{cc} \text{CH}_3 & \text{CH}_3 \\ \text{Cl} \underset{|}{\overset{|}{\circlearrowright}} \text{H} & \text{H} \underset{|}{\overset{|}{\circlearrowright}} \text{Cl} \\ \text{C}_2\text{H}_5 & \text{C}_2\text{H}_5 \\ R\text{-构型} & S\text{-构型} \end{array}$$

1951 年人们用 X- 射线衍射法,实际测出了酒石酸铷钠的绝对构型,并由此推出人为规定的甘油醛的构型,恰好与实际构型相一致,因此甘油醛的相对构型,以及由此而来的 D/L 构型命名,实际上就是它们的绝对构型。

值得注意的是,D/L 型和 *R*/*S* 型之间并没有必然的对应关系。如 D- 甘油醛和 D-2- 溴甘油醛,如用 *R*/*S* 命名法,前者为 *R*- 构型,后者却为 *S*– 构型。

此外,化合物的旋光方向与其分子的构型也没有内在的联系,旋光方向仍需用旋光仪测定。

课堂互动

下列化合物中哪些与 D- 乳酸的绝对构型相同?

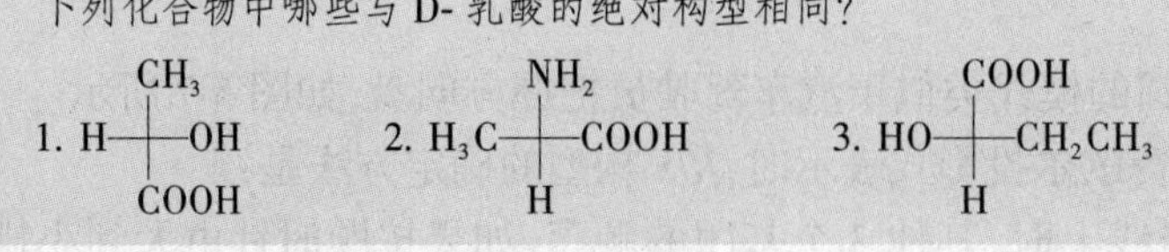

$$\begin{array}{ccc} \text{CH}_3 & \text{NH}_2 & \text{COOH} \\ 1.\ \text{H}\!-\!\!-\!\!\text{OH} & 2.\ \text{H}_3\text{C}\!-\!\!-\!\!\text{COOH} & 3.\ \text{HO}\!-\!\!-\!\!\text{CH}_2\text{CH}_3 \\ \text{COOH} & \text{H} & \text{H} \end{array}$$

二、含两个手性碳原子的化合物

(一) 含两个不同手性碳原子的化合物

含有两个不同手性碳原子的化合物是指在这类化合物中,有两个手性碳原子,而这两个碳原子分别所连的四个基团之间至少有一个不同。例如,2,3,4– 三羟基丁醛分子中,具有两个不相同的手性碳原子。

$$\overset{4}{C}H_2 - \overset{3}{*}CH - \overset{2}{*}CH - \overset{1}{C}HO$$
$$|||$$
$$OHOHOH$$

C_2 手性碳原子连接的四个原子或基团分别是—OH、—CHO、—CH(OH)CH$_2$OH 和—H,而 C_3 手性碳原子连接的四个原子或基团分别是—OH、—CH$_2$OH、—CH(OH)CHO 和—H。这是两个不同的手性碳原子。由于每一个手性碳原子有两种构型,因此该化合物应有四种构型。其费歇尔投影式如下:

CHO	CHO	CHO	CHO
H——OH	HO——H	H——OH	HO——H
H——OH	HO——H	HO——H	H——OH
CH$_2$OH	CH$_2$OH	CH$_2$OH	CH$_2$OH
(2R,3R)	(2S,3S)	(2R,3S)	(2S,3R)
I	II	III	IV

对映体　　　　　　　　对映体

四种构型中 I（D- 赤藓糖）和 II（L- 赤藓糖），III（L- 苏阿糖）和 IV（D- 苏阿糖）互为实物与镜像的关系,各构成一对对映体。但 I 和 III 或 I 和 IV、II 和 III 或 II 和 IV 不能互为镜像关系,称为非对映异构体,简称非对映体。

对映体与非对映体总称为旋光异构体。旋光异构体之间不仅旋光性不同,而且物理性质、生物活性也有差异。如从中药麻黄提取的主要生物碱成分是麻黄碱和伪麻黄碱,也各有一对对映体。麻黄碱与伪麻黄碱的物理性质见表 5-1。

HO—C—H	H—C—OH	HO—C—H	H—C—OH
CH$_3$NH—C—H	H—C—NHCH$_3$	H—C—NHCH$_3$	CH$_3$NH—C—H
CH$_3$	CH$_3$	CH$_3$	CH$_3$
(−)-麻黄碱	(+)-麻黄碱	(−)-伪麻黄碱	(+)-伪麻黄碱
I	II	III	IV

表 5-1　麻黄碱与伪麻黄碱的物理性质

麻黄碱	熔点（℃）	$[\alpha]_\lambda^{20}$	溶解性
(+)- 麻黄碱	40	+14.4°（4% 水）盐酸盐 +34.4°	溶于水、乙醇、乙醚
(−)- 麻黄碱	38	−6.3°（乙醇）盐酸盐 −34.9°	溶于水、乙醇、乙醚
(±)- 麻黄碱	77	0	溶于水、乙醇、乙醚
(+)- 伪麻黄碱	118	+51.24°	难溶于水,溶于乙醇、乙醚
(−)- 伪麻黄碱	118	−51°	难溶于水,溶于乙醇、乙醚
(±)- 伪麻黄碱	118	0	难溶于水,溶于乙醇、乙醚

由此可以推论出,含有两个不同手性碳原子的化合物,有四个旋光异构体,两对对映异构体。随着分子中所含不同手性碳原子数目的增加,旋光异构体的数目也增多。含 n 个不同手性碳原子的化合物,可能具有的旋光异构体的数目为 2^n 个,组成

2^{n-1} 对对映体。

对于含两个手性碳原子的化合物,其构型通常是用 R/S 构型命名方法,分别命名手性碳原子的构型。对于费歇尔投影式,可直接按 a→b→c 画圆方向,命名手性碳原子的 R/S 构型,并在 R 或 S 前用阿拉伯数字表示出手性碳原子在主链上的位次。如 $2R,3S$ 等。

还可以用赤型(Erythro-)与苏型(Threo-)来命名。这种方法是基于赤藓糖(两个—OH 在同侧)和苏阿糖(两个—OH 在异侧)的两个手性碳原子上—OH 的相互关系而定的。如果两个相同基团在同侧的,称为赤型;若处于异侧,称为苏型。如 3-氯-2-丁醇的两对对映异构体:

$$
\begin{array}{cccc}
CH_3 & CH_3 & CH_3 & CH_3 \\
H-\!\!\!-OH & OH-\!\!\!-H & H-\!\!\!-OH & OH-\!\!\!-H \\
H-\!\!\!-Cl & Cl-\!\!\!-H & Cl-\!\!\!-H & H-\!\!\!-Cl \\
CH_3 & CH_3 & CH_3 & CH_3 \\
(2S,3R) & (2R,3S) & (2S,3S) & (2R,3R)
\end{array}
$$

　赤型-3-氯-2-丁醇　　赤型-3-氯-2-丁醇　　苏型-3-氯-2-丁醇　　苏型-3-氯-2-丁醇

据此,左旋麻黄碱的构型名称,也可用两种方式命名。

$$
\begin{array}{c}
\text{（苯环）} \\
HO-C-H \\
CH_3NH-C-H \\
CH_3
\end{array}
$$

（-）-麻黄碱

$1R,2S$-2-甲氨基-1-苯基-1-丙醇

L-赤型-2-甲氨基-1-苯基-1-丙醇

(二) 含两个相同手性碳原子的化合物

含有两个相同手性碳原子的化合物是指这两个手性碳原子上所连的基团分别对应相同。如 2,3-二羟基丁二酸(酒石酸),因 C_2 与 C_3 原子上连接的四个原子或基团都是—OH、—COOH、—CH(OH)COOH 和—H,所以酒石酸是含两个相同手性碳原子的化合物。

$$
\overset{4}{HOOC}-\overset{3}{\underset{OH}{C^*H}}-\overset{2}{\underset{OH}{C^*H}}-\overset{1}{COOH}
$$

$$
\begin{array}{ccccc}
COOH & COOH & COOH & & COOH \\
H-\!\!\!-OH & OH-\!\!\!-H & H-\!\!\!-OH & & OH-\!\!\!-H \\
OH-\!\!\!-H & H-\!\!\!-OH & H-\!\!\!-OH & \equiv & OH-\!\!\!-H \\
COOH & COOH & COOH & & COOH \\
(2R,3R) & (2S,3S) & (2R,3S) & & (2S,3R) \\
\text{I} & \text{II} & \text{III} & & \text{IV}
\end{array}
$$

　　　　　对映体　　　　　　　　　　　内消旋体

四种投影式中,Ⅰ(右旋酒石酸)和Ⅱ(左旋酒石酸)互为对映体,Ⅲ和Ⅳ代表同一化合物,和含两个不相同手性碳原子的化合物不同,只有三种构型。因为Ⅲ式不离开纸面旋转180°即为Ⅳ式,它有对称面,这两个手性碳原子所连基团相同,但构型正好相反,因而它们引起的旋光度大小相等,方向相反,恰好在分子内部抵消,所以不显旋光性,称为内消旋(*meso-*)体,用 *i* 或 *meso* 表示。内消旋体与左旋体或右旋体是非对映体的关系,所以物理性质不相同。酒石酸的物理性质见表5-2。

表 5-2　酒石酸的物理性质

酒石酸	熔点(℃)	$[\alpha]_{\lambda}^{25}$	溶解度(g/100g)	pK_{a_1}	pK_{a_2}
右旋酒石酸	170	+12	139	2.93	4.23
左旋酒石酸	170	−12	139	2.93	4.23
外消旋酒石酸	206	—	20.6	2.96	4.24
内消旋酒石酸	140	—	125	3.11	4.80

　　内消旋体和外消旋体是两个不同的概念。虽然两者都不显旋光性,但前者是纯净化合物,后者是等量对映体的混合物,可以用化学方法或其他方法分离成纯净的左旋体和右旋体。

(三) 含两个手性碳原子的脂环化合物

　　脂环化合物中如果含有手性碳原子,那么也可能产生对映异构体。判断的方法与链状化合物相似,但脂环化合物的情况较复杂,还要考虑存在顺反异构的问题。总的原则是根据它们是否有对称中心或对称面。

　　三元环上有两个不相同的手性碳原子时,可有四种旋光异构体。其中一对对映体是顺式构型,另一对对映体是反式构型。如:

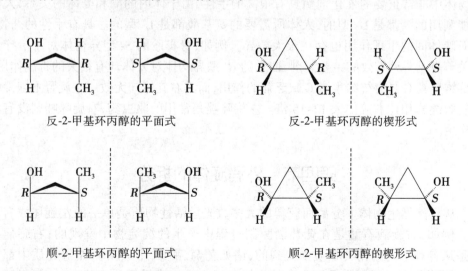

反-2-甲基环丙醇的平面式　　　　　　反-2-甲基环丙醇的楔形式

顺-2-甲基环丙醇的平面式　　　　　　顺-2-甲基环丙醇的楔形式

　　如果三元环有两个相同的手性碳原子时,则有三种旋光异构体,其中包括一对对映体是反式构型,另一个是内消旋体,为顺式构型。如:

反-1,2-环丙二醇　　　　　　　　　　顺-1,2-环丙二醇

常见的四元、五元及六元环虽然不是平面环,当分子中有两个手性碳原子时,其二取代物的立体异构现象大致相同。但要注意 1,2- 取代物与 1,3- 取代物的区别。如:四元环的 1,2- 二取代物与五元环的 1,2- 取代物或 1,3- 取代物,其光学异构现象与上述三元的二取代物相同;而四元环的 1,3- 取代物因有对称因素而没有光学异构体。

三、旋光异构体性质的差异及生物活性

(一) 旋光异构体的性质差异

旋光异构体之间的化学性质几乎没有差异,其不同点主要表现在物理性质及生物活性上。对映异构体之间的主要物理性质如熔点、沸点、溶解度等都相同,比旋光度也相同,只是旋光方向相反。但非对映体之间主要的物理性质都不同。如表 5-1 及表 5-2 中所示的麻黄碱、酒石酸的物理性质,其中,(+)- 麻黄碱及 (+)- 伪麻黄碱的熔点分别为 40℃、118℃;比旋光度 +34.4°、+51.24°;(+)- 麻黄碱溶于水、乙醇、乙醚,(+)- 伪麻黄碱难溶于水,溶于乙醇、乙醚。

(二) 旋光异构体的生物活性

对映异构体之间的生物活性不同,这是它们之间的重要差别。因为生物体内的环境是手性的,因此一对对映体在这种生理环境下往往表现出不同的生理活性。如生物体中非常重要的催化剂酶具有很高的手性,由于体内的酶和受体的关系,人体所能利用的糖都是 D- 型的,人体所需要的氨基酸都是 L- 型的。具有手性的药物,其对映体间的生理作用也存在很大差异。例如,青霉胺的 S- 型异构体对于治疗慢性关节炎是一种有效的主要制剂,而它的 R- 型异构体对人体却有很大的毒副作用。左旋维生素 C 具有抗维生素 C 缺乏症的作用,而其右旋体却无效。左旋肾上腺素的血管收缩作用比右旋体大 12~15 倍。左旋咪唑是常用的驱虫药,右旋咪唑则没有治疗作用。

第四节　外消旋体的拆分

从自然界生物体中分离而获得的大多数光学活性物质是单一的左旋体或右旋体。例如,右旋酒石酸是在葡萄酒酿制过程中产生的沉淀物中发现的;右旋葡萄糖是从各种不同的糖类物质中得到的,诸如葡萄、甜菜、甘蔗和蜂蜜等物质中都含有右旋葡萄糖。而以非手性化合物为原料经人工合成手性化合物时,一般得到的都是外消旋体。如由邻苯二酚为原料合成肾上腺素,得到的是不显旋光性的外消旋体。

要得到外消旋体中的一种,就需要将外消旋体分离,对映体的分离称为拆分。由

于对映体之间的理化性质基本上是相同的,因此用一般的物理方法(蒸馏、重结晶等)不能进行拆分,而必须采用特殊方法。目前常用的拆分方法有化学拆分法、诱导结晶拆分法、生物化学拆分法和色谱分离法等。

一、化学拆分法

化学拆分法是先将外消旋体与某种具有旋光性的物质反应,转化为非对映体,由于非对映体之间具有不同的物理、化学性质,所以可以用重结晶、蒸馏等一般方法将非对映体分离,最后再将单纯的非对映体分别复原成单纯的左旋体或右旋体,从而达到拆分的目的。

用来拆分对映体的旋光性物质称为拆分剂,如果要拆分外消旋体酸(±)-RCOOH,选用碱性拆分剂进行拆分,其过程表示如下:

$$
\begin{array}{l}
(+)\text{-RCOOH} \\
(-)\text{-RCOOH}
\end{array}
+ \quad (+)\text{-R}'\text{NH}_2 \longrightarrow
\begin{array}{l}
(+)\text{-RCOOH} \cdot (+)\text{-R}'\text{NH}_2 \\
(-)\text{-RCOOH} \cdot (+)\text{-R}'\text{NH}_2
\end{array}
\xrightarrow{\text{用物理方法分离}}
$$

外消旋体 　　　　　　　　　　　非对映体混合物

$$
(+)\text{-RCOOH} \cdot (+)\text{-R}'\text{NH}_2 \xrightarrow{+\text{HCl}} (+)\text{-RCOOH} \cdot (+)\text{-R}'\text{NH}_2 \cdot \text{HCl}
$$

$$
(-)\text{-RCOOH} \cdot (+)\text{-R}'\text{NH}_2 \xrightarrow{+\text{HCl}} (-)\text{-RCOOH} \cdot (+)\text{-R}'\text{NH}_2 \cdot \text{HCl}
$$

已分离的非对映体 　　　　　　已分离的非对映体衍生物

$$
\longrightarrow (+)\text{-RCOOH} + (+)\text{-R}'\text{NH}_2
$$
$$
\longrightarrow (-)\text{-RCOOH} + (+)\text{-R}'\text{NH}_2
$$

已拆分的对映体

二、诱导结晶拆分法

这种方法是先将需要拆分的外消旋体溶液制成过饱和溶液,再加入一定量的纯左旋体或右旋体的晶种,与晶种相同构型的异构体便会析出结晶而拆分。其拆分过程表示如下:

外消旋过饱和溶液 →（右旋体晶种）→ 部分右旋体结晶析出 → 滤液 →（部分外消旋体混合物）→ 部分左旋体结晶析出 → 滤液 → 如此反复

目前生产(−)-氯霉素的中间体(−)-氨基醇就是采用此法进行拆分的。此法的优点是成本较低,效果较好。但其缺点是应用范围有限,它要求外消旋体的溶解度要比纯对映体大。

三、生物化学拆分法

由于某些生物体如酶、细菌等是由旋光性物质组成的,对光学异构体有选择性酶解作用,生物化学拆分法就是利用这个原理达到分离外消旋体的目的。例如青霉素菌就会消耗掉(+)-酒石酸,留下(−)-酒石酸。

四、色谱分离法

色谱分离法是利用某些具有旋光性的物质如淀粉、蔗糖或某些人工合成的大分子作为柱层析的吸附剂,有选择地吸附外消旋体中的某一对映异构体,从而达到拆分的目的。

色谱分离法是目前很有效的外消旋体拆分法,它操作简便,效率高。关键要解决的问题是寻找或研制出高效率的旋光性吸附剂,使其应用更加广泛。

知识链接

手性药物

手性药物是指药物的分子结构中存在手性因素,具有药理活性的手性化合物组成的药物,其只含有效对映异构体或者以有效对映异构体为主。

在药理学上,服用单一对映异构体的手性药物,可减少与其他药物的相互作用,减少剂量和代谢负担,提高剂量的幅度并拓宽用途,降低由某对映异构体引起的副作用。例如,抗高血压药物甲基多巴,它的 S 构型才具有功效;治疗伤寒的首选药物氯霉素,只有其中 1R,2R 构型的左旋氯霉素有作用,而其对映体 1S,2S 构型的右旋氯霉素无治疗作用,并且还抑制骨髓造血系统,引起再生障碍性贫血。又如,(+)- 可的松有抗炎作用,而(−)- 可的松无作用等。

手性药物疗效的极大差异促进了手性药物的研究开发以及分离技术的发展。美国 FDA 对单一异构体药物也很重视。因此,单一对映异构体药物的合成及外消旋体药物的分离就是当前药物研究的新方向之一。2001 年诺贝尔化学奖就授予了美国科学家 W.S.Knowles,K.B.Sharpless 和日本科学家 Ryoji Noyori,以表彰他们在"手性催化氢化氧化反应"领域作出的突出贡献。

(赵桂欣)

复习思考题

1. 名词解释

立体异构;手性;手性碳原子;对映异构;非对映异构;费歇尔投影式;内消旋体;外消旋体。

2. 对下列化合物的结构式

(1) 用"*"标示出手性碳原子;

(2) 用 R/S 命名法标示手性碳原子的构型;

(3) 画出它们的对映体;

(4) 指出哪些是手性分子,哪些是非手性分子。

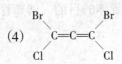

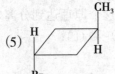

3. 下列哪一对是相同的化合物？

(1)

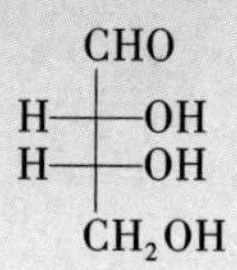

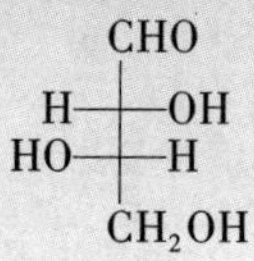

```
     CHO              CHO
H ──── OH        H ──── OH
H ──── OH        HO ──── H
   CH₂OH            CH₂OH
```

(2)

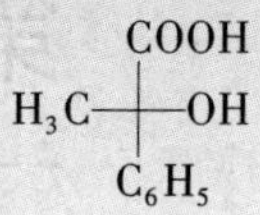

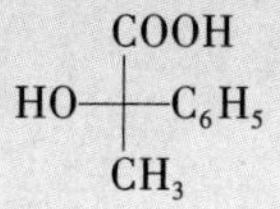

```
      COOH              COOH
H₃C ──── OH       HO ──── C₆H₅
     C₆H₅              CH₃
```

(3)

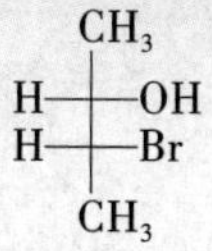

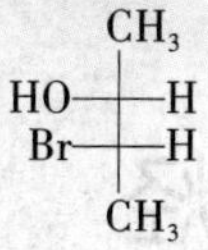

```
      CH₃              CH₃
H ──── OH        HO ──── H
H ──── Br        Br ──── H
      CH₃              CH₃
```

(4)

```
     CH₂OH              Cl
Cl ──── Br       CH₃ ──── CH₂OH
      CH₃              Br
```

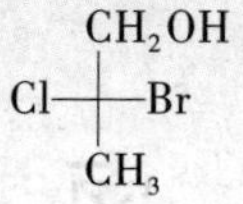

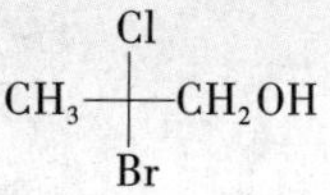

课件
06章PPT

扫一扫
知重点

第六章

卤 代 烃

学习要点

1. 卤代烃的定义、分类、命名和理化性质。

2. 扎伊采夫（Saytzeff）规则；卤代烃中双键位置对卤素活泼性的影响。

卤代烃是指烃分子中的氢原子被卤原子取代得到的化合物。一般用 R-X 表示。其中 R 代表烃基，X 代表卤原子。卤原子 X 是卤代烃的官能团，常见的卤代烃有氯代烃、溴代烃和碘代烃。

第一节　卤代烃的分类和命名

一、卤代烃的分类

根据烃基的不同，卤代烃可分为饱和卤代烃、不饱和卤代烃和芳香族卤代烃等。如：

$$R—CH_2—X \qquad R—CH\!=\!CH—X$$

$$卤代烷 \qquad\qquad 卤代烯烃 \qquad\qquad 卤代芳烃$$

$$（饱和卤代烃）\qquad（不饱和卤代烃）\qquad（芳香族卤代烃）$$

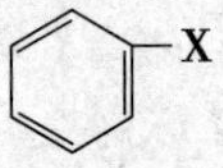

根据分子中所含卤原子数目的不同，可分为一卤代烃、二卤代烃和多卤代烃。如：

$$CH_3Cl \qquad\qquad CH_2Cl_2 \qquad\qquad CHCl_3$$

$$一卤代烃 \qquad\qquad 二卤代烃 \qquad\qquad 三卤代烃$$

根据卤原子连接的饱和碳原子的类型不同，可分为伯卤代烃（1°卤代烃）、仲卤代烃（2°卤代烃）和叔卤代烃（3°卤代烃）。如：

$$RCH_2—X \qquad\qquad \overset{R'}{\underset{R''}{\underset{|}{CH}}}—X \qquad\qquad \overset{R'}{\underset{R'''}{\underset{|}{R''—C}}}—X$$

$$伯卤代烃（1°卤代烃）\qquad 仲卤代烃（2°卤代烃）\qquad 叔卤代烃（3°卤代烃）$$

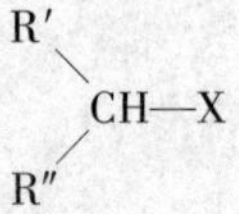

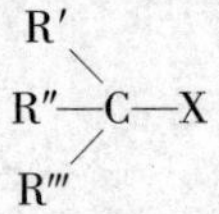

此外,根据卤代烃分子中卤原子的不同,可分为氟代烃、氯代烃、溴代烃和碘代烃。

二、卤代烃的命名

(一)普通命名法

对于简单的卤代烃,可用普通命名法命名。即按卤原子相连的烃基来命名,称为卤某烃,或某基卤。如:

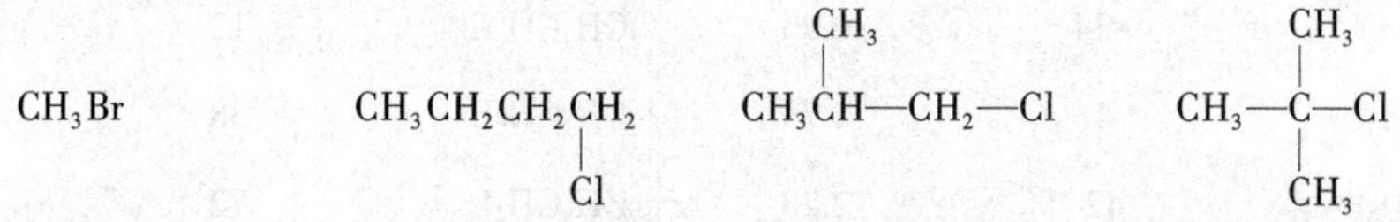

CH_3Br $CH_3CH_2CH_2CH_2$ $CH_3\overset{CH_3}{CH}-CH_2-Cl$ $CH_3-\overset{CH_3}{\underset{CH_3}{C}}-Cl$

溴甲烷   氯代正丁烷   氯代异丁烷   氯代叔丁烷

（甲基溴）   （正丁基氯）   （异丁基氯）   （叔丁基氯）

$CH_2=CH-CH_2-Br$ $C_6H_5-CH_2-Br$ $CH_3-\overset{Br}{CH}-CH_3$ $CH_2=CH-Cl$

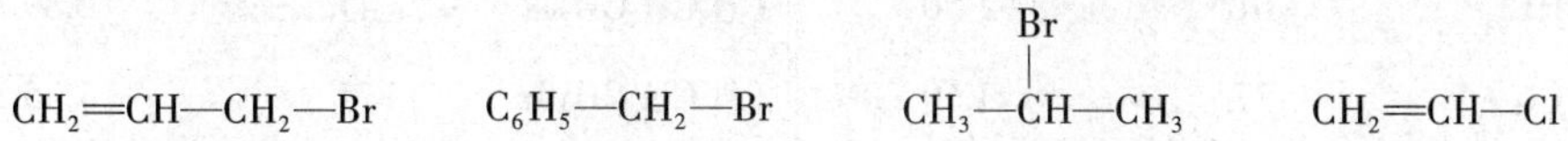

烯丙基溴   苄基溴（溴苄）   异丙基溴   氯乙烯

(二)系统命名法

对于较复杂的卤代烃,应采用系统命名法,以相应的烃为母体,将卤原子当作取代基,命名的基本原则与烃类似。选择连有卤原子的碳在内的最长碳链作为主链,编号则采用位次最小原则;当出现卤素原子与烷基的位次相同时,应给予烷基以较小的位次编号。命名时将取代基的位次、数目和名称写在烃名称前面。如:

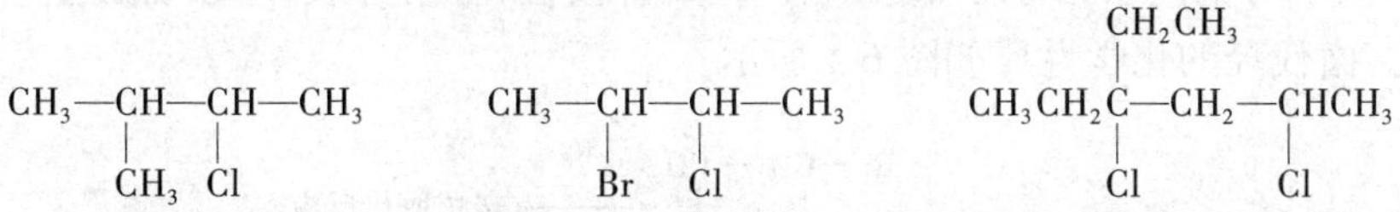

$CH_3-\underset{CH_3}{CH}-\underset{Cl}{CH}-CH_3$ $CH_3-\underset{Br}{CH}-\underset{Cl}{CH}-CH_3$ $CH_3CH_2-\underset{Cl}{\overset{CH_2CH_3}{C}}-CH_2-\underset{Cl}{CH}CH_3$

2-甲基-3-氯丁烷   2-氯-3-溴丁烷   4-乙基-2,4-二氯己烷

不饱和卤代烃应选含有不饱和键和连有卤原子的碳在内的最长碳链作为主链,编号时,使不饱和键的位次最小。如:

$CH_2=CH-CH_2-Cl$ $CH_2=CH-CH_2-CH_2Br$

3-氯-1-丙烯（烯丙基氯）   4-溴-1-丁烯

芳香族卤代烃一般以芳烃为母体,卤原子作为取代基。如:

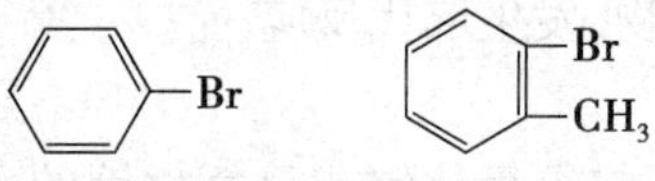

溴苯   2-溴甲苯

有些卤代烃还有常用的俗名:如氯仿、碘仿等。

第二节 卤代烃的物理性质

常温下,除氯甲烷、氯乙烷、溴甲烷等低级卤代烃为气体外,一般为液体,而 C_{15} 以上的高级卤代烃为固体。卤代烃的蒸气有毒,应避免吸入。卤代烃难溶于水,可溶于醇、醚、烃等有机溶剂。氯仿、四氯化碳等卤代烃本身就是常用的有机溶剂。烃基相同

而卤原子不同的卤代烃,其沸点随卤素的原子序数增加而升高;同系列卤代烃随碳链增长而沸点升高。同分异构体中一般也是直链卤代烃沸点较高,支链越多沸点越低。常见卤代烃的物理常数见表6-1。

表6-1 常见卤代烃的物理常数

化合物	沸点(℃)	密度(g/cm³)	化合物	沸点(℃)	密度(g/cm³)
CH_3F	–78	—	CH_3CH_2F	–38	—
CH_3Cl	–24	0.93	CH_3CH_2Cl	12	0.90
CH_3Br	4	1.73	CH_3CH_2Br	38	1.42
CH_3I	42	2.28	CH_3CH_2I	72	1.94
CH_2Cl_2	40	1.34	$CH_3CH_2CH_2F$	3	—
$CHCl_3$	61	1.50	$CH_3CH_2CH_2Cl$	47	0.89
CCl_4	77	1.60	$CH_3CH_2CH_2Br$	71	1.35
			$CH_3CH_2CH_2I$	102	1.75

第三节 卤代烃的化学性质

卤代烃的化学性质比较活泼。由于卤原子的电负性较大,与碳原子形成共价键时,共用电子对偏向于卤原子,使 C—X 键具有极性,容易异裂,所以易发生一系列化学反应。卤代烃的化学性质如图 6-1 所示。

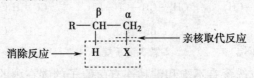

图 6-1 卤代烃的化学性质

一、卤代烃的亲核取代反应

卤代烃分子中的卤原子容易被—OH、—CN、—NH_2、—OR、—ONO_2 等取代,生成醇、腈、胺、醚、硝酸酯等化合物,发生取代反应。

(一)亲核取代反应

1. 被羟基取代 卤代烃与氢氧化钠或氢氧化钾的水溶液共热,则卤原子被羟基(—OH)取代生成醇。这个反应又称卤代烃的碱性水解。如:

$$CH_3CH_2-Cl \xrightarrow[\triangle]{KOH,H_2O} CH_3CH_2-OH + KCl$$

2. 与醇钠作用 卤代烃与醇钠在加热条件下生成醚。如:

$$CH_3CH_2Cl + CH_3ONa \xrightarrow{\triangle} CH_3CH_2OCH_3 + NaCl$$
甲醇钠　　　　甲乙醚

3. 被氰基取代 卤代烃与氰化钾(钠)在乙醇溶液中回流,则生成腈。如:

$$(CH_3)_2CH—I + NaCN \xrightarrow[\triangle]{乙醇} (CH_3)_2CH—CN + NaI$$

产物比原来的卤代烃分子增加了 1 个碳原子,这在有机合成中,是增长碳链的方法之一。如:

$$CH_3I + NaCN \longrightarrow CH_3CN \xrightarrow[\triangle]{H_2O/H^+} CH_3COOH$$

4. 被氨基取代　卤代烃和氨在乙醇溶液中加热加压,卤原子被氨基取代生成胺。如:

$$CH_3CH_2CH_2Cl + NH_3 \xrightarrow[加热加压]{乙醇} CH_3CH_2CH_2NH_2 + HCl$$
丙胺

5. 与硝酸银的反应　卤代烃和硝酸银的醇溶液反应,生成硝酸酯和卤化银沉淀。各种卤代烃与硝酸银的反应活性不同:若烃基相同卤原子不同时,卤代烃活性顺序为:RI>RBr>RCl>RF;若卤原子相同而烃基结构不同时,卤代烃活性顺序为:叔卤代烃(3°)> 仲卤代烃(2°) > 伯卤代烃(1°),因此可用此反应鉴别各类卤代烃。如:

$$(CH_3)_3C—Br + AgNO_3 \xrightarrow{醇} (CH_3)_3C—O—NO_2 + AgBr\downarrow$$
硝酸酯　　　　溴化银

上述反应有一个共同特点,即都是由试剂的负离子(OH^-、CN^-、RO^-、ONO_2^-)或具有未共用电子对的分子($\overset{..}{N}H_3$、$R\overset{..}{N}H_2$)进攻卤代烃分子$—\overset{\delta+}{C}—\overset{\delta-}{X}$中电子云密度较低的 α-C 原子而引起的反应。这种带有负电荷或未共用电子对的试剂,称为亲核试剂,常用 Nu^- 表示。由亲核试剂进攻带部分正电荷的碳原子而引起的取代反应称为亲核取代反应,用 S_N 表示。亲核取代反应可用通式表示如下:

$$R—\overset{\delta+}{C}H_2—\overset{\delta-}{X} + Nu^- \longrightarrow R—CH_2—Nu + X^-$$
卤代烃　　亲核试剂　　　　产物　　　离去基

(二) 亲核取代反应历程

1937 年,英国伦敦大学休斯(Hughes)和英果尔德(Ingold)教授通过对卤代烃水解反应进行系统的研究发现,卤代烃的水解反应是按两种不同的反应历程进行的。即单分子亲核取代反应(S_N1)和双分子亲核取代反应(S_N2)历程。

1. 单分子亲核取代反应(S_N1)　实验证明,叔卤代烃在碱性溶液中水解反应的历程为 S_N1,反应分两步进行。如叔丁基溴的水解反应历程为:

第一步:叔丁基溴的碳溴键发生异裂,生成叔丁基碳正离子和溴负离子,这一步的反应速率较慢。

$$(CH_3)_3—Br \xrightarrow{慢} (CH_3)_3C^+ + Br^-$$
叔丁基碳正离子(活性中间体)

第二步:生成的叔丁基碳正离子很快地与亲核试剂结合生成叔丁醇。

$$(CH_3)_3C^+ + OH^- \xrightarrow{快} (CH_3)_3C—OH$$
叔丁醇

该反应在动力学上属于一级反应,决定整个反应速率的是第一步。叔丁基溴在碱性溶液中的水解反应速率仅与叔丁基溴的浓度有关,而与亲核试剂(OH$^-$)的浓度无关。其反应速率的表达式为:$v=k\left[(CH_3)_3CBr\right]$,其中 k 为速率常数。故称单分子亲核取代反应。

S_N1 反应历程的特点为:①单分子反应,反应速率仅与卤代烃的浓度有关,而与亲核试剂的浓度无关;②反应是分步进行的;③决定反应速率的第一步中有碳正离子活性中间体生成。

2. **双分子亲核取代反应(S_N2)**　实验证明,溴甲烷的碱性水解反应的历程为 S_N2,反应一步完成。

$$CH_3Br + OH^- \longrightarrow CH_3OH + Br^-$$

溴甲烷在碱性溶液中的反应速率不仅与卤代烃[CH_3Br]的浓度成正比,也与碱[OH^-]的浓度成正比,在反应动力学上为二级反应。该反应的速率表达式为:$v=k\left[CH_3Br\right]\left[OH^-\right]$,所以称为双分子亲核取代反应。

在该反应过程中,亲核试剂 OH$^-$ 从溴的背面进攻 α-C 原子,形成一个过渡状态。C—O 键逐渐形成,C—Br 键逐渐变弱。

$$HO^- + \underset{H}{\overset{H}{\underset{|}{\overset{|}{C}}}}{-}Br \longrightarrow \left[HO\text{----}\underset{H}{\overset{H\ \ H}{\underset{|}{\overset{|}{C}}}}\text{----}Br \right]^{\delta^-\ \ \ \ \delta^-} \longrightarrow HO{-}\underset{H}{\overset{H}{\underset{|}{\overset{|}{C}}}}H + Br^-$$

过渡态

S_N2 反应历程的特点是:①双分子反应,反应速率与卤代烃及亲核试剂的浓度均有关;②旧键的断裂与新键的形成同时进行,反应一步完成;③生成产物时,中心碳原子的构型完全翻转。

(三) 影响亲核取代反应的因素

卤代烃的亲核取代反应是按 S_N1 历程还是按 S_N2 历程进行,与卤代烃分子中烃基的结构、亲核试剂的性质和浓度、卤原子的种类以及溶剂的极性等因素有关。

1. **烃基结构的影响**　S_N1 历程的反应是分两步完成的,整个反应速率取决于第一步碳正离子的生成。碳正离子越稳定,越有利于 S_N1 历程的进行。烃基有斥电子诱导效应,有利于正电荷的分散,则碳正离子的稳定性顺序为:

$$(3°)\overset{+}{\geqslant}C>(2°)\overset{+}{>}CH>(1°)-\overset{+}{C}H_2\overset{+}{>}CH_3$$

因此,卤代烃 S_N1 反应活性的顺序是:

$$R_3C\text{-}X > R_2CH\text{-}X > RCH_2X > CH_3\text{-}X$$
即:叔卤代烃 > 仲卤代烃 > 伯卤代烃 > 卤甲烷

S_N2 反应是由亲核试剂从离去基(卤原子)的背面进攻带部分正电荷的 α-C 原子形成过渡态而完成的反应。如果 α-C 原子连有的烃基越多、越大,亲核试剂受到的空间位阻就越大,反应越难按 S_N2 历程进行。因此,卤代烃 S_N2 反应活性与卤代烃 S_N1 反应活性的顺序正好相反:

即:卤甲烷 > 伯卤代烃 > 仲卤代烃 > 叔卤代烃

2. **卤素的影响**　在卤代烃亲核取代反应中,卤负离子为离去基团。离去基团越容易离去,亲核反应越容易进行。无论是进行 S_N1 反应还是 S_N2 反应历程,离去基团

的影响一样。烷基相同时,卤代烃反应活性的顺序是:

$$R—I > R—Br > R—Cl > RF$$ 即:碘代烃 > 溴代烃 > 氯代烃 > 氟代烃

这是由于在卤素中,碘的原子半径较大,C—I 键间电子云重叠程度差,C—I 键较弱,且碘的极化性较大,易受外界影响。

3. 亲核试剂的影响 一般地说,亲核试剂对 S_N1 反应速率影响不大;但在 S_N2 反应中,亲核试剂的亲核能力越强,浓度越大,应越有利于 S_N2 反应历程。

4. 溶剂极性的影响 溶剂的极性越强,越有利于进行 S_N1 历程反应;溶剂的极性越弱,越有利于进行 S_N2 历程反应。因为极性溶剂有利于 S_N1 历程中碳正离子活性中间体的稳定,而不利于 S_N2 历程中过渡态的形成。从实验结果看,叔丁基溴、异丙基溴、溴乙烷和溴甲烷在强极性甲酸溶液中的水解反应,属于 S_N1 反应。在弱极性丙酮溶液中与碘化钾生成碘代烷的反应,则属于 S_N2 反应。

二、卤代烃的消除反应

卤代烃和强碱(如 NaOH、KOH)醇溶液共热,分子内脱去一分子的卤化氢,生成烯烃。这种分子内消去一个简单分子(如 HX、H_2O)形成不饱和烃的反应称为消除反应,常用 E 表示。由于此种反应消除的是卤原子和 β-C 上的氢,也称为 β- 消除反应。有机合成中可利用此反应引入碳碳不饱和键。如:

$$\underset{\underset{Br}{|}}{CH_3—\overset{α}{C}H}—\underset{\underset{H}{|}}{\overset{β}{C}H_2} \xrightarrow[\triangle]{KOH/醇} CH_3—CH=CH_2 + KBr + H_2O$$

(一) 消除反应的取向

仲卤代烃和叔卤代烃发生消除反应时,可能生成两种以上的烯烃。如:

$$\underset{\underset{Br}{|}}{CH_3—CH_2—CH}—CH_3 \xrightarrow[\triangle]{KOH/乙醇} \begin{cases} CH_3—CH=CH—CH_3 \quad 81\% \\ \qquad\qquad 2\text{-丁烯} \\ CH_3—CH_2—CH=CH_2 \quad 19\% \\ \qquad\qquad 1\text{-丁烯} \end{cases}$$

从上述反应可看出,卤代烃消去一分子的卤化氢后,生成的主要产物是双键上连有较多烃基的烯烃,或者说被消去的氢原子主要由含氢较少的 β- 碳原子提供。这一规则称为扎伊采夫(Saytzeff)规则。

 课堂互动

试写出 2,3- 二甲基 -3- 溴戊烷发生消除反应时主要产物的结构式。

(二) 消除反应的历程

消除反应历程也有两种,即单分子消除反应(E1)和双分子消除反应历程(E2)。

1. 单分子消除反应(E1) E1 和 S_N1 历程相似,反应也是分两步完成的。第一步,卤代烃分子中的 C—X 键发生异裂,生成碳正离子中间体;第二步,碳正离子在碱的作用下,β-H 原子以质子形式解离下来,形成 α,β- 双键,得到烯烃。如:

$$(CH_3)_3C\!-\!X \xrightarrow[-X^-]{\text{慢}} CH_3\!-\!\underset{\underset{CH_2\!-\!H}{\uparrow}}{\overset{CH_3}{\underset{|}{C}}}{}^+ \xrightarrow{OH^- \text{快}} CH_3\!-\!\overset{CH_3}{\underset{|}{C}}\!=\!CH_2 + H_2O$$

在以上历程中,由于决定整个反应的第一步很慢,消除反应的速率只与卤代烃有关,与[OH⁻]浓度无关,因此称为单分子消除反应历程。

2. 双分子消除反应(E2) E2 和 S_N2 历程也很相似,反应也是一步完成的。碱试剂 B⁻ 进攻卤代烃分子中的 β-H 原子,形成一个能量较高的过渡态,之后 C—X 和 C—H 键的断裂与碳碳双键的形成同时进行,生成烯烃。其反应速率与卤代烃和碱的浓度均有关,因此称为双分子消除反应。如:

$$\underset{\underset{H}{|}}{\overset{\overset{H}{|}}{CH_2}}\!-\!C\!-\!CH_2\!-\!X \xrightarrow{OH^-} \left[\underset{\underset{HO\text{-}\text{-}H}{\overset{\delta^-}{|}}}{\overset{\overset{H}{|}}{CH_3}}\!-\!C\!=\!CH_2\text{-}\text{-}\text{-}\overset{\delta^-}{X} \right] \longrightarrow CH_3CH\!=\!CH_2 + H_2O + X^-$$

过渡态

消除反应和亲核取代反应历程很相似,它们的区别在于:在亲核取代反应中,试剂进攻的是 α-C 原子;而在消除反应中,试剂进攻的是 β-H 原子。因此,当卤代烃水解时,不可避免地会有消除卤化氢的副反应发生;当消除卤化氢时,也会有水解产物生成,两种反应往往同时发生,并相互竞争。

(三)影响反应历程的因素

由于反应历程受到卤代烃的结构、试剂的种类、溶剂的极性、反应的温度等因素的影响,因此,有效地控制反应条件,可以较大比例地获得所需要的反应产物。

1. 卤代烃结构的影响 在反应按双分子反应历程(S_N2 和 E2)进行时,α-C 原子和 β-H 原子分别是试剂攻击的目标。如 α-C 原子上的支链增多时,对试剂攻击 α-C 原子产生空间的阻碍作用,而对攻击 β-H 原子的影响较小。因此,对 S_N2 不利,却相对有利于 E2。另外,α-C 原子上的支链增多,形成离子的倾向增大,按双分子反应历程(S_N2 和 E2)进行的速率则要降低,而按单分子反应历程(S_N1 和 E1)进行的速率将有所增加。

2. 试剂的影响 不同的试剂对反应进行影响不同。试剂的亲核性强,有利于取代反应;亲核性弱,有利于消除反应。试剂的碱性强,有利于消除反应;碱性弱,有利于取代反应。一般来说,强亲核性的试剂易于发生 S_N2 反应,强碱性的试剂,有利于 E2 反应。

在按单分子(S_N1 和 E1)反应历程进行时,反应速率决定于第一步产生正离子的离解过程。由于这个过程在 S_N1 和 E1 中完全相同,所以它们的反应速率就要由第二步碳正离子与试剂反应生成产物的速率来决定。因此,碱性弱、亲核性强的试剂有利于 S_N1;碱性强、亲核性弱的试剂有利于 E1。

3. 溶剂和温度的影响 溶剂的极性对反应也有很大的影响。S_N1 和 E1 都生成碳正离子中间体,极性溶剂可以增加碳正离子中间体的稳定性。在反应按 S_N2 和 E2 进行时,过渡状态的电荷分布情况是:

$$\overset{\delta^-}{Y}\text{-}\text{-}\text{-}\text{-}R\text{-}\text{-}\text{-}\text{-}\overset{\delta^-}{X} \qquad\qquad \overset{\delta^-}{Y}\text{-}\text{-}\text{-}H\!-\!C\!=\!C\text{-}\text{-}\text{-}\overset{\delta^-}{X}$$

S_N2 E2

两者比较,前者电荷分散的程度不及后者,因此在极性溶剂中,虽然对 S_N2 和 E2 都不利,但对 E2 的不利更为显著。

反应温度的升高有利于消除反应,低温则有利于亲核取代反应。因为消除反应的活化过程中既要断裂 C—X 键又要断裂 C—H 键,所需能量较高,所以提高温度更有利于消除反应。

三、卤代烃与金属的反应

卤代烃能与 Li、Na、K、Mg 等金属反应生成有机金属化合物。其中,卤代烃在无水乙醚中与金属镁反应生成的烃基卤化镁,称为格利雅(Grignard)试剂,简称格氏试剂。

$$RX + Mg \xrightarrow{\text{无水乙醚}} RMgX（烃基卤化镁）$$

格氏试剂性质非常活泼,能与许多含活泼氢的化合物(如水、醇、酸、氨)等作用,生成相应的烃。如:

$$RMgX
\begin{cases}
\xrightarrow{HOH} & RH + Mg(OH)X \\
\xrightarrow{ROH} & RH + Mg(OR)X \\
\xrightarrow{HX} & RH + MgX_2 \\
\xrightarrow{R'C\equiv CH} & RH + R'C\equiv CMgX \\
\xrightarrow{HNH_2} & RH + Mg(NH_2)X
\end{cases}$$

因此,在制备和应用格氏试剂时,必须使用绝对无水且不含其他活泼氢原子杂质的乙醚作为溶剂,同时由于格氏试剂易被氧化、可与空气中的二氧化碳反应,所以要求在隔绝空气的条件下保存,或使用前临时制备。

格氏试剂可与许多物质反应,生成其他有机化合物或其他有机金属化合物。格氏试剂是有机化合物中一类重要的化合物,也是有机合成中应用广泛的试剂。

知识链接

化学家格利雅

格利雅(F.A.V.Grignard,1871—1935 年)出生于法国 Cherbourg。Grignard 先在法国里昂大学学习数学,后转向化学研究,1901 年获里昂大学有机化学博士学位,1926 年当选为法国科学院院士。在随同导师 Barbier 的研究中,Grignard 发现用卤代烃和金属镁在醚类溶剂中反应可制得有机镁化合物(格氏试剂)。其性质活泼,用途极广,它使合成大量不同类型的化合物成为可能,从而制备了许多种以前人们无法制得的化合物。直至现在,格氏试剂仍是最易制备的有机金属试剂。由于 Grignard 对有机合成等的贡献,1912 年,Grignard 与法国化学家 Paul Sabatier 分享了诺贝尔化学奖。

四、双键位置对卤素活泼性的影响

(一) 卤代乙烯型

当卤素直接连在双键上时,称为卤代乙烯型。这类卤代烃极不活泼,不易发生取

双键位置对
卤素活泼性
的影响

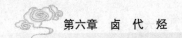

代反应,与硝酸银的醇溶液共热,也无卤化银沉淀产生。例如:

$$CH_2{=}CHCl$$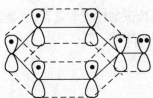

氯乙烯   氯苯

这是卤原子和碳-碳双键相互影响的结果。以氯乙烯为例,氯原子中的一对未共用电子所占据的 3p 轨道,与相邻的碳-碳双键的 2p 轨道互相平行重叠,形成 p-π 共轭体系,电子云向双键方向转移,C—Cl 电子云密度增大,键长缩短,键的稳定性增强,氯原子不易被取代(图 6-2)。

氯苯中的氯原子直接连在苯环上,与氯乙烯的结构类似,也存在 p-π 共轭体系。所以,氯苯中的 C—Cl 键电子云密度增大,键长缩短,键的稳定性增强,氯原子不活泼,不易被取代(图 6-3)。

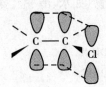

图 6-2 氯乙烯分子中 p-π 共轭体系示意图

图 6-3 氯苯分子中的 p-π 共轭体系示意图

(二)卤代烯丙型

当卤素与双键相隔 1 个碳原子时,称为卤代烯丙型。这类卤代烃非常活泼,能在室温下与硝酸银的醇溶液立即反应,生成卤化银沉淀。例如:

$$CH_2{=}CHCH_2Cl$$ ——CH_2Cl

3-氯丙烯(烯丙基氯)   α-氯甲苯(苄氯)

在烯丙基卤和苄卤分子中,卤素和双键相隔 1 个碳原子,卤原子和双键之间不存在共轭效应。由于卤原子的电负性较大,为吸电子基,卤原子获得电子解离后,形成了稳定的烯丙基碳正离子。在此碳正离子中,带正电荷的碳原子的空 p 轨道能与相邻的 π 键形成 p-π 共轭体系,使正电荷得到分散,碳正离子趋于稳定而容易生成,因而有利于取代反应的进行。例如,3-氯丙烯解离后为烯丙基碳正离子(图 6-4)。

苄卤中的卤原子也非常活泼,能在室温下与硝酸银的醇溶液反应,生成卤化银沉淀。这是由于反应中苄基碳正离子的碳原子 p 轨道与苯中的大 π 键形成 p-π 共轭体系,使正电荷得到分散,苄基碳正离子特别稳定(图 6-5)。

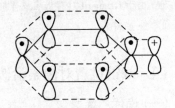

图 6-4 烯丙基碳正离子中电子的离域

图 6-5 苄基碳正离子中电子的离域

（三）孤立型卤代烯烃

当卤素与双键相隔 2 个及 2 个以上饱和碳原子时,称为孤立型卤代烯烃。例如:

$$CH_2=CHCH_2CH_2Cl \qquad \text{⟨苯环⟩}-CH_2CH_2Cl$$

4-氯丁烯   2-苯基氯乙烷

这类卤代烃分子中,双键与卤原子相隔较远,相互影响很小。因此,孤立型卤代烯烃中的卤原子,其活泼性与卤代烷相似,在加热条件下,才能与硝酸银的醇溶液缓慢反应,生成卤化银沉淀。

不同结构的卤代烃中卤原子的活性不同,与硝酸银醇溶液的反应条件不同,所以根据产生卤化银沉淀的速率可以区分不同类型的卤代烃(表 6-2)。

表 6-2 不同类型卤代烃的活性

卤代烯丙型	孤立型卤代烯烃	卤代乙烯型
$CH_2=CH-CH_2-X$	$CH_2=CH-(CH_2)_n-X$ $n \geqslant 2$	$CH_2=CH-X$
⟨苯环⟩$-CH_2-X$	⟨苯环⟩$-(CH_2)_n-X$ $n \geqslant 2$	⟨苯环⟩$-X$
(室温下产生 AgX 沉淀)	(加热后缓慢产生 AgX 沉淀)	(加热后难以产生 AgX 沉淀)

C—X 键是极性共价键,只有在极性溶剂的作用下才可能离解,因此反应必须在极性溶剂(如醇溶液)中进行。可见,3 种类型卤代烃的活性顺序为:

卤代烯丙型 > 孤立型卤代烯烃 > 卤代乙烯型

课堂互动

用化学方法鉴别下列化合物:

1. $CH_3CHCH=CH_2$
       |
      Br

2. $CH_3CH_2CH=CH_2$
       |
      Br

3. $CH_3CH_2C=CH_2$
            |
           Br

第四节 与医药学有关的卤代烃类化合物

在高等动物的代谢中有重要作用的含卤素的有机化合物不多,氯离子对于生命是必需的,但它在机体中并不转化为含卤素的有机物。只有碘随着摄取的食物进入体内后,便在甲状腺中积存下来,并通过一系列化学反应形成甲状腺素,而成为控制许多代谢速率的一种激素。

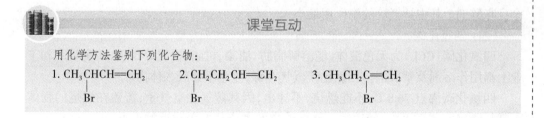

有机卤化物的用途很广。医药行业中使用含卤素的有机物较多,并且许多是有

重要生理作用的,如麻醉剂、药物或农药等。

(一) 氯乙烷

氯乙烷(CH_3CH_2Cl)在室温常压下是带有甜味的气体,沸点 12.2℃,在低温时可液化。微溶于水,能和乙醚、乙醇等有机溶剂任意混溶。因为氯乙烷沸点低,喷在皮肤上能迅速蒸发,吸收热量而引起骤冷,使皮肤麻木,故可作为外科小手术的局部麻醉剂。

(二) 三氯甲烷

三氯甲烷($CHCl_3$)俗名氯仿,是比较重要的多卤代烃。三氯甲烷为无色有香甜气味的液体,沸点 61.7℃,不易燃,不溶于水,比水重,是优良的有机溶剂,能溶解许多有机物,医药上常用于中草药有效成分的提取和精制抗生素。氯仿有麻醉性,在 19 世纪时曾被用做外科手术时的全身麻醉剂,因其对心脏和肝的毒性较大,目前临床上已很少使用。

氯仿在光照下可被逐渐氧化生成剧毒的光气,所以氯仿应用棕色瓶密闭保存,并加入 1% 的乙醇破坏可能生成的光气。

$$CHCl_3 + \frac{1}{2}O_2 \xrightarrow{\text{日光}} \underset{\text{光气}}{COCl_2} + HCl$$

(三) 氟烷

氟烷,又名三氟氯溴乙烷($F_3C—CHClBr$),为无色透明、易流动的重质液体,无刺激性,气味类似于氯仿,可与醇、氯仿、乙醚任意混合,不燃不爆。氟烷是吸入性全身麻醉药之一,其麻醉强度比乙醚大 2~4 倍,比氯仿强 1.5~2 倍。新近还发现它具有扩张支气管、解除支气管痉挛的作用,但用量大时,可积蓄于体内造成危害,尤其对肝有损坏。肝、肾功能不全,心力衰竭、心肌炎患者慎用或禁用。目前临床常用的氟化物麻醉药为恩氟烷($CHF_2—O—CF_2—CHClF$)及其同分异构体异氟烷($CHF_2—O—CHCl—CF_3$),它们的镇痛作用都优于氟烷,诱导复苏比氟烷快,常与氧化亚氮合用,作吸入性全身麻醉剂。其中异氟烷的副作用最小。

(四) 四氯化碳

四氯化碳(CCl_4)为无色液体,能溶解脂肪、油漆、树脂、橡胶等物质,在实验室和工业上都用作溶剂及萃取剂。四氯化碳蒸气有毒,注意不要吸入体内。

四氯化碳沸点 76.8℃,不能燃烧,不导电,因其蒸气比空气重,覆盖在燃烧的物体上就能隔绝空气而灭火,较适用于扑灭油类的燃烧和电源附近的火灾,是一种常用的灭火剂。由于四氯化碳在 500℃以上时可以与水作用,产生光气,所以用它作灭火剂时,必须注意空气流通,以免中毒。

$$CCl_4 + H_2O \longrightarrow \underset{\text{光气}}{COCl_2} + 2HCl$$

四氯化碳与金属钠在温度较高时能猛烈反应以致爆炸,所以当金属钠着火时,不能用四氯化碳灭火。

四氯化碳的高浓度蒸气会刺激黏膜,对中枢神经系统有麻醉作用,对肝肾存在严重损伤,吸入会出现抽搐、昏迷,因立即脱离现场并保持呼吸道通畅。

(五) 氯乙烯及聚氯乙烯

氯乙烯($CH_2=CHCl$)在常温下是气体,可由乙炔与氯化氢在催化剂存在下制得,但制备乙炔耗电量极大。近年来随着石油化工的发展,已可将乙烯经过与氯作用后再脱氯化氢来制备。

$$CH_2{=}CH_2 + Cl_2 \longrightarrow CH_2{-}CH_2 \xrightarrow[\text{醇}]{\text{NaOH}} CH_2{=}CHCl$$
$$\quad\quad\quad\quad\quad\quad\quad Cl\quad\,Cl$$

　　氯乙烯是制备聚氯乙烯的单体,能聚合生成白色粉状固体高聚物,称为聚氯乙烯,简称PVC。

$$n\ CH_2{=}CH \longrightarrow \left[CH_2{-}CH\right]_n$$
$$\quad\quad\ \ Cl \quad\quad\quad\quad\quad\ Cl$$
聚氯乙烯

　　一般聚氯乙烯的平均聚合度 n 为800~1400。它具有阻燃(阻燃值为40以上)、耐化学药品腐蚀(耐浓盐酸、90%硫酸、60%硝酸和20%氢氧化钠)、机械强度及电绝缘性良好的优点。由于聚氯乙烯有防火耐热作用,被广泛用于电线外皮和光纤外皮。此外也常被制成手套、下水管和塑钢门窗等。

　　皮肤接触液体氯乙烯会导致红斑、水肿,急性中毒严重时会发生昏迷、抽搐甚至死亡,慢性中毒会导致肝肿大、肝功能异常等。长期接触氯乙烯可导致肝血管肉瘤。

(六) 六六六

　　在紫外线照射下,经过加热,苯可以和氯发生加成反应,生成六氯环己烷,因分子中含碳、氢、氯原子各六个,故名"六六六"。其分子量为290.83,熔点112.5℃,为白色粉末结晶。六六六曾被大量用作杀虫剂,后来发现它污染环境,并且能使人产生积累性中毒,临床表现为头晕、头痛等,皮肤接触也会出现刺激、疼痛,现已被淘汰。

知识链接

碘甲烷

　　碘甲烷(CH_3I,又名甲基碘)普遍存在于海洋中,是海水的一种有机痕量成分。作为一种易挥发且难溶于水的低碳卤代烃,碘甲烷在自然条件下容易通过海-空界面进入大气,成为碘在海洋和陆地间进行天然循环的重要载体。进入大气的碘甲烷,为陆地需碘生物提供必需的微量元素,并有助于海洋边界层新型颗粒物的形成。碘甲烷在大气中光解时所产生的活性碘自由基,是大气对流层中碘自由基的主要来源,对对流层和平流层底层大气中的臭氧浓度具有重要影响。目前,碘甲烷被认为是通用熏蒸杀虫剂溴甲烷(CH_3Br)的一种首选替代物,它的环境行为已引起世界各国(特别是发达国家)有关研究者的广泛关注。因此,对环境中的碘甲烷的研究是一个涉及海洋、大气、土壤和农作物等领域的重要课题。

(吴 晟)

扫一扫
测一测

复习思考题

1. 命名下列化合物或根据名称写出结构式

$$(1)\ CH_3-\overset{\overset{\displaystyle Cl}{|}}{\underset{\underset{\displaystyle Cl}{|}}{C}}-CH_2-CH_3 \qquad (2)\ CH_2=CH-\overset{\overset{\displaystyle }{|}}{\underset{\underset{\displaystyle Br}{|}}{CH}}-CH_3 \qquad (3)$$

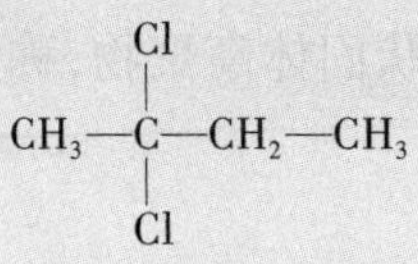

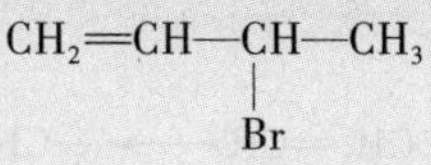

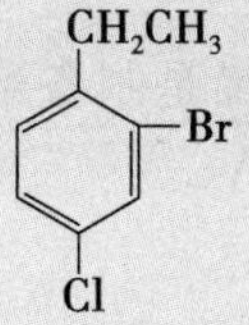

2. 完成下列反应

$(1)\ CH_3CH_2CH(CH_3)CHBrCH_3 \xrightarrow{NaOH/H_2O}$

(2) 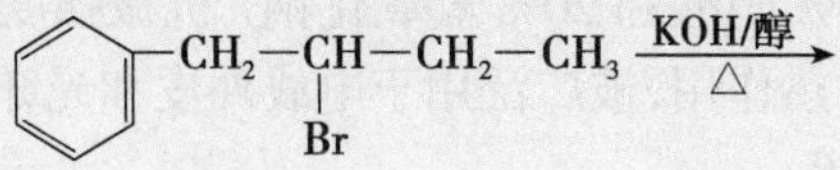 ⬡ $-CH_2-\overset{\overset{\displaystyle }{|}}{\underset{\underset{\displaystyle Br}{|}}{CH}}-CH_2-CH_3 \xrightarrow[\triangle]{KOH/醇}$

$(3)\ CH_3-CH=CH_2 \xrightarrow{HBr} \quad \xrightarrow{NaCN} \quad \xrightarrow{H_3O^+}$

$(4)\ CH_3CH_2CH_2I \xrightarrow{CH_3ONa}$

3. 用化学方法鉴别下列化合物
对氯甲苯、氯化苄和 β- 氯乙苯

4. 由 1- 溴丙烷制备下列化合物
(1) 异丙醇
(2) 1,1,2,2- 四溴丙烷

第七章

醇、酚、醚

 学习要点

1. 醇、酚、醚的定义、结构、分类、命名和理化性质。
2. 邻二醇的特殊反应。
3. 重要的醇、酚、醚在医药学上的应用。

扫一扫
知重点

醇、酚、醚都属于烃的含氧衍生物,它们也可以看作是水分子中氢原子被脂肪烃基或芳香烃基取代的衍生物。

$$R—OH \qquad Ar—OH \qquad R—O—R(R—O—R')$$
$$醇 \qquad\qquad 酚 \qquad\qquad\qquad 醚$$

第一节　醇

醇可以看作是脂肪烃、脂环烃或芳香烃侧链上的氢被羟基取代后的产物,其结构通式为 R—OH,羟基(—OH)是醇类化合物的官能团,醇中的羟基称为醇羟基。

一、醇的结构

醇的结构特点是醇羟基(—OH)直接与饱和碳原子相连,醇羟基中的氧原子是不等性 sp^3 杂化,C—O—H 的键角与 sp^3 杂化的角度接近。例如,甲醇中的 C—O—H 键角为 108.9°(图 7-1)。

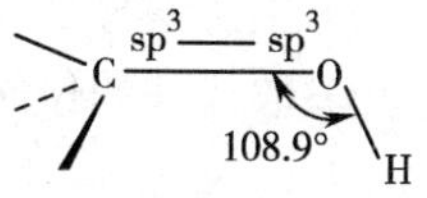

图 7-1　甲醇的结构示意图

二、醇的分类和命名

(一)醇的分类

1. 根据羟基所连的烃基不同,醇可分为脂肪醇、脂环醇和芳香醇(芳烃侧链上的氢原子被羟基取代的醇)。脂肪醇进一步可分为饱和醇与不饱和醇。如:

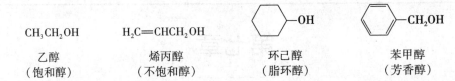

CH_3CH_2OH
乙醇
（饱和醇）

$H_2C{=}CHCH_2OH$
烯丙醇
（不饱和醇）

环己醇
（脂环醇）

苯甲醇
（芳香醇）

2. 根据羟基所连的碳原子种类不同,醇可分为伯醇(1°醇)、仲醇(2°醇)和叔醇(3°醇)。如:

RCH_2OH　　　　　R_2CHOH　　　　　R_3COH
伯醇　　　　　　　仲醇　　　　　　　叔醇

3. 根据醇分子中所含羟基数目的多少,醇可分为一元醇、二元醇和多元醇。二元以上的醇也称为多元醇。如:

CH_3CH_2OH
乙醇

$\begin{array}{c}CH_2OH\\CH_2OH\end{array}$
乙二醇

$\begin{array}{c}CH_2OH\\CHOH\\CH_2OH\end{array}$
丙三醇

(二) 醇的命名

1. 普通命名法　对于结构较简单的醇,通常在"醇"前面加烃基的名称,"基"字一般可以省去。如:

$CH_3CH_2CH_2OH$
正丙醇

$\underset{OH}{CH_3{-}CH{-}CH_3}$
异丙醇(2°醇)

$\underset{CH_3}{CH_3CHCH_2OH}$
异丁醇(1°醇)

$\underset{OH}{CH_3CHCH_2CH_3}$
仲丁醇(2°醇)

$\underset{CH_3}{\overset{CH_3}{CH_3{-}C{-}OH}}$
叔丁醇(3°醇)

环己醇

苯甲醇或苄醇

2. 系统命名法　这种命名法适合于结构较复杂的醇。其命名原则是:

(1) 选择含有羟基的最长碳链为主链,按照主链的碳原子数称为某醇。

(2) 主链编号从靠近羟基的一端开始,使羟基的位次尽可能小。

(3) 取代基的位次、数目、名称写在醇名称的前面。如:

$CH_3CH_2CH_2CH_2OH$
1-丁醇

$\underset{CH_3\ \ Cl\ \ OH}{CH_3{-}CH{-}CH{-}CH_2{-}CH_2{-}CH_3}$
5-甲基-4-氯-3-己醇

苯CH_2CH_2OH
2-苯基乙醇

$\underset{CH_2{-}CH_3}{CH_3{-}CH{-}CH_2{-}CH_2{-}OH}$
3-甲基-1-戊醇

不饱和醇命名时,应选择含有羟基所连的碳原子和碳碳不饱和键在内的最长碳链作为主链,从靠近羟基的一端编号,根据主链所含碳原子数称为"某烯(炔)醇"。如:

$$CH_3-\overset{\displaystyle OH}{\underset{\displaystyle |}{C}}HCH=CH_2 \qquad\qquad HC\equiv C-CH_2OH$$

3-丁烯-2-醇　　　　　　　　　　　　2-丙炔-1-醇

多元醇的命名,应选择连有羟基最多的碳链为主链。羟基的位次与数目写在"醇"的前面。如:

$$\underset{\displaystyle OH\ OH}{CH_2CHCH_3} \qquad\qquad \underset{\displaystyle OH\ OH\ OH}{CH_2-CH-CH_2} \qquad\qquad \underset{\displaystyle OH\ OH\ \ \ OH}{CH_2-CH-\overset{\displaystyle CH_2CH_3}{C}H-CH_2}$$

1,2-丙二醇　　　　　　　　丙三醇　　　　　　　3-乙基-1,2,4-丁三醇

一般来说,同一碳上连有两个羟基的结构不稳定。像乙二醇、丙三醇这样没有其他羟基位置异构的多元醇,命名时羟基的位次可以省略。

3. 俗名　有些醇根据其来源或突出的性状采用俗名,如乙醇俗称为酒精,丙三醇俗称为甘油等。

课堂互动

命名下列化合物或根据名称写出结构式:

1. $(C_2H_5)_2C=CHCH_2OH$

2. 2,2-二甲基-3-戊醇

三、醇的物理性质

低级醇为具有酒味的无色透明液体,中级醇为具有难闻气味的油状液体,而12个碳原子以上的醇则为无臭无味的蜡状固体。一些醇的物理常数见表7-1。

表7-1　醇的物理常数

名称	沸点(℃)	熔点(℃)	密度(20℃)	溶解度(g/100ml 水)
甲醇	64.7	−97.8	0.792	∞
乙醇	78.5	−117.3	0.789	∞
正丙醇	97.4	−126.5	0.804	∞
异丙醇	82.4	−89.5	0.786	∞
正丁醇	117.3	−89.53	0.810	7-9
正戊醇	138	−79	0.814	2.2
环戊醇	141	−17	0.948	微溶
环己醇	161.1	25.1	0.962	0.360
苯甲醇	205	−15	1.040	4
乙二醇	197.5	−12.6	1.113	∞
丙三醇	290	18	1.261	∞

醇的沸点随着分子量的增加而升高,而且低级醇的沸点比分子量相近的烷烃的沸点高得多。这是由于醇含有羟基,分子间可通过氢键发生缔合,醇从液态的缔合状态变为气态单分子,除克服分子间范德华力外,还必须消耗一定的能量来破坏氢键(氢键的键能为 25kJ/mol 左右)。

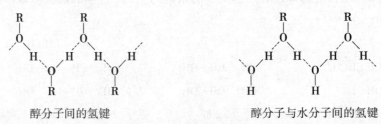

醇分子间的氢键　　　　　　　　　醇分子与水分子间的氢键

醇分子与水分子之间也能形成氢键,所以,低级醇(如甲醇、乙醇、丙醇)能与水以任意比例混溶。随着醇分子中碳原子数的增加,氢键的影响会逐渐减弱,而且烃基的增大对氢键形成的阻碍作用也随之增大,所以高级醇难溶于水。

多元醇分子中含两个以上的羟基,可以形成更多的氢键,因此沸点更高,在水中溶解度也更大。

低级醇能和氯化钙、氯化镁等无机盐形成结晶醇配合物,它们可溶于水而不溶于有机溶剂。如 $CaCl_2 \cdot 4CH_3OH$、$MgCl_2 \cdot 6C_2H_5OH$。因此,在制备无水醇时,不能用氯化钙、氯化镁等作干燥剂。

四、醇的化学性质

醇的化学性质主要由官能团羟基(—OH)所决定。从化学键来看,由于氧的电负性比碳和氢都大,所以 C—O 键和 O—H 键都是极性键,一定条件下易发生化学反应。同时,β-H 受—OH 的影响,具有一定的活性。

$$\underset{\beta}{-C} - \underset{\alpha}{C} \mid O \mid H$$

(一) 与活泼金属的反应

醇和水在性质上有某些相似之处。它们都含有 1 个与氧原子结合的氢,这个氢表现了一定程度的酸性,但由于烷基的给电子诱导效应,醇中氧原子上电子云密度比较大,所以醇的酸性比水弱。醇能与活泼金属(Na、K、Mg)等反应,放出氢气,并形成醇化物。

$$HOH + Na \longrightarrow NaOH + \frac{1}{2}H_2 \uparrow$$

$$ROH + Na \longrightarrow RONa + \frac{1}{2}H_2 \uparrow$$
醇钠

$$C_2H_5OH + Na \longrightarrow C_2H_5ONa + H_2 \uparrow$$

$$2ROH + Mg \xrightarrow{I_2} (RO)_2Mg + H_2 \uparrow$$

醇与金属钠反应比水与金属钠反应要缓和得多,放出的热也不足以使生成的氢气自燃,因此,利用这个反应可以除去残余的金属钠,而不至于发生燃烧和爆炸。随

着烷基的加大,醇和金属钠反应的速度也随之减慢。不同类型的醇和金属钠在液相中的反应活性顺序是:

$$CH_3OH > 伯醇 > 仲醇 > 叔醇$$

羟基—OH上氢原子的活性取决于O—H键断裂的难易。叔醇α-C受到三个烃基给电子诱导效应的影响,给电子能力更强,使氧原子上的电子云密度更高,氢原子和氧原子的结合也较牢固。而伯醇α-C只受到一个给电子烃基的影响,给电子能力较低,氧原子上的电子云密度较低,O—H上的氢原子受到的束缚力较小,易被取代。

$$H—O—H \qquad R \rightarrow CH_2 \rightarrow OH \qquad R \rightarrow \overset{R}{\underset{}{CH}} \rightarrow O—H \qquad R \rightarrow \overset{R}{\underset{R}{C}} \rightarrow O—H$$

醇钠是一种白色固体,能溶于醇,遇水则分解成醇和氢氧化钠。醇钠水解是个可逆反应,但平衡主要偏向于醇钠的水解方向。

$$R—ONa+HOH \rightleftharpoons ROH+NaOH$$

除醇钠外,醇与锂、钾、镁、铝等作用生成的金属醇化物中,异丙醇铝 $Al[OCH(CH_3)_2]_3$ 和叔丁醇铝 $Al[OC(CH_3)_3]_3$ 在有机合成上有重要用途。

(二)与无机酸反应

1. 与氢卤酸反应　醇和氢卤酸作用生成卤代烃和水,这是有机合成中制备卤代烃的方法之一。

$$R—OH+HX \longrightarrow RX+H_2O(X=Cl、Br 或 I)$$

醇和氢卤酸的反应活性与醇的结构及氢卤酸的种类有关。不同氢卤酸及不同醇的反应活性顺序为:

$$HI > HBr > HCl$$

$$烯丙醇、苄醇 > 叔醇 > 仲醇 > 伯醇$$

因为盐酸的活性最小,所以盐酸与醇的反应比较困难,只有非常活泼的醇,或在加无水氯化锌的催化作用下才能进行。由浓盐酸与无水氯化锌配成的溶液称为卢卡斯(Lucas)试剂。6个碳以下的低级醇可溶于卢卡斯试剂,反应后生成的氯代烃不溶于浓盐酸而出现混浊或分层现象。在室温下,叔醇与卢卡斯试剂很快反应生成氯代烃,立即混浊;仲醇则需放置几分钟才能出现混浊或分层现象;而伯醇在室温下数小时无混浊或分层现象发生。如:

$$CH_3 \overset{CH_3}{\underset{CH_3}{\overset{|}{\underset{|}{C}}}} OH+HCl(浓) \xrightarrow[室温]{ZnCl_2} CH_3 \overset{CH_3}{\underset{CH_3}{\overset{|}{\underset{|}{C}}}} Cl+H_2O$$

（立即混浊）

$$CH_3CH_2\overset{}{\underset{OH}{\overset{|}{CH}}}CH_3+HCl(浓) \xrightarrow[室温]{ZnCl_2} CH_3CH_2\overset{}{\underset{Cl}{\overset{|}{CH}}}CH_3+H_2O$$

（5~10分钟混浊,放置后分层）

$$CH_3CH_2CH_2CH_2OH+HCl(浓) \xrightarrow[室温]{ZnCl_2} CH_3CH_2CH_2CH_2Cl+H_2O$$

（数小时不出现混浊）

因此,卢卡斯试剂可用来区别含 6 个碳原子以下的伯、仲、叔醇。此外,烯丙醇和苄醇可以直接和浓盐酸在室温下反应。

2. 与含氧酸反应　醇与含氧酸作用,脱去一分子水所得的产物为酯,这种反应称为酯化反应。醇与无机含氧酸(如硝酸、亚硝酸、硫酸和磷酸等)反应,则生成相应的无机酸酯。如:

$$CH_3CH_2OH + HONO_2 \longrightarrow CH_3CH_2ONO_2 + H_2O$$
$$\qquad\qquad 硝酸 \qquad\qquad 硝酸乙酯$$

甘油与硝酸反应可生成三硝酸甘油酯(又称硝酸甘油):

$$
\begin{array}{c}
CH_2-OH \\
| \\
CH-OH \\
| \\
CH_2-OH
\end{array}
+ 3HONO_2
\xrightarrow{H_2SO_4}
\begin{array}{c}
CH_2-ONO_2 \\
| \\
CH-ONO_2 \\
| \\
CH_2-ONO_2
\end{array}
+ 3H_2O
$$
$$\qquad\qquad\qquad\qquad\qquad\qquad\quad 三硝酸甘油酯$$

这是一种能舒张血管,临床上用作缓解心绞痛的药物,多数硝酸酯受热后能剧烈分解而发生爆炸,如硝酸甘油可作为炸药的主要成分。为了使用安全,通常将硝酸酯与一些惰性材料混合在一起。1866 年 Nobel 发明的安全炸药就是由硝酸甘油和硅藻土等成分组成。

硫酸是二元酸,可生成两种硫酸酯,即酸性酯和中性酯。其中,低级醇的硫酸酯(如硫酸二甲酯等)可作为烷基化试剂,但因其为无色剧毒的液体,故使用时应注意安全;高级醇($C_8 \sim C_{18}$)的硫酸酯的钠盐则能合成洗涤剂。

$$CH_3-\overline{[OH + H]}-OSO_2-OH \xrightarrow{<100℃} CH_3OSO_2OH + H_2O$$
$$\qquad\qquad\qquad\qquad\qquad\qquad 硫酸氢甲酯(酸性酯)$$

硫酸氢甲酯在减压下蒸馏,可转化成硫酸二甲酯。

$$2CH_3OSO_2OH \xrightarrow{减压蒸馏} CH_3OSO_2OCH_3 + H_2SO_4$$
$$\qquad\qquad\qquad\qquad\qquad 硫酸二甲酯(中性酯)$$

(三) 脱水反应

醇在脱水剂浓硫酸、氧化铝等存在下加热可发生脱水反应。根据醇的结构和反应条件的不同,有两种脱水方式——分子内脱水和分子间脱水。

1. 分子内脱水　醇在一定条件下发生分子内脱水生成烯烃,其反应实质是消除反应。如乙醇可发生分子内脱水生成乙烯。

$$
\begin{array}{cc}
CH_2-CH_2 \\
| \qquad | \\
H \qquad OH
\end{array}
\xrightarrow[\text{或 } Al_2O_3, 360℃]{H_2SO_4, 170℃} CH_2=CH_2 + H_2O
$$

与卤代烃的消除反应一样,仲醇和叔醇发生分子内脱水时,遵循扎伊采夫(Saytzeff)规则,即脱去含氢较少的 β-C 上的 H,生成双键碳原子上带有较多烃基的烯烃。如:

$$
\underset{OH}{CH_3CH_2\overset{\alpha}{C}HCH_3}^{\beta\quad\quad\beta}
\xrightarrow[\triangle]{H_2SO_4, -H_2O}
\begin{cases}
CH_3CH=CHCH_3 \quad \text{2-丁烯(主要产物)} \\
\\
CH_3CH_2CH=CH_2 \quad \text{1-丁烯(次要产物)}
\end{cases}
$$

不同结构的醇,发生分子内脱水反应的难易程度是不同的。其反应活性顺序为:

$$叔醇 > 仲醇 > 伯醇$$

2. 分子间脱水 一定条件下,两分子醇之间可脱水生成醚。如乙醇分子间脱水生成乙醚。

$$2CH_3CH_2OH \xrightarrow[\text{或 } Al_2O_3,260℃]{H_2SO_4,140℃} CH_3CH_2OCH_2CH_3 + H_2O$$
$$乙醚$$

从上面的反应可以看出,相同的反应物、相同的催化剂,反应条件对脱水方式的影响很大。在较高温度时,有利于分子内脱水生成烯烃,发生消除反应;而相对较低的温度则有利于分子间脱水生成醚。此外,醇的脱水方式还与醇的结构有关。在一般条件下,叔醇容易发生分子内脱水,生成烯烃。

(四) 氧化与脱氢反应

在有机反应中,通常将脱氢或加氧的反应称为氧化反应,而加氢或脱氧的反应称为还原反应。

1. 氧化 由于羟基的影响,伯醇和仲醇分子中 α-C 原子上的氢原子(α-H)较活泼,容易发生氧化作用。常用的氧化剂有高锰酸钾($KMnO_4$)或重铬酸钾($K_2Cr_2O_7$)酸性溶液。

伯醇氧化首先生成醛,醛进一步氧化生成羧酸。所以从伯醇制备醛必须及时分离出醛,以免继续被氧化生成羧酸。如:

$$R-CH_2-OH \xrightarrow[H_2SO_4]{Na_2Cr_2O_7} R-\overset{\overset{\displaystyle O}{\|}}{C}-H \xrightarrow{[O]} R-\overset{\overset{\displaystyle O}{\|}}{C}-OH$$
$$\qquad\qquad\qquad\qquad 醛 \qquad\qquad 羧酸$$

也可选用高选择性的催化剂,如三氧化铬及吡啶的配合物作氧化剂(Sarett 试剂),将氧化反应控制在生成醛的阶段。

仲醇氧化生成酮,酮比较稳定,不易被继续氧化。

$$R-\overset{\overset{\displaystyle OH}{|}}{C}H-R' \xrightarrow{[O]} R-\overset{\overset{\displaystyle O}{\|}}{C}-R'$$
$$仲醇 \qquad\qquad\qquad 酮$$

叔醇没有 α—H,故一般不被上述氧化剂氧化。但在强氧化剂(如酸性 $KMnO_4$)的作用下,发生 C—C 键断裂,生成较小分子的产物。

氧化伯醇、仲醇时,$Cr_2O_7^{2-}$ 离子(橙红色)被还原为 Cr^{3+} 离子(绿色)。叔醇因无 α-H,则不发生反应。因此,可利用此区别伯醇、仲醇与叔醇。

2. 催化脱氢 除氧化反应外,伯醇和仲醇的蒸气在高温下,通过催化剂活性铜或银、镍等可直接发生脱氢反应,分别生成醛和酮。而叔醇没有 α-H,同样不能发生脱氢反应。

$$R-CH_2OH \xrightarrow[325℃]{Cu} R-\overset{\overset{\displaystyle O}{\|}}{C}-H + H_2$$
$$伯醇 \qquad\qquad\qquad 醛$$

$$R-\overset{\overset{\displaystyle OH}{|}}{C}H-R' \xrightarrow[H_2O/H^+]{Cu,325℃} R-\overset{\overset{\displaystyle O}{\|}}{C}-R'+H_2$$

仲醇   酮

(五) 多元醇的特性

多元醇除了具有一元醇的一般化学性质外,还具有一些特殊的性质。两个羟基连在两个相邻碳原子上的邻二醇(如乙二醇、丙三醇等)与新制备的氢氧化铜反应,可生成一种深蓝色的溶液。此反应可用于鉴别邻二醇。如:

$$\begin{array}{l} CH_2-OH \\ | \\ CH-OH \\ | \\ CH_2-OH \end{array} + Cu(OH)_2 \xrightarrow{OH^-} \begin{array}{l} CH_2-O \\ | \\ CH-O \\ | \\ CH_2-OH \end{array}\bigg\rangle Cu$$

甘油铜(蓝色)

课堂互动

消毒酒精的浓度是多少? 是否浓度越大,杀菌能力越强? 为什么?

五、醇的制备

(一) 由烯烃制备

1. **烯烃水合法** 烯烃在酸催化下与水进行加成反应得到醇。乙烯可制得伯醇,其他烯烃水合的主要产物是仲醇和叔醇(参见第三章烯烃和炔烃)。

$$R-CH=CH_2 \xrightarrow[H^+]{H_2O} R-\overset{\overset{\displaystyle}{}}{C}H-CH_3 \\ \qquad\qquad\qquad\qquad \underset{OH}{|}$$

2. **硼氢化 - 氧化法(或硼氢化法)** 此法可以制取反马氏规则的伯醇。

$$R-CH=CH_2 \xrightarrow{B_2H_6} (RCH_2CH_2)_3B \xrightarrow[OH^-]{H_2O_2} R-CH_2CH_2OH$$

(二) 由卤代烃制备

卤代烃水解可以得到醇,但一般应用意义不大。此法主要用于制备一些较难制取的醇。而且一般用 1° 卤烃,因为 2°、3° 卤烃在碱性条件下易发生消除反应。

$$RX+NaOH \longrightarrow R-OH+NaX$$

(三) 由格氏试剂制备

格氏试剂与不同的羰基化合物或者羧酸衍生物作用,可以分别生成伯醇、仲醇、叔醇(参见相关章节)。此法合成醇的特点:可增长碳链。

$$R-MgBr+HCHO \xrightarrow[②H_3O^+]{①无水醚} R-CH_2OH(伯醇)$$

$$R'MgBr+R-CHO \xrightarrow[②H_3O^+]{①无水醚} \begin{array}{c} R' \\ | \\ CHOH \\ | \\ R \end{array} (仲醇)$$

$$R'MgBr + R\overset{\overset{\text{O}}{\|}}{C}-R'' \xrightarrow[\text{②}H_3O^+]{\text{①无水醚}} R'-\overset{\overset{R''}{|}}{\underset{R}{C}}-OH \quad (叔醇)$$

(四) 羰基化合物的还原(参见第八章醛、酮、醌)

六、与医药学有关的醇类化合物

(一) 甲醇

甲醇(CH_3OH)最初是从木材的干馏液里分离提纯获得,故又称木精或木醇。甲醇是具有酒味的无色透明液体,沸点 64.7℃,易燃,有毒性,尤其对视神经有很强的毒害作用,可致视神经萎缩、视力减退,严重者可双目失明。一般饮用少量(约 10ml)会致盲,量多(约 30ml)可致死。这是由于甲醇在机体内被氧化生成毒性更大的甲醛和甲酸所致。工业酒精因含有甲醇,绝不能用于勾兑饮用酒。甲醇还可与水、乙醚和氯仿等混溶,是常用的溶剂。

(二) 乙醇

乙醇(CH_3CH_2OH)俗称酒精,是酒类的主要成分。乙醇为无色透明液体,沸点 78.5℃,可以与水任意混溶。目前工业上主要用乙烯水合法制乙醇,通过分馏后得浓度为 95.5% 的普通酒精。在实验室里,一般用加入生石灰加热回流,制备更高浓度的酒精。工业上则多采用加苯蒸馏,以获浓度达 99.5% 的"无水酒精",如再加入金属钠可除去余下水分。检查乙醇中是否含有水,可加入白色无水硫酸铜少许,如变成蓝色($CuSO_4 \cdot 5H_2O$),就表明含有水分。

乙醇的用途很广,乙醇在临床上用作消毒剂,浓度为 70%~75% 的乙醇溶液杀菌能力最强,临床上用于皮肤和器械等的外用消毒剂。在制药工业中,乙醇是一个最常用的溶剂,用乙醇溶解药品所得制剂称为酊剂,例如碘酊(俗称碘酒);特别是在中药制剂中,乙醇可用于制取中草药浸膏以获得其中的有效成分,并且乙醇浓度可任意调节,价钱较便宜,还可回收重复使用。

在人体内,乙醇可被肝脏的脱氢酶氧化成乙醛,进而转变为可被人体消化的乙酸。因此,人体可以耐受适量的乙醇,但大量乙醇对人体有害。血液中不同乙醇浓度对人体的影响见表 7-2。

表 7-2　血液中不同乙醇浓度对人体的影响

浓度(%)*	影响	浓度(%)*	影响
0.010	神态清醒,呼吸正常,口腔和咽喉黏膜有轻微刺痛	0.040	力气增大,狂暴无礼
		0.100	摇摇晃晃,站立不稳
0.020	头后部轻微地阵阵抽痛,头昏眼花	0.300	昏迷,不省人事
0.030	轻度的欣快,解愁消忧,自吹自擂	0.400	深度麻木,可致死

* 表示血液中的乙醇体积分数。饮入 5~10ml 乙醇,血液中的乙醇体积分数约为 0.010%

(三) 丙三醇

丙三醇俗称甘油,是一种黏稠而带有甜味的液体,沸点 290℃,能以任意比例与水

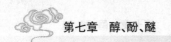
混溶。甘油吸湿性很强,对皮肤有刺激性,故稀释后的甘油才可用于润滑皮肤。甘油在药剂上可用作溶剂,如酚甘油、碘甘油等。对便秘患者,常用甘油栓或 50% 甘油溶液灌肠。

甘油在脱水剂如浓硫酸的作用下,可失去两分子水,生成具有刺激性气味的丙烯醛,我国药典以此作为甘油的鉴别反应。

$$CH_2-CH-CH_2 \xrightarrow[\text{加热}]{\text{浓 }H_2SO_4} CH_2=CH-CHO$$
$$\quad\ \ | \qquad\ | \qquad\ |$$
$$\quad OH \quad OH \quad OH$$

(四) 苯甲醇

苯甲醇($C_6H_5-CH_2OH$)又名苄醇,存在于植物的香精油中。苯甲醇是具有芳香气味的无色液体,沸点 205℃,难溶于水,能溶于乙醇、乙醚等有机溶剂中。苯甲醇有微弱的防腐能力,可用作液体中药制剂的防腐剂。苯甲醇还具有微弱的麻醉作用,故含有苯甲醇的注射用水称为无痛水,用它作为青霉素钾盐的溶剂,可减轻注射时的疼痛。10% 的苯甲醇软膏或洗剂为局部止痒剂。

(五) 山梨醇和甘露醇

山梨醇和甘露醇($C_6H_{14}O_6$)均为六元醇,差别在于其中一个羟基的立体结构不同。

两者都是白色结晶粉末,具甜味,广泛存在于水果中。临床上均可用作渗透性利尿药,以降低颅内压,减轻脑水肿。

第二节　酚

羟基(—OH)直接与芳香环相连的化合物叫做酚,结构通式为 Ar-OH。酚的官能团也是羟基,称为酚羟基。

一、酚的结构

从结构上看,酚羟基直接与芳环上 sp^2 杂化的碳原子相连,氧原子上未共用的 p 电子对与苯环上 π 电子云形成 p-π 共轭体系(图7-2),使 p 电子向苯环方向转移,这样 O—H 键电子云密度有所降低,极性增大;而 C—O 键的强度增强,比较牢固。

二、酚的分类和命名

(一) 酚的分类

根据芳基的不同,可分为苯酚和萘酚等,其中萘酚因羟基位置不同,又分为 α- 萘酚和 β- 萘酚。

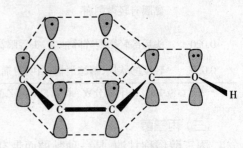

图 7-2　苯酚分子中的 p-π 共轭体系示意图

根据芳环上含羟基的数目不同,可分为一元酚、二元酚和三元酚等,含有 2 个以上酚羟基的酚统称为多元酚。

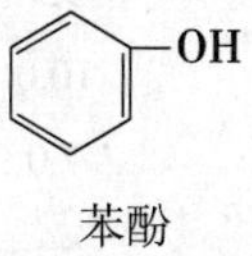

苯酚 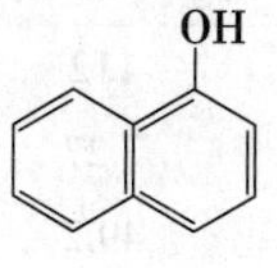　　　　α- 萘酚 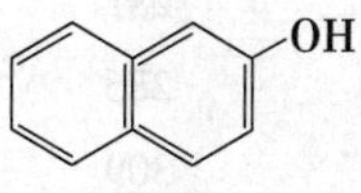　　　　β- 萘酚 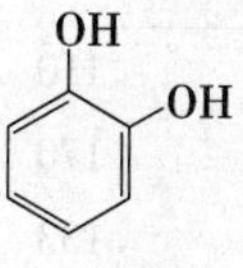　　　　邻苯二酚　　　均苯三酚
　　　　　　　　　　　　　　　　　　　　　　（儿茶酚）

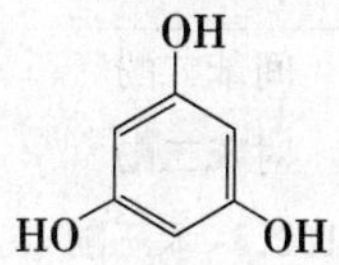

(二) 酚的命名

　　酚的命名通常以酚为母体,多元酚或取代酚用阿拉伯数字或邻、间、对(o—、m—、p—)等标明取代基的位次,并采取最小编号原则。对于结构复杂的酚,可将酚羟基作为取代基来命名。有些酚类化合物习惯用俗名(括号内的名称)。如:

对苯二酚　　　邻甲苯酚 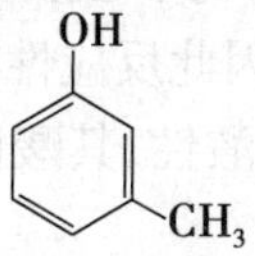　　　间甲苯酚 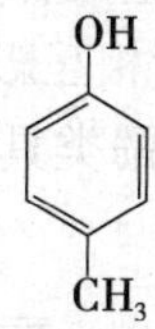　　　对甲苯酚
（氢醌）

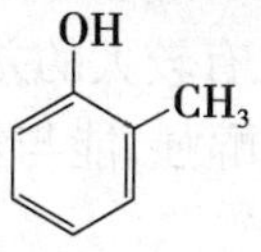

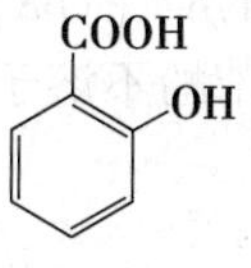

邻羟基苯甲酸 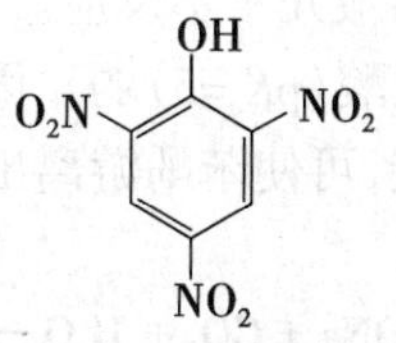　　2,4,6- 三硝基苯酚

三、酚的性质

(一) 物理性质

　　除少数烷基酚是液体外,多数酚为无色晶体,有特殊气味,也有一定的毒性。由于酚分子之间以及酚与水分子间可以形成氢键,所以熔点、沸点和水溶性均比相应的芳烃高。一元酚微溶于水,多元酚随着分子中羟基数目的增多,水溶性相应增大,酚通常可溶于乙醇、乙醚、苯等有机溶剂。一些常见酚类的物理常数见表 7-3。

表 7-3　一些常见酚的物理常数

名称	熔点(℃)	沸点(℃)	溶解度 （g/100ml 水）	pK_a
苯酚	43	181	9.89	9.86
邻甲苯酚	30	191	2.31	10.20
间甲苯酚	11	202.2	2.41	10.17
对甲苯酚	35.5	201.8	2.13	10.01
邻苯二酚	105	245	41	9.4

续表

名称	熔点（℃）	沸点（℃）	溶解度 （g/100ml 水）	pK_a
间苯二酚	110	281	112	9.4
对苯二酚	170	286	7.27	10.0
1,2,3- 苯三酚	133	309	49.2	7.0
1,2,4- 苯三酚	140	—	易溶	
1,3,5- 苯三酚	218	升华	0.79	—
α- 萘酚	94	279	难溶	9.31
β- 萘酚	123	286	0.07	9.55

（二）化学性质

酚中既有羟基又有芳基,化学性质应与醇和芳烃有相似之处,但由于酚羟基直接连在苯环上,两者相互影响,因此反应性能也有较大的差异。

1. 弱酸性　酚类具有弱酸性,其酸性比醇强,能与氢氧化钠等强碱的水溶液作用形成盐。

$$\text{⟨⟩—OH} + \text{NaOH} \rightleftharpoons \text{⟨⟩—ONa} + H_2O$$

醇与氢氧化钠的水溶液几乎不反应。苯酚的酸性（pK_a=10）比水（pK_a=15.7）强,但比碳酸（pK_a=6.37）和有机酸（pK_a=5）弱。因此,苯酚不溶于碳酸氢钠水溶液。苯酚钠的水溶液中通入二氧化碳,可使苯酚游离出来。

$$\text{⟨⟩—ONa} + CO_2 + H_2O \longrightarrow \text{⟨⟩—OH} + NaHCO_3$$

苯酚显弱酸性,一方面是由于酚羟基氧原子与苯环的 p-π 共轭体系,使氧原子的电子云密度降低,O—H 键极性增强,使酚羟基中氢原子的解离倾向增大,所以酚的酸性比醇强;另一方面,酚离解出质子后生成的苯氧负离子,也由于 p-π 共轭的存在,使氧上的负电荷得到分散而稳定。

利用酚呈弱酸性的特点,可将酚从非酸性化合物中分离出来。先在混合物中加入碱液,使酚变成水溶性的酚钠,可将它与其他非酸性的有机化合物分开。然后在水溶液通入 CO₂ 即可游离出酚。

2. 酚醚的生成　由于酚羟基的氧与苯环形成 p-π 共轭,C—O 键增强,酚羟基之间就很难发生脱水反应,因此,酚醚不能由酚羟基间直接脱水得到。通常采用酚钠与卤代烃或硫酸烷基酯等烷基化试剂制备酚醚。如:

酚的弱酸性

$$\text{⟨⟩—ONa} + CH_3I \xrightarrow{\triangle} \text{⟨⟩—OCH}_3 + NaI$$
$$\text{或}(CH_3)_2SO_4 \qquad \text{苯甲醚}$$

酚类易发生氧化反应,有机合成中常利用这个反应使酚暂时转变为醚,完成反应后再恢复原来的羟基,用以"保护酚羟基"。

$$\text{(结构式) OCH}_3 + HI \longrightarrow \text{(结构式) OH} + CH_3I$$

3. 酯的生成 酚也可以生成酯,但它不能与酸直接脱水成酯。采用酸酐或酰氯等酰基化试剂与酚或酚钠作用可制得酚酯。如:

$$\text{(结构式)}—OH + \begin{matrix} CH_3—C \\ CH_3—C \end{matrix} \text{(酸酐)} \longrightarrow \text{(结构式)}—O—C—CH_3 + CH_3C—OH$$

醋酸酐   醋酸苯酯

4. 与三氯化铁的显色反应 大多数酚都能与三氯化铁显色,不同的酚与三氯化铁产生不同的颜色。例如,苯酚、间苯二酚遇三氯化铁溶液呈紫色,邻苯二酚、对苯二酚则显绿色,甲苯酚遇三氯化铁呈蓝色,1,2,3-苯三酚显棕红色等。这种显色反应,可以作为酚的定性检验。具有羟基与双键碳原子相连(烯醇式)结构的化合物大多也能与三氯化铁的水溶液发生显色反应。

5. 氧化反应 酚比醇容易被氧化,空气中的氧就能将酚慢慢氧化。苯酚氧化后变为粉红色、红色、暗红色,颜色逐渐变深。苯酚若用重铬酸钾的硫酸溶液氧化,则生成对苯醌。

多元酚更易被氧化成醌类化合物。如:

$$\text{(结构式) 邻苯二酚} \xrightarrow[\text{无水乙醚}]{Ag_2O} \text{(结构式) 邻苯醌}$$

具有对苯醌或邻苯醌结构的物质都有颜色,所以久置的酚常带有颜色。日常生活中,绿茶放置变成暗色,茶水放置出现棕红色,主要因为其中含有多酚类化合物被氧化的结果。对苯二酚可以将照相底片上曝光活化了的溴化银还原成金属银,因此可以作为显影剂。

$$\text{(结构式)}OH + AgBr(\text{活化}) + OH^- \longrightarrow \text{(结构式)} + Ag + Br^- + H_2O$$

人们利用酚易被氧化的特性,常用酚作抗氧化剂。如2,6-二叔丁基-4-甲基苯酚(俗称"抗氧246")、连苯三酚等。

6. 苯环上的取代反应 酚羟基是强的邻、对位定位基,能使苯环活化,容易发生卤代、硝化和磺化等亲电取代反应。

(1)**卤代反应**:苯酚与溴水在常温下即可作用,生成2,4,6-三溴苯酚的白色沉淀。三溴苯酚溶解度很小,很稀的苯酚溶液与溴水作用也能生成三溴苯酚沉淀,因而可用这个反应来检验酚的存在以及定量测定。

苯酚在非极性溶剂中,如以四氯化碳或二硫化碳作溶剂,在控制溴的用量和较低温度下进行反应,可以得到一溴代酚。

(2) 硝化反应:苯酚在室温下就可被稀硝酸硝化,生成邻硝基苯酚和对硝基苯酚的混合物。

在邻硝基苯酚中,由于羟基与硝基相距较近,硝基上的氧可以与羟基中的氢形成分子内氢键,从而就失去了分子间缔合的可能性;对硝基苯酚中则由于羟基与硝基相距较远,不能在分子内形成氢键,而分子间可通过氢键缔合。所以对硝基苯酚的沸点比邻硝基苯酚高,后者则可以随水蒸气蒸发出来。因此用水蒸气蒸馏法可以把两种异构体分开。

邻硝基苯酚形成分子内氢键   对硝基苯酚形成分子间氢键

(3) 磺化反应:苯酚与浓硫酸反应,生成邻羟基苯磺酸和对羟基苯磺酸。在较低温度下(25℃)时,主要生成邻羟基苯磺酸;由于磺酸基的位阻较大,在较高温度(100℃)时,产物主要生成对羟基苯磺酸。两种产物进一步反应,均得二磺化产物 4- 羟基 -1,3- 苯二磺酸。

磺酸基的引入降低了苯环上的电子云密度,使酚不易被氧化。磺化反应是一可逆过程,生成的羟基苯磺酸与稀酸共热,磺酸基可除去。因此,在有机合成上磺酸基可作为苯的位置保护基,将取代基引入到指定位置。

四、与医药学有关的酚类化合物

酚及其衍生物在自然界分布极广。例如,存在于麝香草中的麝香草酚,有杀菌力,可用于医药及配制香精;存在于丁香花蕾、肉桂皮、肉豆蔻等中的丁香酚,除可用作香料外,还有杀虫和防腐的作用。此外,分布于植物中的维生素 E(又名生育酚)、生物体内的肾上腺素、某些天然氨基酚等都是结构更为复杂的酚。

肾上腺素　　　　　　　　丁香酚

(一) 苯酚

苯酚(C_6H_5OH)俗称石炭酸,存在于煤焦油中,具有弱酸性。纯净的苯酚是一种有特殊气味的无色晶体,熔点 43℃,沸点 181℃。苯酚常温下稍溶于水,易溶于乙醇、乙醚和氯仿等有机溶剂。苯酚在医药上用做消毒剂,在苯酚固体中加入 10% 的水,即是临床所用的液化苯酚(又称液体酚)。3%~5% 的苯酚水溶液可以消毒外科器械。有研究结果表明,在酚的苯环上引入烷基、苯基、氯等取代基,能增加其杀菌能力。苯酚对皮肤有强烈的腐蚀性,使用时应特别注意。苯酚易被氧化,平时应贮藏于棕色瓶内,密闭避光保存。

(二) 甲苯酚

甲苯酚($CH_3—C_6H_4—OH$)简称甲酚,因来源于煤焦油,所以俗称煤酚。从煤焦油中提炼出的甲酚是邻、间、对甲酚三种异构体的混合物。它们的沸点接近(191℃、202℃、202℃),不易分离。

煤酚的杀菌力比苯酚强,因难溶于水,易溶于肥皂溶液,故配制成 47%~53% 的肥皂溶液,称为煤酚皂溶液,俗称“来苏儿”(lysol)。通常市售的为 50% 肥皂溶液煤酚皂溶液,用时加水稀释,医院常用来消毒皮肤、器械及患者的排泄物。

(三) 苯二酚

苯二酚具有邻、间、对三种异构体,邻苯二酚又名儿茶酚;间苯二酚又名雷琐辛;对苯二酚又名氢醌。其中邻苯二酚和对苯二酚易被氧化,故常作为还原剂和抗氧剂。

邻苯二酚的衍生物存在于生物体内,其中一个重要衍生物就是肾上腺素。肾上腺素是肾上腺髓质的主要激素,它有促进交感神经兴奋、加速心跳、收缩血管、升高血压等功能,也有分解肝糖原使血糖增加以及使支气管平滑肌松弛的作用,故一般用于支气管哮喘、过敏性休克及其他过敏性反应的急救。人体代谢中间体 3,4- 二羟基苯丙氨酸又称多巴(DOPA),亦含有与肾上腺素相同的儿茶酚的结构。

间苯二酚具有杀灭细菌和真菌的能力,在医药上曾用于治疗皮肤病,如湿疹和癣等。对苯二酚常以苷的形式存在于植物体内,也可用做显影剂。

(四) 麝香草酚

麝香草酚,又名百里香酚。存在于某些植物的香精油中,在麝香油中含量尤其高。麝香草酚为无色晶体,具有芳香气味,熔点 51℃,在水中溶解度很小,在医药上用作防腐剂、消毒剂和驱虫剂。因麝香草酚有杀菌作用又有清香气味,常用来配制医用漱口水。

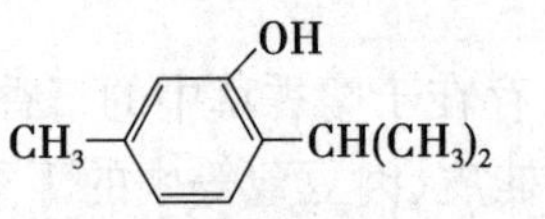

　　　　　　　　麝香草酚 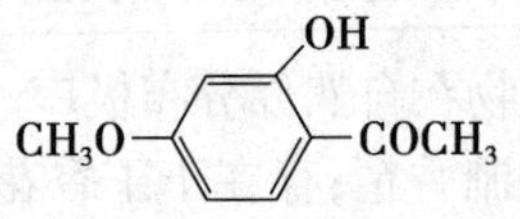　　　　　　　　　　　　丹皮酚

(五) 丹皮酚

丹皮酚为无色针状结晶,有特殊的香味,味辛辣,微溶于水,熔点 49.5~50.5℃。丹皮酚为中药徐长卿和牡丹皮中的有效成分,具有镇痛的作用。对徐长卿全草或根进行水蒸气蒸馏,可提取丹皮酚。

第三节　醚

醚可看做是醇或酚羟基中的氢被烃基取代的产物,也可看做是水分子中的两个氢原子被烃基取代后生成的化合物。

一、醚的结构

醚分子是由两个烃基通过氧原子连接而成。通式为 R—O—R(R′)、Ar—O—Ar(Ar′) 或 R—O—Ar,醚的官能团称为醚键(—O—)。醚的氧原子为 sp^3 杂化,C—O—C 的键角约为 110°,所以醚具有极性。

二、醚的分类和命名

(一) 醚的分类

根据醚分子中的 2 个烃基,醚可以分为单醚、混醚和环醚。单醚又称为对称醚,指连在氧原子上的 2 个烃基相同。混醚又称为不对称醚,指连在氧原子上的 2 个烃基不同。烃基与氧原子形成环状结构,称为环醚。但三元环醚性质比较特殊,称为环氧化合物。

根据分子中是否含有芳基,醚又可分为脂肪醚和芳香醚。

(二) 醚的命名

单醚可根据烃基的名称,省略"基"字,直接称为"某醚";混醚一般按由小到大的顺序先命名烃基,最后加个"醚"字;命名芳香混醚时,要把芳香烃基的名称放在脂肪烃基名称的前面。如:

CH_3OCH_3　　　　　　$CH_3CH_2OCH_2CH_3$

　　甲醚　　　　　　　　　　　乙醚　　　　　　　　　　二苯醚

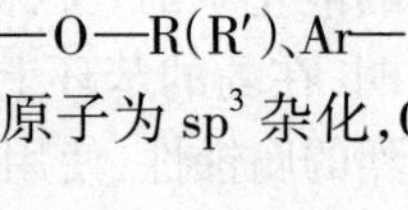

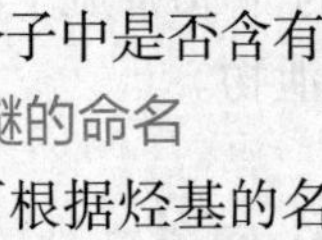

苯甲醚 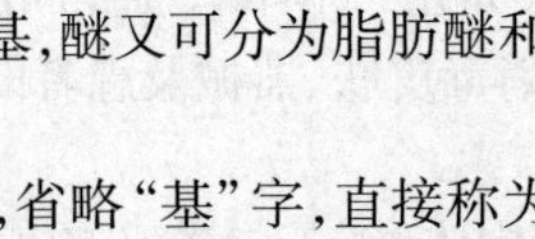　　　　　　　　对甲苯乙醚　　　　　$CH_3CH_2OCH=CH_2$

　　　　　　　　　　　　　　　　　　　　　　　　乙基乙烯基醚

结构复杂的醚采用系统命名法命名,将较大的烃基当作母体,剩下的—OR部分(烃氧基)看作取代基。如:

$$CH_3CH_2CH_2\underset{\underset{OCH_3}{|}}{CH}CH_3 \qquad CH_3OCH_2CH_2CH_2OH \qquad CH_3\underset{\underset{CH_3}{|}}{CH}CH_2\underset{\underset{OH}{|}}{CH}CH_2\underset{\underset{OC_2H_5}{|}}{CH}CH_3$$

2-甲氧基戊烷   3-甲氧基丙醇   2-甲基-6-乙氧基-4-庚醇

环醚以烷为母体,称为环氧某"烷",或按杂环命名。如:

环氧乙烷   2,3-环氧丁烷   1,4-环氧丁烷（四氢呋喃）   3-氯-1,2-环氧丙烷

三、醚的性质

(一)物理性质

大多数醚在室温下为液体,有香味,由于分子中没有与氧原子相连的氢,所以醚分子间没有氢键,其沸点比相应的醇低,而与分子量相当的烷烃相近。但是醚可与水或醇形成氢键,因此,低级醚在水中的溶解度比分子量相近的烷烃要大,并能溶于许多极性溶剂中,但一般高级醚的氧原子被包围在分子中,难与水分子形成氢键,只能稍溶于水。低级醚沸点低,具有高度的挥发性,极易着火,使用时要小心,注意通风。

(二)化学性质

醚较稳定,是一类不活泼的化合物(环醚除外),其稳定性稍次于烷烃。在室温下与氧化剂、还原剂、强碱、稀酸都不反应。但醚可以发生一些特殊的反应。

1. 铴盐的生成 醚键上的氧原子具有未共用电子对,能与强酸中的 H^+ 离子结合形成类似盐类结构的化合物——铴盐。因此,醚溶于强酸如 H_2SO_4、HCl 等。如:

$$C_2H_5\overset{..}{\underset{..}{O}}—C_2H_5 + H_2SO_4(浓) \longrightarrow (C_2H_5\underset{..}{\overset{\overset{\displaystyle H}{|}}{—O}}—C_2H_5)^+HSO_4^-$$

铴盐是一种弱碱强酸盐,仅在浓酸中才稳定,遇水很快分解为原来的醚。如:

$$[C_2H_5\overset{\overset{\displaystyle H}{|}}{—O—}C_2H_5]^+HSO_4^- + H_2O \longrightarrow C_2H_5—O—C_2H_5 + H_3O^+ + HSO_4^-$$

利用醚能溶于强酸这一特性,可将醚与烃或卤代烃等分开。醚还可以与 BF_3、$AlCl_3$ 等生成配合物,使 BF_3、$AlCl_3$ 等路易斯酸(能接受电子对)在有机合成中作为催化剂使用变得更为方便。

$$(C_2H_5)_2\overset{..}{O} \rightarrow AlCl_3 \xleftarrow{\ AlCl_3\ } (C_2H_5)_2\overset{..}{O} \xrightarrow{\ BF_3\ } (C_2H_5)_2\overset{..}{O} \rightarrow BF_3$$

2. 醚键的断裂 醚对碱比较稳定,但与浓的强酸(如氢碘酸或氢溴酸)共热,醚键可断裂。如:

$$C_2H_5—O—C_2H_5 + HI(浓) \longrightarrow [C_2H_5\overset{\overset{\displaystyle H}{|}}{\overset{..}{O}}C_2H_5]^+I^- \longrightarrow C_2H_5OH + C_2H_5I$$

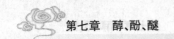
混合醚键断裂时,由于小烃基的空间位阻效应小,有利于卤负离子的进攻,因此总是趋向于形成小烃基的卤代烃;芳醚则生成卤代烃和酚。如:

$$HI+CH_3—O—CH_2CH_2CH_3 \longrightarrow CH_3I+CH_3CH_2CH_2OH$$

3. 过氧化物的形成　醚对氧化剂一般较稳定,但如长期接触空气,可被氧化,逐渐生成过氧化物(氢过氧化醚)。如:

$$CH_3CH_2—O—CH_2CH_3 \xrightarrow{O_2} CH_3CH_2—O—\underset{\underset{O—OH}{|}}{C}HCH_3$$

氢过氧化物会进一步转化成结构复杂的过氧化物,它极不稳定,受热易发生爆炸。因此,蒸馏乙醚时,切忌蒸干。存放时,应避光,密封保存于阴凉处。久置的醚在使用前,应先检查是否含有过氧化物。其方法是:若润湿的碘化钾 - 淀粉试纸变蓝或硫酸亚铁和硫氰化钾(KSCN)的混合液显红色,即说明醚中存在过氧化物。可加入硫酸亚铁的稀溶液除去过氧化物。

 知识链接

化学家威廉姆逊

　　威廉姆逊(Alexander William Williamson,1824—1904 年),出生于苏格兰,童年时期失去了一只胳膊和一只眼睛。Williamson 起初学习医学,后在 Leopold Gmelin 劝说下,将化学作为一生的工作。Williamson 是揭示醇与醚之间关系的第一人,也是揭示硫酸在乙醇转变为乙醚过程中所起催化功能的第一人。关于动力学平衡概念的清楚解释以及合成不对称醚的方法至今还以 Williamson 的名字冠名。Williamson 因其醚化反应的工作获得了皇家科学院的皇家奖章,并曾任两届伦敦化学会的主席。

四、与医药学有关的醚类化合物

(一) 乙醚

乙醚($CH_3CH_2OCH_2CH_3$)是常见和重要的醚,常温下为易挥发的无色液体,沸点 34.5℃。乙醚易燃易爆,其蒸气和空气混合到一定比例,遇火会引起猛烈爆炸,即使没有火焰,乙醚的蒸气遇到热的金属(如铁丝网)也会着火,因此使用时要特别注意远离火源。

乙醚微溶于水,能溶解多种有机物,其本身性质比较稳定,常用作有机溶剂和萃取剂。无水乙醚可用于药物合成。

乙醚因能作用于中枢神经系统而曾作为全身麻醉剂,但乙醚久置会有过氧乙醚生成,吸入少量过氧乙醚,对呼吸道有刺激作用,吸入过量能引起肺炎和肺水肿,甚至引起死亡,因此含有过氧乙醚的乙醚不能用作麻醉剂。由于乙醚易爆,苏醒后常有恶心、呕吐等,现日趋被更安全、高效的麻醉剂,如恩氟烷($CHF_2—O—CF_2—CHFCl$)和地氟烷($CHF_2—O—CHF—CF_3$)等所代替。

(二) 环氧乙烷

环氧乙烷$\left(\begin{array}{c} H_2C—CH_2 \\ \diagdown \diagup \\ O \end{array}\right)$是一种最简单和最重要的环醚,为无色气体,沸点

11℃,能溶于水、醇、乙醚中,环氧乙烷与空气的混合物容易爆炸,其爆炸的范围是3.6%~78%(体积比),一般是把它压缩保存在钢瓶中。

环氧乙烷是最小的环醚,由于其具有三元环的结构,环的张力很大,并且氧原子有强吸电子诱导效应,使环氧乙烷及其衍生物的化学性质很活泼,在酸或碱的催化下,可与有活泼氢的化合物以及某些亲核试剂反应,结果 C—O 断裂,生成相应的开环化合物。如:

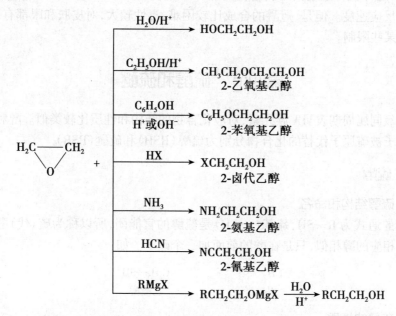

环氧乙烷与格氏试剂作用,生成在格氏试剂烃基上增加 2 个碳原子的伯醇。环氧化合物的开环反应是特殊的亲核取代反应,既可以酸催化,又可以碱催化。在酸性条件下,氧首先质子化,使碳氧键极性增强,有利于亲核试剂的进攻;而在碱性条件下,虽然环氧乙烷不是最活泼的形式,但亲核试剂的亲核能力强,同样会发生开环反应。

环氧乙烷是有机合成的重要原料和中间体,在药物合成上是一个重要的羟乙基化试剂。环氧乙烷可用做谷物熏蒸剂和气体灭菌剂。

(三) 冠醚

冠醚是分子中含有多个 —OCH_2CH_2— 单位的大环多醚。由于它们的形状像皇冠,故称为冠醚。冠醚的命名比较特殊:"X- 冠 -Y"。X 代表环上的原子总数,Y 代表氧原子数。

18- 冠 -6   或   15- 冠 -5

冠醚的大环结构中间留有"空穴",由于氧原子上具有未共用电子对,故可通过配位键与金属离子形成配合物。各种冠醚的"空穴"大小不同,可以选择性结合不同的金属离子。利用冠醚的这一重要特点,可以分离金属离子。在环境医学上冠醚可作为动物体内放射性铬中毒的解毒剂和人体内汞中毒的解毒剂;在环境化学方面它可络合废液中的有害金属离子,起到消除环境污染和回收资源的作用。

冠醚还是一种相转移催化剂(PTC),将不能溶解于有机溶剂的离子型化合物转移到有机相中进行化学反应。其原理是当冠醚与金属离子配位时,金属离子被包围在冠醚的"空穴"中,而冠醚配合物的外层结构具有亲脂性,故形成的配合物可以溶解于有机溶剂中,这样就将金属离子转移到有机相中,使有机物与无机物处于同一相,从而大大加快反应速度。但是,冠醚的合成比较困难,毒性较大,对皮肤和眼都有刺激性,应用受到某些限制。

第四节 硫醇和硫醚

硫和氧同属周期表ⅥA族元素,对应化合物的结构和性质比较类似。醇和醚分子中的氧原子被硫原子代替的化合物分别为硫醇(RSH)和硫醚(RSR)。

一、硫醇

(一) 硫醇结构和命名

硫醇的通式为R—SH,巯基(—SH)是硫醇的官能团,所以称为硫(代)醇。硫醇的命名与相应的醇相似,只是在醇的前面加一个硫字。如:

$$CH_3—SH \qquad C_2H_5—SH$$
甲硫醇 \qquad 乙硫醇

(二) 硫醇的性质

低级硫醇有毒,有极其难闻的臭味。在空气中含有10^{-10}mol的丁硫醇时,就可以闻到它的臭味(黄鼠狼的异臭就是由丁硫醇引起的)。因此,可以把它渗在煤气中以起到预警作用。而含有9个碳原子以上的硫醇则散发出令人愉快的气味。硫醇的沸点和在水中的溶解度比相应的醇低得多。这是由于硫的电负性较小,硫醇难以形成分子间氢键,也难以与水形成氢键的缘故。

1. 弱酸性 硫醇由于硫氢键比较长,容易被极化,使氢离子比较容易解离。因此,硫醇的酸性比相应的醇强,具有弱酸性,硫醇能溶于氢氧化钠的乙醇溶液中,生成比较稳定的盐。

$$RSH+NaOH \Longrightarrow RSNa+H_2O$$

因为硫醇具有弱酸性,能够和许多重金属的氧化物或盐反应生成不溶于水的硫醇盐。因此,可作为硫醇的鉴定反应。如:

$$2R—SH+HgO \longrightarrow (R—S)_2Hg\downarrow +H_2O$$
硫醇汞(白色)

许多重金属盐之所以能够引起人畜中毒,是因为这些重金属能够和机体内的某些酶的巯基结合,使酶失去活性而显示中毒症状。临床上将其作为重金属解毒剂,就是利用硫醇与重金属能形成稳定的不溶性盐,而且还能夺取与酶结合的重金属盐以排出体外,达到解毒的目的。常用的解毒剂是二巯基丙醇,但此药的毒性较大,目前已被毒性较小的二巯基丁二酸钠和二巯基丙磺酸钠所代替。二巯基丁二酸钠是我国研制成功的一个毒性较小、效力较高的特异解毒剂。

$$\begin{array}{ccc} CH_2\text{—}SH & COONa & CH_2SO_3Na \cdot H_2O \\ | & | & | \\ CH\text{—}SH & CH\text{—}SH & CH\text{—}SH \\ | & | & | \\ CH_2\text{—}OH & CH\text{—}SH & CH_2\text{—}SH \\ & | & \\ & COONa & \end{array}$$

二巯基丙醇　　　　二巯基丁二酸钠　　　　二巯基丙磺酸钠

2. 氧化反应　硫醇容易被氧化,在空气中即可氧化为二硫化物。

$$2R\text{—}SH + O_2 \longrightarrow R\text{—}S\text{—}S\text{—}R + H_2O$$

某些氨基酸分子中含有巯基或二硫键,生物体内的巯基和二硫键可以相互转换。例如,蛋白质经酶水解后生成的胱氨酸就含有二硫键,这个二硫键加氢还原,就断裂形成 2 个巯基,变为 2 个半胱氨酸分子。这在体内代谢中占有重要地位。二硫键对蛋白质分子的特殊构型起重要作用。

二、硫醚

硫醚的通式为 R—S—R′。命名与醚相似,只是在"醚"字前加"硫"字。如:

$$CH_3CH_2\text{—}S\text{—}CH_2CH_2CH_3 \qquad \text{—}SCH_3 \qquad CH_3\text{—}S\text{—}CH_3$$

乙丙硫醚　　　　　　　　苯甲硫醚　　　　　　（二）甲硫醚

硫醚为有臭味的无色液体,不溶于水,可溶于醇和醚中,其沸点比相应的醚高。硫醚容易被氧化,首先生成亚砜,进一步被氧化生成砜。

$$R\text{—}\overset{\cdot\cdot}{\underset{\cdot\cdot}{S}}\text{—}R \xrightarrow{[O]} R\text{—}\overset{O}{\overset{\|}{S}}\text{—}R \xrightarrow{[O]} R\text{—}\overset{O}{\underset{O}{\overset{\|}{\underset{\|}{S}}}}\text{—}R$$

硫醚　　　　　**亚砜**　　　　　**砜**

亚硫酰基(—SO—)与 2 个烃基相连的化合物称为亚砜。硫酰基(—SO_2—)与 2 个烃基相连的化合物称为砜。如:

$$CH_3\text{—}\overset{O}{\overset{\|}{S}}\text{—}CH_3 \qquad\qquad CH_3\text{—}\overset{O}{\underset{O}{\overset{\|}{\underset{\|}{S}}}}\text{—}CH_3$$

二甲基亚砜　　　　　　　　　　二甲基砜

知识链接

二甲基亚砜

　　二甲基亚砜（DMSO）是一种非质子极性溶剂,纯 DMSO 为无色、无臭的透明液体,凝固点18.45℃。由于它对化学反应具有特殊的溶媒效应和对许多物质的溶解特性,一向被称为"万能溶媒"。由于它对许多药物具有溶解性、渗透性,本身具有镇痛消炎作用、利尿、镇静作用,能增加药物吸收和提高疗效,促进血液循环和伤口愈合,因此在国外叫做万能药。各种药物溶解在 DMSO 中,涂在皮肤上就能进入体内,开辟了给药新途径。更重要的是提高了病区局部药物含量,降低身体其他器官的药物危害。

DMSO 具有对角质的溶解渗透能力,所以能提高疗效。实践证明对神经性皮炎、牛皮癣、关节炎、滑囊炎、毛囊炎、类风湿、中耳炎、鼻炎、附件炎、牙疼、带状疱疹、痔疮、扭伤、腰肌劳损、烧伤、外伤等都具疗效。特别是在中药萃取制剂中,提高了有用组分含量,提高了药效。

另外,二甲基亚砜在石油、化工、电子、合成纤维、塑料、印染等行业中作为溶剂,也开发出许多用途。

(喻 菁)

复习思考题

1. 命名下列化合物或根据名称写出结构式

(1) $CH_3-\overset{\underset{\displaystyle CH_3}{|}}{\underset{\underset{\displaystyle CH_3}{|}}{C}}-\overset{\underset{\displaystyle CH_3}{|}}{\underset{\underset{\displaystyle CH_3}{|}}{C}}-CH_2-CH_2-OH$

(2) $CH_2=\overset{\underset{\displaystyle CH_2-CH_2-CH_3}{|}}{C}-CH_2-\overset{\overset{\displaystyle OH}{|}}{CH}-CH_3$

(3) $CH_3-\overset{\underset{\displaystyle OH}{|}}{CH}-CH_2-\overset{\underset{\displaystyle OH}{|}}{CH}-CH_3$

(4)

(5) CH_3CH_2O-〈苯基〉

(6) 2-甲基-1-萘酚

(7) 2,2-二甲基-3-戊烯-1-醇

(8) 乙烯基丙醚

2. 完成下列反应

(1) $(CH_3)_2C=CH-\overset{\underset{\displaystyle OH}{|}}{CH}CH_3 \xrightarrow[\triangle]{KMnO_4/H^+}$

(2) CH_3O-〈苯环〉$-CH_3 + HI \longrightarrow$

(3) 〈对甲基苯酚〉$+ Br_2 \longrightarrow$

(4) $CH_3-CH_2-\overset{\underset{\displaystyle OH}{|}}{CH}-CH_3 + HCl \xrightarrow{ZnCl_2}$

3. 用化学方法鉴别下列各组化合物

(1) 1-丁醇,2-丁醇和2-甲基-2-丙醇　　(2) 苯乙醚和甲苯

(3) 1,3-丙二醇与1,2-丙二醇　　(4) 苯甲醇和对甲酚

4. 分子式 C_5H_{10} 的 A 烃,与溴水不发生反应,在紫外光照射下与等摩尔溴作用得到产物 B(C_5H_9Br),B 与 KOH 的醇溶液加热得到 C(C_5H_8),C 经酸性 $KMnO_4$ 氧化得到戊二酸,写出 A、B、C 的结构及各步反应式。

第八章

醛、酮、醌

 学习要点

1. 醛、酮、醌的定义、结构、分类、命名和理化性质。
2. 重要的醛、酮、醌类化合物在医药学上的应用。

醛、酮和醌分子中均含有羰基 $\diagup$ C=O，因此，统称为羰基化合物。

醛分子中羰基分别连有烃基和氢原子(甲醛的羰基两端都连有氢)，$-\overset{\overset{\displaystyle O}{\|}}{C}-H$ 称为醛基，是醛的官能团。

酮分子中羰基两端各连有烃基，酮中的羰基 $\diagup$ C=O 又称为酮基，是酮的官能团。

醛、酮的通式如下：

醛：$R-\overset{\overset{\displaystyle O}{\|}}{C}-H$　　　　　　酮：$R-\overset{\overset{\displaystyle O}{\|}}{C}-R'$

　　可简写为 RCHO　　　　　　　　　可简写为 RCOR′

一元醛、酮的通式中，R(R′)为脂肪烃基或芳香烃基。

醌分子中含有 2 个羰基，是具有共轭体系的特殊不饱和环酮(环己二烯二酮类化合物)。如：

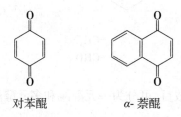

对苯醌　　　　　　α- 萘醌

醛、酮和醌广泛存在于自然界中，醛、酮是药物合成的重要原料和中间体。有些醛、酮是植物药的有效成分，有显著的生理活性。醌类化合物多存在于植物色素、染料和指示剂中。本章重点讨论醛和酮，简要介绍醌类化合物。

第一节 醛 和 酮

一、醛、酮的结构

醛、酮分子中的羰基碳原子是 sp^2 杂化,羰基的碳氧双键是由 1 个 σ 键和 1 个 π 键构成的强极性共价键。与乙烯的碳碳双键相似,但又有区别。

1. 电子云密度分布不同　由于氧的电负性大于碳,碳氧双键的电子云更多地偏向于氧,使氧原子周围电子云密度较高,所以,羰基是一个极性基团。

2. 对相邻原子的影响不同　羰基具有吸电子诱导效应,对相邻的 α-C 产生诱导作用,导致其 C-H 键极性增强,使 α-H 具有较强的活性。羰基的结构如图 8-1 所示。

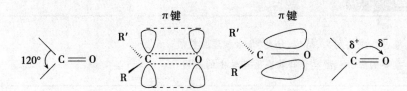

图 8-1　羰基的结构示意图

二、醛、酮的分类和命名

(一) 醛和酮的分类

1. 根据羰基连接的烃基结构,醛和酮可以分为脂肪醛酮(饱和与不饱和)、脂环醛酮和芳香醛酮。

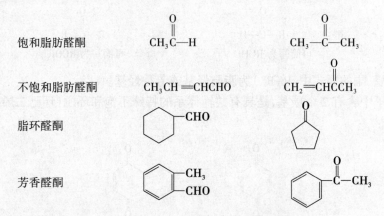

2. 根据分子中羰基的数目,可分为一元醛酮和多元醛酮。

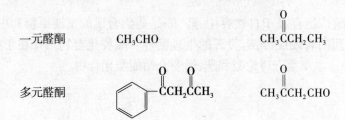

（二）醛和酮的命名

1. 普通命名法 适用于结构简单的醛、酮命名。脂肪醛按分子中所含碳数称为"某醛"。如：

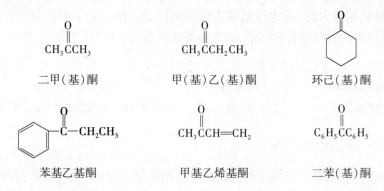

CH₃CHO	CH₃CH(CH₃)CHO	⬡—CHO
乙醛	异丁醛	苯甲醛

脂肪酮根据羰基两端连有的烃基名称来命名,其命名的方式与醚相似,称为某(基)某(基)酮。通常简单的烃基在前,如果含有芳基,则芳基在前。如：

CH₃ĊCH₃ (O)	CH₃ĊCH₂CH₃ (O)	⬡=O
二甲(基)酮	甲(基)乙(基)酮	环己(基)酮

⬡—Ċ—CH₂CH₃ (O)	CH₃ĊCH=CH₂ (O)	C₆H₅ĊC₆H₅ (O)
苯基乙基酮	甲基乙烯基酮	二苯(基)酮

醛酮的系统命名法

以上苯基乙基酮不能简称苯乙酮,与系统命名法中苯乙酮的结构不同。

2. 系统命名法 复杂的醛酮则用系统命名法,其命名方法与醇类似。

（1）选择含有羰基（如有不饱和键也应含有不饱和键）在内的最长碳链作为主链,按其含有的碳数称为"某醛"或"某酮"。

（2）从靠近羰基一端开始为主链编号,使羰基位次最小,若羰基在主链两端的位次相同时,则要使取代基的位次最小。也可以用希腊字母 α、β、γ、δ···,从与羰基相邻的碳开始为主链编号。

（3）将取代基、不饱和键的位次、数目、名称以及酮基的位次（醛基在链端,不用标位次）依次写在母体名称前面。如：

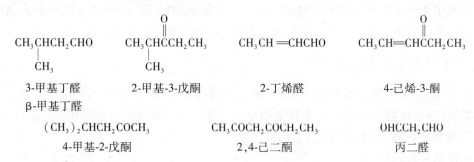

CH₃CHCH₂CHO | CH₃	CH₃CHĊCH₂CH₃ | CH₃ (O)	CH₃CH=CHCHO	CH₃CH=CHĊCH₂CH₃ (O)
3-甲基丁醛	2-甲基-3-戊酮	2-丁烯醛	4-己烯-3-酮
β-甲基丁醛			

(CH₃)₂CHCH₂COCH₃	CH₃COCH₂COCH₂CH₃	OHCCH₂CHO
4-甲基-2-戊酮	2,4-己二酮	丙二醛

脂环酮的命名与脂肪酮相似,仅在名称前加"环"字,按环上的碳数称"环某酮",编号从羰基开始。

脂环醛和芳香醛、酮命名时,以侧链脂肪醛、酮为母体,把苯环、脂环看做取代基。如：

苯(基)乙醛　　　　1-苯基-2-丁酮　　　　1,3-环己二酮

2-甲基环戊酮　　　　2-甲基-4-环己基戊醛

多元醛或酮命名时,选含羰基最多的碳链作为主链。分子中同时存在醛基和酮基时,醛为母体。酮羰基为取代基,称为羰基或酮基,也可以用"氧代"表示。

$$OHCCH_2CH_2CHO$$
丁二醛　　　　

$$CH_3CCH_2CCH_3$$
2,4-戊二酮　　　　

$$CH_3CCH_2CH_2CH$$
4-羰基戊醛(γ-酮基戊醛)或4-氧代戊醛

三、醛、酮的物理性质

常温常压下,除甲醛呈气态外,C_{12}以下的脂肪醛、酮均为无色液体,其余为固体。低级的醛具有刺激性气味,中级的醛则有花果清香,酮类化合物及芳香醛一般也有特殊的香味。醛酮的沸点比对应的烷烃和醚高,但比相应的醇和羧酸低,这是由于醛、酮不能形成分子间氢键,没有缔合现象(表8-1)。

表8-1　醛、酮与相应的几种化合物的沸点比较

化合物	正戊烷	乙醚	正丁醛	丁酮	正丁醇	丙酸
分子量	72	74	72	72	74	74
沸点(℃)	36	35	76	80	118	141

低级的醛、酮溶于水,如甲醛、乙醛、丙酮都能与水混溶,是由于醛、酮分子中的羰基氧原子能与水中氢原子形成氢键。随着分子量的增加,醛、酮中烃基部分增大,醛、酮的水溶性迅速下降,C_6以上的醛、酮几乎不溶于水,而易溶于常见的有机溶剂。

四、醛、酮的化学性质

醛、酮分子中都含有极性的羰基,导致它们具有许多相似的化学性质,主要为三大类反应:亲核加成反应、α-活性氢的反应以及氧化还原反应。在醛和酮的结构中,由于羰基的位置不同,又使它们在化学性质上存在着明显差异。

醛和酮的化学性质如图8-2所示。

(一) 醛、酮相似的反应

1. 亲核加成反应　由于羰基是一个极性基团,碳原子上带部分正电荷,具有更大的化学反应活性,所以,羰基中碳氧双键

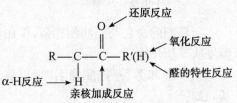

图8-2　醛和酮的化学性质

更易于被亲核试剂进攻,进行亲核加成反应。

由亲核试剂的进攻而引起的加成反应称为亲核加成反应。常见的亲核试剂以 HNu 表示,其中亲核部分 Nu^- 首先向羰基碳原子进攻,然后亲电部分 H^+ 加到羰基氧上,反应通式为:

$$\diagdown C{=}O + HNu \underset{慢}{\overset{Nu^-}{\rightleftharpoons}} \left[\begin{array}{c} O^- \\ | \\ C \\ | \\ Nu \end{array} \right] \underset{快}{\overset{H^+}{\rightleftharpoons}} \begin{array}{c} OH \\ | \\ O \\ | \\ Nu \end{array}$$

醛、酮的亲核加成通常是可逆反应,与醛、酮的结构有关。一是电子效应:羰基上连接的烷基越大、越多,由于其斥电子诱导效应的影响,将降低羰基碳原子的正电性,不利于反应进行。二是空间效应:羰基所连接的烃基越多或体积越大,空间位阻增大,使得亲核试剂不易进攻羰基碳原子,亲核加成反应也就难以进行。

综合上述两方面因素,不同结构的醛、酮进行亲核加成时,其反应活性顺序为:

甲醛 > 其他脂肪醛 > 芳香醛 > 脂肪族甲基酮 > 其他的酮和芳香酮

此外,试剂亲核能力的强弱,也对反应有一定的影响。常见的亲核试剂通常含有 C、O、S、N 等原子且带负电性的极性试剂。

(1) 与氢氰酸加成:醛、酮与氢氰酸加成,生成 α- 羟基腈,又称 α- 氰醇。

$$\diagdown C{=}O + HCN \rightleftharpoons \begin{array}{c} OH \\ | \\ C \\ | \\ CN \end{array}$$

由于电子效应和空间位阻的影响,只有醛、脂肪族甲基酮和 8 个碳以下的脂环酮能发生此反应。反应在碱性介质中迅速进行,产率也很高。在酸性介质中由于抑制了 HCN 电离降低 CN^- 浓度,而使反应进行缓慢。因此,亲核试剂 CN^- 浓度的大小就是决定整个反应速率的关键步骤。

$$HCN \underset{H^+}{\overset{OH^-}{\rightleftharpoons}} H^+ + CN^-$$

反应后生成的 α- 羟基腈,比原来的醛、酮在碳链上增加了 1 个碳原子,这是有机合成上增长碳链的方法之一。α- 羟基腈是活性较强的有机合成中间体,例如,可进一步水解生成 α- 羟基酸,或转化为 α,β- 不饱和酸。

$$R{-}\underset{CN}{\overset{H_2}{C}}{-}CH\overset{OH}{} \begin{array}{c} \xrightarrow[H_2O]{H^+} RCH_2{-}\overset{OH}{\underset{H}{C}}{-}COOH \\[2ex] \xrightarrow[浓 H_2SO_4]{} R{-}\overset{}{\underset{H}{C}}{=}\overset{}{\underset{H}{C}}{-}COOH \end{array}$$

由于氢氰酸极易挥发,且有剧毒,不宜直接使用。在实验室中,常用氰化钾或氰化钠滴加无机强酸来代替氢氰酸,并且操作应在通风橱内进行。

(2) 与亚硫酸氢钠加成:醛、脂肪族甲基酮以及 8 个碳以下的脂环酮与饱和亚硫酸氢钠溶液一起振荡,有白色晶体析出,该物质为亚硫酸氢钠的加成物 α- 羟基磺酸钠,易溶于水,不溶于饱和亚硫酸氢钠溶液。

$$\rangle C=O + NaHSO_3 \rightleftharpoons \begin{array}{c} OH \\ | \\ C \\ | \\ SO_3Na \end{array} \downarrow （白色）$$

此反应可用于对上述结构的醛、酮进行鉴别。由于该反应的可逆性,加入酸或碱,能促使加成产物分解为原来的醛、酮,因此,也可用于分离和提纯醛、酮。

$$\begin{array}{c} OH \\ | \\ C \\ | \\ SO_3Na \end{array} \rightleftharpoons \rangle C=O + NaHSO_3 \begin{array}{c} \xrightarrow{H^+} SO_2\uparrow + H_2O \\ \xrightarrow{OH^-} SO_3^{2-} + H_2O \end{array}$$

（3）与氨的衍生物加成:氨的衍生物(用 H_2N—G 表示,G 代表不同的取代基)分子中的氮原子上带有未共用的电子对,是很好的亲核试剂。反应分为两步,第一步是羰基的亲核加成,产物不稳定。第二步是分子内脱去一分子的水,生成含有 $\rangle C=N-$ 结构的产物。反应可用通式表示:

$$\rangle C=O + H\overset{|}{N}-G \longrightarrow -\overset{|}{\underset{[OH\ H]}{C}}-N-G \xrightarrow{-H_2O} \rangle C=N-G + H_2O$$

总反应可表示为:

$$\rangle C=O + H_2N-G \xrightarrow{-H_2O} \rangle C=N-G$$

常见的氨的衍生物及其与醛、酮反应的产物见表 8-2。

表 8-2　氨的衍生物及其与醛、酮反应的产物

氨的衍生物结构及名称	与醛、酮反应的产物结构及名称
H_2N—G	$\overset{|}{C}=N-G$
H_2N—OH　羟胺	$\underset{(R')H}{\overset{R}{C}}=N-ON$　肟
H_2N—NH_2　肼	$\underset{(R')H}{\overset{R}{C}}=N-NH_2$　腙
H_2N—NH—〈苯环〉　苯肼	$\underset{(R')H}{\overset{R}{C}}=N-NH$—〈苯环〉　苯腙
H_2N—NH—〈苯环,NO_2,NO_2〉　2,4-二硝基苯肼	$\underset{(R')H}{\overset{R}{C}}=N-NH$—〈苯环,NO_2,NO_2〉　2,4-二硝基苯腙
H_2N—NH—$\overset{O}{\overset{\|}{C}}$—$NH_2$　氨基脲	$\underset{(R')H}{\overset{R}{C}}=N-NH-\overset{O}{\overset{\|}{C}}-NH_2$　缩氨脲

以上产物 >C＝N—G 多数是结晶固体,具有固定的熔点和结晶形状,可以利用此特点来鉴别醛、酮。2,4-二硝基苯肼几乎可以与所有的醛、酮迅速发生反应,且产物易于从溶液中析出橙黄色或橙红色的2,4-二硝基苯腙结晶,用于鉴别醛、酮的灵敏性较高。因此,这些氨的衍生物常被称为羰基试剂。

(4) 与格氏试剂加成:格氏试剂（$R^{\delta-}-Mg^{\delta+}X$）中存在强极性键,其中与镁相连的碳原子带部分负电荷,亲核能力很强,所以,格氏试剂作为亲核试剂,可以和很多醛、酮发生加成反应,其产物水解可得到各种类型的醇,这是有机合成中制备醇的重要途径。反应通式如下:

$$\ce{C=O} + \ce{R-MgX} \longrightarrow \ce{C} \underset{OMgX}{\overset{R}{|}} \xrightarrow{H_2O} \ce{C} \underset{R}{\overset{OH}{|}} + \ce{Mg} \underset{X}{\overset{OH}{|}}$$

其反应规律为,甲醛生成伯醇,其他醛生成仲醇,酮生成叔醇。如:

$$\ce{HCHO + CH_3MgBr} \xrightarrow[②H_2O, H^+]{①无水乙醚} \ce{CH_3CH_2OH}$$

$$\ce{CH_3CHO + C_2H_5MgBr} \xrightarrow[②H_2O, H^+]{①无水乙醚} \ce{C_2H_5CHOH} \atop \underset{CH_3}{|}$$

$$\ce{CH_3COC_2H_5 + C_2H_5MgBr} \xrightarrow[②H_2O, H^+]{①无水乙醚} \ce{C_2H_5-C-C_2H_5} \overset{CH_3}{\underset{OH}{|}}$$

此类合成反应中,不能有 H_2O、—OH、—SH 等带有活泼氢的基团,否则格氏试剂被分解。

(5) 与醇加成:在干燥的氯化氢作用下,1 分子的醛与 1 分子的醇发生加成反应,生成半缩醛。如:

$$\ce{R-\overset{O}{\underset{}{C}}-H} + \ce{H-O-R'} \xrightarrow{干燥HCl} \ce{R-CH-OR'} \atop \overset{OH}{}$$
半缩醛

生成的半缩醛由于含有活泼的半缩醛羟基,因而很不稳定,可继续与另一分子的醇作用,进行分子间脱水,生成稳定的缩醛。如:

$$\ce{R-\underset{OH}{\overset{|}{CH}}-OR'} + \ce{R'OH} \xrightarrow{干燥 HCl} \ce{R-\underset{OR'}{\overset{|}{CH}}-OR'} + \ce{H_2O}$$

$$\ce{CH_3-\overset{O}{\overset{\|}{C}}-H} \xrightarrow{C_2H_5OH \atop 干燥 HCl} \ce{CH_3-\underset{OH}{\overset{|}{CH}}-OC_2H_5} \xrightarrow{C_2H_5OH \atop 干燥 HCl} \ce{CH_3-\underset{OC_2H_5}{\overset{|}{CH}}-OC_2H_5}$$
二乙醇缩乙醛

缩醛是同碳二醚类化合物,性质与醚也有相似之处,对碱和氧化剂都很稳定,不同于醚的是,缩醛在稀酸中又能水解为原来的醛和醇,因此这是有机合成中常用的保护羰基的方法。相同条件下,酮较难与醇加成生成半缩酮及缩酮,只有在特殊装置中,除去生成的水,可得到缩酮。

2. α- 活泼氢的反应 醛、酮分子中 α-H 受羰基影响具有较大的活泼性,含有 α- 活泼氢的醛、酮主要能发生以下反应。

(1) 卤代和卤仿反应:醛、酮与卤素在酸或碱的催化下,α-H 可被卤素取代,生成 α- 卤代醛或 α- 卤代酮。由于反应机制不同,酸催化时,注意控制反应条件(如卤素的用量,反应温度等),产物可停留在一卤代物、二卤代物或三卤代物阶段;在碱催化时,却难控制产物停留在一卤代物上,多数情况是生成 α-H 全部被卤素取代后的多卤代醛(酮)。如:

$$C_6H_5COCH_3+Br_2 \xrightarrow{H^+} C_6H_5COCH_2Br+HBr$$

$$CH_3CH_2CHO+Cl_2 \xrightarrow{OH^-} CH_3\underset{\underset{Cl}{|}}{C}HCHO \xrightarrow[Cl_2]{OH^-} CH_3\underset{\underset{Cl}{|}}{\overset{\overset{Cl}{|}}{C}}CHO$$

乙醛、甲基酮在碱性条件下的卤代反应,产物三卤代物分子中的 3 个卤原子的强吸电子诱导效应,使羰基碳的正电性增强,在碱性溶液中易被 OH⁻ 进攻,而导致 C—C 键断裂,生成三卤甲烷(又称卤仿)和羧酸盐。由于有卤仿生成,此反应称为卤仿反应。

$$(H)R\overset{\overset{O}{\parallel}}{C}-CH_3+3X_2 \xrightarrow{3NaOH} (H)R\overset{\overset{O}{\parallel}}{C}-CX_3+3NaX+3H_2O$$

$$(H)R\overset{\overset{O}{\parallel}}{C}-CX_3 \xrightarrow{NaOH} (H)R\overset{\overset{O}{\parallel}}{C}-ONa+CHX_3$$
卤仿

如果卤素是碘,生成三碘甲烷(俗称碘仿),该反应称为碘仿反应。碘仿是难溶于水、具有特殊气味的黄色晶体。可通过碘仿反应鉴别与羰基相连的烃基是否为甲基,也可用于乙醛和甲基酮化合物的定性鉴别。

$$CH_3\overset{\overset{O}{\parallel}}{C}CH_3 \xrightarrow{NaOI} CI_3\overset{\overset{O}{\parallel}}{C}CH_3 \xrightarrow{NaOH} CHI_3\downarrow +CH_3COONa$$

$$\text{苯}\overset{\overset{O}{\parallel}}{C}-CH_3 \xrightarrow{NaOI} CHI_3\downarrow + \text{苯}COONa$$

由于 I₂+NaOH 反应生成的次碘酸钠具有氧化作用,可使 CH₃—CHOH— 结构的醇氧化为相应的乙醛或甲基酮,因此,碘仿反应也可用于对此类醇的鉴别。如:

$$CH_3-\underset{\underset{OH}{|}}{C}HR(H) \xrightarrow{NaOI} CH_3-\overset{\overset{O}{\parallel}}{C}-R(H) \xrightarrow{NaOI} I_3C\overset{\overset{O}{\parallel}}{C}-R(H) \xrightarrow{NaOH} CHI_3\downarrow +(H)RCOONa$$

(2) 羟醛缩合反应:在稀碱作用下,含有 α-H 的两分子醛相互作用,其中一个醛分子中的 α-H 加到另一个醛分子中的羰基氧原子上,其余部分加到羰基碳原子上,生成 β- 羟基醛,这个反应称为羟醛缩合反应(也称醇醛缩合)。

$$H_3C-\overset{\overset{O}{\|}}{C}-H + H_2\overset{\overset{H}{\ }}{C}-CHO \xrightarrow{\text{稀}OH^-} H_3C-\overset{\overset{OH}{\ }}{C}-\overset{\overset{H_2}{\ }}{C}-CHO$$

乙醛　　　　乙醛　　　　　　　　　β-羟基丁醛

缩合产物的分子中含有的 α-H 具有很高的活性,只要稍微受热或酸作用,就与 β-OH 发生分子内脱水,转为 α,β- 不饱和醛,产物存在 π-π 共轭体系,是一种稳定的结构。如:

$$CH_3-CH-CH-CHO \xrightarrow[\triangle]{-H_2O} CH_3-CH=CH-CHO$$

$$\boxed{OH \quad H}$$

2–丁烯醛

$$2CH_3CH_2CHO \xrightarrow{\text{稀}OH^-} CH_3CH_2\underset{\underset{CH_3}{|}}{\overset{\overset{OH}{|}}{CH}CHCHO} \xrightarrow[\triangle]{-H_2O} CH_3CH_2CH=\underset{\underset{CH_3}{|}}{C}-CHO$$

羟醛缩合反应在有机合成上有重要的用途,可以增长碳链。具有 α-H 的酮在稀碱作用下,也可以发生羟酮缩合,但由于空间位阻大以及电子效应的影响,反应难以进行,只有在特殊条件下才能发生反应。

含有 α-H 的两种不同的醛或酮虽然能够发生缩合,但由于交叉缩合,生成的 4 种产物难以分离,实用意义不大。若用一种不含 α-H 的醛(主要是甲醛和苯甲醛)与另一种含 α-H 的醛或酮之间进行缩合反应,得到单一的缩合产物 α,β- 不饱和醛或 α,β- 不饱和酮,这种方法称为交叉羟醛缩合。

$$H-\overset{\overset{O}{\|}}{C}-H + CH_2-CHO \xrightarrow{\text{稀}OH^-} CH_2-CH-CHO \xrightarrow[\triangle]{-H_2O} CH_2=CH-CHO$$

$$\boxed{OH \quad H}$$

肉桂醛

3. 还原反应　醛和酮都可以被还原,在不同的条件下,其还原产物不同,主要是羰基被还原为醇羟基和亚甲基。

(1)羰基还原为醇羟基的两种途径

1)催化加氢:醛还原为伯醇,酮还原为仲醇,如果分子中含不饱和键,也可被还原。如:

$$C=O + H_2 \xrightarrow{\text{Pt 或 Ni、Pd}} \overset{\overset{H}{|}}{\underset{\underset{OH}{|}}{C}}$$

$$CH_3CHO + H_2 \xrightarrow{Ni} CH_3CH_2OH$$

伯醇

$$CH_3CH_2\overset{\overset{\displaystyle O}{\|}}{C}CH_3 + H_2 \xrightarrow{Pt} CH_3CH_2\overset{\overset{\displaystyle OH}{|}}{C}HCH_3$$
仲醇

$$CH_3CH=CH\overset{\overset{\displaystyle O}{\|}}{C}H + H_2 \xrightarrow{Pt} CH_3CH_2CH_2CH_2OH$$
伯醇

2) 选择性还原:采用选择性还原剂,如氢化铝锂($LiAlH_4$)和硼氢化钠($NaBH_4$),都可以还原羰基,但不还原分子中的碳碳不饱和键。$LiAlH_4$ 能与水剧烈反应,所以选用 $LiAlH_4$ 做还原剂一定要在无水条件下进行。$NaBH_4$ 不与水反应,也不与醇反应,可在水或醇溶液中使用,其还原能力比 $LiAlH_4$ 弱。如:

$$CH_2=CH-CH_2CHO \xrightarrow[\text{无水乙醚}]{LiAlH_4} CH_2=CHCH_2CH_2OH$$

3-丁烯醛 3-丁烯-1-醇

$$C_6H_5CH=CHCHO \xrightarrow{NaBH_4} C_6H_5CH=CHCH_2OH$$

3-苯基丙烯醛(肉桂醛) 3-苯基-2-丙烯醇

(2) 羰基还原为亚甲基:将醛、酮与锌汞齐和浓盐酸一起回流,羰基还原为亚甲基,此反应称为克莱门森(Clemmensen)反应。此法操作简便,收率高,适用于对酸稳定的化合物还原。如:

$$\diagdown C=O \xrightarrow[\triangle]{Zn-Hg,浓\ HCl} \diagdown CH_2$$

$$\overset{\overset{\displaystyle O}{\|}}{C}-CH_3 \xrightarrow[\triangle]{Zn-Hg,浓HCl} CH_2-CH_3$$

课堂互动

1. 比较下列化合物亲核加成反应由易到难的顺序。

(1) HCHO   (2) CH_3CHO (3) $C_6H_5COCH_3$ (4) CH_3COCH_3

2. 下列化合物中,哪些能发生碘仿反应?

(1) $CH_3COC_2H_5$ (2) CH_3CH_2CHO (3) CH_3CH_2OH (4) $CH_3CH_2COCH_2CH_3$

(二) 醛的特性反应

醛的特性反应

1. 与弱氧化剂的反应 醛和酮的最主要区别是对氧化剂的敏感性。醛和酮都可以被强氧化剂氧化,由于醛的羰基上连有氢原子,极易被氧化,能被弱氧化剂如托伦(Tollens)试剂和斐林(Fehling)试剂等氧化,而酮不能与弱氧化剂反应。因此利用氧化能力的不同可以区别醛和酮。

(1) 银镜反应:托伦试剂(硝酸银的氨水溶液)与醛共热时,醛被氧化为羧酸,其本身还原为金属银,沉积在洁净的试管壁上,形成亮泽的银镜,所以称此反应为银镜反应。

$$(Ar)RCHO+Ag(NH_3)_2^+ +OH^- \longrightarrow (Ar)RCOONH_4+Ag\downarrow +H_2O+NH_3\uparrow$$
银镜

(2) 斐林反应:斐林试剂由硫酸铜及酒石酸钾钠的氢氧化钠溶液混合成为深蓝色的配离子溶液。使用时,将斐林试剂与醛共热,脂肪醛氧化为相应的羧酸,Cu^{2+} 被还原为砖红色的氧化亚铜沉淀。由于甲醛的还原性强,可进一步还原为铜,析出的铜在洁净的试管壁上呈现出铜镜现象,所以甲醛与斐林试剂的反应又称为铜镜反应。

$$RCHO+Cu^{2+}(配离子)+OH^- \xrightarrow{\triangle} RCOO^-+Cu_2O\downarrow +H_2O$$
砖红色

$$HCHO+Cu^{2+}(配离子)+OH^- \xrightarrow{\triangle} HCOO^-+Cu\downarrow +H_2O$$
铜镜

芳香醛不与斐林试剂作用。因此,用斐林试剂既可以区别脂肪醛和酮,又可以区别脂肪醛和芳香醛。

2. 与希夫(Schiff)试剂显色反应　希夫试剂是将二氧化硫通入品红(桃红色染料)溶液中,得到的无色溶液。希夫试剂与醛反应显紫红色,反应非常灵敏,酮不与希夫试剂作用,此反应可用于鉴别醛和酮。希夫试剂与醛反应后生成的紫红色加入浓硫酸后,除甲醛不褪色外,其他醛的紫红色都能褪去,这一方法可用来区别甲醛和其他的醛。

3. 歧化反应　不含 α-H 的醛在浓碱作用下,可发生自身氧化还原反应,一分子醛氧化为羧酸,另一分子醛还原为醇,这种反应称为歧化反应,又称为康尼查罗(Cannizzaro)反应。如:

$$2HCHO \xrightarrow{浓NaOH} HCOONa+CH_3OH$$

不含 α-H 的两种不同的醛,在浓碱存在下也可以发生交叉的歧化反应,得到几种产物的混合物,因难以分离而失去实用意义。若两种醛之一为甲醛时,由于甲醛具有强的还原能力,因此,甲醛总是被氧化为甲酸,另一种醛被还原为醇。这种有甲醛参加的交叉歧化反应,在有机合成上具有一定的使用价值。

知识链接

鱼腥草素

鱼腥草素(又称癸酰乙醛)是鱼腥草中的一种有效成分。通过实验室抑菌试验,临床验证以及机体免疫方面的观察,对各种致病杆菌、球菌、流感病毒、钩端螺旋体等有抑制抗菌作用,能提高人体免疫调节功能。尤其对呼吸道炎症有显著的疗效。鱼腥草素已能通过化学途径人工合成。

五、与医药学有关的醛酮类化合物

(一) 甲醛

甲醛(HCHO)又称为蚁醛,常温下为无色、有强烈气味的气体,易溶于水,40% 的甲醛水溶液称为福尔马林(formalin)。由于甲醛具有凝固蛋白质的作用,所以福尔马林在医学上广泛用作消毒剂和防腐剂。

甲醛与氨水混合蒸馏,生成一种环状结构的白色晶体,称为环六亚甲基四胺($C_6H_{12}N_4$),药品名称为乌洛托品(Urotropine)。医药上用做利尿剂及尿道消毒剂。

$$6HCHO+4NH_3 \longrightarrow (CH_2)_6N_4+6H_2O$$

乌洛托品

(二) 乙醛

乙醛(CH_3CHO)在常温下为无色、有刺激气味的液体,沸点21℃,易挥发,易溶于水、乙醇及乙醚。乙醛具有醛的典型性质,是有机合成的重要原料,可用来合成乙酸、乙醇、三氯乙醛等。

三氯乙醛是乙醛分子中的 3 个 α-H 被氯取代后的衍生物,它与水加成后的产物水合三氯乙醛(简称水合氯醛)是白色晶体,能溶于水,有刺激气味,临床上作为镇静、催眠药,使用较为安全,对失眠烦躁和惊厥之症状有良好的疗效。

(三) 丙酮

丙酮(CH_3COCH_3)常温下为无色、有特殊香味的液体,易挥发、易燃,沸点56℃,可与水混溶,也能溶解多种有机物,因而是一种良好的有机溶剂。在医药上,可用丙酮制取氯仿和碘仿等。

糖尿病患者由于新陈代谢紊乱的缘故,体内常有过量丙酮产生,从尿中排出。尿中是否含有丙酮可用碘仿反应检验。在临床上,用亚硝酰铁氰化钠 $Na_2[Fe(CN)_5NO]$ 溶液的呈色反应来检查:在尿液中滴加亚硝酰铁氰化钠和氨水溶液,如果有丙酮存在,溶液就呈现紫红色。

(四) 苯甲醛

苯甲醛(C_6H_5CHO)俗称苦杏仁油,常以结合状态存在于水果(如杏、李、梅)的果仁中,是具有苦杏仁味的无色液体,沸点179℃,微溶于水,易溶于酒精和乙醚,是医药、染料、香料的中间体,用作医药(如麻黄碱)、染料及香料等的原料。

课堂互动

1. 室内装潢材料的主要有害成分是什么?对人体都有哪些危害?简述降低这些危害的方法。

2. 糖尿病患者由于糖代谢异常,尿液中伴有丙酮排出,临床上常采用什么方法检查患者尿液中的丙酮?

第二节　醌

一、醌的结构和命名

醌是具有共轭体系的环己二烯二酮类化合物,表面上具有类似芳香族化合物的结构,但是它们没有芳香性。醌有对位(对醌式)和邻位(邻醌式)两种醌型结构。

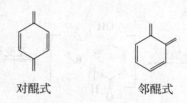

对醌式　　　　　　邻醌式

醌的命名是把醌作为相应的芳烃衍生物命名的,2 个羰基的位置用阿拉伯数字标明,也可用邻、对或 α、β 来标明。如:

1,4- 苯醌(对苯醌)　　　1,2- 苯醌(邻苯醌)　　　1,4- 萘醌(α- 萘醌)

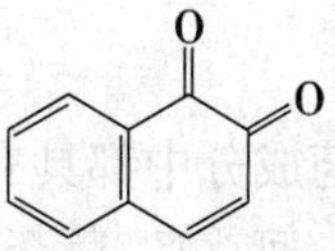

1,2- 萘醌 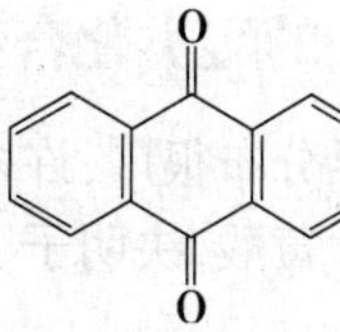　　　　　　　9,10- 蒽醌

二、醌的性质

由于醌类化合物是具有共轭体系的环己二烯二酮类化合物,因此可以发生碳碳双键的亲电加成和羰基碳氧双键的亲核加成反应,也可以发生 1,4- 加成反应。

1. **碳碳双键的亲电加成**　醌可以与卤素(X_2)及卤化氢(HX)等亲电试剂发生加成反应。生成的四氯环己二酮是黄色晶体,可用做杀菌剂和氧化剂。如:

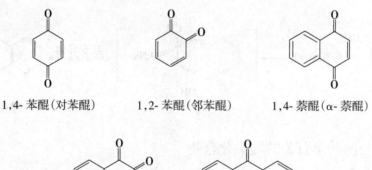

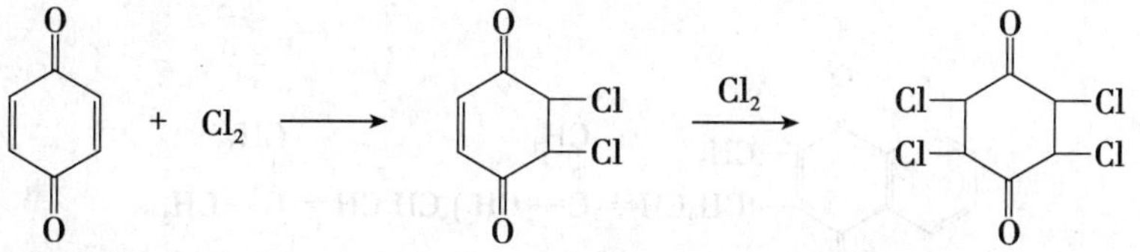

2. **羰基的亲核加成**　醌中羰基可与一些亲核试剂,如氨的衍生物等加成。

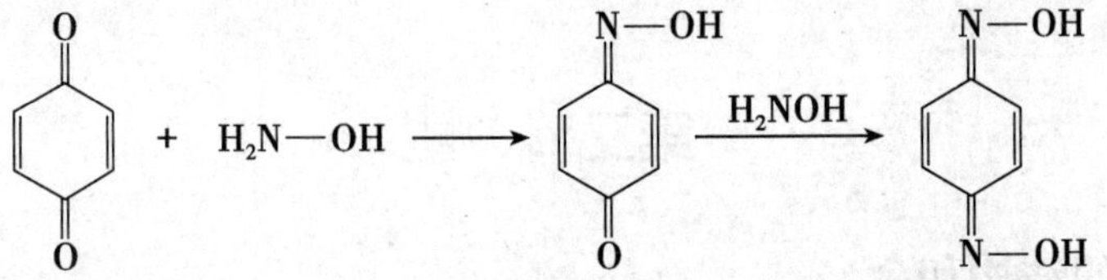

对苯醌单肟　对苯醌双肟

3. 1,4- 加成　由于存在共轭体系,醌可与氢卤酸、亚硫酸钠等多种试剂发生 1,4-加成反应。

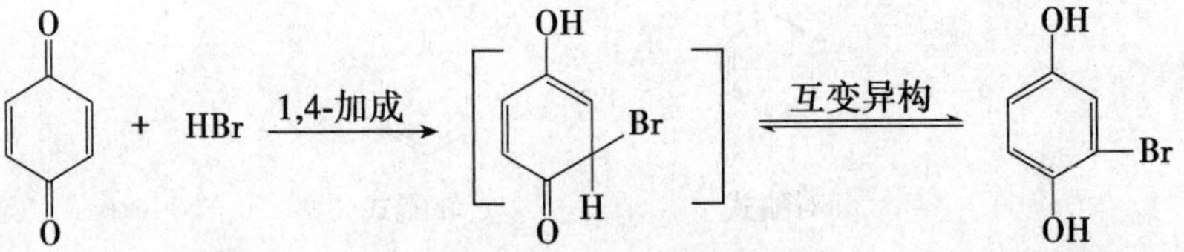

维生素 K$_3$ 是 2- 甲基 -1,4- 萘醌与亚硫酸氢钠发生 1,4- 加成后的产物,其凝血能力强于维生素 K$_1$ 和 K$_2$,且易溶于水,因此,在外科或妇科用于止血。

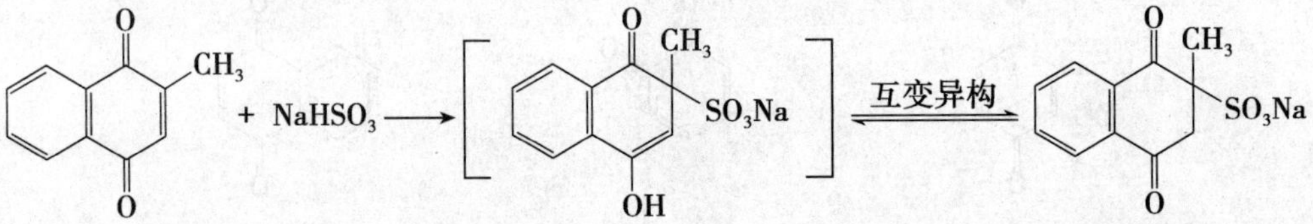

维生素K$_3$

三、与医药学有关的醌类化合物

醌类化合物在自然界分布很广,许多中草药成分中都具有醌型结构,如中药大黄中的有效成分大黄素和大黄酸,决明子、番泻叶、何首乌、芦荟等主要有效成分均为醌类化合物。

维生素 K 是一类具有凝血作用的维生素总称,2- 甲基 -1,4- 萘醌是维生素 K$_1$、K$_2$、K$_3$ 分子的基本结构。

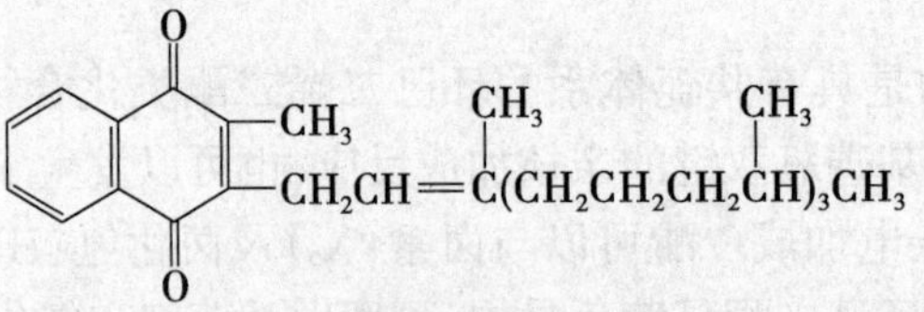

维生素 K$_1$

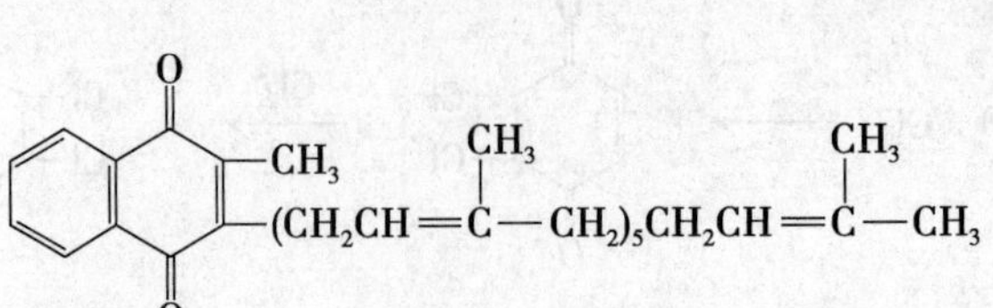

维生素 K$_2$

知识链接

辅酶 Q_{10}

辅酶 Q_{10} 又名泛醌 10，是一种脂溶性醌，其结构类似于维生素 K，因其母核六位上的侧链——聚异戊烯基的聚合度为 10 而得名，是一种醌环类化合物。辅酶 Q_{10} 在脏器(心脏、肝、肾)、牛肉、豆油、沙丁鱼、鲭鱼和花生等食物中含量相对较高。

辅酶 Q_{10} 在体内主要有两个作用：一是在营养物质在线粒体内转化为能量的过程中起重要的作用，二是有明显的抗脂质过氧化作用。

实验显示，线粒体辅酶 Q_{10} 浓度降低是骨骼肌衰老的一个重要方面。随年龄增长的免疫功能下降是自由基和自由基反应的结果。辅酶 Q_{10} 是有效的抗氧化剂和自由基清除剂，它将氢原子从其羟基转给脂质过氧化自由基，因而减少线粒体内膜的脂质过氧化物反应。在此过程中生成了与辅酶 Q_{10} 和辅酶 Q_{10} 的醇式不成比例的自由基泛半醌，或与氧发生反应形成超氧化物，自由基泛半醌在超氧化物歧化酶和过氧化氢酶的作用下转运自由基实现解毒作用，如此循环往复，呼吸链将辅酶 Q_{10} 不断再生成醇式，恢复其抗氧化剂活性作用。

（贾丽云）

复习思考题

扫一扫
测一测

1. 命名下列化合物

(1) $CH_3CH_2CH(CH_3)CHO$　　(2) $C_6H_5COC_2H_5$　　(3) $(CH_3)_2C=CHCH_2CHO$

(4) $CH_3COCH(CH_3)_2$　　(5) ![环己二酮结构]　　(6) ![苯甲醛结构] H_3C ... OCH_3, CHO

2. 写出乙醛与下列试剂反应的产物

(1) H_2, Pt　　(2) $C_6H_5NHNH_2$　　(3) 托伦试剂

(4) $KMnO_4/H_2O$　　(5) I_2+NaOH　　(6) Zn-Hg，浓 HCl

3. 完成下列反应

(1) $C_6H_5CHO \xrightarrow{\text{浓}OH^-}$　　(2) $CH_3COCH_3 + NH_2OH \longrightarrow$

4. 用化学方法鉴别下列各组化合物

(1) 甲醛、乙醛和丙酮　　(2) 苯甲醛、苯甲醇和苯乙酮

5. 化合物 A 和 B，分子式都是 C_3H_6O，都能与苯肼作用生成苯腙，A 能与希夫试剂显紫色，还能发生自身羟醛缩合反应，但不能发生碘仿反应，B 不能与希夫试剂显紫色，但能发生碘仿反应，试推测 A 和 B 的结构式及化合物的名称。

第九章

羧酸和取代羧酸

学习要点

1. 羧酸和取代羧酸的定义、结构、分类、命名和理化性质。
2. 甲酸的结构特性及其与性质的关系。
3. 重要的羧酸和取代羧酸在医药学上的应用。

烃分子中的氢原子被羧基（—COOH）取代而形成的化合物称为羧酸,其通式为 RCOOH（甲酸为 HCOOH）,羧基是羧酸的官能团。

羧酸分子中烃基上的氢原子被其他原子或基团取代而形成的化合物称为取代羧酸。常见的取代羧酸有卤代酸、羟基酸、羰基酸和氨基酸等。本章主要讨论羟基酸和羰基酸。

羧酸和取代羧酸广泛存在于中草药或其他动植物中。它们与医药关系十分密切,在有机合成、生物代谢及药物中起着十分重要的作用。

第一节 羧 酸

一、羧酸的结构

羧酸的官能团是羧基（—COOH）,它是由羰基和羟基相连而成的。现代物理方法测定证明,甲酸分子中碳氧双键的键长为 123pm,比普通羰基的碳氧双键键长 120pm 要长,而羧基中的碳氧单键键长为 136pm,比醇中相应的碳氧单键键长 143pm 又短得多,这说明羧基中羰基与羟基间存在着相互作用。

杂化轨道理论认为,羧酸分子中羧基碳原子采取 sp^2 杂化,形成的 3 个 sp^2 杂化轨道分别与 1 个碳原子和 2 个氧原子形成 3 个 σ 键,成键的 4 个原子处于同一平面,未参与杂化的 p 轨道与羰基氧原子的 p 轨道形成 π 键（即羧基中 C═O 的 π 键）,该 π 键又与羟基氧原子上含孤对电子的 p 轨道平行,故可以进行肩并肩的部分重叠,形成 p-π 共轭体系。p-π 共轭的存在,使碳氧间的键长发生了平均化,如图 9-1 所示。

当羧基解离成负离子时,由于电子的离域,氧上的负电荷不是集中在 1 个氧原子上,而是平均分散在 2 个氧原子上。因此 2 个碳氧键的键长相等,都为 127pm,没有单键和双键的区别。

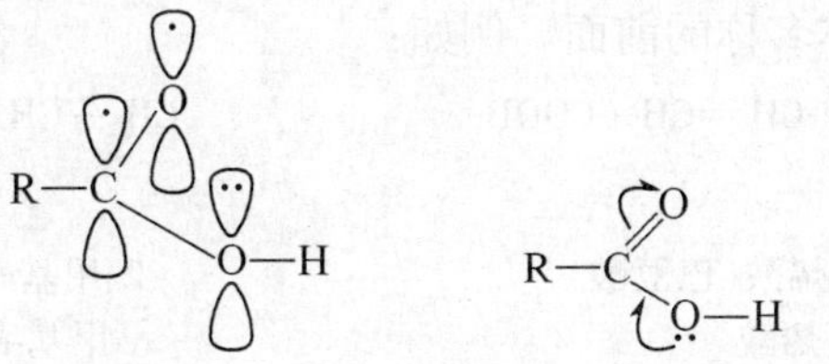

图 9-1 羧酸的结构示意图

二、羧酸的分类和命名

(一) 羧酸的分类

羧酸(R—COOH)按羧基所连接的烃基不同,可分为脂肪羧酸、脂环羧酸和芳香羧酸;按烃基是否含不饱和键,可分为饱和羧酸和不饱和羧酸;按羧基数目不同又可分为一元羧酸、二元羧酸和多元羧酸。

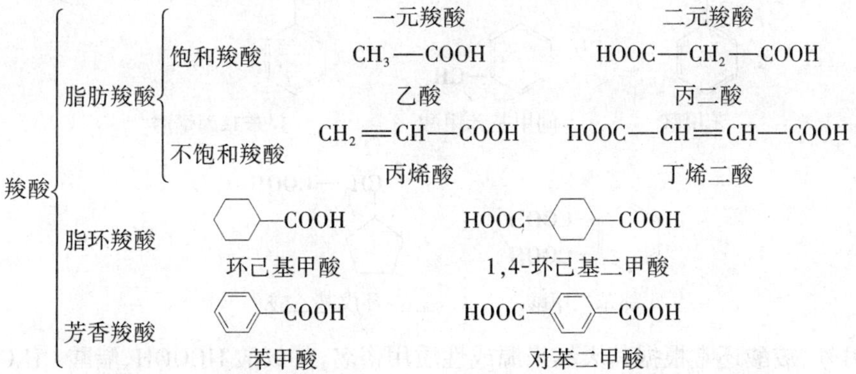

<table>
<tr><td rowspan="6">羧酸</td><td rowspan="4">脂肪羧酸</td><td rowspan="2">饱和羧酸</td><td>一元羧酸</td><td>二元羧酸</td></tr>
<tr><td>CH₃—COOH
乙酸</td><td>HOOC—CH₂—COOH
丙二酸</td></tr>
<tr><td rowspan="2">不饱和羧酸</td><td></td><td></td></tr>
<tr><td>CH₂=CH—COOH
丙烯酸</td><td>HOOC—CH=CH—COOH
丁烯二酸</td></tr>
<tr><td>脂环羧酸</td><td>环己基甲酸</td><td>1,4-环己基二甲酸</td></tr>
<tr><td>芳香羧酸</td><td>苯甲酸</td><td>对苯二甲酸</td></tr>
</table>

一元羧酸　　　　　　　　二元羧酸

$CH_3{-}COOH$　　　　$HOOC{-}CH_2{-}COOH$

乙酸　　　　　　　　　　丙二酸

$CH_2{=}CH{-}COOH$　　$HOOC{-}CH{=}CH{-}COOH$

丙烯酸　　　　　　　　　丁烯二酸

环己基甲酸　　　　　　　1,4-环己基二甲酸

苯甲酸　　　　　　　　　对苯二甲酸

(二) 羧酸的命名

羧酸的系统命名法和醛相似,只需把"醛"改成"酸"字即可。

1. **饱和脂肪酸的命名**　选择分子中含羧基的最长碳链作为主链,根据主链碳原子的数目称为某酸。主链碳原子的编号从羧基碳开始,用阿拉伯数字标明取代基的位次,也可用希腊字母来表示,从与羧基相邻的碳原子开始,依次为 α、β、γ、…。例如:

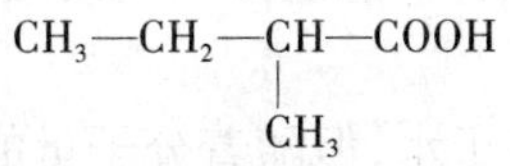

$$CH_3{-}CH_2{-}\underset{\underset{CH_3}{|}}{CH}{-}COOH \qquad CH_3{-}\underset{\underset{CH_3}{|}}{CH}{-}CH_2{-}\underset{\underset{CH_2CH_3}{|}}{CH}{-}COOH$$

2-甲基丁酸　　　　　　　　4-甲基-2-乙基戊酸

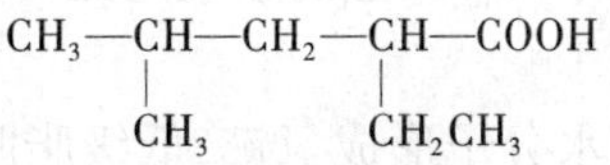

α-甲基丁酸　　　　　　　　γ-甲基-α-乙基戊酸

2. **二元脂肪羧酸的命名**　选择分子中含两个羧基在内的最长碳链作为主链,称为某二酸。例如:

$$HOOC{-}COOH \qquad HOOC{-}CH_2{-}CH_2{-}COOH \qquad CH_3{-}CH_2{-}CH\begin{matrix}{\diagup}COOH\\ {\diagdown}COOH\end{matrix}$$

乙二酸　　　　　　　　丁二酸　　　　　　　　乙基丙二酸

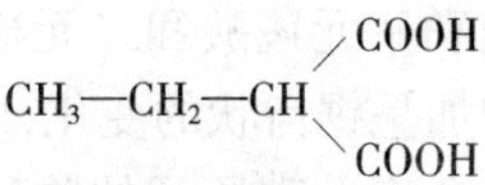

3. **不饱和脂肪酸的命名**　选择含羧基和不饱和键在内的最长碳链作为主链,称

为某烯酸或某炔酸。主链碳原子的编号仍用阿拉伯数字或希腊字母来表示,把双键和叁键的位次写在母体名称的前面。例如:

$$CH_3—CH=CH—COOH \qquad\qquad CH_3—CH=C—COOH$$
$$\underset{\qquad\qquad\qquad\qquad\qquad\qquad CH_3}{}$$

2-丁烯酸(巴豆酸)	2-甲基-2-丁烯酸
α-丁烯酸	α-甲基-α-丁烯酸

当主链碳原子数目多于 10 个时,母体名称用"某碳烯酸"来表示,加一个"碳"字是为了避免主链碳原子数目和双键数目的两个数字混淆。不饱和羧酸的双键也可用"△"来表示,双键的位次写在"△"的右上角。例如:

$$CH_3—(CH_2)_4—CH=CH—CH_2—CH=CH—(CH_2)_7—COOH$$

9,12-十八碳二烯酸($\triangle^{9,12}$-十八碳二烯酸)

4. 芳香羧酸和脂环羧酸的命名　以脂肪羧酸为母体,芳香烃基、脂环烃基为取代基。例如:

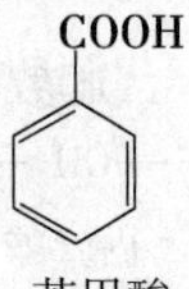

苯甲酸 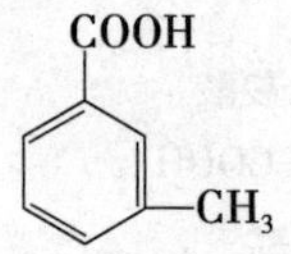　　　　　间甲基苯甲酸 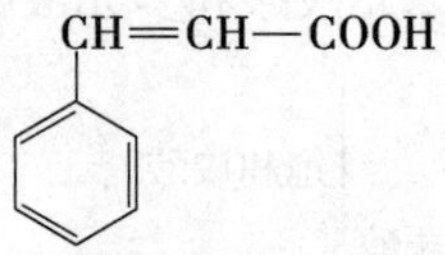　　　　3-苯基丙烯酸

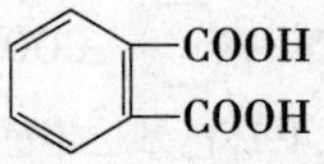

邻苯二甲酸 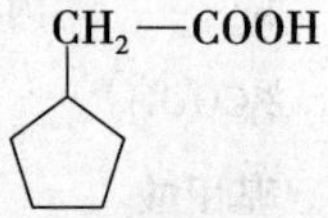　　　　　环戊基乙酸

另外,羧酸还常根据其天然来源或性质用俗名,如蚁酸 $HCOOH$、醋酸 CH_3COOH、草酸 $HOOC—COOH$、安息香酸 苯—COOH 等。

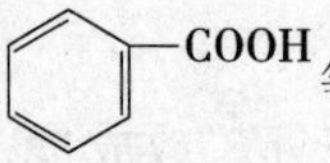

三、羧酸的物理性质

饱和一元羧酸中,甲酸、乙酸、丙酸是具有刺激性气味的液体;$C_4\sim C_9$ 的羧酸是有恶臭气味的液体;C_{10} 以上的羧酸是无味的蜡状固体。脂肪族二元羧酸和芳香羧酸都是结晶固体。

羧酸能与水分子形成氢键,低级脂肪酸易溶于水,但随着分子量的增高,在水中的溶解度逐渐降低。高级脂肪酸几乎不溶于水,但能溶于乙醇、乙醚、苯等有机溶剂。

饱和一元羧酸的沸点比分子量相近的醇高,如甲酸和乙醇的分子量相同,甲酸的沸点 100.5℃,乙醇的沸点 78.3℃。这是因为羧酸分子之间可以形成两个比较稳定的氢键而相互缔合成双分子二聚体,如图 9-2 所示。

饱和一元羧酸和二元羧酸的熔点,随分子中碳原子数目的增加呈锯齿状的变化,即含偶数碳原子的羧酸,比相邻的 2 个含奇数碳原子的羧酸熔点高,这种现象被认为与分子的对称性有关。例如乙酸的熔点比甲酸和丙酸的熔点要

图 9-2　羧酸分子的二聚体

高;丁二酸的熔点比丙二酸和戊二酸的熔点要高。常见羧酸的物理常数见表 9-1。

表 9-1　常见羧酸的物理常数

名称	沸点（℃）	熔点（℃）	pK_{a_1}	pK_{a_2}
甲酸（蚁酸）	100.5	8.4	3.77	—
乙酸（醋酸）	118	16.6	4.76	—
丙酸（初油酸）	141	−22	4.88	—
丁酸（酪酸）	162.5	−4.7	4.82	—
十六酸（软脂酸）	—	62.9	—	—
十八酸（硬脂酸）	—	69.9	—	—
丙烯酸（败脂酸）	141	13	4.26	—
乙二酸（草酸）	—	189.5	1.27	4.27
丙二酸（缩苹果酸）	—	135.6	2.85	5.70
丁二酸（琥珀酸）	—	185	4.21	5.64
戊二酸（胶酸）	—	97.5	4.34	5.41
顺丁烯二酸（马来酸）	—	130	1.92	6.59
反丁烯二酸（富马酸）	—	287	3.03	4.54
苯甲酸（安息香酸）	249	121.7	4.17	—
邻苯二甲酸（酞酸）	—	231	2.89	5.51

四、羧酸的化学性质

羧酸的化学性质主要表现在官能团羧基上。羧基在形式上由羰基和羟基组成，但由于它们通过 p-π 共轭构成了一个整体，使羧酸在性质上有别于羰基化合物和醇类，而具有特殊性质。

羧酸的化学
性质

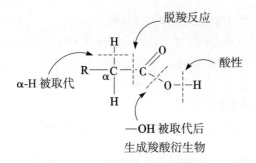

（一）酸性

由于羧基中的 p-π 共轭体系，使羟基氧原子上的电子云密度降低，导致氢氧键极性增强，易于解离出质子，表现酸性。一般的羧酸都属弱酸，它们在水中只是部分解离：

$$
\underset{\text{O}}{\overset{\text{O}}{R-\overset{\|}{C}-OH}} \rightleftharpoons R-\overset{\|}{C}-O^- + H^+
$$

羧酸的酸性强弱可以用电离常数 K_a 或其负对数 pK_a 表示。K_a 愈大或 pK_a 愈小，酸性愈强。羧酸的 pK_a 一般都在 3~5。饱和一元羧酸中，甲酸的酸性比同系列中其他羧酸的酸性强，这是由于烷基的给电子诱导效应，降低了氢氧键的极性，使氢较难解离，因此酸性减弱。如甲酸的 pK_a 为 3.77，乙酸的 pK_a 为 4.76。烷基越大，给电子能力越强,酸性越弱。所以,随着碳原子数目的增加,一元羧酸的酸性逐渐减弱。见表9-1。

芳香酸比甲酸的酸性弱,但比其他饱和一元羧酸酸性强(如苯甲酸的 pK_a 为 4.17),这是由于苯环的大 π 键与羧基可以形成 π-π 共轭体系,羧基的吸电子共轭效应,使环上的电子云向羧基偏移,减弱了氢氧键的极性,氢的解离能力降低,故酸性比甲酸弱。

二元羧酸含有两个羧基,第一步解离时受到另一个羧基吸电子诱导效应的影响,解离比一元羧酸要容易,第二步解离时受到已经解离的羧基给电子诱导效应的影响,其解离比一元羧酸要难,$K_{a_1} > K_a > K_{a_2}$。两个羧基距离越近,影响越大。二元羧酸的电离常数见表9-1。

综上所述,羧酸的酸性强弱顺序如下:

二元羧酸 > 甲酸 > 苯甲酸 > 其他饱和一元羧酸

一元羧酸具有一定的酸性,其酸性比盐酸、硫酸等无机强酸的酸性要弱,但比碳酸和酚类的酸性强。羧酸与其他有关化合物的酸性强弱顺序如下:

$$H_2SO_4、HCl > RCOOH > H_2CO_3 > \text{（苯酚）}OH > H_2O > ROH$$

所以羧酸可以与 $NaOH$、Na_2CO_3、$NaHCO_3$ 发生反应,常用其与 $NaHCO_3$ 反应放出 CO_2 气体来鉴别羧酸。

$$R{-}COOH + NaOH \longrightarrow R{-}COONa + H_2O$$
$$R{-}COOH + Na_2CO_3 \longrightarrow R{-}COONa + CO_2\uparrow + H_2O$$
$$R{-}COOH + NaHCO_3 \longrightarrow R{-}COONa + CO_2\uparrow + H_2O$$

课堂互动

试将下列各组化合物按酸性由强到弱顺序排列

(1) ①CH_3COOH,②H_2O,③CH_3CH_2OH,④C_6H_5OH,⑤NH_3,⑥H_2CO_3

(2) ①CH_3COOH,②$HCOOH$,③$(CH_3)_2CH{-}COOH$,④$HOOC{-}COOH$,⑤C_6H_5COOH

(二) 羧基上羟基的取代反应

羧酸分子中羧基上的羟基被卤素、酰氧基、烷氧基和氨基取代,生成相应的酰卤、酸酐、酯和酰胺等羧酸衍生物。羧酸分子中去掉羟基剩余的部分 $\left(R{-}\overset{\overset{O}{\|}}{C}{-} \right)$ 称为酰基。

1. 酰卤的生成　羧基中的羟基被卤素取代后的产物称为酰卤。酰氯是常见的酰卤,它可由羧酸与三氯化磷、五氯化磷或亚硫酰氯反应生成。

$$\underset{\text{三氯化磷}}{R{-}\overset{\overset{O}{\|}}{C}{-}OH + PCl_3} \longrightarrow \underset{\text{酰氯}}{R{-}\overset{\overset{O}{\|}}{C}{-}Cl} + \underset{\text{亚磷酸}}{H_3PO_3}$$

$$\underset{\text{五氯化磷}}{R{-}\overset{\overset{O}{\|}}{C}{-}OH + PCl_5} \longrightarrow \underset{\text{酰氯}}{R{-}\overset{\overset{O}{\|}}{C}{-}Cl} + \underset{\text{三氯氧磷}}{POCl_3} + HCl\uparrow$$

$$\underset{\underset{\substack{\text{亚硫酰氯}\\(\text{氯化亚砜})}}{}}{R-\overset{\overset{\displaystyle O}{\|}}{C}-OH}+SOCl_2 \longrightarrow \underset{\text{酰氯}}{R-\overset{\overset{\displaystyle O}{\|}}{C}-Cl}+SO_2\uparrow+HCl\uparrow$$

制备酰氯常用的方法是亚硫酰氯与羧酸反应,因该反应生成的副产物都是气体,在反应中随时逸出,可得到较纯净的酰氯。酰氯很活泼,它是一类具有高度反应活性的化合物,广泛用于药物和有机合成中。

2. 酸酐的生成　羧酸在脱水剂(如 P_2O_5)作用下加热,2 个羧基间失去一分子水,生成酸酐。

$$R-\overset{\overset{\displaystyle O}{\|}}{C}-OH+HO-\overset{\overset{\displaystyle O}{\|}}{C}-R \xrightarrow[\triangle]{P_2O_5} \underset{\text{酸酐}}{R-\overset{\overset{\displaystyle O}{\|}}{C}-O-\overset{\overset{\displaystyle O}{\|}}{C}-R}+H_2O$$

具有 4 个或 5 个碳原子的二元酸(如丁二酸、戊二酸、邻苯二甲酸等)加热,分子内脱水,形成较稳定的五元环或六元环的环状酸酐(环酐)。如:

丁二酸 $\xrightarrow{300℃}$ 丁二酸酐 $+ H_2O$

邻苯二甲酸 $\xrightarrow{230℃}$ 邻苯二甲酸酐 $+ H_2O$

3. 酯的生成　在少量酸(如浓硫酸)的催化作用下,羧酸可与醇反应生成酯,该反应称为酯化反应。有机酸和醇的酯化反应速度极慢,必须在酸的催化及加热下进行。

$$\underset{\text{羧酸}}{R-\overset{\overset{\displaystyle O}{\|}}{C}-OH}+\underset{\text{醇}}{R'-OH} \underset{\triangle}{\overset{\text{浓 } H_2SO_4}{\rlap{\raisebox{2pt}{$\longrightarrow$}}\raisebox{-2pt}{$\longleftarrow$}}} \underset{\text{酯}}{R-\overset{\overset{\displaystyle O}{\|}}{C}-O-R'}+H_2O$$

酯化反应在酸性条件下是可逆反应,生成的酯在同样条件下可与水作用生成羧酸和醇,称为酯的水解反应。所以要提高酯的产率,可以增加反应物的浓度或及时蒸出生成的酯和水,使平衡向生成酯的方向移动。

羧酸与醇的酯化反应,在大多数情况下(羧酸与伯醇和仲醇成酯),是羧酸的羟基与醇羟基上的氢形成水。如用含有同位素 ^{18}O 的乙醇与乙酸进行反应,发现 ^{18}O 转移到生成酯的分子中,而不是在水的分子中。说明酯化反应是羧酸发生酰氧键断裂,羧基的羟基被烃氧基取代。

$$CH_3-\overset{\overset{\displaystyle O}{\|}}{C}-\boxed{OH+H}-{}^{18}O-CH_2CH_3 \underset{}{\overset{H^+}{\rlap{\raisebox{2pt}{$\longrightarrow$}}\raisebox{-2pt}{$\longleftarrow$}}} CH_3-\overset{\overset{\displaystyle O}{\|}}{C}-{}^{18}O-CH_2CH_3+H_2O$$

4. 酰胺的生成 羧酸与氨反应,先生成羧酸的铵盐,将铵盐进一步加热,分子内失水生成酰胺。

$$R-\overset{\overset{\displaystyle O}{\|}}{C}-OH + NH_3 \longrightarrow R-\overset{\overset{\displaystyle O}{\|}}{C}-ONH_4 \xrightarrow{\triangle} R-\overset{\overset{\displaystyle O}{\|}}{C}-NH_2 + H_2O$$

羧酸铵 酰胺

酰胺是一类很重要的化合物,很多药物的分子结构中都含有酰胺结构。如果继续加热,酰胺可进一步失水生成腈。

$$R-\overset{\overset{\displaystyle O}{\|}}{C}-NH_2 \xrightarrow{\triangle} R-C\equiv N + H_2O$$

(三) α-H 原子的卤代反应

受羧基吸电子效应的影响,羧酸分子中 α-H 原子具有一定的活性,但因羧基中的羟基与羰基形成 p-π 共轭体系,使羧基的致活能力比羰基小,所以羧酸 α-H 的卤代反应需要在红磷或三卤化磷的催化作用下才能进行。

$$CH_3CH_2COOH \xrightarrow[P]{Br_2} CH_3\underset{\underset{\displaystyle Br}{|}}{C}HCOOH \xrightarrow[\triangle]{Br_2,P} CH_3\underset{\underset{\displaystyle Br}{|}}{\overset{\overset{\displaystyle Br}{|}}{C}}COOH$$

羧酸卤代时,控制反应条件和卤素的用量,能得到产率较高的 α-卤代酸。α-卤代酸是制取 α-羟基酸、α-氨基酸以及 α,β-不饱和酸的重要中间体,通过它可进一步合成多种有机化合物。例如:

$$CH_3\underset{\underset{\displaystyle Cl}{|}}{C}HCOOH$$

① OH⁻/H₂O ② H⁺ → $CH_3\underset{\underset{\displaystyle OH}{|}}{C}HCOOH$ α-羟基丙酸 $\xrightarrow{[O]}$ $CH_3\overset{\overset{\displaystyle O}{\|}}{C}COOH$ 丙酮酸

① NH₃ ② H⁺ → $CH_3\underset{\underset{\displaystyle NH_2}{|}}{C}HCOOH$ α-氨基丙酸

① OH⁻/乙醇 ② H⁺ → $CH_2=CHCOOH$ 丙烯酸

(四) 还原反应

羧酸分子中,羧基上的羰基由于受羟基的影响,失去了羰基的典型性质,所以羧酸在一般情况下与多数还原剂不反应,但能被强还原剂——氢化铝锂($LiAlH_4$)还原成伯醇。用氢化铝锂还原羧酸时,不但产率高,而且分子中的 C=C 双键不受影响,只还原羧基,生成不饱和醇。

$$RCH_2CH=CHCOOH \xrightarrow[H^+]{LiAlH_4} RCH_2CH=CHCH_2OH$$

(五) 脱羧反应

羧酸的碱金属盐与碱石灰($NaOH-CaO$)共热,脱去二氧化碳生成烃,像这种羧酸失去羧基放出二氧化碳的反应,称为脱羧反应。

$$R \overbrace{-COONa} + Na\overbrace{O}H \xrightarrow[CaO]{强热} R\!-\!H + Na_2CO_3$$

$$CH_3COONa + NaOH \xrightarrow[CaO]{强热} CH_4\uparrow + Na_2CO_3$$

此反应常用于实验室制取甲烷。某些二元羧酸比饱和一元羧酸更易脱羧。例如:

$$HOOC\!-\!COOH \xrightarrow{\triangle} HCOOH + CO_2\uparrow$$

$$HOOC\!-\!CH_2\!-\!COOH \xrightarrow{\triangle} CH_3COOH + CO_2\uparrow$$

人体新陈代谢过程中的脱羧反应是在脱羧酶的催化下进行的,它是一类非常重要的生物化学反应。

五、与医药学有关的羧酸类化合物

(一)甲酸

甲酸(HCOOH)俗名蚁酸,最初是从蚂蚁体内发现的。甲酸存在于许多昆虫的分泌物及某些植物(如荨麻、松叶)中。甲酸是具有刺激性气味的无色液体,沸点100.5℃,易溶于水,有很强的腐蚀性。蜂蜇或荨麻刺伤皮肤引起肿痛,就是甲酸造成的。

甲酸的分子结构特殊,分子中既有羧基的结构,又有醛基的结构,如图9-3所示。

因此,甲酸的酸性比其他饱和一元羧酸强。甲酸除了具有羧酸的性质外,还具有醛的还原性,能与托伦试剂发生银镜反应,能与斐林试剂反应产生砖红色沉淀,还能使酸性高锰酸钾溶液褪色。利用这些反应可以区别甲酸与其他饱和羧酸。

甲酸常用作还原剂。因有杀菌能力,也可用作消毒防腐剂。

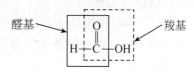

图9-3 甲酸的结构示意图

课堂互动

用化学方法鉴别下列各组化合物

1. 甲酸和丙酸

2. 苯甲酸和苯酚

(二)乙酸

乙酸(CH_3COOH)又称醋酸,是食醋的主要成分,食醋中乙酸的浓度为60~80g/L。我国自古就有关于谷物发酵制醋的记载。因为许多微生物可将不同的有机物发酵转化为乙酸,所以乙酸在自然界中分布很广。如酸牛奶中、酸葡萄酒中都含有乙酸。此外,乙醇氧化以及乙炔经水合为乙醛后,再经氧化也可得到乙酸。

乙酸是无色有刺激性气味的液体,易溶于水,熔点16.6℃,沸点118℃。室温低于16.6℃时,乙酸能凝结成冰状的固体,所以常把无水乙酸称为冰醋酸。乙酸是染料、香料、制药等工业的原料。乙酸的稀溶液在医药上可作为消毒防腐剂,还有消肿治癣、预防感冒等作用。

乙酸在医药、食品中的应用

用醋预防流感

(三) 苯甲酸

苯甲酸(C_6H_5COOH)俗称安息香酸,因其存在于安息香树胶中而得名。苯甲酸是白色晶体,熔点 121.7℃,难溶于冷水,易溶于热水、乙醚、乙醇和氯仿中,受热易升华。苯甲酸及其钠盐具有抑菌防腐作用,且毒性小,可用做食品和药物的防腐剂。苯甲酸钠还可作为助溶剂使用。例如,中药液体制剂中常用苯甲酸作为防腐剂;安钠咖注射液是无水咖啡因和苯甲酸钠的复方制剂,这里的苯甲酸钠是助溶剂。

(四) 乙二酸

乙二酸(HOOC—COOH)俗名草酸,多以盐的形式存在于许多草本植物中。草酸是饱和脂肪二元羧酸中酸性最强的一个。它除了具有一般羧酸的性质外,还具有还原性,易被氧化。例如草酸能与高锰酸钾定量反应,在分析化学中,常用草酸来标定高锰酸钾溶液的浓度。

$$5HOOC—COOH+2KMnO_4+3H_2SO_4 \Longrightarrow K_2SO_4+2MnSO_4+10CO_2\uparrow+8H_2O$$

由于草酸的钙盐溶解度很小,所以可用草酸做钙离子的定性和定量测定。实验室可以利用草酸受热分解来制取一氧化碳气体。在人尿中也含有少量草酸,草酸钙是尿道结石的主要成分。乙二酸哌嗪作用与枸橼酸哌嗪相同,适用于肠蛔虫病、蛲虫病等。

(五) 丁二酸

丁二酸($HOOC—CH_2CH_2—COOH$)俗名琥珀酸,最早是由蒸馏琥珀制得。琥珀是约含 8% 琥珀酸的透明红褐色松脂化石。琥珀酸在医药上可用作抗痉挛、祛痰、利尿剂。

(六) 山梨酸

山梨酸($CH_3CH=CH—CH=CH—COOH$)化学名称为 2,4-己二烯酸,又称清凉茶酸、花楸酸。山梨酸及山梨酸钾对酵母菌、霉菌、细菌和许多真菌都具有抑菌作用,是一种高效且无毒的防腐剂,防腐效果是苯甲酸盐的 5~10 倍,是尼泊金酯类的2.5 倍。山梨酸及山梨酸钾广泛应用于食品和药品中,是比较安全的防腐剂。

第二节　取代羧酸

一、羟基酸

(一) 羟基酸的分类和命名

羧酸分子中烃基上的氢原子被羟基取代后形成羟基酸,故羟基酸分子中既含羟基又含羧基。羟基酸广泛存在于动植物体内,是生物体生命活动中的物质,也是合成药物的原料,还可作为食品的调味剂。

根据羟基的不同,羟基酸分为醇酸和酚酸。羟基连在脂肪烃基上的称为醇酸;羟基直接连在芳环上的称为酚酸。根据羟基与羧基的相对位置不同,醇酸又可分为 α-羟基酸、β- 羟基酸和 γ- 羟基酸等。

醇酸的命名是以羧酸为母体,羟基作为取代基,用阿拉伯数字或希腊字母 α、β、γ 等标明羟基的位次。酚酸是以芳香酸为母体,标明羟基在芳环上的位次。自然界存在的羟基酸多采用俗名。如:

$$CH_3CHCOOH$$
$$|$$
$$OH$$

α-羟基丙酸
（2-羟基丙酸）
乳酸

$$HO—CHCOOH$$
$$|$$
$$CH_2COOH$$

羟基丁二酸
苹果酸

COOH
OH

2-羟基苯甲酸
（邻羟基苯甲酸）
水杨酸

COOH
OH
OH

3,4-二羟基苯甲酸
原儿茶酸

COOH
HO   OH
OH

3,4,5-三羟基苯甲酸
没食子酸或五倍子酸

（二）羟基酸的性质

醇酸一般为晶体或黏稠的液体,易溶于水,溶解度比相应的醇或羧酸大,大多数醇酸具有旋光性。酚酸为晶体,多以盐、酯或糖苷的形式存在于植物中,微溶于水,溶解性随羟基数目的增多而增大。羟基酸的熔点比相应的羧酸高。

羟基酸兼有羟基和羧基,具有醇、酚和羧酸的通性。由于两个官能团的相互影响,又具有一些特殊的性质。而且这些特殊性质因羟基和羧基的相对位置不同又表现出明显的差异。

1. 酸性　由于羟基的吸电子诱导效应,一般醇酸的酸性比相应的羧酸强,且羟基距离羧基越近,酸性越强。

	$HOCH_2COOH$	CH_3COOH	
pK_a	3.83	4.76	

	$CH_3CHCOOH$ | OH	CH_2CH_2COOH | OH	CH_3CH_2COOH
pK_a	3.87	4.51	4.88

酚酸的酸性受羟基的吸电子诱导效应、羟基与芳环的供电子共轭效应和邻位效应的共同影响,其酸性随羟基与羧基的相对位置不同而异。

	COOH·OH	COOH·OH	COOH	COOH·HO
pK_a	3.00	4.12	4.17	4.54

2. 氧化反应　醇酸分子中的羟基受羧基影响,比醇分子中的羟基更容易被氧化。稀硝酸就可以氧化醇酸,生成醛酸或酮酸;托伦试剂能将 α-醇酸氧化成 α-酮酸。生物体内醇酸的氧化是在酶催化下进行的。

$$CH_3CHCH_2COOH \xrightarrow{\text{稀 } HNO_3} CH_3CCH_2COOH$$
$$\quad\ |\qquad\qquad\qquad\qquad\qquad\ \|$$
$$\ \ OH\qquad\qquad\qquad\qquad\qquad\ O$$

$$CH_3CHCOOH \xrightarrow[\triangle]{Tollens \ 试剂} CH_3CCOOH + Ag\downarrow$$
$$\underset{OH}{|} \qquad\qquad\qquad \underset{\underset{O}{\|}}{}$$

3. 分解反应 α- 醇酸与稀硫酸共热时,分解生成甲酸和少一个碳的醛或酮。因为 α- 醇酸中羟基和羧基都是吸电子基,使 α- 碳与羧基之间的电子云密度降低,一定条件下碳碳键比较容易断裂。

$$RCHCOOH \xrightarrow[\triangle]{稀 \ H_2SO_4} RCHO + HCOOH$$
$$\underset{OH}{|}$$

$$\underset{\underset{OH}{|}}{R\overset{R'}{\underset{|}{C}}COOH} \xrightarrow[\triangle]{稀 \ H_2SO_4} R-\underset{\underset{O}{\|}}{C}-R' + HCOOH$$

酚羟基在邻位或对位的酚酸,加热至熔点以上时,易分解脱羧,生成相应的酚。

$$\underset{}{\overset{COOH}{\underset{OH}{\bigcirc}}} \xrightarrow{200\sim220℃} \overset{OH}{\bigcirc} + CO_2\uparrow$$

4. 脱水反应 醇酸受热不稳定,容易发生脱水反应。脱水方式及其产物因羟基与羧基的相对位置不同而有所区别。

(1) α- 醇酸受热时分子间交叉脱水生成交酯:一分子 α- 醇酸的羟基与另一分子 α- 醇酸的羧基交叉脱水,生成环状交酯。

α- 羟基丙酸　　　　　　　　　丙交酯

(2) β- 醇酸受热时分子内脱水生成 α,β- 不饱和羧酸:β- 醇酸中的 α-H 受羟基和羧基的共同影响,比较活泼,受热容易与 β- 位的羟基发生分子内脱水,生成 α,β- 不饱和羧酸。

$$R-\overset{\boxed{OH}}{\underset{}{C}}H-\overset{\boxed{H}}{\underset{}{C}}H-COOH \xrightarrow{\triangle} RCH=CHCOOH + H_2O$$

(3) γ、δ- 醇酸分子内脱水生成五元环或六元环状内酯:γ- 醇酸在室温下就可分子内脱去一分子水,生成稳定的 γ- 内酯。因此,游离的 γ- 醇酸常温下不存在,只有碱性条件下成盐后才稳定。

$$\underset{CH_2CH_2O\boxed{H}}{CH_2-C\overset{O}{\underset{\boxed{OH}}{}}} \xrightarrow{-H_2O} \overset{O}{\bigcirc} \xrightarrow{NaOH} HOCH_2CH_2CH_2COONa$$

γ- 丁内酯　　　　　　　γ- 羟基丁酸钠

生成 δ- 内酯比 γ- 内酯困难,且生成的 δ- 内酯,易水解开环。

$$\underset{\delta\text{-羟基戊酸}}{\begin{array}{c}CH_2CH_2C\diagdown\overset{O}{\underset{OH}{\diagup}}\\ |\\ CH_2CH_2O\!-\!H\end{array}} \longrightarrow \underset{\delta\text{-戊内酯}}{\bigcirc\!\!-\!\!O} + H_2O$$

内酯具有酯的性质,难溶于水;碱性条件下水解生成稳定的醇酸盐。γ-羟基丁酸钠具有麻醉作用,用于手术中,有术后苏醒快的优点。一些具有内酯结构的药物也常因水解而减效或失效。某些中草药中常常含有内酯的结构,利用内酯难溶于水、醇酸盐易溶于水的特性,可从中草药中分离和提取含内酯结构的有效成分。

(4) 羟基与羧基相隔 4 个以上碳原子的醇酸加热,多发生分子间的脱水,生成链状聚酯。

聚酯在临床上也有应用。如聚丙交酯在体内可缓慢分解为乳酸,对人体无害,因此将其抽丝作外科手术缝线,在体内可自动分解而不需拆除。如果这种聚合物中混有某种药物,在人体内,聚合物缓慢分解过程中,能够均匀地释放出药物。

(三) 与医药有关的羟基酸及其衍生物

1. 乳酸　$CH_3\overset{OH}{\underset{|}{CH}}COOH$ 化学名称为 α-羟基丙酸。因存在于酸牛奶中而得名。乳酸一般为无色黏稠液体,熔点 18℃,吸湿性强,味酸,溶于水、乙醇和乙醚,不溶于氯仿。临床上乳酸钙用作补钙剂,预防和治疗缺钙症;乳酸钠用作酸中毒的解毒剂。乳酸具有消毒防腐作用。乳酸在医药、食品及饮料等工业中也广泛应用。

乳酸是生物体内糖代谢的产物。人在剧烈活动时,肌肉中的糖原分解产生热量,提供所需能量,同时生成乳酸。运动后有肌肉酸胀感,就是其中乳酸含量过多而导致的。休息后,一部分乳酸经血液循环至肝脏转化为糖原,另一部分则经肾脏随尿液排出。酸胀感就会消失。

2. 苹果酸　$HO\!-\!\overset{CH_2COOH}{\underset{|}{CH}}COOH$ 化学名称为羟基丁二酸。因最初来自苹果而得名。在未成熟的山楂、杨梅、葡萄、番茄等果实中都含有苹果酸。天然的苹果酸为无色针状结晶,熔点 100℃,易溶于水和乙醇,微溶于乙醚。苹果酸多用于制药、糖果和饮料等。苹果酸钠可作为低食盐患者的食盐代用品。

苹果酸兼有 α-羟基酸和 β-羟基酸的双重特性。苹果酸在酶的催化下脱氢生成草酰乙酸,是糖代谢的中间产物。受热时则以 β-羟基酸形式脱水生成丁烯二酸。

$$\underset{\text{草酰乙酸}}{\begin{array}{c}CH_2\!-\!COOH\\ |\\ O\!=\!C\!-\!COOH\end{array}} \xleftarrow[-2H]{\text{酶}} \underset{\text{苹果酸}}{\begin{array}{c}CH_2COOH\\ |\\ HO\!-\!CHCOOH\end{array}} \xrightarrow{H_2SO_4} \underset{\text{丁烯二酸}}{\begin{array}{c}CH\!-\!COOH\\ \|\\ CH\!-\!COOH\end{array}} +H_2O$$

3. 酒石酸　$HO\!-\!\overset{HO-CHCOOH}{\underset{|}{CH}}COOH$ 化学名称为 2,3-二羟基丁二酸。存在于葡萄酿酒时析出的结晶——酒石(酒石酸氢钾)中。酒石酸以游离态或盐的形式广泛存在于各种果汁中,葡萄中含量最多。自然界存在的酒石酸为透明晶体,熔点 170℃,易溶于水。酒石酸可作食品的酸味剂,酒石酸锑钾在医学上曾用作催吐剂和治疗血吸虫病,酒石酸钾钠用于配制斐林试剂。

4. **柠檬酸** 柠檬酸又名枸橼酸, $HOOCCH_2\overset{\overset{\displaystyle COOH}{|}}{\underset{\underset{\displaystyle OH}{|}}{C}}CH_2COOH$ 化学名称为 3- 羧基 -3-羟基戊二酸。因最初来自柠檬而得名。它存在于柠檬、柑橘等果实中,尤其柠檬中含量最多,未成熟的柠檬中含量达 6% 。柠檬酸为晶体,不含结晶水的柠檬酸熔点为153℃,易溶于水、乙醇和乙醚等,酸味强。柠檬酸常是糖果、饮料的酸味剂和制药的重要原料。柠檬酸钠有防止血液凝固的作用,医学上用作抗凝血剂,其镁盐是温和的泻剂,柠檬酸铁铵是常用的补血剂。

柠檬酸兼有 α- 羟基酸和 β- 羟基酸的双重特性。柠檬酸是动物体内酶作用下的糖、脂肪和蛋白质代谢的中间产物。

5. **水杨酸** 水杨酸又名柳酸, 化学名称为邻羟基苯甲酸。存在于柳树和水杨树的树皮中。水杨酸为无色针状晶体,熔点 159℃,在 79℃时升华,易溶于热水、乙醇、乙醚和氯仿。水杨酸结构中含羧基和酚羟基,具有酚和羧酸的一般性质。水杨酸的酸性比苯甲酸强,加热易脱羧;易被氧化,遇三氯化铁显紫红色,酚羟基可成盐、酰化,羧基可以形成各种羧酸衍生物等。

水杨酸具有杀菌防腐作用,其钠盐可作口腔清洁剂和食品防腐剂;水杨酸的酒精溶液是治疗真菌感染引起的皮肤病的外用药;水杨酸有解热镇痛和抗风湿作用,因对食管和胃黏膜刺激性大,不宜内服。医学上多用其衍生物,主要有乙酰水杨酸、水杨酸甲酯和对氨基水杨酸。

乙酰水杨酸的通用名为阿司匹林(aspirin)。可用水杨酸与乙酸酐在少量浓硫酸存在下加热制得。

$$\underset{OH}{\overset{COOH}{\bigcirc}} + (CH_3CO)_2O \xrightarrow[\triangle]{浓硫酸} \underset{\underset{\quad\ O}{\overset{|}{OCCH_3}}}{\overset{COOH}{\bigcirc}} + CH_3COOH$$

乙酰水杨酸

乙酰水杨酸为白色针状晶体,微溶于水。在潮湿空气中易水解,因此应密闭贮存于干燥处。乙酰水杨酸中无酚羟基,不与三氯化铁显色,可用此方法检验阿司匹林是否变质。乙酰水杨酸具有解热、镇痛、消炎、抗风湿及抗血小板聚集作用,是常用的解热镇痛药。为了减小阿司匹林对胃的刺激性,目前常使用肠溶性阿司匹林。

水杨酸甲酯俗名冬青油。由冬青树叶中提取。水杨酸甲酯为无色液体,有特殊香味。可用作配制牙膏、糖果等的香精,也可用作扭伤外用药。

对氨基水杨酸化学名称为 4- 氨基 -2- 羟基苯甲酸,简称 PAS。为白色粉末,微溶于水,呈酸性($pK_a = 3.25$)。其钠盐(PAS 与 $NaHCO_3$ 作用得到)水溶性大、刺激性小,可作为针剂,是治疗结核病的药物,常与链霉素或异烟肼合用,可增加疗效。

知识链接

前列腺素

前列腺素(简称 PG)是一类具有 1 个五元环、带有 2 个侧链、含 20 个碳的羟基酸。1930 年从人的精液中被发现,并误认为是前列腺分泌物,故称为前列腺素。

1957 年 Bergstrom 及其瑞典的同事分离出两种 PG 纯品(PGF_1,$PGF_{2\alpha}$),并确定其化学结构及生物制备。通过药理学方面的深入研究以及临床试验表明,它们具有极强的生理活性。

研究证明,PG 遍及人体各个器官,含量甚微,生物活性极强。它对生殖、心血管、呼吸、消化、神经、免疫诸系统和对水的吸收、平衡电解质、皮肤及炎症都有显著的生物活性。

目前已分离、鉴定出 20 多种不同结构、不同性能的 PG,其基本骨架是前列腺烷酸。

前列腺烷酸

PGF_1

$PGF_{2\alpha}$

二、羰基酸

(一)羰基酸的分类和命名

羰基酸是分子中既含有羰基又含有羧基的化合物。根据羰基的不同,羰基酸分为醛酸和酮酸。酮酸是一类与医学密切相关的重要有机化合物。根据羰基和羧基的相对位置不同,酮酸可分为 α、β、γ……酮酸。其中 α-酮酸和 β-酮酸是生物体内糖、脂肪和蛋白质代谢的中间产物,它们在酶作用下发生的系列生化反应,为生命活动提供了物质基础。

羰基酸的命名,以羧酸为母体,羰基为取代基,称为某醛酸或某酮酸,羰基的位次用阿拉伯数字或希腊字母表示;也可用"氧代"表示羰基;还可以称为某酰某酸。例如:

$$H-\overset{\parallel}{\underset{O}{C}}-COOH$$
乙醛酸

$$CH_3-\overset{\parallel}{\underset{O}{C}}-COOH$$
丙酮酸

$$CH_3\overset{\parallel}{\underset{O}{C}}CH_2\overset{}{\underset{CH_3}{C}}HCH_2COOH$$
3-甲基-5-己酮酸
β-甲基-δ-己酮酸

$$CH_3-\overset{\parallel}{\underset{O}{C}}-CH_2COOH$$
β-丁酮酸
3-氧代丁酸
乙酰乙酸

$$HOOCCH_2-\overset{\parallel}{\underset{O}{C}}-COOH$$
α-丁酮二酸
2-氧代丁二酸

（二）酮酸的化学性质

酮酸兼有酮基和羧基，具有酮和羧酸的通性。由于两个官能团的相互影响及相对位置的不同，α- 酮酸和 β- 酮酸又有一些特殊的性质。

1. 酸性　由于羰基的吸电子诱导效应比羟基强，酮酸的酸性也比相应的醇酸强。

$$CH_3{-}\overset{\overset{\displaystyle O}{\|}}{C}{-}COOH \quad CH_3{-}\overset{\overset{\displaystyle O}{\|}}{C}{-}CH_2COOH \quad CH_3\overset{\overset{\displaystyle OH}{|}}{C}HCOOH \quad \overset{\overset{\displaystyle OH}{|}}{C}H_2CH_2COOH \quad CH_3CH_2COOH$$

pK_a　　2.49	3.51	3.87	4.51	4.88
α-丙酮酸	β-丁酮酸	α-羟基丙酸	β-羟基丙酸	丙酸

2. α- 酮酸的性质　在 α- 酮酸分子中，羰基与羧基直接相连，两个官能团都具有较强的吸电子诱导效应，使羰基与羧基的碳原子之间电子云密度降低，C—C 键比较容易断裂，在一定条件下可发生分解反应和氧化反应。

（1）分解反应：α- 酮酸与稀硫酸或浓硫酸共热，分别发生脱羧和脱羰反应，生成相应的醛或羧酸。

$$CH_3{-}\overset{\overset{\displaystyle O}{\|}}{C}{-}COOH \xrightarrow[\triangle]{\text{稀 }H_2SO_4} CH_3CHO + CO_2\uparrow$$

$$CH_3{-}\overset{\overset{\displaystyle O}{\|}}{C}{-}COOH \xrightarrow[\triangle]{\text{浓 }H_2SO_4} CH_3COOH + CO\uparrow$$

（2）氧化反应：α- 酮酸很容易被氧化，能被弱氧化剂（如 Tollens 试剂）所氧化。

$$R{-}\overset{\overset{\displaystyle O}{\|}}{C}{-}COOH \xrightarrow[\triangle]{\text{Tollens 试剂}} RCOO^- + Ag\downarrow + CO_2\uparrow$$

（3）氨基化反应：α- 酮酸与氨在催化剂的作用下可生成 α- 氨基酸。生物体内的转氨基作用就是 α- 酮酸与 α- 氨基酸在转氨酶的催化作用下，相互转换成新的 α- 氨基酸和 α- 酮酸。例如：

$$\underset{\text{α-酮戊二酸}}{\overset{\displaystyle COOH}{\underset{\displaystyle (CH_2)_2COOH}{\overset{|}{\underset{|}{C{=}O}}}}} + \underset{\text{丙氨酸}}{\overset{\displaystyle COOH}{\underset{\displaystyle CH_3}{\overset{|}{\underset{|}{H_2N{-}C{-}H}}}}} \xrightarrow{\text{谷丙转氨酶（GPT）}} \underset{\text{谷氨酸}}{\overset{\displaystyle COOH}{\underset{\displaystyle (CH_2)_2COOH}{\overset{|}{\underset{|}{H_2N{-}C{-}H}}}}} + \underset{\text{丙酮酸}}{\overset{\displaystyle COOH}{\underset{\displaystyle CH_3}{\overset{|}{\underset{|}{C{=}O}}}}}$$

3. β- 酮酸的性质　在 β- 酮酸分子中，由于羰基和羧基吸电子诱导效应的影响，使两个官能团之间的亚甲基碳原子上电子云密度降低，亚甲基与相邻两个碳原子之间的键均易断裂，所以不同的反应条件下，可发生酮式分解或酸式分解。

（1）酮式分解：β- 酮酸微热就可以发生脱羧反应，生成酮。而且比 α- 酮酸更容易脱羧。

$$CH_3{-}\overset{\overset{\displaystyle O}{\|}}{C}{-}CH_2COOH \xrightarrow{\text{微热}} CH_3{-}\overset{\overset{\displaystyle O}{\|}}{C}{-}CH_3 + CO_2\uparrow$$

（2）酸式分解：β- 酮酸与浓碱共热时，α- 碳原子和 β- 碳原子间的键断裂，生成两分子羧酸盐。

$$\overset{O}{\underset{}{R-C}}+CH_2COOH + 2NaOH(浓) \xrightarrow{\triangle} RCOONa + CH_3COONa$$

（三）与医药有关的羰基酸

1. 丙酮酸 丙酮酸（$CH_3COCOOH$）是最简单的 α-酮酸，为无色液体，有刺激性气味，沸点 165℃（分解），易溶于水。丙酮酸是动植物体内糖、脂肪、蛋白质代谢的中间产物，在体内酶的作用下，丙酮酸和乳酸可相互转化，丙酮酸也能转变为氨基酸和柠檬酸等。丙酮酸是重要的生物活性中间体。

丙酮酸既有酮和羧酸的一般性质，又具有 α-酮酸的特性。如酸性强于相应的羟基酸、能被弱氧化剂氧化、易发生脱羧和脱羰反应等。

2. β-丁酮酸 β-丁酮酸（CH_3COCH_2COOH）又称乙酰乙酸，为无色黏稠液体。β-丁酮酸低温下稳定，受热易脱羧生成丙酮，即发生酮式分解。

β-丁酮酸是人体内脂肪代谢的中间产物，在酶的作用下能与 β-羟基丁酸相互转变。

$$\overset{O}{\underset{}{CH_3-C}}-CH_2COOH \underset{酶}{\overset{酶}{\rightleftharpoons}} \overset{OH}{\underset{}{CH_3-CH}}-CH_2COOH$$

医学上把 β-丁酮酸、β-羟基丁酸和丙酮总称为酮体。健康人血液中酮体的含量低于 10mg/L，而糖尿病患者糖代谢失常，酮体大量存在于血液和尿液中。由于 β-丁酮酸、β-羟基丁酸的酸性较强，因此，也能使血液的酸度增加，导致酸中毒，严重时引起患者昏迷或死亡。

3. α-丁酮二酸 α-丁酮二酸（$HOOCCOCH_2COOH$）又称草酰乙酸，为晶体，能溶于水，在水中可产生互变异构，生成 α-羟基丁烯二酸，与三氯化铁溶液反应显红色。

$$\overset{O}{\underset{}{HOOCC}}-CH_2COOH \rightleftharpoons \overset{OH}{\underset{}{HOOCC}}=CHCOOH$$

α-丁酮二酸具有二元羧酸和酮的一般性质。同时它既是 α-酮酸又是 β-酮酸，在体内酶的作用下，α-丁酮二酸可脱羧生成丙酮酸。它是生物体内糖、脂肪和蛋白质代谢的中间产物。

$$\overset{O}{\underset{}{HOOCCCH_2COOH}} \xrightarrow{酶} \overset{O}{\underset{}{CH_3CCOOH}} + CO_2\uparrow$$

（张 红）

 复习思考题

1. 命名下列化合物或根据名称写出结构式

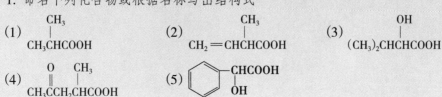

(1) $\overset{CH_3}{\underset{}{CH_3CHCOOH}}$
(2) $\overset{CH_3}{\underset{}{CH_2=CHCHCOOH}}$
(3) $\overset{OH}{\underset{}{(CH_3)_2CHCHCOOH}}$

(4) $\overset{O\quad CH_3}{\underset{}{CH_3CCH_2CHCOOH}}$
(5) 苯环-$\overset{CHCOOH}{\underset{OH}{|}}$

(6) 2,3-二甲基-3-乙基己酸　　　　(7) 柠檬酸　　　　(8) 水杨酸

(9) 乳酸　　　　　　　　　　　　(10) 阿司匹林

2. 完成下列反应

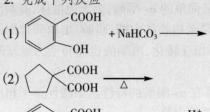

(1) <形为邻羟基苯甲酸> + NaHCO$_3$ ⟶

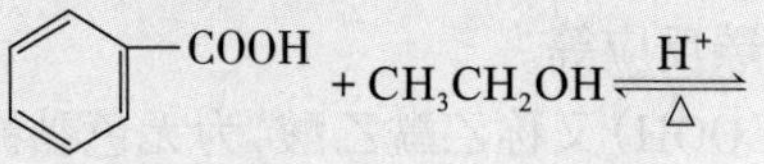

(2) <环戊烷-1,1-二甲酸> $\xrightarrow{\triangle}$

(3) <苯甲酸> + CH$_3$CH$_2$OH $\underset{\triangle}{\overset{H^+}{\rightleftharpoons}}$

(4) CH$_3$CHCH$_2$COOH $\xrightarrow{\triangle}$
　　　OH

(5) 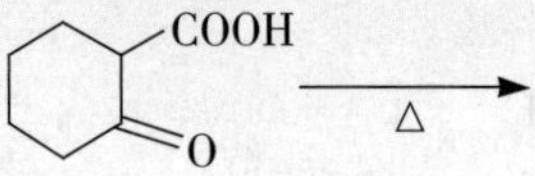 <2-氧代环己烷甲酸> $\xrightarrow{\triangle}$
　　COOH
　　O

(6) 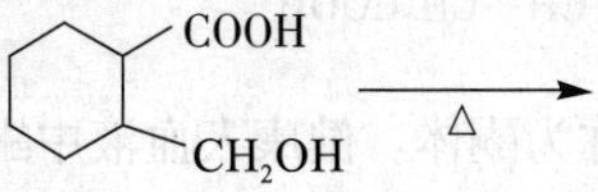 <2-羟甲基环己烷甲酸> $\xrightarrow{\triangle}$
　　COOH
　　CH$_2$OH

3. 用化学方法鉴别下列各组化合物

(1) 甲酸、丙酸、丙醛　　　　　　(2) 苯甲酸、苯酚、苄醇

(3) 水杨酸、乙酰水杨酸　　　　　(4) 苯甲酸、苯酚、水杨酸

4. 推测结构式

(1) 分子式为 C$_8$H$_8$O$_2$ 的化合物 A、B,均不溶于稀酸,但可溶于稀碱,与碱石灰共热均得到甲苯;若用 K$_2$Cr$_2$O$_7$ 酸性溶液氧化时,A 生成邻苯二甲酸,B 则生成苯甲酸。试推测 A、B 的结构。

(2) 分子式为 C$_4$H$_6$O$_4$ 的化合物 A、B,均溶于氢氧化钠水溶液,均可与碳酸氢钠作用放出二氧化碳。A 受热易失水形成酸酐,B 受热易脱酸。试推测 A、B 的结构。

5. 用适当的方法完成下列转化,写出所用的试剂和反应条件

(1) CH$_3$CH$_2$CH$_2$COOH ⟶ CH$_3$CH$_2$CHCOOH
　　　　　　　　　　　　　　　　　　　|
　　　　　　　　　　　　　　　　　COOH

(2) CH$_3$CH$_2$COOH ⟶ CH$_3$CH$_2$CH$_2$COOH

第十章

羧酸衍生物和脂类

 学习要点

1. 羧酸衍生物的定义、结构、分类、命名和理化性质。

2. 油脂的组成、结构和性质;脲的主要化学性质。

3. 乙酰乙酸乙酯的酮式-烯醇式互变异构现象。

羧酸分子中羧基上的羟基被其他原子或基团取代后的产物称为羧酸衍生物,包括酰卤、酸酐、酯、酰胺等,其结构通式为:

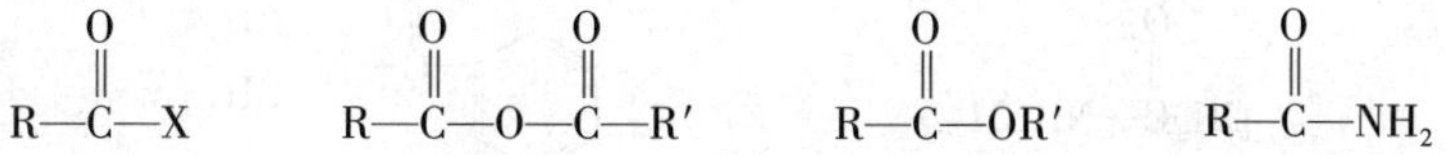

$$
\begin{array}{cccc}
O & O & O & O \\
\| & \| & \| & \| \\
R-C-X & R-C-O-C-R' & R-C-OR' & R-C-NH_2 \\
\text{酰卤} & \text{酸酐} & \text{酯} & \text{酰胺}
\end{array}
$$

羧酸衍生物广泛存在于自然界中,不仅用于药物合成,而且是许多中草药的有效成分。

第一节 羧酸衍生物

一、羧酸衍生物的结构

酰卤、酸酐、酯和酰胺的结构中都含有酰基,酰基中羰基的碳氧双键由 1 个 σ 键和 1 个 π 键组成;此外,与羰基相连的卤原子、氧原子或氮原子 p 轨道上的未共用电子对与羰基的 π 键电子云重叠,形成 p-π 共轭,p 电子云向羰基方向移动。其结构可用通式表示如下,如图 10-1 所示。

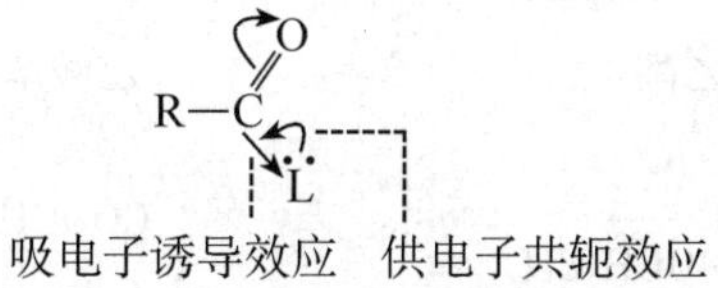

$$
R-C
$$

吸电子诱导效应　供电子共轭效应

图 10-1　羧酸衍生物的结构示意图

此外,L 在分子中同时还存在着吸电子诱导效应。供电子共轭效应使羰基碳原子的电子云密度增加,吸电子诱导效应使羰基碳原子的电子云密度降低,两者综合影响羰基碳的电子云密度。一般而言,电负性较强的原子或基团的吸电子诱导效应强,而供电子共轭效应弱。在酰卤分子中,因卤素有较强的电负性,故与羰基的共轭效应很弱,而主要表现为较强的吸电子诱导效应,使得羰基碳原子的正电性增加;而酸酐、酯和酰胺分子中, —OOCR、—OR 和—NH$_2$ 的电负性较小,吸电子诱导效应较弱,所以主要表现为供电子共轭效应。相比而言,羰基碳原子的正电性较酰卤中的低。

二、羧酸衍生物的命名

(一) 酰卤和酰胺

酰卤和酰胺的命名相似,是根据所含的酰基来命名,称为"某酰卤"或"某酰胺"。

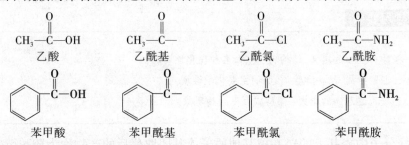

当酰胺的氮原子上连有烃基时,可用"N"表示烃基的位置。如:

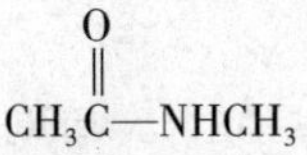

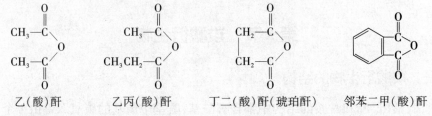

(二) 酸酐

酸酐是根据相应的羧酸来命名,某酸生成的酐称为"某(酸)酐"。如:

CH$_3$—C(=O)—O—C(=O)—CH$_3$　乙(酸)酐
CH$_3$—C(=O)—O—C(=O)—CH$_2$CH$_3$　乙丙(酸)酐
CH$_2$—C(=O)—O—C(=O)—CH$_2$　丁二(酸)酐(琥珀酐)
邻苯二甲(酸)酐

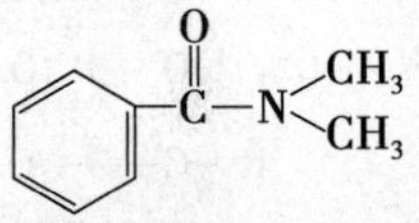

(三) 酯

酯的命名是根据生成酯的羧酸和醇的名称而称为"某酸某酯"。如:

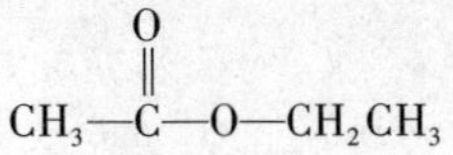

CH$_3$—C(=O)—O—CH$_2$CH$_3$　乙酸乙酯

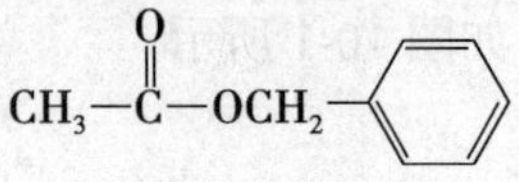

CH$_3$—C(=O)—OCH$_2$—苯　乙酸苯甲酯

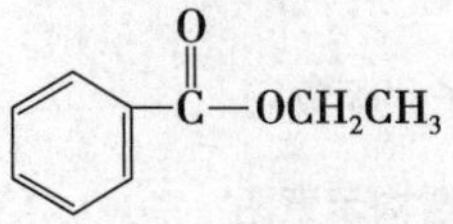

苯—C(=O)—OCH$_2$CH$_3$　苯甲酸乙酯

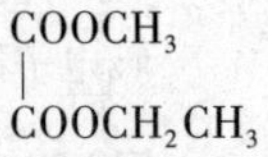

COOCH$_3$
|
COOCH$_2$CH$_3$　乙二酸甲乙酯

多元醇和一元酸形成的酯命名时,也可以把多元醇的名称放在前面,酸的名称放在后面,称为"某醇某酸酯"。如:

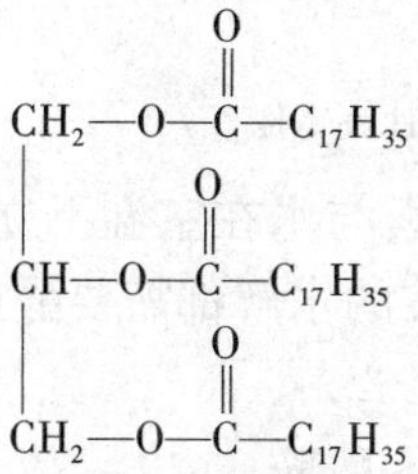

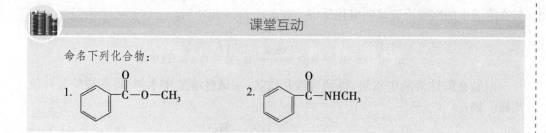

丙三醇三硬脂酸酯
（三硬脂酰甘油）

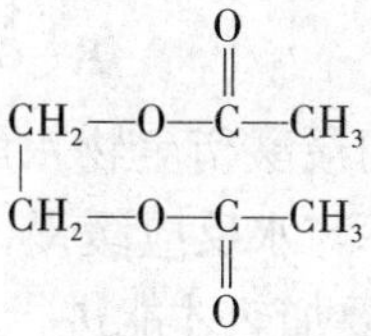

乙二醇二乙酸酯

课堂互动

命名下列化合物:

1.　　　　　　　　　　　　2.

三、羧酸衍生物的物理性质

酰卤和低级酸酐一般是具有强烈刺激性气味的无色液体或低熔点固体,高级酸酐是无色无味的固体。其沸点较相应的羧酸低,难溶于水,易溶于有机溶剂。

低级酯是易挥发的具有水果或花草香味的无色液体,许多水果的香味就是由酯引起的。例如乙酸异戊酯有香蕉香味,正戊酸异戊酯有苹果香味,丁酸甲酯有菠萝香味,苯甲酸甲酯有茉莉花的香味。所以许多酯可作为食品或化妆品的香料。高级酯是蜡状固体。酯的密度小于水,难溶于水,易溶于有机溶剂。

酰胺中除甲酰胺常温下为液体外,其余多为白色结晶,其熔点和沸点均比相应的羧酸高。这是因为酰胺分子之间可以通过氮原子上的氢形成氢键,发生缔合。低级的酰胺可溶于水,随着分子量增大,溶解度逐渐减小。酰胺在水溶液中显中性。

四、羧酸衍生物的化学性质

羧酸衍生物分子中都含有酰基,且酰基上所连的基团又都是极性基团,因此它们具有一些相似的化学性质。但酰基上所连接的原子和基团不同,所以它们的化学性质也有差异。

亲核取
代反应

（一）水解反应

羧酸衍生物在化学性质上的一个共同点是都能与水反应生成相应的羧酸。

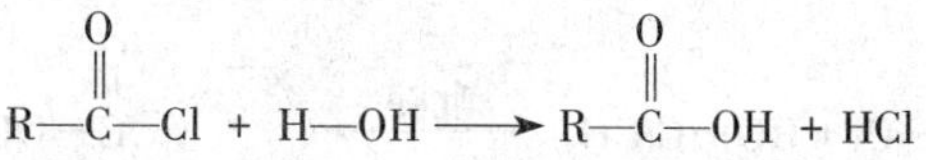

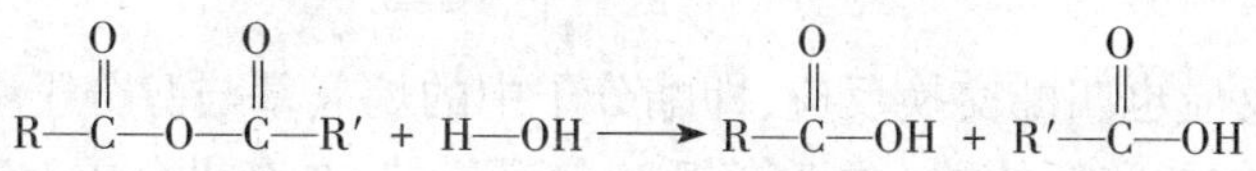

$$R-\overset{O}{\overset{\|}{C}}-Cl + H-OH \longrightarrow R-\overset{O}{\overset{\|}{C}}-OH + HCl$$

$$R-\overset{O}{\overset{\|}{C}}-O-\overset{O}{\overset{\|}{C}}-R' + H-OH \longrightarrow R-\overset{O}{\overset{\|}{C}}-OH + R'-\overset{O}{\overset{\|}{C}}-OH$$

$$\underset{\substack{\|\\O}}{R-C}-O-R' + H-OH \longrightarrow \underset{\substack{\|\\O}}{R-C}-OH + R'-OH$$

$$\underset{\substack{\|\\O}}{R-C}-NH_2 + H-OH \longrightarrow \underset{\substack{\|\\O}}{R-C}-OH + NH_3$$

不同的羧酸衍生物水解反应的难易程度不同。酰卤与水在室温下立即反应;酸酐在室温下与水反应缓慢,须加热才迅速水解;酯和酰胺的水解都需要酸或碱作催化剂,并且需要加热才能进行。

羧酸衍生物水解的活泼性次序是:酰卤 > 酸酐 > 酯 > 酰胺。

酯的酸性水解是酯化反应的逆反应,水解不完全。但在碱性条件下水解时,生成的羧酸可与碱作用成盐而破坏平衡体系,有足量碱存在时,水解可以进行到底。酯在碱性溶液中的水解反应又叫皂化反应。如:

$$\underset{\substack{\|\\O}}{R-C}-O-R' + H_2O \xrightarrow{NaOH} \underset{\substack{\|\\O}}{R-C}-ONa + R'OH$$

酰胺在酸性溶液中水解,得到羧酸和铵盐;在碱性溶液中水解,得到羧酸盐并放出氨。如:

$$\underset{\substack{\|\\O}}{R-C}-NH_2 + H_2O \begin{cases} \xrightarrow{HCl} \underset{\substack{\|\\O}}{R-C}-OH + NH_4Cl \\ \xrightarrow{NaOH} \underset{\substack{\|\\O}}{R-C}-ONa + NH_3\uparrow \end{cases}$$

(二) 醇解和氨解反应

1. 醇解 酰氯、酸酐和酯与醇进行反应生成酯。

$$\underset{\substack{\|\\O}}{R-C}-Cl + H-O-R'' \longrightarrow \underset{\substack{\|\\O}}{R-C}-O-R'' + HCl$$

$$\underset{\substack{\|\\O}}{R-C}-\underset{\substack{\|\\O}}{O-C}-R' + H-O-R'' \longrightarrow \underset{\substack{\|\\O}}{R-C}-O-R'' + \underset{\substack{\|\\O}}{R'-C}-OH$$

$$\underset{\substack{\|\\O}}{R-C}-O-R' + H-O-R'' \longrightarrow \underset{\substack{\|\\O}}{R-C}-O-R'' + R'-OH$$

酰氯和酸酐很容易与醇反应生成酯,这是制备酯的重要方法之一,尤其适用于其他方法难以合成的酯。例如,酚酯和叔醇酯不能由羧酸与酚或叔醇直接反应来制取,但可由酰氯或酸酐与酚或叔醇反应制取。

$$CH_3-\underset{\substack{\|\\O}}{C}-Cl + HO-\underset{}{\bigcirc} \longrightarrow CH_3-\underset{\substack{\|\\O}}{C}-O-\underset{}{\bigcirc} + HCl$$

$$\underset{}{\bigcirc}-\underset{\substack{\|\\O}}{C}-Cl + HO-C(CH_3)_3 \xrightarrow{\text{吡啶}} \underset{}{\bigcirc}-\underset{\substack{\|\\O}}{C}-OC(CH_3)_3 + HCl$$

酯的醇解反应也叫酯交换反应,即酯分子中的烷氧基与醇分子中的烷氧基进行交换,生成了新的酯和新的醇。酯交换反应是可逆的,在有机合成上应用较广。通过

酯交换反应,可用结构简单且廉价的酯制备结构复杂的酯。如:

$$CH_3COOC_2H_5 + C_4H_9OH \underset{\triangle}{\overset{H^+ 或 OH^-}{\rightleftharpoons}} CH_3COOC_4H_9 + C_2H_5OH$$

乙酸乙酯　　　　　　　　　　　　　　　乙酸丁酯

$$H_2N-\!\!\bigcirc\!\!-\overset{O}{\overset{\|}{C}}-OC_2H_5 + HO-CH_2-CH_2-N\overset{C_2H_5}{\underset{C_2H_5}{\big<}} \rightleftharpoons$$

$$H_2N-\!\!\bigcirc\!\!-\overset{O}{\overset{\|}{C}}-O-CH_2-CH_2-N\overset{C_2H_5}{\underset{C_2H_5}{\big<}} + C_2H_5OH$$

普鲁卡因(局部麻醉剂)

2. 氨解　酰氯、酸酐和酯与氨进行反应生成酰胺。

$$R-\overset{O}{\overset{\|}{C}}-Cl + H-NH_2 \longrightarrow R-\overset{O}{\overset{\|}{C}}-NH_2 + HCl$$

$$R-\overset{O}{\overset{\|}{C}}-O-\overset{O}{\overset{\|}{C}}-R' + H-NH_2 \longrightarrow R-\overset{O}{\overset{\|}{C}}-NH_2 + R'-\overset{O}{\overset{\|}{C}}-OH$$

$$R-\overset{O}{\overset{\|}{C}}-O-R' + H-NH_2 \longrightarrow R-\overset{O}{\overset{\|}{C}}-NH_2 + R'-OH$$

酰胺

由以上水解、醇解和氨解反应可以看出,羧酸衍生物之间以及它们与羧酸之间在一定的条件下都可以互相转化。

羧酸衍生物的水解、醇解和氨解是水、醇和氨中的活泼氢原子被酰基取代的反应。这种在化合物分子中引入酰基的反应称为酰化反应,所用试剂称为酰化剂。酰氯和酸酐是常用的酰化剂。

羧酸衍生物酰化能力强弱顺序为:酰卤 > 酸酐 > 酯 > 酰胺。

酰化反应具有重要的生物学意义,常用于药物的合成。在药物分子中引入酰基,可降低毒性,改变溶解性能,提高药效。例如:对羟基苯胺有解热止痛作用,但毒性较大,将其与乙酸酐反应,可制得无毒的解热镇痛药对羟基乙酰苯胺(扑热息痛)。

$$\underset{OH}{\overset{NH_2}{\bigcirc}} + CH_3-\overset{O}{\overset{\|}{C}}-O-\overset{O}{\overset{\|}{C}}-CH_3 \longrightarrow \underset{OH}{\overset{NH-\overset{O}{\overset{\|}{C}}-CH_3}{\bigcirc}} + CH_3\overset{O}{\overset{\|}{C}}-OH$$

对羟基苯胺　　　　　　　　　　　　　对羟基乙酰苯胺(扑热息痛)

在有机合成中,为了保护反应物分子中的羟基、氨基等基团在反应中免遭破坏,可先把它们酰化,待反应结束后,再水解恢复成原来的羟基和氨基。此外,在人体代谢过程中的一些变化也是通过酰化反应来实现的。

(三)异羟肟酸铁盐反应

酸酐、酯和酰胺(氮原子上无取代基的)都能与羟胺作用生成异羟肟酸,生成的异羟肟酸再与三氯化铁作用,即生成红色到紫色的异羟肟酸铁。

$$R-\overset{O}{\overset{\|}{C}}-O-\overset{O}{\overset{\|}{C}}-R' + H-NH-OH \longrightarrow R-\overset{O}{\overset{\|}{C}}-NHOH + R'COOH$$

$$R-\overset{O}{\underset{\|}{C}}-O-R' + H-NH-OH \longrightarrow R-\overset{O}{\underset{\|}{C}}-NHOH + R'OH$$

$$R-\overset{O}{\underset{\|}{C}}-NH_2 + H-NH-OH \longrightarrow R-\overset{O}{\underset{\|}{C}}-NHOH + NH_3$$

异羟肟酸

$$3R-\overset{O}{\underset{\|}{C}}-NHOH + FeCl_3 \longrightarrow (R-\overset{O}{\underset{\|}{C}}-NHO)_3Fe + 3HCl$$

异羟肟酸铁
（红~紫色）

羧酸和酰卤只有与醇作用转化成酯后,才可进行该显色反应。所以这个反应可用做羧酸及其衍生物的定性检验。

（四）酯缩合反应

酯分子中的 α-H 原子显弱酸性,在醇钠等碱性试剂的作用下,生成 α-C 负离子,碳负离子与另一分子酯进行反应,碳负离子取代烷氧负离子,生成 β- 酮酸酯。该反应称为酯缩合反应或克莱森(Claisen)缩合反应。如:

$$CH_3-\overset{O}{\underset{\|}{C}}-\boxed{OC_2H_5 + H}-CH_2-\overset{O}{\underset{\|}{C}}-O-C_2H_5 \xrightarrow[②H^+]{①C_2H_5ONa} CH_3-\overset{O}{\underset{\|}{C}}-CH_2-\overset{O}{\underset{\|}{C}}-OC_2H_5 + C_2H_5OH$$

乙酰乙酸乙酯
β-丁酮酸乙酯

凡是具有 α-H 原子的酯,在碱性试剂的作用下,均能发生酯缩合反应。

（五）还原反应

羧酸衍生物比羧酸容易还原。氢化铝锂可将酰卤、酸酐和酯还原成伯醇。如:

$$R-\overset{O}{\underset{\|}{C}}-X \xrightarrow{LiAlH_4} R-CH_2-OH + HX$$

$$R-\overset{O}{\underset{\|}{C}}-O-\overset{O}{\underset{\|}{C}}-R' \xrightarrow{LiAlH_4} R-CH_2-OH + R'-CH_2-OH$$

$$R-\overset{O}{\underset{\|}{C}}-OR' \xrightarrow{LiAlH_4} R-CH_2-OH + R'OH$$

氢化铝锂可将酰胺还原成相应的胺。如:

$$R-\overset{O}{\underset{\|}{C}}-NH_2 \xrightarrow{LiAlH_4} R-CH_2-NH_2$$

$$R-\overset{O}{\underset{\|}{C}}-NHR' \xrightarrow{LiAlH_4} R-CH_2-NHR'$$

$$R-\overset{O}{\underset{\|}{C}}-NR'_2 \xrightarrow{LiAlH_4} R-CH_2-NR'_2$$

金属钠和醇可使酯还原为伯醇,此反应称为鲍维特 - 勃朗克(Bouveault-Blanc)还原反应。反应中碳碳双键及叁键不受影响。例如:

$$CH_3CH_2CH=CHCH_2\overset{\overset{O}{\parallel}}{C}-OCH_2CH_3 \xrightarrow[\text{回流}]{Na+C_2H_5OH} CH_3CH_2CH=CHCH_2CH_2OH$$

(六) 酰胺的特殊性质

酰胺具有羧酸衍生物的一般化学性质,如能发生水解反应、还原反应等,此外酰胺还具有一些不同于其他羧酸衍生物的特殊性质。

1. 酸碱性 一般来说,酰胺是中性化合物。这是因为酰胺分子中氮原子上的未共用电子对与羰基形成了 p-π 共轭体系,使氮原子上的电子云密度降低,减弱了它接受质子的能力,因而碱性减弱,酰胺的水溶液呈中性。如果酰胺分子中的氮原子同时与 2 个酰基相连,即酰亚胺化合物,氮原子与两个羰基发生供电子共轭效应,氮氢键极性明显增强,而显酸性,能与碱形成盐。如:

2. 与亚硝酸反应 酰胺(含—NH$_2$)与亚硝酸反应,氨基被羟基取代,生成相应的羧酸,同时放出氮气。

$$R-\overset{\overset{O}{\parallel}}{C}-NH_2 + HONO \longrightarrow R-\overset{\overset{O}{\parallel}}{C}-OH + N_2\uparrow + H_2O$$

3. 霍夫曼降解反应 酰胺(含—NH$_2$)与卤素在碱性溶液中反应,失去羰基生成伯胺。反应使碳链减少 1 个碳原子,这类反应叫霍夫曼(Hofmann)降解反应。

$$R-\overset{\overset{O}{\parallel}}{C}-NH_2 + Br_2 \xrightarrow{NaOH} R-NH_2 + NaBr + Na_2CO_3 + H_2O$$

五、碳酸衍生物

在结构上可以把碳酸看成是羟基甲酸,也可看成是共有 1 个羰基的二元酸。碳酸分子中的羟基被其他基团取代后的生成物称为碳酸衍生物。

(一) 脲

脲($H_2N-\overset{\overset{O}{\parallel}}{C}-NH_2$)俗名尿素,最初从尿中取得,它是哺乳动物体内蛋白质代谢的最终产物,成人每天可随尿排出约 30g 的脲。尿素是白色结晶,熔点 133℃,易溶于水和乙醇,强热时分解成氨和二氧化碳。它除可用做肥料外,还常用于合成药物、农药、塑料等。

$$HO-\overset{\overset{O}{\parallel}}{C}-OH \qquad H_2N-\overset{\overset{O}{\parallel}}{C}-NH_2$$

碳酸 　　　　　　　　　　碳酰胺

尿素是碳酸的二元酰胺,具有一般酰胺的化学性质,但分子中的 2 个氨基连在同一个羧基上,所以又有一些特殊的性质。

1. 弱碱性　由于含有两个氨基,所以脲显弱碱性,碱性略强于一般酰胺,但其水溶液不能使石蕊试剂变色。脲与某些强酸成盐,如在脲的水溶液中加入硝酸或草酸,能生成白色不溶性盐,常利用此性质从尿液中分离提取尿素。

$$H_2N-\overset{\overset{O}{\|}}{C}-NH_2 + HNO_3 \longrightarrow H_2N-\overset{\overset{O}{\|}}{C}-NH_2 \cdot HNO_3 \downarrow$$

2. 水解　与一般酰胺一样,脲在酸、碱或尿素酶的催化下可发生水解反应,生成二氧化碳和氨。如:

$$H_2N-\overset{\overset{O}{\|}}{C}-NH_2 + H_2O \quad \begin{array}{l} \xrightarrow{\text{HCl}} CO_2 + 2NH_4Cl \\ \xrightarrow{\text{NaOH}} Na_2CO_3 + 2NH_3\uparrow \\ \xrightarrow{\text{尿素酶}} CO_2 + 2NH_3\uparrow \end{array}$$

3. 与亚硝酸的反应　脲与亚硝酸作用定量放出氮气,根据氮气的体积可以测定脲的含量。

$$H_2N-\overset{\overset{O}{\|}}{C}-NH_2 + 2HNO_2 \longrightarrow CO_2 + 2N_2\uparrow + 3H_2O$$

4. 缩二脲的生成及缩二脲反应　把脲缓慢加热至稍高于它的熔点,两分子脲之间脱去一分子氨,生成缩二脲。

$$H_2N-\overset{\overset{O}{\|}}{C}-NH_2 + H-NH-\overset{\overset{O}{\|}}{C}-NH_2 \xrightarrow{\triangle} H_2N-\overset{\overset{O}{\|}}{C}-NH-\overset{\overset{O}{\|}}{C}-NH_2 + NH_3\uparrow$$

缩二脲是无色结晶,熔点 190℃,难溶于水,易溶于碱性溶液中。在缩二脲的碱性溶液中加入少量硫酸铜溶液,可呈现紫色,这个颜色反应称为缩二脲反应。

凡分子中含有 2 个或 2 个以上酰胺键(肽键)—CO—NH—结构的化合物,如多肽、蛋白质等都可发生缩二脲反应,该性质常用于有机分析鉴定。

5. 酰脲的生成　脲和氨或胺有类似的性质,能将酰卤、酸酐或酯氨解,生成相应的酰脲。如在乙醇钠作用下,脲与丙二酸二乙酯作用,生成环状的丙二酰脲。

$$H_2C\begin{array}{l} \overset{\overset{O}{\|}}{C}-\boxed{OC_2H_5} \\ \overset{\overset{O}{\|}}{C}-\boxed{OC_2H_5} \end{array} + \boxed{\begin{array}{l} H-N \\ H-N \end{array}}\overset{H}{\underset{H}{}}C=O \xrightarrow{C_2H_5ONa} H_2C\begin{array}{l} \overset{\overset{O}{\|}}{C}-N \\ \overset{\overset{O}{\|}}{C}-N \end{array}\overset{H}{\underset{H}{}}C=O + 2C_2H_5OH$$

丙二酰脲

丙二酰脲是无色结晶,熔点 245℃,微溶于水。丙二酰脲分子中亚甲基上的氢和氮原子上的氢均同时受两个羧基的影响,因而很活泼,在水溶液中存在着酮式与烯醇式互变异构。

$$\overset{H}{\underset{H}{}}C\begin{array}{l} \overset{O\;H}{\overset{\|\;|}{C}-N} \\ \overset{\|}{\underset{O\;H}{C}-N} \end{array}C=O \rightleftharpoons HC\begin{array}{l} \overset{OH}{\overset{|}{C}=N} \\ \overset{|}{\underset{OH}{C}=N} \end{array}C-OH$$

酮式　　　　　　　烯醇式

丙二酰脲显酸性(pK_a=3.98),故又称巴比妥酸。丙二酰脲亚甲基的两个氢原子被烃基取代的衍生物,具有镇静、催眠和麻醉的作用,这些药物总称为巴比妥类药物。但此类药物有成瘾性,并且用药过量会危及生命,使用时必须慎重。

（二）胍

胍($\overset{\overset{NH}{\|}}{H_2N-C-NH_2}$)可看做脲分子中的氧原子被亚氨基取代所生成的化合物,又称亚氨基脲。胍为无色结晶,熔点50℃,易溶于水和乙醇。

胍极易接受质子,是一个有机强碱,其碱性与氢氧化钠相当,能与盐酸等作用生成相应的盐。

胍在碱性条件下易水解,如在氢氧化钡水溶液中加热,即水解生成脲和氨。

$$\overset{\overset{NH}{\|}}{H_2N-C-NH_2} + H_2O \xrightarrow[\triangle]{Ba(OH)_2} \overset{\overset{O}{\|}}{H_2N-C-NH_2} + NH_3$$

胍分子中去掉氨基上的1个氢原子剩下的基团称为胍基,去掉1个氨基剩下的基团称为脒基。

$$\underset{胍}{\overset{\overset{NH}{\|}}{H_2N-C-NH_2}} \qquad \underset{胍基}{\overset{\overset{NH}{\|}}{H_2N-C-NH-}} \qquad \underset{脒基}{\overset{\overset{NH}{\|}}{H_2N-C-}}$$

胍类药物实际上就是指含有胍基或脒基的药物,如链霉素、吗啉胍(病毒灵)等分子结构中都有胍基。由于胍在碱性条件下不稳定,而在酸性条件下可以形成稳定的盐,所以通常将此类药物制成盐贮存和使用。

（三）硫脲

硫脲($\overset{\overset{S}{\|}}{H_2N-C-NH_2}$)可看做是脲分子中的氧被硫取代的产物。硫脲为白色结晶,熔点180℃,易溶于水。

硫脲与脲相似,在酸、碱存在下容易发生水解反应。

$$\overset{\overset{S}{\|}}{H_2N-C-NH_2} + 2H_2O \xrightarrow{H^+ 或 OH^-} CO_2+2NH_3+H_2S$$

硫脲可以发生互变异构,其烯醇式异构体称异硫脲。

$$\underset{硫脲}{\overset{\overset{S}{\|}}{H_2N-C-NH_2}} \rightleftharpoons \underset{异硫脲}{\overset{\overset{SH}{|}}{H_2N-C=NH}}$$

硫脲是一个重要的化工原料,用来合成许多含硫药物。药剂上用做抗氧剂。

六、乙酰乙酸乙酯的互变异构现象

乙酰乙酸乙酯又称β-丁酮酸乙酯,是具有香味的无色液体,沸点181℃,易溶于乙醇、乙醚等有机溶剂。乙酰乙酸乙酯具有比较特殊的化学性质,在结构理论上有重要意义,在有机合成上应用广泛,是合成酮和羧酸的重要原料。

乙酰乙酸乙酯通常显示出双重反应性能。既可与氢氰酸、亚硫酸氢钠加成,与羟胺、苯肼等羰基试剂反应生成肟、苯腙等,能发生碘仿反应,显示出具有甲基酮结构的性质。又能与金属钠反应放出氢气,可使溴的四氯化碳溶液褪色,与三氯化铁显色,表现出具有烯醇式结构的性质。这是因为乙酰乙酸乙酯通常是酮式和烯醇式两种异构体共存的混合物,它们之间可以相互转化,并保持着一定条件下的动态平衡。

$$CH_3-\overset{O}{\overset{\|}{C}}-CH_2-\overset{O}{\overset{\|}{C}}-OC_2H_5 \rightleftharpoons CH_3-\overset{OH}{\overset{|}{C}}=CH-\overset{O}{\overset{\|}{C}}-OC_2H_5$$

酮式 92.5%　　　　　　　　　烯醇式 7.5%

像乙酰乙酸乙酯这样,两种或两种以上的异构体之间能自动相互转变,并处于动态平衡的现象,叫做互变异构现象,这些异构体称为互变异构体。乙酰乙酸乙酯就存在着酮式-烯醇式互变异构现象。

乙酰乙酸乙酯的酮式-烯醇式互变异构,是由于受2个羰基吸电子诱导效应影响,α-亚甲基上的氢原子活性增强,可以重排成烯醇式;烯醇式中存在着 π-π 共轭体系 $-\overset{|}{C}=\overset{|}{C}-\overset{|}{C}=O$,而且通过分子内氢键形成了六元环,增加了烯醇式的相对稳定性。

有机化学中普遍存在着互变异构现象。凡具有 $-\overset{H}{\overset{|}{C}}-\overset{O}{\overset{\|}{C}}-$ 结构的化合物都可能发生酮式-烯醇式互变异构。但烯醇式所占比例与分子结构有关(表10-1)。此外,烯醇式异构体的含量还与温度、浓度、溶剂等有关。通常烯醇式异构体在极性溶剂中含量较低,在非极性溶剂中含量较高。

表 10-1　几种酮式-烯醇式互变异构体中烯醇式的含量

化合物	酮式-烯醇式互变异构	烯醇式含量(%)
丙酮	$CH_3-\overset{O}{\overset{\|}{C}}-CH_3 \rightleftharpoons CH_2=\overset{OH}{\overset{\|}{C}}-CH_3$	0.00015
丙二酸二乙酯	$C_2H_5O\overset{O}{\overset{\|}{C}}-CH_2-\overset{O}{\overset{\|}{C}}OC_2H_5 \rightleftharpoons C_2H_5O\overset{O}{\overset{\|}{C}}=CH-\overset{OH}{\overset{\|}{C}}OC_2H_5$	0.1
乙酰乙酸乙酯	$CH_3\overset{O}{\overset{\|}{C}}-CH_2-\overset{O}{\overset{\|}{C}}OC_2H_5 \rightleftharpoons CH_3\overset{OH}{\overset{\|}{C}}=CH-\overset{O}{\overset{\|}{C}}OC_2H_5$	7.5
乙酰丙酮	$CH_3\overset{O}{\overset{\|}{C}}-CH_2-\overset{O}{\overset{\|}{C}}CH_3 \rightleftharpoons CH_3\overset{OH}{\overset{\|}{C}}=CH-\overset{O}{\overset{\|}{C}}CH_3$	76.0
苯甲酰丙酮	$C_6H_5-\overset{O}{\overset{\|}{C}}-CH_2-\overset{O}{\overset{\|}{C}}CH_3 \rightleftharpoons C_6H_5-\overset{OH}{\overset{\|}{C}}=CH-\overset{O}{\overset{\|}{C}}CH_3$	90.0

互变异构现象不仅限于含氧化合物,在含氮化合物中也常有发生。如:

$$\overset{\text{H}}{\underset{|}{-C}}-N=O \rightleftharpoons \overset{}{\underset{}{\diagdown}}C=N-OH \qquad \overset{\text{H}}{\underset{|}{-C}}-C\equiv N \rightleftharpoons \overset{}{\underset{}{\diagdown}}C=C=NH$$

七、与医药学有关的羧酸衍生物

(一) 乙酰氯

乙酰氯(CH_3COCl)是无色有刺激性气味的液体,沸点52℃,极易水解,并放出大量的热。乙酰氯遇空气中的水就能剧烈水解产生氯化氢而冒白烟。乙酰氯是常用的乙酰化试剂。乙酰氯用于制药工业、农药制造、乙酰基衍生物和染料等的制备。用作测定磷、胆甾醇、有机溶剂中的水分、亚硝基、羟基、四乙基铅等的试剂。

(二) 苯甲酰氯

苯甲酰氯(C_6H_5COCl)为无色有刺激性气味的液体,沸点197.2℃,不溶于水,苯甲酰氯是一种常用的苯甲酰化试剂。苯甲酰氯与醇反应生成有香味的酯,是鉴别化合物中是否含有羟基的方法之一。苯甲酰氯用作有机合成、染料和医药原料,制造引发剂过氧化二苯甲酰、过氧化苯甲酸叔丁酯、农药除草剂等。

(三) 乙酸酐

乙酸酐$[(CH_3CO)_2O]$又称醋(酸)酐,是具有刺激性气味的无色液体,沸点139.6℃,微溶于水,易溶于乙醚和苯等有机溶剂。乙酸酐是良好的溶剂,也是重要的乙酰化试剂,用于制药、香料、染料和醋酸纤维中。

(四) 乙酸乙酯

乙酸乙酯($CH_3COOCH_2CH_3$)为无色透明的可燃性液体,沸点71℃,有水果香味,微溶。乙酸乙酯常用作溶剂,也用于制香料、药物、染料等。

(五) 丙二酸二乙酯

丙二酸二乙酯($C_2H_5OOCCH_2COOC_2H_5$)简称丙二酸酯,为无色有香味的液体,沸点199℃,微溶于水,易溶于乙醇、乙醚等有机溶剂。丙二酸二乙酯可由氯乙酸钠转化成氰基乙酸钠后,在酸性条件下水解成丙二酸,再与乙醇酯化制取。

$$\underset{\underset{\displaystyle Cl}{|}}{CH_2}-\overset{\overset{\displaystyle O}{\|}}{C}-ONa \xrightarrow{NaCN} \underset{\underset{\displaystyle CN}{|}}{CH_2}-\overset{\overset{\displaystyle O}{\|}}{C}-ONa \xrightarrow[\text{②}C_2H_5OH]{\text{①}H^+,H_2O} \underset{\underset{\displaystyle COOC_2H_5}{|}}{\overset{\overset{\displaystyle COOC_2H_5}{|}}{CH_2}}$$

丙二酸二乙酯在药物有机合成中应用广泛,是合成各种类型羧酸的重要原料。

第二节 脂 类

脂类包括油脂和类脂。油脂是油和脂肪的总称;类脂是结构或理化性质与脂肪类似的化合物,主要包括磷脂、糖脂、蜡等。

脂类化合物是构成生物体的重要成分,在生理上意义重大。有些脂类是生命的能量来源,有些是生物体内的激素,具有调节代谢、控制生长发育的功能。脂类的共同特征是不溶于水,易溶于乙醚、丙酮、氯仿和苯等有机溶剂中;都能被生物体所利用,是构成生物细胞的重要成分。

一、油脂的组成和命名

油脂是人类三大食物之一,广泛存在于动植物体中。习惯上把在常温下为液态的称为油,如花生油、菜油等;固态或半固态的称为脂肪,如牛油、猪油、鱼肝油等。油脂都是 1 分子甘油和 3 分子高级脂肪酸所组成的酯类。其通式为:

$$
\begin{array}{l}
CH_2{-}O{-}\overset{\displaystyle O}{\overset{\|}{C}}{-}R \\[4pt]
CH{-}O{-}\overset{\displaystyle O}{\overset{\|}{C}}{-}R' \\[4pt]
CH_2{-}O{-}\overset{\displaystyle O}{\overset{\|}{C}}{-}R''
\end{array}
$$

式中 R、R′、R″可以相同或不同。如果相同,则该油脂称为单甘油酯(或称简单三酰甘油);若不同,则称为混甘油酯(或称混合三酯酰甘油)。自然界存在的油脂大多为各种混甘油酯的混合物,为 L 构型。

油脂中绝大多数是直链的含偶数碳的高级脂肪酸,碳原子数一般在 $C_{12}{\sim}C_{20}$,尤以 $C_{16}{\sim}C_{18}$ 的脂肪酸为最多;有饱和脂肪酸,也有不饱和脂肪酸,不饱和脂肪酸几乎都是顺式构型;含不饱和脂肪酸较多的油脂,常温下为液体,含不饱和脂肪酸较少的油脂,常温下为固体或半固体。

多数脂肪酸在人体内可以合成,但亚油酸、亚麻酸和花生四烯酸等少数脂肪酸在人体内不能合成,必须由食物供给,称为营养必需脂肪酸。

油脂的命名,可根据脂肪酸的名称叫做"某酰甘油",也可把脂肪酸的名称放在后,称为"甘油某酸酯"。混甘油酯则以 α、β 和 α′分别标明脂肪酸的位次。

$$
\begin{array}{l}
CH_2OCC_{15}H_{31} \\
CHOCC_{15}H_{31} \\
CH_2OCC_{15}H_{31}
\end{array}
\qquad\qquad
\begin{array}{l}
\alpha CH_2OCC_{15}H_{31} \\
\beta CHOCC_{17}H_{35} \\
\alpha' CH_2OC(CH_2)_7CH{=}CH(CH_2)_7CH_3
\end{array}
$$

三软脂酸甘油 　　　　　　　　α-软脂酰-β-硬脂酰-α′-油酰甘油
（甘油三软脂酸酯） 　　　　　　（甘油-α-软脂酸-β-硬脂酸-α′-油酸酯）

医学上将血液中的油脂统称甘油三酯。油脂中常见的脂肪酸见表 10-2。

表 10-2　油脂中常见的脂肪酸

类别	名称	结构式	来源
饱和脂肪酸	月桂酸(十二烷酸)	$CH_3(CH_2)_{10}COOH$	
	肉豆蔻酸(十四烷酸)	$CH_3(CH_2)_{12}COOH$	椰子果油
	软脂酸(十六烷酸)	$CH_3(CH_2)_{14}COOH$	猪油、牛油
	硬脂酸(十八烷酸)	$CH_3(CH_2)_{16}COOH$	猪油、牛油

续表

类别	名称	结构式	来源
不饱和脂肪酸	棕榈油酸(9-十六碳烯酸)	$CH_3(CH_2)_5CH=CH(CH_2)_7COOH$	橄榄油
	油酸(9-十八碳烯酸)	$CH_3(CH_2)_7CH=CH(CH_2)_7COOH$	大豆、玉米油
	亚油酸(9,12-十八碳二烯酸)	$CH_3(CH_2)_4CH=CH CH_2 CH=CH(CH_2)_7COOH$	
	亚麻油酸(9,12,15-十八碳三烯酸)	$CH_3CH_2(CH=CHCH_2)_2CH=CH(CH_2)_7COOH$	亚麻油、玉米油
	花生四烯酸(5,8,11,14-二十碳四烯酸)	$CH_3(CH_2)_4(CH=CH CH_2)_4CH_2CH_2COOH$	亚麻油、玉米油

二、油脂的性质

(一)物理性质

纯净的油脂是无色、无味、无臭的中性化合物。但是一般的油脂,尤其是植物性油脂,常带有香味或特殊气味,并有颜色。这是因为一般油脂中往往溶有维生素和色素的缘故。油脂的密度小于1,不溶于水,易溶于乙醚、石油醚、氯仿、丙酮、苯等有机溶剂。且因天然油脂是混合物,所以没有确定的熔点和沸点。

(二)化学性质

1. 水解和皂化　油脂在酸、碱或酶的催化下,易水解生成甘油和高级脂肪酸(或高级脂肪酸盐)。高级脂肪酸盐加工成型后通称为肥皂,因此油脂在碱性条件下水解过程又叫做皂化。

$$
\begin{array}{l}
CH_2-O-\overset{\overset{O}{\|}}{C}-R \\
CH-O-\overset{\overset{O}{\|}}{C}-R' \quad +3KOH \xrightarrow{\triangle} \\
CH_2-O-\overset{\overset{O}{\|}}{C}-R''
\end{array}
\begin{array}{l}
CH_2-OH \qquad RCOOK \\
CH-OH \quad + \quad R'COOK \\
CH_2-OH \qquad R''COOK
\end{array}
$$

甘油   肥皂

使 1g 油脂完全皂化所需要的氢氧化钾的毫克数称为皂化值。皂化值的大小,一方面可以判断油脂相对分子质量的高低;另一方面还可检验油脂是否掺有其他物质,并指示使一定量油脂完全转化为肥皂时所需的碱量。如猪油的皂化值为193~200,花生油的皂化值为185~195。

2. 加成

(1)加氢:含不饱和脂肪酸较多的油脂通过催化加氢,可以转化为含饱和脂肪酸高的油脂。经氢化后,原来为液态的油变为半固态或固态的脂肪,所以常将油脂的氢化叫做油脂的硬化。油脂硬化后,不仅提高了油脂的熔点,而且不易被空气氧化变质,还便于贮存和运输。

油脂的皂化

（2）加碘：油脂中所含不饱和脂肪酸的碳碳双键可与碘发生加成反应，100g 油脂与碘加成时，所需碘的克数叫碘值。根据碘值，可知油脂的不饱和程度。碘值大，表示油脂的不饱和程度大。反之，碘值就小。猪油的碘值为 46~66，花生油的碘值为 84~100，豆油的碘值为 124~136。

3. 酸败　天然油脂在空气中放置过久，就会变质，产生难闻的气味，这个过程称为酸败。油脂酸败的主要原因是空气中的氧、水分或微生物的作用，使油脂中的不饱和脂肪酸的双键部分被氧化成过氧化物，此过氧化物继续氧化或分解产生有臭味的低级醛、酮和羧酸等化合物。酸败产物有毒性或刺激性，贮存油脂应于干燥、避光的密闭容器中。

油脂的酸败程度可用酸值来表示。中和 1g 油脂中的游离脂肪酸所需要的氢氧化钾的毫克数称为酸值。

人体进食的油脂主要在小肠内催化水解，此过程称为油脂的消化。水解产物透过肠壁被吸收，进一步合成人体自身的脂肪。这些脂肪大部分贮存在皮下、肠系膜等处的组织中。脂肪在体内的主要作用是可以氧化供能（脂肪在体内完全氧化放出的热量为 38.9kJ/g）；促进脂溶性维生素的吸收；调节生理功能，如促进发育，降低胆固醇，防止血栓生成。

皂化值、碘值和酸值是油脂的重要指标，药典对药用油脂的皂化值、碘值和酸值有严格的规定。

课堂互动

1. 油脂酸败的重要标志是什么？油脂中游离脂肪酸的含量用什么指标来表示？
2. 地沟油里的有毒物质有哪些？对人体有何危害？

三、类脂

在动植物体内有一类结构或理化性质与油脂类似的化合物，称为类脂。主要有磷脂和糖脂等。

磷脂是一类含磷酸基团的高级脂肪酸酯。它们广泛分布在动植物组织中，存在于动物的脑、神经组织、骨髓、心、肝、肾等器官中；蛋黄、种子、大豆中也含有丰富的磷脂。其中，重要的有卵磷脂、脑磷脂等。

从结构上看，磷脂由四部分组成：脂肪酸、甘油、磷酸及含氮的有机碱。构成卵磷脂的有机碱是胆碱，构成脑磷脂的有机碱是胆胺或丝氨酸。

（一）卵磷脂

卵磷脂是分布最广的一种磷脂，因蛋黄中含量较多（8%~10%），故称卵磷脂。卵磷脂的结构与油脂相似，甘油的 3 个羟基中有 2 个与高级脂肪酸结合，另 1 个与磷酸结合，而磷酸又与胆碱结合。所以，卵磷脂又称做磷脂酰胆碱。其结构如下：

$$
\begin{array}{c}
\underset{\substack{| \\ \alpha CH_2-O-C-R}}{\overset{\displaystyle O}{\big\|}} \\
\underset{\substack{| \\ \beta CH-O-C-R'}}{\overset{\displaystyle O}{\big\|}} \\
\alpha' CH_2-O-\overset{\displaystyle O}{\underset{\displaystyle -}{\overset{\big\|}{P}}}-O-CH_2-CH_2-\overset{+}{N}(CH_3)_3
\end{array}
$$

脂肪酸部分

甘油部分　　磷酸部分　　胆碱部分

卵磷脂

(二) 脑磷脂

脑磷脂与卵磷脂同时共存于动植物各组织及器官中,因在脑组织中含量较多而得名。脑磷脂是由 1 分子磷脂酸与 1 分子胆胺(氨基乙醇)形成的,又叫磷脂酰胆胺。其结构如下:

$$
\begin{array}{c}
\underset{\substack{| \\ CH_2-O-C-R}}{\overset{\displaystyle O}{\big\|}} \\
\underset{\substack{| \\ CH-O-C-R'}}{\overset{\displaystyle O}{\big\|}} \\
CH_2-O-\overset{\displaystyle O}{\underset{\displaystyle -}{\overset{\big\|}{P}}}-O-CH_2-CH_2-\overset{+}{N}H_3
\end{array}
$$

脂肪酸部分

甘油部分　　磷酸部分　　胆胺部分

脑磷脂

纯净的卵磷脂、脑磷脂都是白色蜡状固体,吸水性极强,在空气中易氧化成黄色,久置呈褐色。卵磷脂不溶于水和丙酮,易溶于乙醚、乙醇和氯仿。脑磷脂难溶于乙醇,利用乙醇可以分离脑磷脂和卵磷脂。卵磷脂与脂肪的吸收和代谢有密切关系,可促使油脂迅速生成磷脂,防止脂肪在肝内大量存积,有抗脂肪肝的作用。脑磷脂与血液的凝固有关,血小板内能促使血液凝固的凝血激活酶就是由脑磷脂与蛋白质组成的。

知识链接

油脂的用途

　　油脂广泛应用在医药工业中,常见的有蓖麻油。蓖麻油一般用作泻剂,麻油则用作膏药的基质原料。实验证明麻油熬炼时泡沫较少,制成的膏药外观光亮,且麻油药性清凉,有消炎、镇痛等作用。此外,凡碘值在 100~130 的半干性油,如菜油、棉籽油和花生油等也都可以代替麻油。但这些油易产生泡沫,炼油时锅内应保留较大空隙,以免溢出造成损失。干性油在高温时易氧化聚合成高分子聚合物,而使脆性增加,黏性减弱,一般不适于熬制膏药用。

　　薏苡酯是中药薏苡中所含的油脂,它是不饱和脂肪酸的 2,3- 丁二醇的酯,据报道有抗癌作用,其结构式如下:

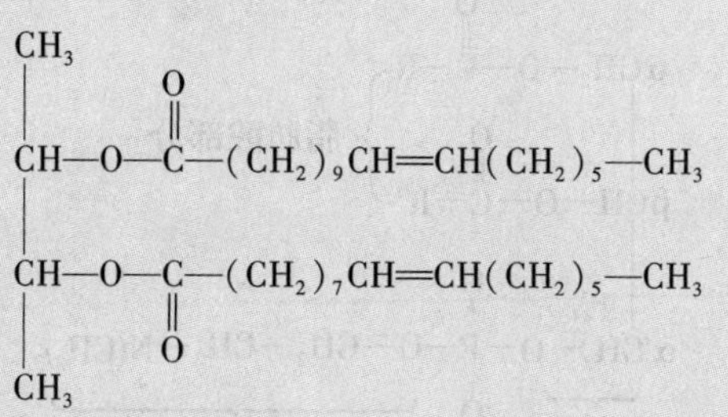

$$
\begin{array}{l}
CH_3 \\
\ \ | \quad\quad\quad\quad\quad O \\
CH-O-C-(CH_2)_9CH=CH(CH_2)_5-CH_3 \\
\ \ | \quad\quad\quad\quad\quad \| \\
\ \ | \quad\quad\quad\quad\quad O \\
CH-O-C-(CH_2)_7CH=CH(CH_2)_5-CH_3 \\
\ \ | \quad\quad\quad\quad\quad \| \\
CH_3 \quad\quad\quad\quad\quad O
\end{array}
$$

（柴晓苇）

扫一扫
测一测

复习思考题

1. 命名下列化合物

(1) 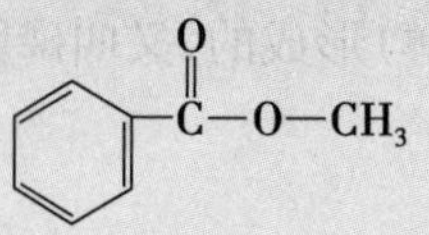 Ph—C(=O)—O—CH₃

(2) 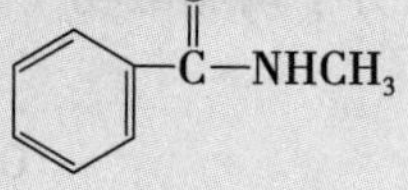 Ph—C(=O)—NHCH₃

(3) 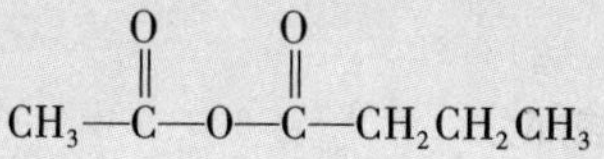 CH₃—C(=O)—O—C(=O)—CH₂CH₂CH₃

(4) 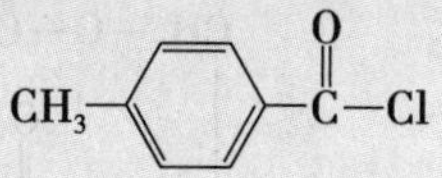 CH₃—C₆H₄—C(=O)—Cl

2. 完成下列反应

(1) 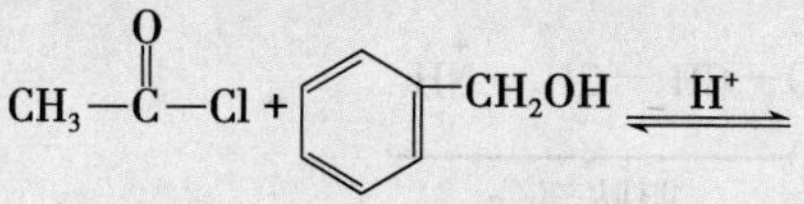 CH₃—C(=O)—Cl + Ph—CH₂OH $\overset{H^+}{\rightleftharpoons}$

(2) 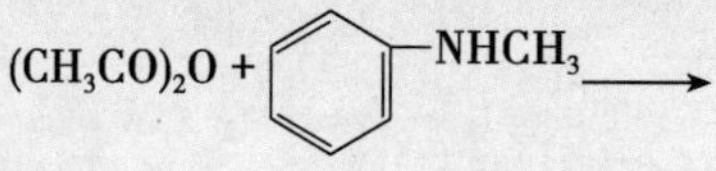 (CH₃CO)₂O + Ph—NHCH₃ ⟶

(3) 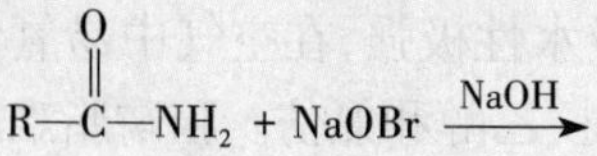 R—C(=O)—NH₂ + NaOBr $\overset{NaOH}{\longrightarrow}$

3. 用适当的方法完成下列转化,写出所用的试剂和反应条件

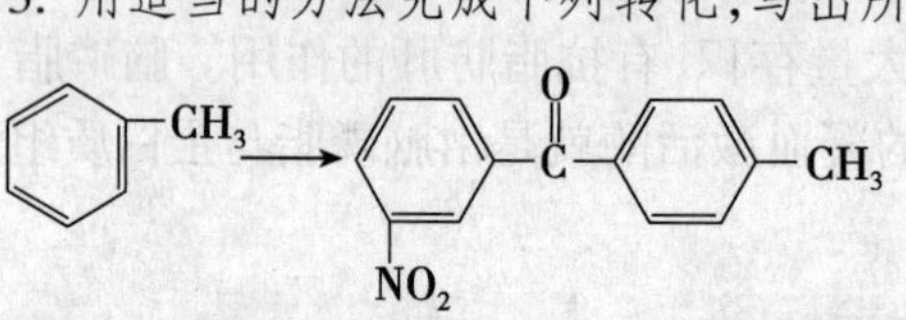

Ph—CH₃ ⟶ 间位-NO₂ 取代的 Ph—C(=O)—C₆H₄—CH₃

（提示:① KMnO₄,② HNO₃/H₂SO₄,③ SOCl₂,④ C₆H₅CH₃/AlCl₃）

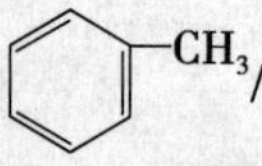

4. 什么是碘值? 硬脂酸与软脂酸的碘值是否相同?

第十一章

有机含氮化合物

学习要点

1. 硝基化合物结构、分类、命名和理化性质。
2. 胺的结构、分类、命名和理化性质。
3. 重氮化合物和偶氮化合物的定义、结构和理化性质。

含有碳氮键的有机化合物,统称有机含氮化合物。常见的有机含氮化合物有:硝基化合物、亚硝基化合物、胺、酰胺、腈、异腈、重氮化合物、偶氮化合物等。

本章主要讨论硝基化合物、胺、重氮和偶氮化合物。

第一节 硝基化合物

一、硝基化合物的结构

根据氮原子价电子的电子构型,硝基结构通常用—N$\overset{\displaystyle O}{\underset{\displaystyle O}{}}$表示。按此表示式,两个氮氧键的键长不相等,但实际测定是相等的。杂化轨道理论认为,硝基中氮原子为 sp^2 杂化,1 个杂化轨道上的 1 对电子与 1 个氧原子形成配位键,另外 2 个 sp^2 杂化轨道分别与 1 个碳原子和 1 个氧原子形成 2 个 σ 键,氮原子上未杂化 p 轨道上的单电子与这个氧原子形成 π 键。而配位键上的氧原子有 1 个 p 轨道与 π 键处于平行状态,形成 p-π 共轭体系。因而键长出现了平均化,并且负电荷平均分布在 2 个氧原子上。硝基化合物的结构如图 11-1 所示。

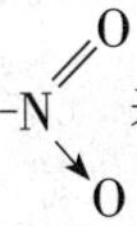

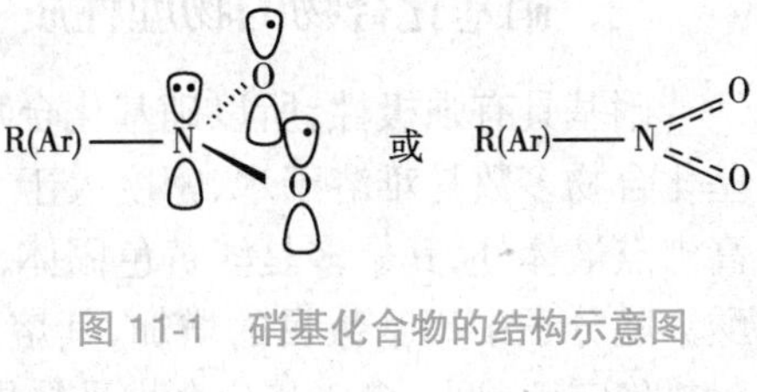

图 11-1 硝基化合物的结构示意图

155

二、硝基化合物的分类和命名

烃分子中的氢原子被硝基取代后的化合物称为硝基化合物,硝基化合物的官能团是硝基($—NO_2$)。

(一) 硝基化合物的分类

1. 根据分子中硝基所连烃基的种类不同,分为脂肪族硝基化合物($R—NO_2$)和芳香族硝基化合物($Ar—NO_2$)。如:

CH_3NO_2　　　　$CH_3CH_2NO_2$　　　　　　硝基甲烷　　　　硝基乙烷　　　　　　　　　硝基苯　　　　　　　β—硝基萘

（脂肪族硝基化合物）　　　　　　　　　　（芳香族硝基化合物）

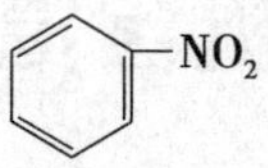

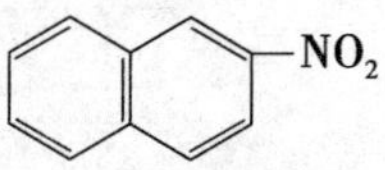

2. 根据硝基直接相连的碳原子种类不同,可分为伯、仲、叔硝基化合物。如:

CH_3NO_2　　　　　　$(CH_3)_2CHNO_2$　　　　　$(CH_3)_3CNO_2$

硝基甲烷　　　　　　　硝基异丙烷　　　　　　　硝基叔丁烷

（伯硝基化合物）　　　（仲硝基化合物）　　　（叔硝基化合物）

3. 根据分子中硝基数目不同,可分为一硝基化合物和多硝基化合物。如:

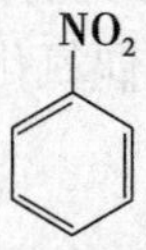

硝基苯　　　　　　对二硝基苯 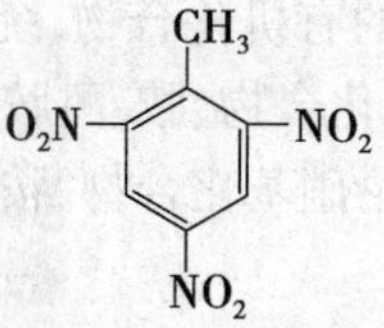　　　　　2,4,6-三硝基甲苯

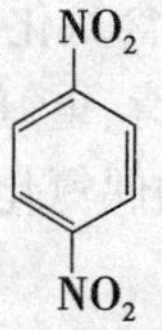

（一硝基化合物）　　　　　　（多硝基化合物）

(二) 硝基化合物的命名

硝基化合物的命名与卤代烃类似,以烃为母体,硝基为取代基,称硝基某烃。如:

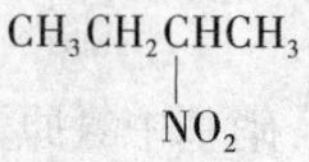

$CH_3CH_2CHCH_3$
　　　　　　|
　　　　　NO_2

2-硝基丁烷 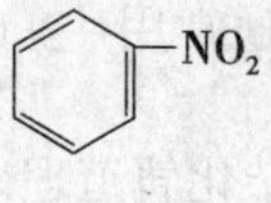　　　　　硝基苯 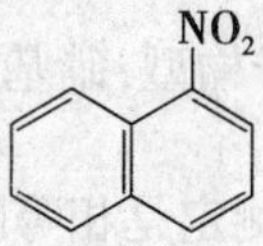　　　　　　α-硝基萘 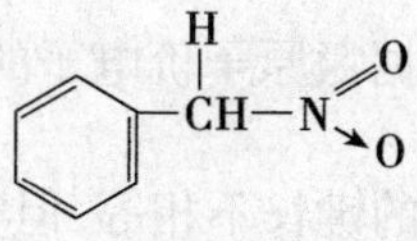　　　　　　硝基苄

三、硝基化合物的物理性质

硝基具有强极性,所以硝基化合物是极性分子,有较高的熔点和沸点。脂肪族硝基化合物多数是难溶于水、密度大于1的油状液体,芳香族硝基化合物除了硝基苯是高沸点液体外,其余多是淡黄色固体,有苦杏仁气味,不溶于水,溶于有机溶剂和浓硫酸。随分子中硝基数目的增加,其熔点、沸点和密度逐渐增大,颜色加深,苦味增强,对热稳定性减小,多硝基化合物受热易分解而发生爆炸(如 TNT 是强烈的炸药)。

硝基化合物有毒,能使血红蛋白变性而失去携带氧气的功能而引起中毒,所以在储存和使用硝基化合物时应予注意。此外,有的硝基化合物具有强烈的香味,可用作香料。

硝基化合物的化学性质

四、硝基化合物的化学性质

（一）还原反应

硝基化合物易被还原。芳香族硝基化合物在不同的还原条件下得到不同的还原产物。例如，在酸性介质中用铁粉还原，生成芳香族伯胺；在碱性介质中以锌粉还原，得到氢化偶氮化合物，再进行酸性还原，最终生成苯胺。前者为单分子还原，后者为双分子还原。

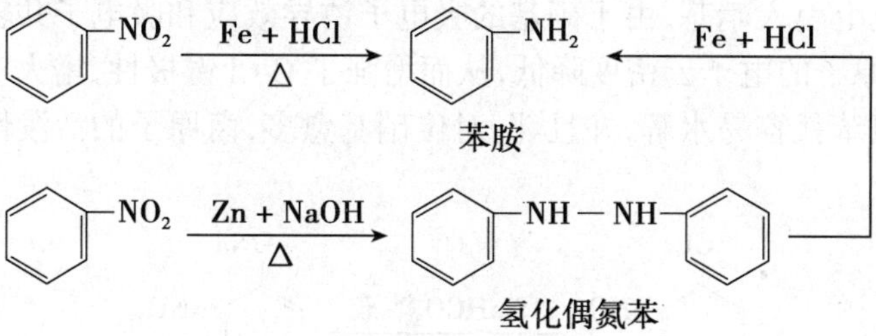
NO2
Fe + HCl
Δ
NH2
Fe + HCl
苯胺
NO2
Zn + NaOH
Δ
NH — NH
氢化偶氮苯

（二）酸性

硝基化合物中，当硝基接在伯、仲碳原子上（如 RCH_2NO_2 或 R_2CHNO_2）时，由于共轭效应，使 α-C 原子上的 α-H 原子活性增强，能产生类似酮式 - 烯醇式互变异构现象，如：

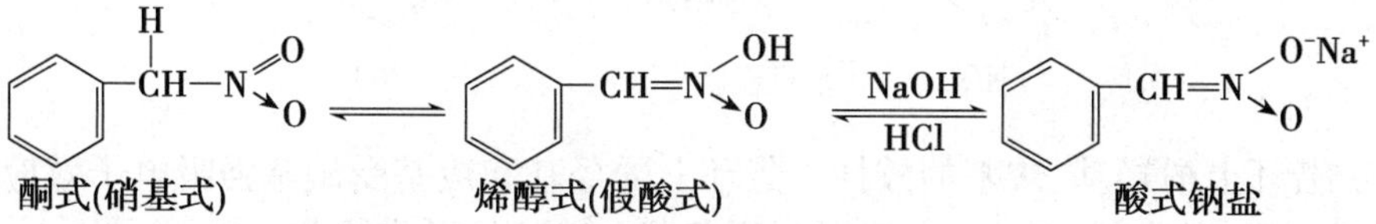
H
CH—N
O
O
OH
CH=N
O
NaOH
HCl
O⁻Na⁺
CH=N
O
酮式(硝基式)
烯醇式(假酸式)
酸式钠盐

在硝基化合物的平衡体系中，假酸式含量低，主要以硝基式存在，加碱平衡向右移动，转变为酸式的盐而溶解。

烯醇式中连在氧原子上的氢较活泼，有质子化倾向，能与强碱作用，称假酸式，所以含有 α-H 的硝基化合物可溶于氢氧化钠溶液中，无 α-H 的硝基化合物则不溶于氢氧化钠溶液，利用这个性质，可鉴定是否含有 α-H 的伯、仲硝基化合物和叔硝基化合物。

（三）硝基对芳环的影响

硝基是吸电子基，使芳环电子云密度降低，特别是硝基的邻、对位电子云密度降低更为显著，而间位的电子云密度相对较高，所以芳环的亲电取代反应活性降低，而亲核取代反应活性增强。另外，硝基对芳环上其他基团也有影响。例如，硝基可使邻、对位卤原子亲核取代反应活性增强；使邻、对位的酚羟基和羧基的酸性增强。

1. 芳环上的亲电取代反应　硝基对芳环亲电取代反应的影响，主要表现为硝基的间位定位效应。因此，芳环硝基化合物的亲电取代反应主要发生在间位，反应速度比苯慢。如：

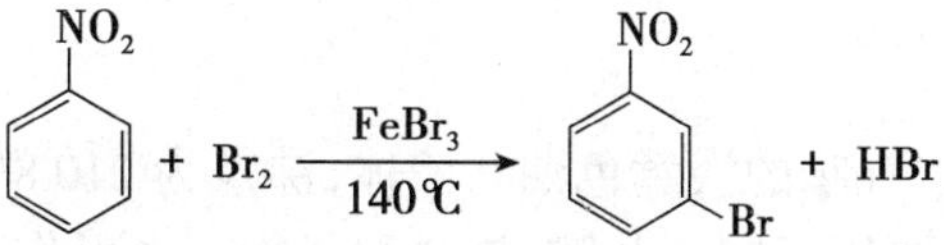
NO2
+ Br2
FeBr3
140℃
NO2
Br
+ HBr

$$\text{（硝基苯）} + H_2SO_4\text{(发烟)} \xrightleftharpoons{110℃} \text{（间硝基苯磺酸）} + H_2O$$

由于硝基的钝化作用,硝基苯不发生傅 - 克反应,因而硝基苯常为傅 - 克反应的溶剂。

2. 芳环上的亲核取代反应　硝基的引入使芳环上的亲核取代反应活性增强。例如氯苯在碱性条件下的水解就是亲核取代反应,在一般条件下很难进行,但如果在氯原子的邻、对位上引入硝基,由于硝基的吸电子诱导效应和吸电子共轭效应,使硝基邻位或对位碳原子的电子云密度降低,从而增强了 C-Cl 键极性,增大了氯原子活性。邻、对位硝基氯苯就容易水解,并且邻、对位硝基愈多,卤原子的活泼性愈大,取代愈容易。如:

$$\xrightarrow[100℃]{NaHCO_3\text{溶液}}$$

$$\xrightarrow[35℃]{NaHCO_3\text{溶液}}$$

3. 芳环上酚羟基、羧基的酸性　芳环上酚羟基和羧基受硝基强吸电子效应的影响,酸性增强,其中邻、对位上的硝基对酚羟基和羧基的影响较大。如:

| pK_a | 10.0 | 7.21 | 7.16 | 8.00 |

| pK_a | 4.17 | 2.21 | 3.40 | 3.46 | 0.35 |

芳环上的硝基数目越多,对芳环上酚羟基或羧基的酸性影响越大。例如 2,4,6-三硝基苯酚的酸性接近无机强酸。

五、与医药学有关的硝基化合物

(一) 硝基苯

硝基苯是有苦杏仁气味的淡黄色油状液体,沸点为 210.8℃,不溶于水。硝基苯是重要的工业原料,主要用于制备苯胺、染料和药物。也可作高沸点溶剂,一些高熔点的化合物可在硝基苯内结晶。硝基苯蒸气有毒,使用时应予注意。

 硝基苯的毒性

（二）2,4,6-三硝基苯酚(苦味酸)

苦味酸是片状黄色结晶,熔点 122℃,溶于热水、乙醇和乙醚。它具有强酸性,能与有机碱生成难溶性的苦味酸盐晶体,或形成稳定的复盐。苦味酸有杀菌止痛功能,在医药上用于处理烧伤。它可凝固蛋白质,用作蛋白质沉淀试剂,用于丝和毛的染色。苦味酸是多硝基化合物,是烈性炸药。

（三）2,4,6-三硝基甲苯(TNT)

TNT 是黄色结晶,不腐蚀金属,熔融而不分解(240℃时才爆炸),受震也相当稳定,需用起爆剂(雷汞)引发才爆炸,是一种优良的炸药。该品的主要损害为长期接触一定浓度引起肝脏损害及眼晶状体改变。大量接触主要影响血液系统及肝脏,现较少见。患者常伴有神经衰弱综合征及消化系统症状。

第二节　胺

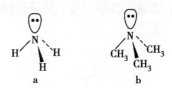 胺的结构、分类和命名

一、胺的结构

实验证明,胺的结构与氨相似,胺分子中的氮原子为不等性 sp^3 杂化,3 个 sp^3 杂化轨道与氢原子或碳原子形成 3 个 σ 键,另一个 sp^3 杂化轨道被 1 对未共用电子占据,键角约为 108°,形成棱锥形结构。氨和胺的结构如图 11-2 所示。

图 11-2　氨和胺的分子结构示意图

二、胺的分类和命名

胺是氨的烃基衍生物,是氨分子中的 1 个或几个氢原子被烃基取代的产物。

（一）胺的分类

1. 根据氮原子上所连烃基的种类不同,可将胺分为脂肪族胺 $R—NH_2$ 和芳香族胺 $Ar—NH_2$,若氮原子与芳环侧链相连,则称芳脂胺。

$$CH_3CH_2NH_2 \qquad \qquad —NH_2 \qquad \qquad —CH_2NH_2$$

脂肪族胺　　　　　芳香族胺 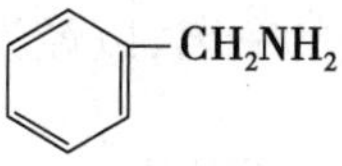　　　　　　芳脂胺

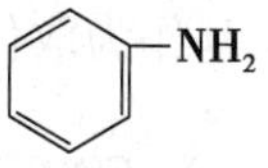

2. 根据氮原子上所连烃基数目不同,可分为伯胺、仲胺、叔胺。

$$R—NH_2 \qquad R—NH—R' \qquad R—\overset{R''}{\underset{}{N}}—R'$$

伯胺　　　　　仲胺　　　　　叔胺

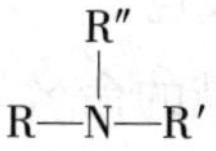

注意伯、仲、叔胺与伯、仲、叔醇的区别。如叔胺是指氮原子上连有 3 个烃基,叔醇是指羟基与叔碳原子相连。

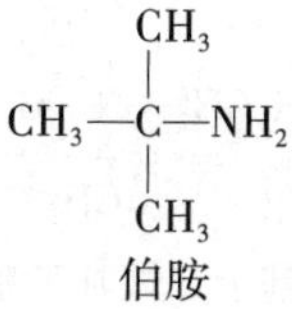

$$CH_3—\overset{CH_3}{\underset{CH_3}{C}}—NH_2 \qquad\qquad CH_3—\overset{CH_3}{\underset{CH_3}{C}}—OH$$

伯胺 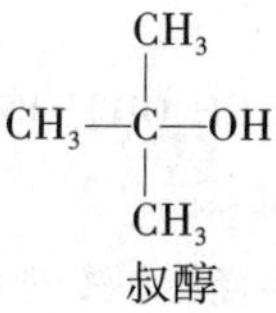　　　　　　　　　　　　叔醇

在无机铵盐或氢氧化铵分子中,铵离子上的 4 个氢原子被烃基取代后的化合物,称季铵盐或季铵碱。

$$[R_4N]^+X^- \qquad\qquad [R_4N]^+OH^-$$

季铵盐 　　　　　　季铵碱

3. 根据分子中氨基的数目不同,分为一元胺、二元胺和多元胺。

$$CH_3CH_2CH_2NH_2 \qquad H_2NCH_2CH_2CH_2CH_2NH_2 \qquad H_2NCH_2CHCH_2NH_2$$
$$\overset{|}{NH_2}$$

一元胺 　　　　　　二元胺 　　　　　　多元胺

(二) 胺的命名

1. 简单的胺,根据烃基的名称,称"某胺"。如:

$$CH_3NH_2 \qquad CH_3CH_2NH_2$$

甲胺 　　　　乙胺 　　　　苯胺 　　　　α-萘胺

2. 胺分子中烃基不同时,把简单的烃基名称写在前面,复杂的写在后面,依次叫出烃基的名称。几个烃基相同时,用二、三表明烃基的数目。如:

$$CH_3-NH-CH_2CH_3 \qquad CH_3CH_2-\overset{\overset{\displaystyle CH_3}{|}}{N}-CH_2CH_2CH_3 \qquad CH_3-NH-CH_3$$

甲乙胺 　　　　　　甲乙丙胺 　　　　　　二甲胺

3. 氮原子上连有烃基的芳香族仲胺和叔胺,在烃基前冠以"N",表示该基团连在氨基的氮原子上,以区别于连在芳环上。氨基连接在芳环侧链上的芳脂胺,一般以脂肪胺为母体命名。

N-甲基苯胺 　　　　　N,N-二甲基苯胺 　　　　苯甲胺(苄胺)

4. 较复杂胺的命名,以烃为母体,氨基作为取代基。多元胺命名类似多元醇。

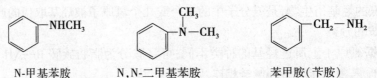

$$CH_3CHCH_2CHCH_3 \qquad H_2N-\underset{}{\bigcirc}-COOH \qquad H_2NCH_2CH_2CH_2CH_2NH_2$$

4-甲基-2-氨基戊烷 　　　　对氨基苯甲酸 　　　　1,4-丁二胺

5. 季铵盐和季铵碱的命名与卤化铵和氢氧化铵的命名相似,称卤化四某铵和氢氧化四某铵;若烃基不同时,烃基名称由简单到复杂依次排列。

$$[(CH_3CH_2CH_2CH_2)_4N]^+Br^- \qquad\qquad [(CH_3)_4N]^+OH^-$$

溴化四丁铵 　　　　　　　　氢氧化四甲铵

$$[(CH_3)_3NCH_2CH_2OH]^+OH^- \qquad\qquad [C_6H_5CH_2-\overset{\overset{\displaystyle CH_3}{|}}{\underset{\underset{\displaystyle CH_3}{|}}{N}}-C_{12}H_{25}]^+Br^-$$

氢氧化三甲基-2-羟乙基铵(胆碱) 　　溴化二甲基十二烷基苄基铵(苯扎溴铵)

应注意"氨""胺""铵"字的用法。在表示氨的基团时用"氨"字,在表示氨的烃基衍生物时则用"胺"字,而季铵类及胺的盐则用"铵"字表示。

三、胺的物理性质

脂肪胺中甲胺、二甲胺、三甲胺和乙胺等低级脂肪胺在常温下是气体,其他的低级胺为液体,能溶于水。低级胺的气味与氨相似,三甲胺有鱼腥味;高级胺为固体,不溶于水。

低级的伯胺、仲胺、叔胺都有较好的水溶性,因为它们能与水形成氢键,随着分子量增加,其水溶性迅速减小。沸点较分子量相近的烷烃高,但比相应的醇低,如乙胺的沸点(16.6℃)低于乙醇(78.3℃)。

芳香胺通常是无色液体或固体,有特殊臭味,有毒,很容易透过皮肤而被吸收或吸入其蒸气而引起中毒,使用时应予注意。芳香胺易被空气氧化。

四、胺的化学性质

胺的性质

胺的化学性质主要取决于氨基氮原子上的未共用电子对,它可以接受质子显碱性,能与酰基化试剂、亚硝酸、氧化剂等反应。

(一) 碱性

胺分子中氮原子上的未共用电子对,能够接受质子呈碱性。如:

$$CH_3NH_2+H_2O \Longrightarrow CH_3-\overset{+}{N}H_3+OH^-$$

胺的碱性大小受两个方面因素的影响,即电子效应和空间效应。氮原子上的电子云密度越大,接受质子的能力越强,胺的碱性就越强;氮原子周围空间位阻越大,氮原子结合质子越困难,胺的碱性就越小。

1. 脂肪族胺 脂肪族胺的碱性稍强于氨。脂肪烃基是供电子基,结果使脂肪族胺氮原子上的电子云密度增大,接受质子的能力增强,碱性增强,故脂肪族胺的碱性比氨强。氮原子上所连的脂肪烃基越多,氮原子上的电子云密度就越大,所以脂肪族仲胺碱性大于脂肪族伯胺,这时电子效应起主导作用。当氮原子上连有 3 个脂肪烃基时,氮原子上的电子云密度增大,同时其空间位阻相应增大,而且,此时空间效应比电子效应更加显著,使质子难以与氮原子相结合。在水溶液中叔胺的碱性一般比仲胺、伯胺弱。如:

二甲胺 > 甲胺 > 三甲胺 > 氨

pK_b:　　　　　　　3.27　　3.36　　4.24　　4.75

2. 芳香族胺 芳香胺的碱性比氨弱。由于苯胺氮原子上的未共用电子对与苯环形成 p-π 共轭体系,电子云偏向苯环,使氮原子上的电子云密度降低,同时苯环使空间效应增大,阻碍了氮原子接受质子,因此芳香胺的碱性比氨弱。如:

N,N- 二甲基苯胺 >N- 甲基苯胺 > 苯胺 > 二苯胺 > 三苯胺

pK_b:　　　　　　8.93　　　　9.15　　　9.40　　13.00　　近中性

3. 芳脂胺 因为芳脂胺的氨基不与苯环直接相连,氮原子上未共用电子对不能与苯环形成共轭,所以脂肪胺碱性一般比苯胺强。如:

$$\text{(苯环)}-CH_2NH_2 \qquad \text{(苯环)}-NH_2$$
$$(pK_a = 4.60) \qquad\qquad (pK_a = 9.40)$$

4. 季铵碱 季铵碱在水中可完全电离,因此是强碱,其碱性与氢氧化钠相当。

5. 胺与酸成盐 胺为弱碱,只能与强酸形成稳定的盐,这些盐遇碱可被游离出来,利用这些性质可分离胺。例如:

$$CH_3-NH_2 + HCl \longrightarrow CH_3NH_3^+Cl^- \text{（或 } CH_3NH_2 \cdot HCl\text{）}$$
甲胺　　　　　　　　氯化甲铵(甲胺盐酸盐)

$$\text{(苯环)}-NH_2 + HCl \longrightarrow \text{(苯环)}-NH_3^+Cl^- \quad \text{或写为} \quad \text{(苯环)}-NH_2 \cdot HCl$$

苯胺　　　　　　　　氯化苯铵(苯胺盐酸盐)

$$\text{(苯环)}-NH_3^+Cl^- + NaOH \longrightarrow \text{(苯环)}-NH_2 + NaCl + H_2O$$

药物合成中,利用此性质将不溶性的胺类药物制成盐,易溶且易被人体吸收。

(二) 酰化、磺酰化反应

伯胺和仲胺氮原子上的氢原子,被酰基(RCO—)取代生成酰胺的反应,称酰化反应。叔胺的氮原子上没有氢原子,所以叔胺不能发生酰化反应。最常用的酰基化试剂是酰卤和酸酐。如:

$$CH_3-NH_2 + (CH_3CO)_2O \longrightarrow CH_3CONHCH_3 + CH_3COOH$$

$$\text{(苯环)}-NH_2 + (CH_3CO)_2O \longrightarrow \text{(苯环)}-NHCOCH_3 + CH_3COOH$$

乙酰苯胺(退热冰)

胺的酰化反应有许多重要的应用。多数胺是液体,经酰化后生成的酰胺均为固体,有固定的熔点,易水解为原来的胺。因此酰化反应可用于胺类的分离、提纯和鉴定。在有机合成上,酰化反应还可用于保护芳环上的氨基,使它在反应过程中免被破坏。

苯磺酰氯也可与伯胺、仲胺发生苯磺酰化反应(叔胺因氮原子上无氢原子而不反应)。反应需在碱性介质中进行,反应生成的苯磺酰伯胺的氮原子上还有一个氢原子,受苯磺酰基的强吸电子诱导效应的影响,显示弱酸性,可在反应体系的碱性溶液中溶解而生成盐。而苯磺酰仲胺的氮原子上没有氢原子,不能溶于碱性溶液而析出固体。利用这些性质可以鉴别和分离三种胺类,此反应称兴斯堡(Hinsberg)反应。如:

$$\text{(苯环)}-SO_2-Cl + HNHR \longrightarrow \text{(苯环)}-SO_2NHR\downarrow \xrightarrow{NaOH} \text{(苯环)}-SO_2-N^--R \quad Na^+$$

苯磺酰氯　　　　伯胺　　　　　苯磺酰伯胺　　　　　　　苯磺酰伯胺钠盐

$$\text{(苯环)}-SO_2-Cl + HNR_2 \longrightarrow \text{(苯环)}-SO_2NR_2\downarrow$$

苯磺酰氯　　　　仲胺　　　　苯磺酰仲胺

（三）与亚硝酸反应

胺可以与亚硝酸反应，不同类型的胺与亚硝酸反应，反应的产物和现象不同。亚硝酸不稳定，在反应中实际使用的是亚硝酸钠与盐酸的混合物来代替亚硝酸。

1. 伯胺与亚硝酸的反应　脂肪伯胺与亚硝酸反应，定量地放出氮气。该反应用于脂肪胺和其他有机化合物中氨基的含量测定。如：

$$RNH_2 + HNO_2 \longrightarrow ROH + N_2\uparrow + H_2O$$

芳香族伯胺与亚硝酸在低温下反应生成芳香重氮盐，此反应称重氮化反应。如：

$$\text{（苯环）}-NH_2 + NaNO_2 + HCl \xrightarrow{0\sim5℃} \text{（苯环）}-N_2^+Cl^- + NaCl + H_2O$$

氯化重氮苯

芳香重氮盐不稳定，加热易分解成酚和氮气，干燥的芳香重氮盐易爆炸。重氮盐可以发生许多取代反应和偶合反应，在合成和分析鉴定上广泛应用。

2. 仲胺与亚硝酸的反应　脂肪仲胺或芳香仲胺与亚硝酸反应都生成 N- 亚硝基胺。如：

$$R_2N\boxed{-H + HO-}NO \longrightarrow R_2N-NO + H_2O$$

$$\text{（结构式）}$$

N-亚硝基 - N-甲基苯胺

N- 亚硝基胺为黄色不溶于水的油状物，遇酸加热可分解为原来的仲胺。N- 亚硝基胺具有强烈的致癌作用。

3. 叔胺与亚硝酸的反应　脂肪叔胺因氮原子上无氢原子，不能亚硝基化，只能形成不稳定的水溶性亚硝酸盐。脂肪叔胺的亚硝酸盐用碱处理，可得到游离的脂肪叔胺。如：

$$R_3N + HNO_2 \longrightarrow [R_3\overset{+}{N}H]NO_2^-$$

芳香族叔胺的氮原子上虽无氢原子，但芳香环上有氢，可以发生亚硝基化反应，生成芳环上有亚硝基的化合物。如：

$$\text{（结构式）} + HONO \longrightarrow \text{（结构式）} + H_2O$$

对 - 亚硝基 - N,N-二甲基苯胺

亚硝基芳香族叔胺在碱性溶液中呈翠绿色，在酸性溶液中互变成醌式盐而呈橘黄色。如：

$$(CH_3)_2N-\text{（苯环）}-NO \underset{OH^-}{\overset{H^+}{\rightleftharpoons}} (CH_3)_2\overset{+}{N}=\text{（苯环）}=NOH$$

（翠绿色）　　　　　　　　（橘黄色）

综上所述,根据脂肪族和芳香族伯、仲、叔胺与亚硝酸反应的不同产物和不同现象,可用来鉴别伯、仲、叔胺。

(四) 氧化反应

胺易被氧化,芳香族胺更易被氧化。在空气中长期存放芳胺时,芳胺则被空气氧化,生成黄、红、棕色的复杂氧化物,其中含有醌类、偶氮化合物等。因此在有机合成中,如果要氧化芳胺环上其他基团,必须首先要保护氨基,否则氨基更易被氧化。如:

$$\text{（结构式：苯胺 NH}_2 \xrightarrow{[O]} \text{对苯醌）}$$

(五) 芳环上的亲电取代反应

由于芳香族胺的氮原子上未共用电子对与苯环发生供电子 p-π 共轭效应,使苯环电子云密度增加,特别是氨基的邻、对位电子云密度增加得尤为显著。因此苯环上的氨基(或—NHR、—NR$_2$)能活化苯环,使芳胺比苯更易发生亲电取代反应,取代位置为氨基的邻、对位。

1. 卤代反应　苯胺与卤素(Cl$_2$、Br$_2$)能迅速反应。例如,苯胺与溴水作用,在室温下立即生成 2,4,6- 三溴苯胺白色沉淀。此反应可用于苯胺的定性或定量分析。

$$\text{（结构式：苯胺 NH}_2 + 3Br_2 \xrightarrow[\text{室温}]{H_2O} \text{2,4,6-三溴苯胺（白色）} \downarrow + 3HBr\text{）}$$

由于氨基对苯环的强活化作用,使苯环上的卤代反应极易进行,而且直接生成三取代产物。如果想要得到一取代产物,可先将氨基酰基化,使其对苯环的致活作用减弱,然后溴代,最后水解除去酰基,即可得到一取代物对溴苯胺。

　　　　　　　　　　　　　课堂互动

用化学方法鉴别下列各组化合物:

1. 对甲基苯胺和 *N*,*N*- 二甲基苯胺

2. 苯胺、苯酚、硝基苯

---

2. 硝化反应　由于苯胺极易被氧化,不宜直接硝化,而应先"保护氨基"。根据产物的不同要求,选择不同的方法。

如果要得到对硝基苯胺,应不改变定位效应。可采用酰基化的方法,先将苯胺酰化,然后再硝化,最后水解除去酰基,得到对硝基苯胺。如:

$$\text{（结构式：苯胺 NH}_2 \xrightarrow{(CH_3CO)_2O} \text{NHCOCH}_3 \xrightarrow[H_2SO_4]{HNO_3} \text{对硝基乙酰苯胺 NHCOCH}_3,NO_2 \xrightarrow[H^+\text{或}OH^-]{H_2O,\triangle} \text{对硝基苯胺 NH}_2,NO_2\text{）}$$

如果要得到间-硝基苯胺,应改变定位效应,使取代反应发生在间位。可先将苯胺溶于浓硫酸中,使之形成苯胺硫酸盐,因铵正离子是间位定位基,硝化可得间位产物,最后再用碱液处理游离出氨基,得到间硝基苯胺。如:

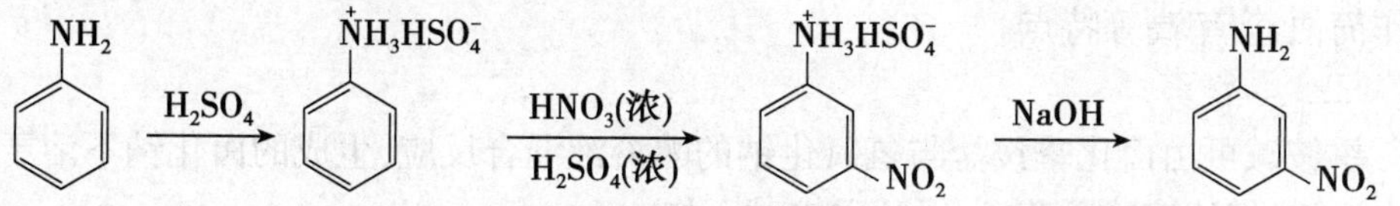

3. 磺化反应　苯胺的磺化是将苯胺溶于浓硫酸中,首先生成苯胺硫酸盐,该盐在高温(200℃)下加热脱水发生分子内重排,即生成对氨基苯磺酸。如:

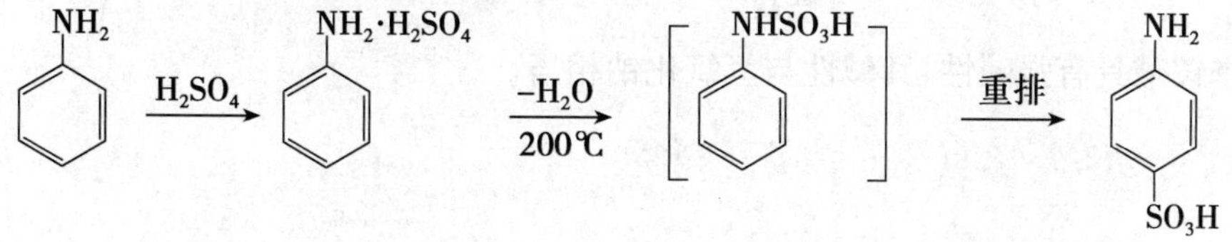

对氨基苯磺酸是白色固体,分子内同时存在的碱性氨基和酸性磺酸基可发生质子的转移形成盐,称内盐。如:

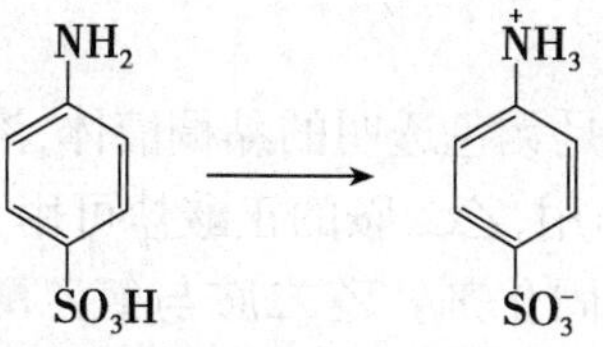

对氨基苯磺酸的酰胺,是重要的化学合成抗菌药——磺胺类药物的母体,也是最简单的磺胺药物。磺胺类药物是一系列对氨基苯磺酰胺的衍生物,对氨基苯磺酰胺是抑菌的必需结构。它的合成如下:

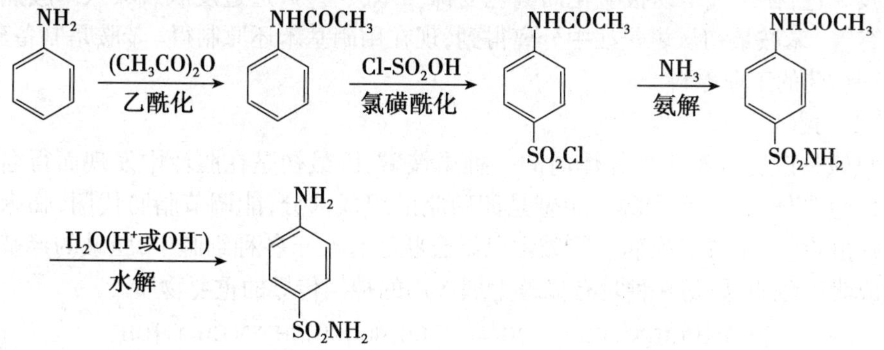

五、季铵盐和季铵碱

(一) 季铵盐
季铵盐可以看作无机铵盐中 4 个氢原子被烃基取代的产物。叔胺与卤代烃作用,生成季铵盐。如:

$$R_3N + RX \longrightarrow R_4N^+X^-$$
$$(季铵盐)$$

季铵盐是白色晶体,为离子型化合物,具有盐的性质,易溶于水,不溶于非极性有机溶剂。季铵盐对热不稳定,加热后易分解成叔胺和卤代烃。

季铵盐的用途广泛,常用于阳离子表面活性剂,具有去污、杀菌和抗静电能力。季铵盐还可用做相转移催化剂,相转移反应是一种新的有机合成方法,具有反应快、操作简便、产率高等特点。

(二)季铵碱

季铵碱可由卤化季铵盐与氢氧化钠的醇溶液混合反应,生成的卤化钠不溶于醇,滤去沉淀,把滤液减压蒸发,得到季铵碱。如:

$$R_4N^+X^- + NaOH \xrightarrow{醇} R_4N^+OH^- + NaX$$

季铵盐　　　　　　　季铵碱

季铵碱具有强碱性,其碱性与氢氧化钠相当。

六、与医药学有关的胺类化合物

(一)甲胺

甲胺(CH_3NH_2)是无色气体,有氨气味,易溶于水,有碱性。蛋白质腐败时往往有甲胺生成。甲胺是有机合成原料,用于制造药物、农药、染料等。

(二)乙二胺

乙二胺($H_2NCH_2CH_2NH_2$)是无色透明的黏稠液体,溶于水,微溶于乙醚,不溶于苯,沸点 117℃。具有扩张血管作用,乙二胺的正酸盐可用于治疗动脉硬化。

乙二胺可用作环氧树脂固化剂。乙二胺与氯乙酸为原料合成的乙二胺四乙酸(EDTA)是常用的金属离子螯合剂和分析试剂。

(三)苯胺

苯胺($C_6H_5NH_2$)是无色油状液体,沸点 184℃,微溶于水,易溶于有机溶剂。纯净的苯胺无色,在空气中易被氧化而颜色变深。苯胺有毒,透过皮肤或吸入苯胺蒸气对人体有害。苯胺最初从煤焦油中分离得到,现在用硝基苯还原制得。苯胺是制备药物、染料和炸药的工业原料。

(四)胆碱

胆碱是广泛分布于生物体内的一种季铵碱,因最初是在胆汁中发现而得名。胆碱是白色晶体,溶于水和醇。胆碱是卵磷脂的组成部分,能调节脂肪代谢,临床上用来治疗肝炎、肝中毒等疾病。胆碱常以结合状态存在于各种细胞中,胆碱的羟基经乙酰化成为乙酰胆碱,是一种具有显著生理作用的神经传导的重要物质。

$$[HOCH_2CH_2N^+(CH_3)_3]OH^- \qquad [CH_3COOCH_2CH_2N^+(CH_3)_3]OH^-$$

胆碱　　　　　　　　　　　　　　乙酰胆碱

知识链接

盐酸普鲁卡因

盐酸普鲁卡因化学名为 4-氨基苯甲酸-2-(二乙氨基)乙酯盐酸盐。显芳香族伯胺类反应。它是至今仍为临床广泛使用的局部麻醉药,具有良好的局部麻醉作用,毒性低,无成瘾性。

早在 1532 年,秘鲁人就知道通过咀嚼古柯树叶来止痛。1860 年 Niemann 从南美洲古柯树叶中提取到一种生物碱晶体,并命名为可卡因(cocaine),作为局部麻醉药应用于临床。在使用过程中发现可卡因有成瘾性、毒副作用较大,因此对其结构进行改造,寻找更好的局部麻醉药。终于在 1904 年开发出了普鲁卡因。

$$\text{H}_2\text{N}-\text{C}_6\text{H}_4-\text{CH}_2-\text{O}-\text{CH}_2\text{CH}_2-\text{N}(\text{C}_2\text{H}_5)_2 \cdot \text{HCl}$$

盐酸普鲁卡因

第三节　重氮化合物和偶氮化合物

一、重氮化合物和偶氮化合物的结构和命名

重氮化合物和偶氮化合物都含有—N═N—官能团。官能团—N_2—的一端与烃基相连,另一端与其他非碳原子或原子团相连的化合物称重氮化合物。—N_2—的两端都分别与烃基相连的化合物叫做偶氮化合物。如:

$$\text{CH}_2\!=\!N\!=\!N$$

重氮甲烷

$$\text{C}_6\text{H}_5\!-\!\overset{+}{N}\!=\!N\,\text{Cl}^-$$

氯化重氮苯

$$\text{C}_6\text{H}_5\!-\!\overset{+}{N}\!=\!N\,\text{HSO}_4^-$$

硫酸重氮苯

$$\text{CH}_3\!-\!\text{N}\!=\!\text{N}\!-\!\text{CH}_3$$

偶氮甲烷

$$\text{C}_6\text{H}_5\!-\!\text{N}\!=\!\text{N}\!-\!\text{C}_6\text{H}_5$$

偶氮苯

$$\text{C}_6\text{H}_5\!-\!\text{N}\!=\!\text{N}\!-\!\text{C}_6\text{H}_4\!-\!\text{OH}$$

对羟基偶氮苯

二、重氮化反应

重氮化合物中最重要的是芳香重氮盐类。它们是通过重氮化反应而得到的具有很高反应活性的化合物。

芳香伯胺低温下在强酸性溶液中与亚硝酸作用,生成重氮盐的反应称重氮化反应。如:

$$\text{C}_6\text{H}_5\text{NH}_2 + \text{NaNO}_2 + 2\text{HCl} \xrightarrow{0\sim5\,^\circ\!\text{C}} \text{C}_6\text{H}_5\text{N}_2^+\text{Cl}^- + \text{NaCl} + 2\text{H}_2\text{O}$$

三、重氮盐的性质

重氮盐是离子型化合物,具有盐的性质,易溶于水,不溶于有机溶剂。干燥的重氮盐很不稳定,在空气中颜色迅速变深,受热或震动易发生爆炸。重氮盐的化学性质很活泼,可发生许多反应,在有机合成上应用广泛。

1. 取代反应　重氮盐分子中的重氮基可被—X、—OH、—CN、—H 等取代,同时放出氮气,所以又叫放氮反应。通过重氮盐的取代反应,可以把一些原本难以引入芳

重氮甲烷

环上的基团,方便地连接到芳香环上,在芳香化合物的合成中具有很重要的实用价值。如:

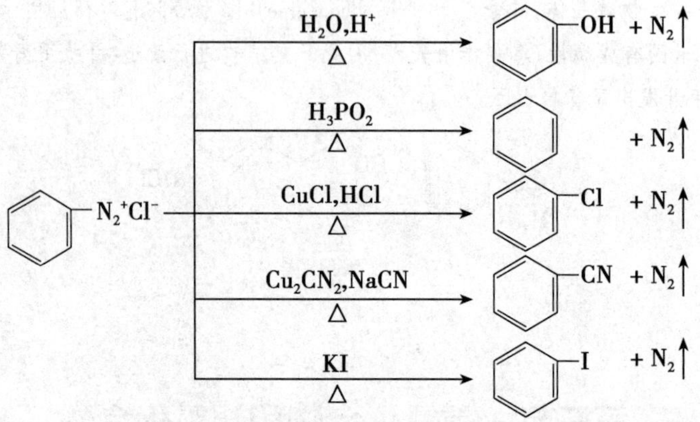

$$
\begin{array}{c}
\text{C}_6\text{H}_5\text{—N}_2^+\text{Cl}^- \\
\end{array}
$$

- $\xrightarrow[\triangle]{\text{H}_2\text{O,H}^+}$ —OH + $\text{N}_2\uparrow$
- $\xrightarrow[\triangle]{\text{H}_3\text{PO}_2}$ + $\text{N}_2\uparrow$
- $\xrightarrow[\triangle]{\text{CuCl,HCl}}$ —Cl + $\text{N}_2\uparrow$
- $\xrightarrow[\triangle]{\text{Cu}_2\text{CN}_2,\text{NaCN}}$ —CN + $\text{N}_2\uparrow$
- $\xrightarrow[\triangle]{\text{KI}}$ —I + $\text{N}_2\uparrow$

2. 还原反应　用氯化亚锡和盐酸或亚硫酸钠还原重氮盐,可得到芳香肼。如:

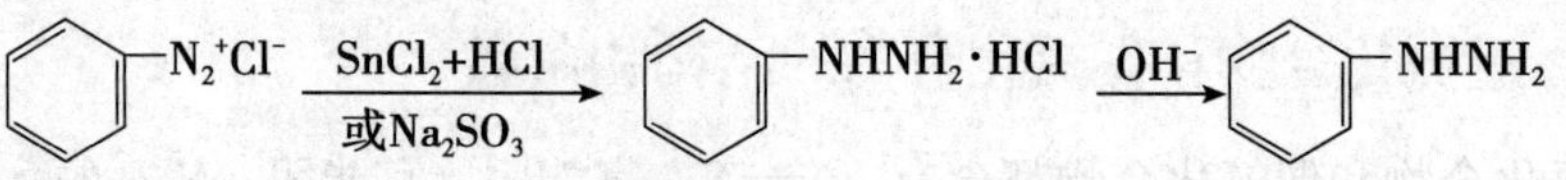

—N_2^+Cl^- $\xrightarrow[\text{或Na}_2\text{SO}_3]{\text{SnCl}_2+\text{HCl}}$ —NHNH$_2\cdot$HCl $\xrightarrow{\text{OH}^-}$ —NHNH$_2$

盐酸苯肼　　　　　　　　苯肼

苯肼为无色液体,熔点 19.8℃,沸点 242℃,不溶于水。苯肼的毒性较大,不可与皮肤接触。苯肼盐酸盐较稳定,易于保存。苯肼是常用的羰基试剂,是制药工业的重要原料。

3. 偶联反应　重氮盐在低温下与酚或芳香族胺作用,生成有颜色的偶氮化合物的反应,称偶联反应。

偶联反应是制造偶氮染料的重要反应。重氮盐是亲电试剂,所以与苯酚或苯胺发生的偶联反应是亲电取代反应。由于对位电子云密度较高而空间位阻小,因此偶联一般发生在羟基和氨基的对位上。如:

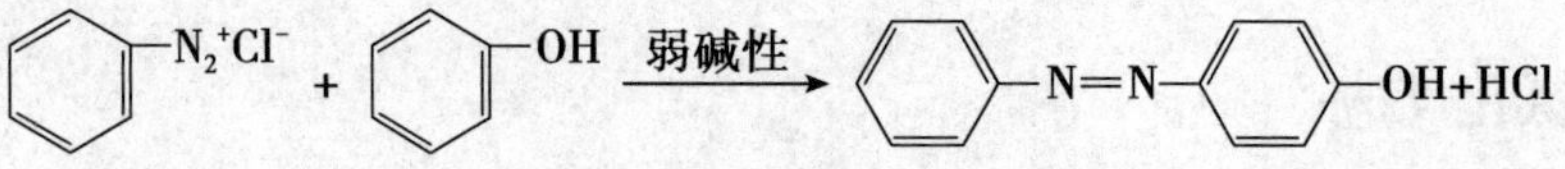

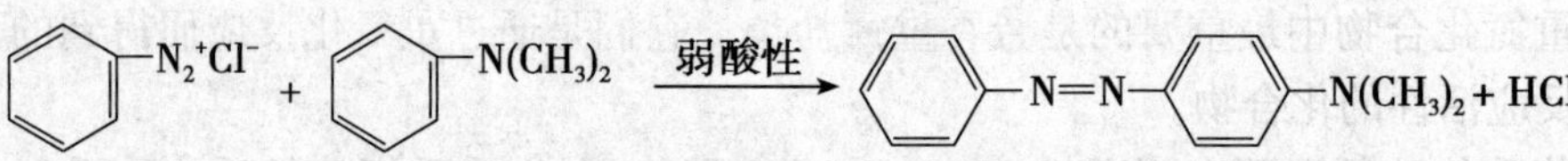

—N_2^+Cl^- + —OH $\xrightarrow{\text{弱碱性}}$ —N=N— —OH+HCl

—N_2^+Cl^- + —N(CH$_3$)$_2$ $\xrightarrow{\text{弱酸性}}$ —N=N— —N(CH$_3$)$_2$ + HCl

若对位已有取代基,则偶联反应发生在邻位,若邻、对位均被其他基团占据,则不发生偶联反应。如:

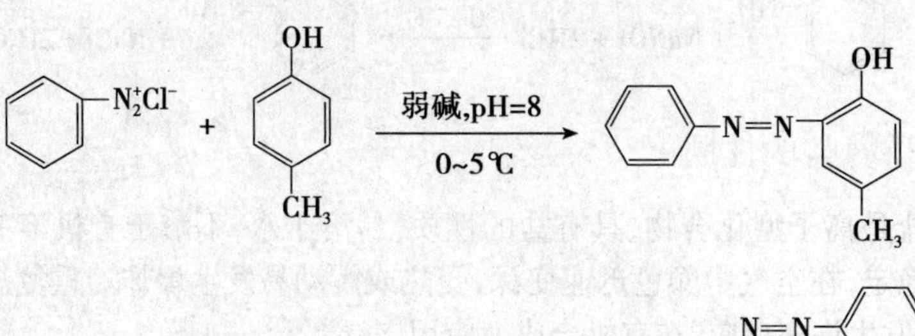

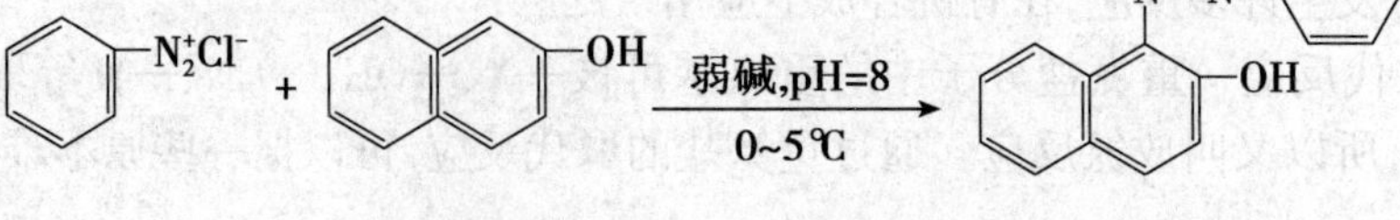

—N_2^+Cl^- + 对甲苯酚 $\xrightarrow[0\sim5℃]{\text{弱碱,pH=8}}$ 偶氮化合物

—N_2^+Cl^- + 2-萘酚 $\xrightarrow[0\sim5℃]{\text{弱碱,pH=8}}$ 偶氮化合物

四、偶氮化合物和偶氮染料

偶氮化合物是有色的固体物质,物质的颜色与其分子结构有关。偶氮芳烃有鲜艳的颜色,是因为—N＝N—与 2 个芳环均形成 π-π 共轭,共轭体系的进一步增长,使吸收光的波段移到了可见光区,化合物就可显色。有的偶氮化合物能随着溶液的酸碱度改变而灵敏地变色,所以可作为酸碱指示剂;有的可凝固蛋白质,能杀菌消毒而用于医药;有的可作为食用色素,有的可作为工业染色剂。如苏丹红就是一种亲脂性偶氮化合物,是一种人工合成的红色染料,常作为工业染料,被广泛用于溶剂、油、蜡、汽油的增色以及鞋、地板等增光方面。苏丹红具有致癌性,对人体的肝肾器官具有明显的毒性作用。由于苏丹红不容易褪色,可以掩盖辣椒放置久后变色的现象,一些企业将玉米芯等植物粉末用苏丹红染色后,混在辣椒粉中,以降低成本,谋取利益。

有的偶氮化合物能牢固地附着在纤维织品上,耐洗耐晒,所以常用作染料使用。如:

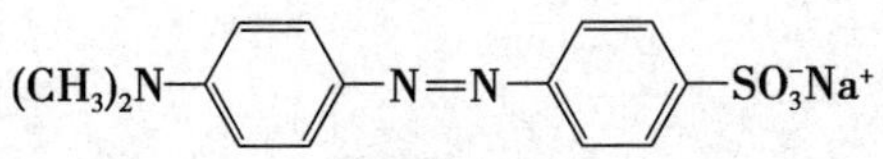

$(CH_3)_2N$—〈〉—$N=N$—〈〉—$SO_3^-Na^+$

甲基橙(酸碱指示剂)

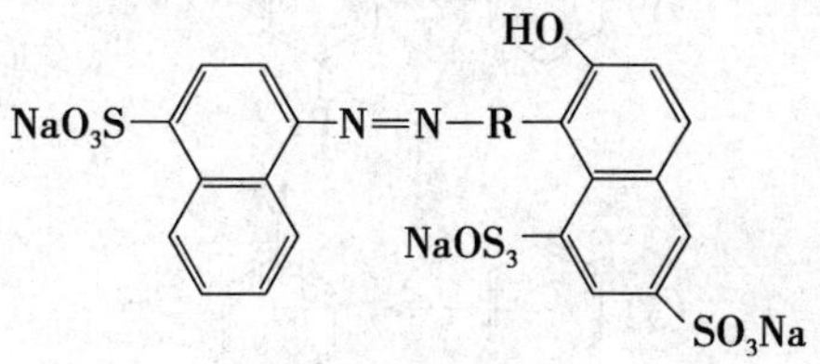

胭脂红(食用色素)

课堂互动

食用含苏丹红(偶氮化合物)的食品对人体有哪些危害?如何识别苏丹红?

(石焱芳)

复习思考题

1. 命名下列化合物

(1) $CH_3CH_2NHCH(CH_3)_2$

(2) $[(CH_3)_3\overset{+}{N}CH(CH_3)_2]I^-$

(3) 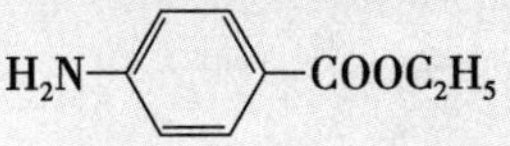 H_2N—〈〉—$COOC_2H_5$

(4) 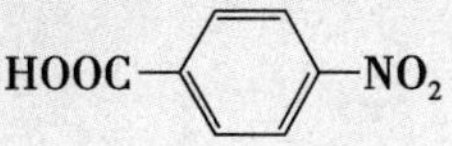 $HOOC$—〈〉—NO_2

(5)

(6) 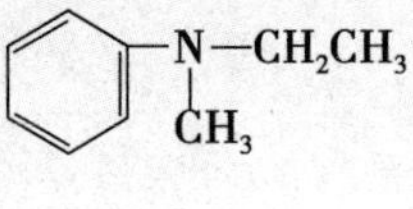 〈〉—$\overset{N-CH_2CH_3}{\underset{CH_3}{}}$

2. 完成下列反应

(1) 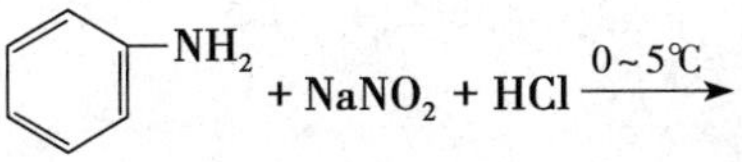 〈〉—NH_2 + $NaNO_2$ + HCl $\xrightarrow{0\sim5℃}$

扫一扫
测一测

(2) 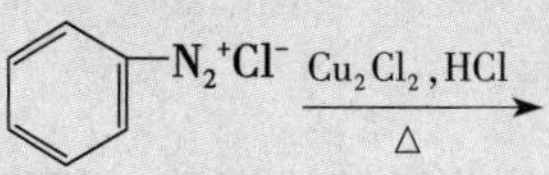 $\underset{\triangle}{\xrightarrow{Cu_2Cl_2, HCl}}$ （苯环上连 $N_2^+Cl^-$）

(3) 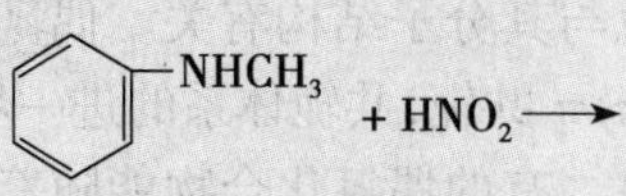 （苯环上连 NHCH₃） + HNO₂ ⟶

(4) 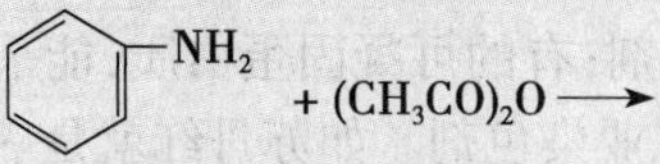 （苯环上连 NH₂） + (CH₃CO)₂O ⟶

3. 用化学方法鉴别下列各组化合物

(1) 苯胺、环己胺

(2) 对乙基苯胺、N- 乙基苯胺、N,N- 二乙基苯胺

4. 用适当的方法完成下列转化,写出所用的试剂和反应条件

(1) 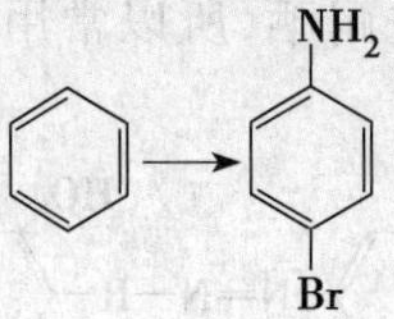 （苯环）⟶（对位 NH₂,对位 Br）

(2) 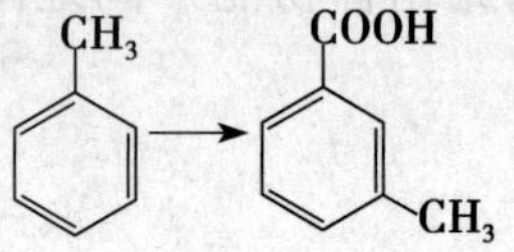 （苯环连 CH₃）⟶（苯环连 COOH 和 CH₃）

(3) 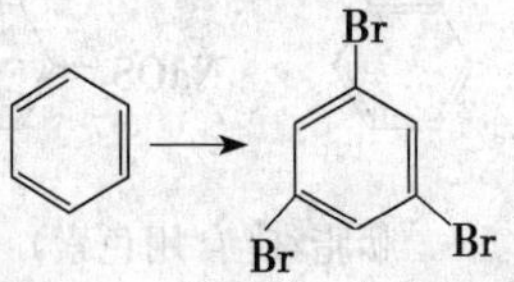 （苯环）⟶（三溴苯,3 个 Br 位）

(提示:①(浓)HNO₃/(浓)H₂SO₄,②Fe+HCl,③Br₂,④HNO₂,⑤H₃PO₂)

第十二章

课件
12章PPT

杂环化合物和生物碱

学习要点

1. 杂环化合物的定义、结构、分类、命名和理化性质。
2. 重要的杂环化合物及其衍生物在医药学上的应用。
3. 生物碱的定义、性质及重要的生物碱在医药学上的应用。

扫一扫
知重点

　　杂环化合物广泛存在于自然界中,约占已知有机化合物的1/3,是最大的一类天然有机化合物,且大多数都具有生理活性。如植物体中的叶绿素、动物体中的血红素、组成核苷酸的碱基以及临床应用的一些有显著疗效的天然药物和合成药物等,都含有杂环化合物的结构。生物碱通常都具有显著的生理活性,多是中草药的有效成分,绝大多数是含氮的杂环衍生物。

第一节　杂环化合物

　　杂环化合物是分子中含有杂环结构的有机化合物,构成环的原子除碳原子外,还至少含有一个非碳原子。这些非碳原子叫做杂原子,常见的杂原子有氮、氧、硫等。
　　杂环化合物主要分为两大类,一类是没有芳香性的杂环化合物,称为脂杂环;另一类是环系比较稳定,并且有不同程度芳香性的杂环化合物,称为芳杂环,本章主要讨论这一类杂环化合物。此外,内酯、环醚、内酸酐、内酰胺等也属于杂环化合物,但它们分别具有酯、醚、酸酐、酰胺的性质,所以在其他章节讨论。

一、杂环化合物的结构

(一) 五元杂环化合物的结构与芳香性

　　五元杂环化合物如呋喃、噻吩、吡咯在结构上都符合休克尔规则,具有芳香性。构成环的碳原子和杂原子均以 sp^2 杂化轨道互相连接成 σ 键,形成 1 个共平面的五元环。每个碳原子余下的 1 个 p 轨道都具有 1 个电子,杂原子(N,S,O)的 p 轨道上有 1 对未共用电子对。这 5 个 p 轨道都垂直于五元环的平面,相互平行重叠,构成 1 个有6 个 π 电子的环状封闭共轭体系,即组成杂环的原子都在同一平面内,而 p 电子云则分布在环平面的上下方,如图 12-1 所示。

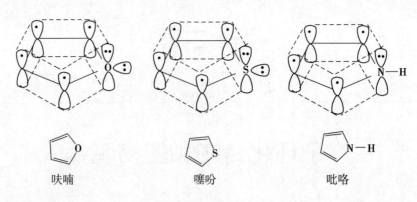

呋喃   噻吩   吡咯

图 12-1 呋喃、噻吩和吡咯的分子结构示意图

由呋喃、噻吩和吡咯的分子结构示意图可以看出,它们的结构和苯的结构相似,都是由 6 个 π 电子组成的闭合共轭体系。因此,它们都具有一定的芳香性,易发生亲电取代反应,不易发生氧化反应,不易发生加成反应。并且由于共轭体系中的 6 个 π 电子分散在 5 个原子上,使环上碳原子的电子云密度较苯大,比苯更容易发生亲电取代反应。

(二) 六元杂环化合物的结构与芳香性

六元杂环化合物的结构以吡啶为例来说明。5 个碳原子和 1 个氮原子都是 sp² 杂化状态,处于同一平面上,相互以 σ 键连接成环状结构。每个原子各有 1 个电子在 p 轨道上,p 轨道与环平面垂直,彼此"肩并肩"重叠形成 6 个 π 电子的闭合共轭体系。氮原子余下的 sp² 杂化轨道上被一对未共用的电子占据,它与环共平面,因而不参与环的共轭体系,不是 6 电子大 π 键体系的组成部分,而是以未共用电子对形式存在,可以和质子相结合,所以吡啶具有碱性。如图 12-2 所示。

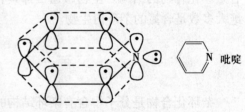

图 12-2 吡啶的分子结构示意图

由吡啶的分子结构可以看出,吡啶也具有芳香性。然而又由于吡啶环中氮原子的电负性大于碳原子,所以环上的电子云密度因向氮原子转移而降低,亲电取代比苯困难。

二、杂环化合物的分类和命名

杂环化合物的命名

(一) 分类

杂环化合物可按杂环的骨架分为单杂环和稠杂环。单杂环又按环的大小分为五元杂环和六元杂环;稠杂环按其稠合环形式分为苯稠杂环和稠杂环。如表 12-1 所示。

(二) 命名

1. 杂环化合物的命名 多采用音译命名法,即根据外文名称的音译,选用同音汉字,再加上"口"字旁命名。如呋喃、吡啶、吲哚、嘌呤,就是根据 furan,pyridine,indole,purine 等英文名称音译的。

表 12-1 常见杂环化合物的结构和名称

分类	重要杂环					
	含 1 个杂原子的杂环			含 2 个以上杂原子的杂环		
五元杂环	 呋喃 furan 	噻吩 thiophene 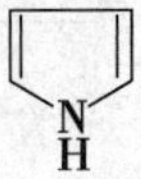	吡咯 pyrrole	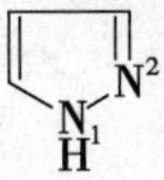 吡唑 pyrazole 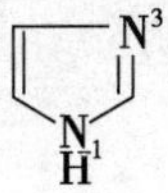	咪唑 imidazole 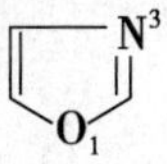	噁唑 oxazole
六元杂环	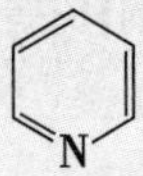 吡啶 pyridine 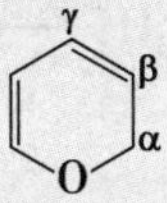	α-吡喃 α-pyran 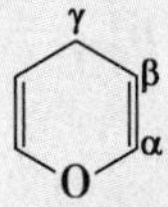	γ-吡喃 γ-pyran	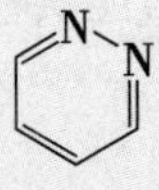 哒嗪 pyridazine 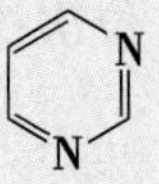	嘧啶 pyrimidine 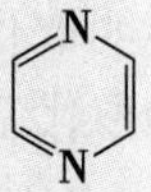	吡嗪 pyrazine
苯稠杂环	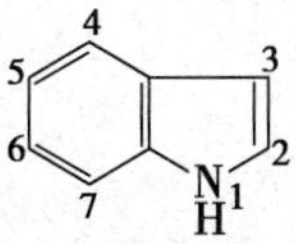 吲哚 indole 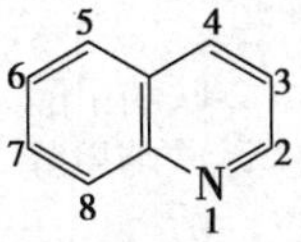	喹啉 quinoline 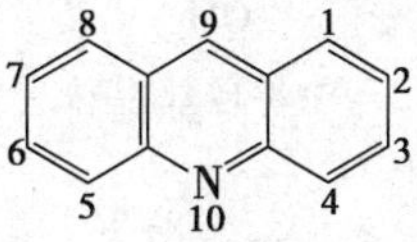	吖啶 acricine			
稠杂环				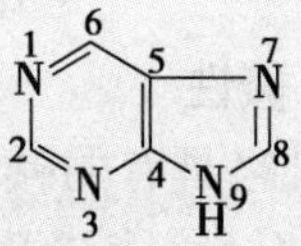 嘌呤 purine		

2. 杂环编号　杂环化合物的环上原子编号,除个别稠杂环如异喹啉外,一般从杂原子开始。

(1) 环上只有 1 个杂原子时,杂原子的编号为 1,旁边的碳原子按数字依次排序。有时也以希腊字母 α、β 及 γ 编号,邻近杂原子的碳原子为 α 位,其次为 β 位,再次为 γ 位。

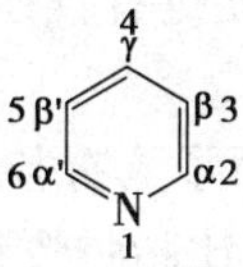

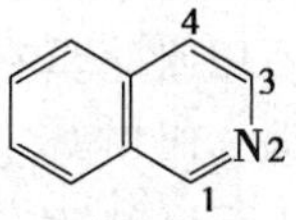

异喹啉
isoquinoline

(2) 环上有不同杂原子时,按照价数先小后大,相同价数的杂原子,按照原子序数小的优先,即按氧、硫、氮为序编号。

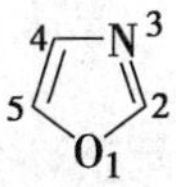

噁唑

（3）环上有两个或两个以上相同杂原子时,应从连接有氢或取代基的杂原子开始编号,并使这些杂原子所在位次的数字之和为最小,再按最低系列原则考虑取代基的编号。

吡唑　　　咪唑

（4）当杂环上连有—R,—X,—OH,—NO$_2$,—NH$_2$等取代基时,以杂环为母体,标明取代基位次;如果连有—CHO,—COOH,—SO$_3$H,—CONH$_2$等时,则把杂环作为取代基。

2-硝基吡咯　　　8-羟基喹啉　　　2-呋喃甲醛
α-硝基吡咯　　　　　　　　　　　α-呋喃甲醛

另有特殊编号的,如嘌呤等（表 12-1）。

三、杂环化合物的性质

（一）碱性

1. 吡咯具有弱碱性和弱酸性　吡咯的碱性很弱,不能与稀酸或弱酸成盐。反而表现为弱酸性,能与干燥的氢氧化钾加热生成盐。所以吡咯可以看成是两性化合物。

$$\underset{H}{N} + KOH（固体） \underset{\triangle}{\rightleftharpoons} \underset{N^- K^+}{} + H_2O$$

因为含氮杂环化合物的碱性强弱与胺一样,取决于氮原子上未共用电子对结合质子的能力大小。吡咯氮原子上的未共用电子对参与环的共轭体系,使其电子云密度降低,减弱了它接受质子的能力。也可以理解为,如果氮原子与质子结合,就会破坏闭合共轭体系的稳定结构而失去芳香性。所以吡咯的碱性很弱。吡咯又表现出弱酸性的原因是,由于氮原子电负性较大,使 N—H 键有较强的极性,氮原子上连接的氢原子有离解成质子的倾向,所以吡咯具有弱酸性。

2. 吡啶的碱性比苯胺强　吡啶环上的氮原子具有叔胺结构,其孤对电子不参与形成环的大 π 键,能结合 H$^+$ 而显碱性。但碱性比脂肪胺和氨弱,而稍强于苯胺,能与盐酸、硫酸成盐。

$$\underset{N}{} + HCl \longrightarrow \underset{N^+ H}{} Cl^-$$

（二）亲电取代反应

1. 五元杂环的亲电取代反应　五元杂环化合物具有芳香性,能与亲电试剂发生亲电取代反应,反应活性为吡咯 > 呋喃 > 噻吩 > 苯,反应发生在 α- 位。因为 α- 位上的电子云密度较大,所以亲电取代反应一般发生在此位置上,如果 α- 位已有取代基,则发生在 β- 位。

(1) 卤代反应:五元杂环与溴或氯反应很强烈,可得多卤代产物,如果需要得到单取代五元杂环,须在温和的条件(低温或溶剂稀释)下进行。与碘反应需要在催化剂存在下才能发生反应。

$$\text{吡咯} + Br_2 \xrightarrow[0℃]{\text{乙醚}} \text{四溴吡咯} + HBr$$

$$\text{呋喃} + Br_2 \xrightarrow[0℃]{\text{二氧六环}} \text{2-溴呋喃} + HBr$$

$$\text{噻吩} + Br_2 \xrightarrow[\text{室温}]{CH_3COOH} \text{2-溴噻吩} + HBr$$

(2) 硝化反应:噻吩、吡咯、呋喃很容易被氧化,混酸中硝酸是强氧化剂,因此硝化试剂不用混酸,改用比较温和的硝酸乙酰酯并在低温下进行反应。

$$\text{吡咯} + CH_3COONO_2 \xrightarrow[-10℃]{(CH_3CO)_2O} \text{2-硝基吡咯} + CH_3COOH$$

$$\text{呋喃} + CH_3COONO_2 \xrightarrow{-5\sim-30℃} \text{2-硝基呋喃} + CH_3COOH$$

$$\text{噻吩} + CH_3COONO_2 \xrightarrow[-10℃]{(CH_3CO)_2O} \text{2-硝基噻吩} + CH_3COOH$$

(3) 磺化反应:噻吩、吡咯、呋喃的磺化试剂也不能直接用浓硫酸,常用吡啶与三氧化硫加合化合物作为磺化试剂。

$$\text{吡咯} + \text{吡啶}N^+SO_3^- \xrightarrow{100℃} \text{2-吡咯磺酸}$$

$$\text{呋喃} + \text{吡啶}N^+SO_3^- \xrightarrow{100℃} \text{2-呋喃磺酸}$$

2. 吡啶的亲电取代反应　吡啶比苯难以发生亲电取代反应,反应发生在 β- 位,磺化和硝化反应需要在极强的条件下进行。是由于环上氮原子的吸电子诱导效应和共轭效应,使六元环上电子云密度降低,减弱其亲核性。

$$\text{吡啶} \xrightarrow[300℃]{Br_2} \text{3-溴吡啶} + HBr$$

$$\text{吡啶} \xrightarrow[300℃\ 24h]{\text{浓}H_2SO_4,\text{浓}HNO_3} \text{3-硝基吡啶} + H_2O$$

$$\text{吡啶} \xrightarrow[220℃]{\text{浓}H_2SO_4,HgSO_4} \text{3-吡啶磺酸} + H_2O$$

（三）氢化反应

杂环化合物可以催化氢化为相应的饱和杂环或脂杂环化合物。由于杂环化合物芳香性比苯弱，所以氢化反应比苯容易，吡咯、吡啶、噻吩、呋喃在较缓和的条件下均可催化加氢。

$$\text{吡咯} \xrightarrow[200℃]{\text{Ni,H}_2} \text{四氢吡咯}$$

$$\text{吡啶} \xrightarrow[75℃]{\text{Pt,H}_2,\text{CH}_3\text{COOH}} \text{六氢吡啶（哌啶）}$$

$$\text{呋喃} + 2\text{H}_2 \xrightarrow[80\sim140℃,5\text{MPa}]{\text{兰尼-Ni}} \text{四氢呋喃}$$

（四）氧化反应

五元杂环容易被氧化，在酸性条件下更易氧化。吡咯、呋喃遇酸，常开环形成与环戊二烯相似的结构，聚合成树脂状物质。

吡啶环很稳定，比苯环更难被氧化，吡啶环上有侧链时，总是侧链先被氧化，生成吡啶羧酸或相应的醛。

$$\text{CH}_3 \xrightarrow{\text{KMnO}_4,\text{H}^+} \text{COOH}$$

四、与医药学有关的杂环化合物及其衍生物

（一）吡咯及其衍生物

吡咯存在于煤焦油和骨焦油中，为无色液体，沸点 131℃，难溶于水，易溶于乙醇和乙醚，吡咯在空气中颜色会慢慢变深，可通过其蒸气与盐酸浸过的松木片作用而显红色来鉴别。吡咯的衍生物广泛分布于自然界，是许多天然活性化合物的基本骨架，叶绿素、血红素、维生素 B_{12} 及许多生物碱中都含有吡咯环。

叶绿素和血红素的基本结构是卟吩环，它由四个吡咯环的 2,5 位通过 4 个次甲基（—CH═）交替连接构成。卟吩本身在自然界中不存在，它的取代物卟啉类化合物却广泛存在。卟吩环中的氮原子可以和多种金属离子通过配位键结合，在卟吩的四个吡咯环中间的空隙里，以共价键及配位键的形式与金属离子结合成配合物。如叶绿素是卟吩环和镁的配合物，是植物中最重要的色素，存在于植物的叶和绿色的茎中，是植物进行光合作用所必需的催化剂；维生素 B_{12} 是卟吩环与钴的配合物，广泛存在于动物食品中，具有参与制造骨髓红细胞，防止恶性贫血等功能；血红素中结合的是亚铁离子，存在于哺乳动物的红细胞中，血红素与蛋白质结合成为血红蛋白，是运输氧气的物质。

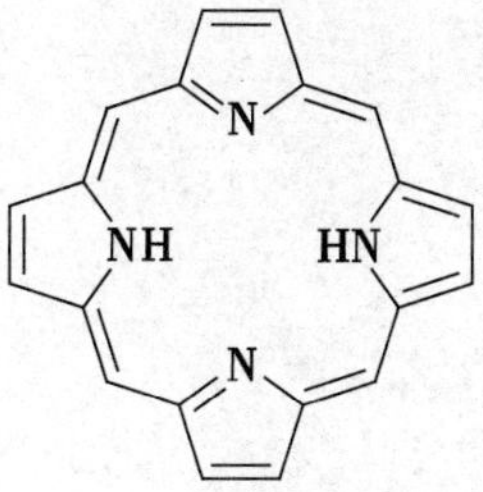

卟吩

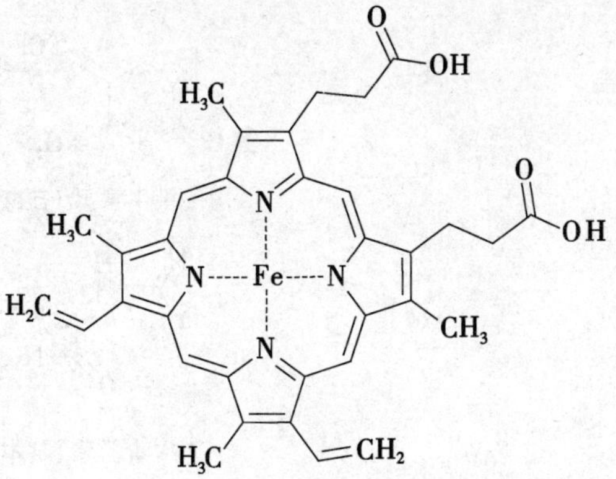

血红素

（二）呋喃及其衍生物

呋喃存在于松木焦油中，是具有特殊气味的无色液体，易挥发，沸点 31℃，难溶于水，易溶于乙醇、乙醚等有机溶剂。

呋喃的一种重要衍生物是 2- 呋喃甲醛，俗称糠醛。用稀酸处理米糠、玉米芯等，其中所含的戊多糖水解为戊糖，戊糖在酸的作用下进一步失水而生成糠醛。糠醛常作为医药、农业生产的重要原料。

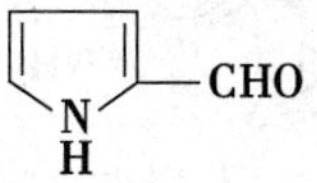

糠醛

作为药物的呋喃衍生物有呋喃西林（临床仅用作消毒防腐药，外用于治疗创伤、烧伤、化脓性皮炎等）、呋喃唑酮或称痢特灵（用于治疗细菌和原虫引起的痢疾、肠炎等疾病）、呋喃妥因（主要用于敏感菌所致的泌尿系统感染）和呋喃丙胺（治血吸虫病）等。

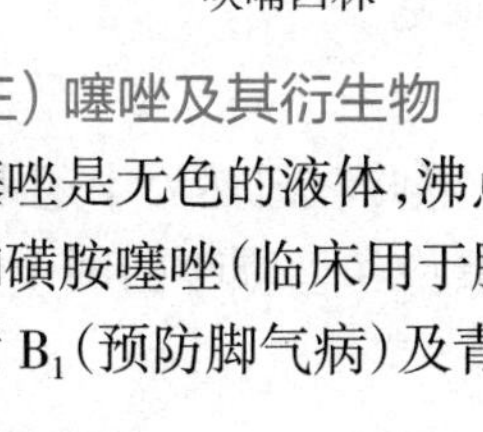

呋喃西林

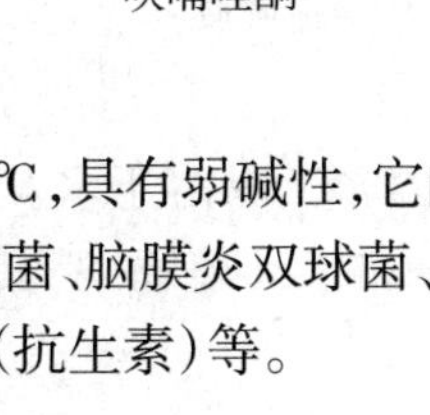

呋喃唑酮

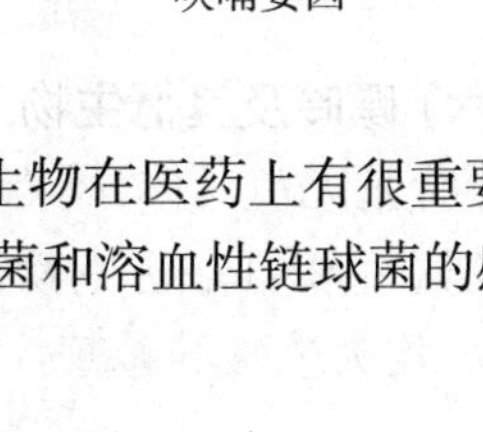

呋喃妥因

（三）噻唑及其衍生物

噻唑是无色的液体，沸点 117℃，具有弱碱性，它的衍生物在医药上有很重要的作用。如磺胺噻唑（临床用于肺炎球菌、脑膜炎双球菌、淋球菌和溶血性链球菌的感染）、维生素 B_1（预防脚气病）及青霉素（抗生素）等。

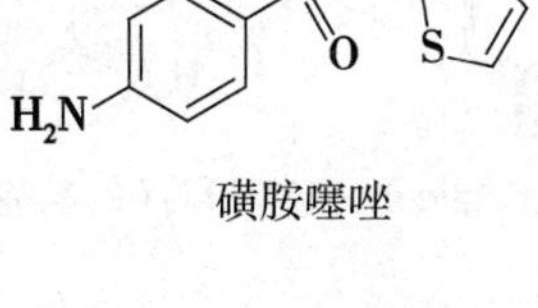

磺胺噻唑

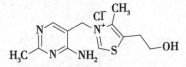

维生素 B₁(盐酸硫胺素)

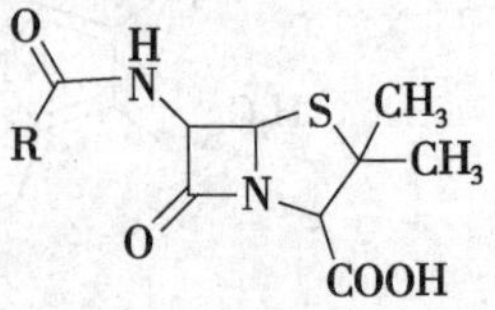

青霉素(基本结构)

(四) 吡啶及其衍生物

吡啶主要存在于煤焦油和页岩油中,是具有强烈臭味的无色液体,沸点 116℃,能与水、乙醇互溶。吡啶的重要衍生物有烟酸、烟酰胺、异烟肼等。烟酸和烟酰胺两者组成维生素 PP,它们是 B 族维生素之一,体内缺乏时能引起糙皮病。烟酸还具有扩张血管及降低血胆固醇的作用,临床可用于血管扩张药,治疗高脂血症。异烟肼又叫雷米封,为无色晶体或粉末,易溶于水,微溶于乙醇而不溶于乙醚。异烟肼具有较强的抗结核作用,是常用的治疗结核病的特效药。

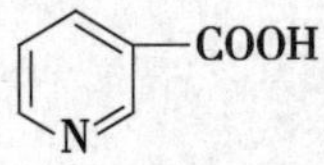

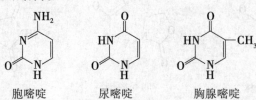

烟酸 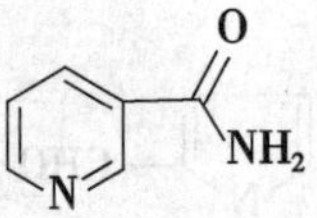　　　　　　烟酰胺 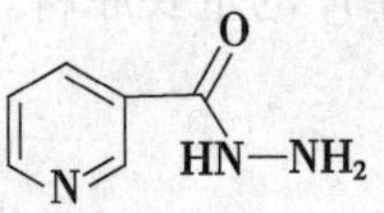　　　　　　异烟肼

(五) 嘧啶及其衍生物

嘧啶是含有两个氮原子的六元杂环化合物。它是无色晶体,熔点 22℃,沸点 124℃,易溶于水,具有弱碱性。嘧啶可以单独存在,也可与其他环系稠合而存在于维生素、生物碱及蛋白质中。嘧啶的衍生物如胞嘧啶、尿嘧啶和胸腺嘧啶是核酸的组成成分。许多合成药物如齐多夫定(抗病毒药)、磺胺嘧啶(广谱抑菌药)、氟尿嘧啶(抗肿瘤药)等,都含有嘧啶环结构。

胞嘧啶　　　　　　尿嘧啶　　　　　　胸腺嘧啶

(六) 嘌呤及其衍生物

嘌呤是无色晶体,熔点 216~217℃,易溶于水及乙醇。嘌呤在自然界中还未发现,但它的羟基和氨基衍生物广泛分布于动植物中,其中腺嘌呤和鸟嘌呤的两个重要的衍生物,均为核酸的碱基。

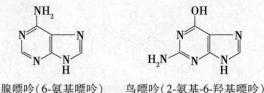

腺嘌呤(6-氨基嘌呤)　　鸟嘌呤(2-氨基-6-羟基嘌呤)

第二节 生 物 碱

一、生物碱概述

生物碱是指存在于生物体内的一类具有生理活性的含氮碱性有机化合物(氨基酸、蛋白质、肽类、维生素 B 等除外),多具有较复杂的氮杂环结构,具有明显的生物活性及碱性。天然生物碱大多数来自植物,少数也来自动物、海洋生物、微生物及昆虫。

生物碱常常是很多药用植物的有效成分,中药之所以能够治病,与中药中所含的有效成分生物碱有很大的关系。例如,麻黄中的平喘成分麻黄碱、黄连、黄柏中的抗菌消炎成分小檗碱(黄连素)和长春花中的抗癌成分长春新碱及常山、当归、贝母、曼陀罗等的有效成分都是生物碱。当然,这些生物碱并不一定是药用植物的主要有效成分,且含量差别大、结构复杂。生物碱多根据其来源的植物命名。例如,麻黄碱是由麻黄中提取得到而得名,烟碱是由烟草中提取得到而得名。生物碱的名称又可采用国际通用名称的音译,例如烟碱又叫尼古丁。

生物碱是科学家们研究的最早的有生理活性作用的天然有机化合物。自 1806 年首次从鸦片中分离得到吗啡至今,已分离出生物碱数万种,多达约 13 万个,其中用于临床的有近百种。

二、生物碱的一般性质

(一) 一般性状

生物碱类化合物主要由碳、氢、氧、氮等元素组成,生物碱多为结晶形固体,少数为无定型粉末,个别生物碱为液体。大多数生物碱有明显的熔点和旋光度,味苦,一般为无色,当具有较长共轭体系的时候表现出各种颜色。

(二) 酸碱性

生物碱的分子结构中具有氮原子,氮原子有孤对电子,为电子的给予体,能够接受质子,所以大多数生物碱具有碱性。各种生物碱的分子结构不同,特别是氮原子在分子中存在的状态不同,所以碱性强弱也不一样。分子中的氮原子大多数结合在环状结构中,以仲胺、叔胺及季铵碱三种形式存在,均具有碱性,以季铵碱的碱性最强。若分子中氮原子以酰胺形式存在时,碱性几乎消失,不能与酸结合成盐。有些生物碱分子中除含碱性氮原子外,还含有酚羟基或羧基,所以既能与酸反应,也能与碱反应生成盐。生物碱的碱性强弱主要与氮原子的电子云密度、分子空间效应、氮原子上孤对电子的杂化方式等有关。

$$生物碱{\equiv} N : \underset{NaOH}{\overset{HCl}{\rightleftharpoons}} [生物碱{\equiv}\overset{\oplus}{N} : H]\overset{\ominus}{Cl}$$

(三) 溶解性

生物碱一般不溶或难溶于水,能溶于氯仿、二氯乙烷、乙醚、乙醇、丙酮、苯等有机溶剂。生物碱的盐类大多易溶于水而不溶或难溶于有机溶剂,遇强碱可重新转变为游离的生物碱。生物碱的溶解性对提取、分离和精制生物碱十分重要。

（四）沉淀反应

大多数生物碱在酸性条件下能与某些试剂生成不溶于水的复盐或络合物而产生沉淀，这些试剂称为生物碱沉淀试剂，其反应称为生物碱的沉淀反应。这些沉淀反应可用以鉴定或分离生物碱。常用的生物碱沉淀试剂有碘 - 碘化钾（KI-I_2）试剂、碘化铋钾（$BiI_3 \cdot KI$）试剂、碘化汞钾（$HgI_2 \cdot 2KI$）试剂、氯化金试剂、苦味酸试剂等。

（五）显色反应

某些生物碱单体与一些试剂反应，呈现各种颜色，这些试剂称为生物碱的显色试剂，其反应称为生物碱的显色反应，能用于检识和鉴别个别生物碱。如 Marquis 试剂（甲醛的浓硫酸溶液）与吗啡作用显紫红色、Mandelin 试剂（1% 钒酸铵的浓硫酸溶液）与阿托品作用显红色等。

三、与医药学有关的生物碱

生物碱的分类方法有多种，一是按照植物来源分类；二是化学分类法；三是生源结合化学分类法。按照生源结合化学分类法生物碱可分为：有机胺类生物碱（如麻黄碱、美登素）；哌啶类生物碱（如烟碱、胡椒碱）；喹啉类生物碱（如奎宁、喜树碱）；托品类生物碱（如阿托品、古柯碱）；异喹啉类生物碱（如吗啡碱、小檗碱）；吲哚类生物碱（如长春碱、钩藤碱）；萜类生物碱（石斛碱、紫杉醇）；胍盐类生物碱（河豚毒素、贝类毒素）；嘌呤及黄嘌呤类生物碱（咖啡因、茶碱）等。这里只扼要介绍几种常见和重要的生物碱。

1. 美登素 1972 年 Kupchan 报道的第一个新型抗癌含氮大环化合物，是最早从卫予科卵叶美登木全植株中提取的高效低毒抗癌成分，其结构中具有 1 个十九元内酰胺环，8 个手性中心。1980 年 E.J.Coery（1990 年诺贝尔化学奖得主）等首次完成全合成，这也是比较经典的全合成范例。

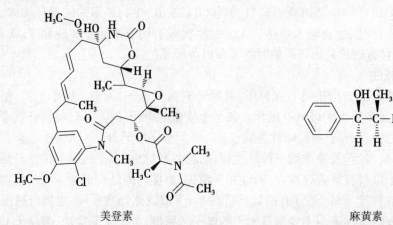

美登素 麻黄素

2. 麻黄素 麻黄素是存在于中药麻黄中的一种主要生物碱，又称麻黄碱，纯品为无色晶体，易溶于水及大多数有机溶剂，具有兴奋交感神经、收缩血管、扩气管作用，是常见的止咳平喘药。一般常用的麻黄碱系指左旋麻黄碱，它与右旋的伪麻黄碱互为旋光异构体。它们在苯环的侧链上都有两个手性碳原子，应有 4 个旋光异构体，但在中药麻黄植物中只存在（-）- 麻黄碱和（+）- 伪麻黄碱两种，并且两者是非对映异构体。麻黄碱和伪麻黄碱都是仲胺类生物碱，不含氮杂环，因此它们的性质与一般生物碱不尽相同，与一般的生物碱沉淀剂也不易发生沉淀。

3. **烟碱** 又名尼古丁,烟草中含 10 余种生物碱,主要是烟碱,含 2%~8%,纸烟中约含 1.5%。烟碱有剧毒,量少对中枢神经有兴奋作用,能升高血压,量多则抑制中枢神经系统,使心脏停搏以至死亡。几毫克的烟碱就能引起头痛、呕吐、意识模糊等中毒症状,抽烟过多的人逐渐会引起慢性中毒。内服或吸入 40mg 即可致死,解毒药为颠茄碱。

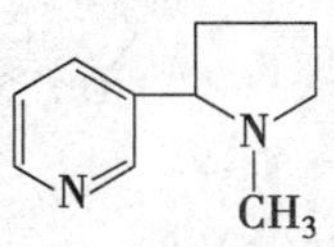

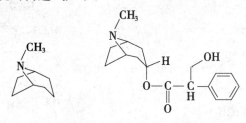

烟碱

 课堂互动

　　随着现代农业的发展,大量有机农药投入使用,人误食有机磷农药后,可以使用什么生物碱进行治疗,是如何发挥作用的?

4. **莨菪碱** 莨菪烷的构造式如下:

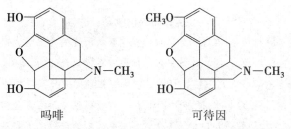

托品烷基本骨架　　　　　　阿托品

　　莨菪碱存在于茄科植物颠茄、莨菪、曼陀罗、洋金花等中草药所含的生物碱中,为左旋体,当莨菪碱在碱性条件下或受热时均可发生消旋作用,变成消旋的莨菪碱,即阿托品。医疗上常用硫酸阿托品作抗胆碱药,能抑制唾液、汗腺等多种腺体的分泌,并能扩散瞳孔;还用于平滑肌痉挛、胃和十二指肠溃疡病;也可用作有机磷、锑中毒的解毒剂。

5. **吗啡和可待因**

吗啡　　　　　　　　可待因

　　罂粟科植物鸦片中含有 20 多种生物碱,其中比较重要的有吗啡、可待因等。这两种生物碱属于异喹啉衍生物类,可看作六氢吡啶环(哌啶环)与菲环相稠合而成的基本结构。吗啡对中枢神经有麻醉作用,有极快的镇痛效力,但易成瘾,不宜常用。可待因是吗啡的甲基醚,为白色晶体,难溶水。可待因与吗啡有相似的生理作用,可用于镇痛,但在医学上常用作麻醉剂及止咳剂。

181

吗啡分子中羟基经乙酰化反应则生成海洛因。海洛因是毒性和作用都比吗啡强得多的毒品,被人称为"毒中之毒"。它的不良副作用远大于其医疗价值,人使用后极易成瘾,并难以戒断,严重者会造成死亡。因此海洛因被列为禁止制造和出售的毒品。

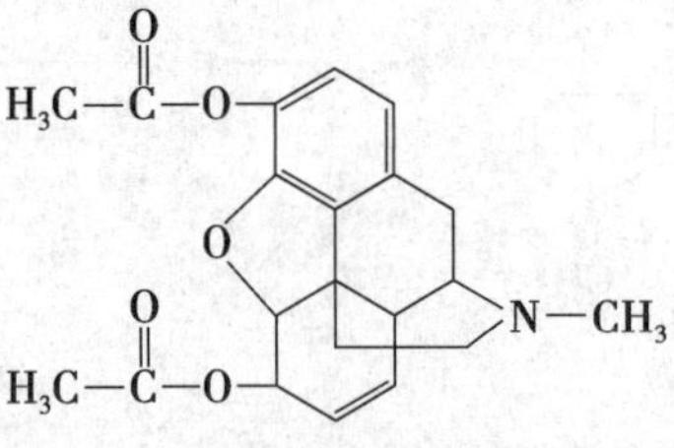

海洛因 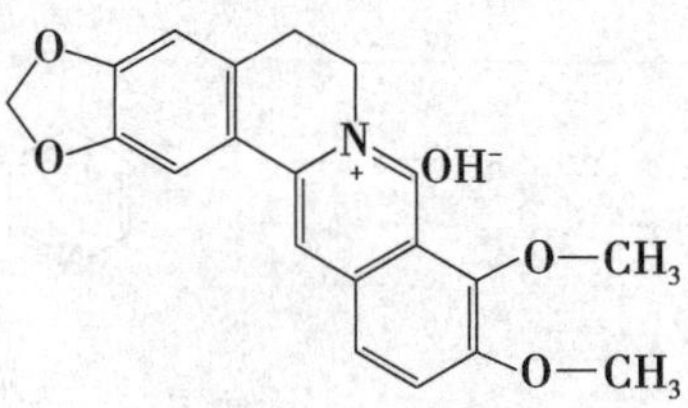   小檗碱(黄连素)

6. 小檗碱 小檗碱又名黄连素,存在于黄连、黄柏等小檗属植物中,它属于异喹啉衍生物类生物碱。小檗碱味很苦,抗菌谱广,对多种革兰阳性细菌和阴性细菌有抑制作用,在临床上用于治疗痢疾、胃肠炎等疾病。此外,还有镇静、降压的作用。

7. 咖啡碱 咖啡碱含有嘌呤环,主要存在于咖啡中,无色针状晶体,易溶于热水,难溶于冷水。具有刺激中枢神经的作用,可作为兴奋剂,有止痛利尿的作用。

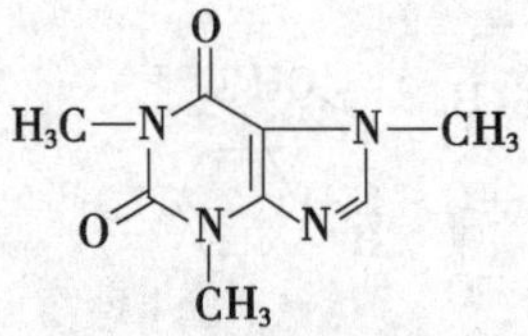

咖啡碱 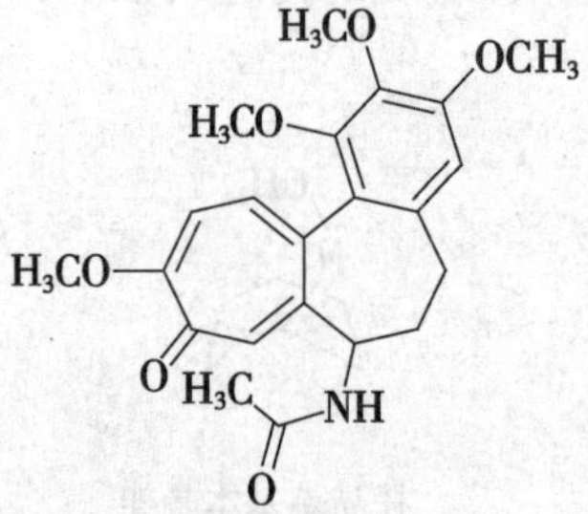   秋水仙碱

8. 秋水仙碱 秋水仙碱为灰黄色针状结晶,易溶于氯仿,可溶于水,不溶于石油醚等。在体内可通过减低白细胞活动和吞噬作用及减少乳酸形成,从而减少尿酸结晶的沉积,主要用于急性痛风;同时具有一定的抗肿瘤作用,毒性较大,慎重使用。

 知识链接

抗肿瘤的植物药

从植物中寻找抗肿瘤药物,在国内外已成为抗癌药物研究的重要组成部分。一般在天然药物有效成分上进行一些半合成,使之疗效更好。如羟基喜树碱、硫酸长春碱、紫杉醇等。

喜树碱及羟基喜树碱多是从中国特有的珙桐科植物喜树中分离得到的内酯生物碱。羟基喜树碱为黄色柱状结晶,不溶于水,微溶于有机溶剂,溶于碱性水溶液。喜树碱有较强的细胞毒性,对消化道肿瘤、肝癌、膀胱癌和白血病等恶性肿瘤有较好的疗效。但其对泌尿系统的毒性比较大,主要为尿频、尿痛和尿血等。羟基喜树碱疗效更好,毒性低,临床上主要用于肠癌、肝癌和白血病的治疗。但水溶性和喜树碱一样,比较差,影响应用。

硫酸长春碱为白色结晶性粉末。易溶于水,微溶于乙醇,可溶于甲醇和氯仿。长春碱是从夹竹桃科植物长春花中提取的生物碱。主要对淋巴瘤、绒毛膜上皮癌及睾丸肿瘤有效。

紫杉醇为白色针状结晶,难溶于水。最先是从红豆杉科植物,美国西海岸的短叶红豆杉的树皮中提取得到的。临床上紫杉醇对于卵巢癌、乳腺癌和大肠癌疗效突出,对移植性动物肿瘤和黑色素瘤、非小细胞肺癌也有明显抑制作用。

(杨　俊)

复习思考题

扫一扫
测一测

1. 命名下列化合物

(1) 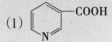　　　　(2) 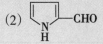　　　　(3)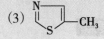

(4) 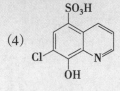　　　　(5) 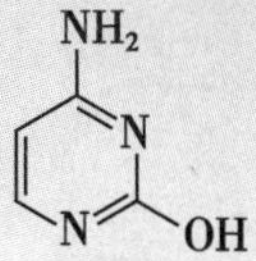 　　　　(6)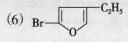

2. 完成下列反应式

(1) 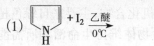　　　　(2)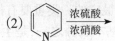

(3) 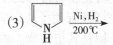　　　　(4) 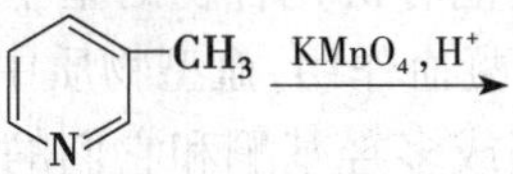 见上图

3. 简述生物碱的一般性质。

第十三章

- - - - - - - -

糖类化合物

 学习要点

1. 单糖的结构和理化性质。
2. 二糖的结构单位和理化性质。
3. 多糖的结构单位和理化性质。
4. 常见的糖在医药学上的应用。

糖类是自然界存在最多、分布最广的一类重要有机化合物,主要来自绿色植物的光合作用。糖类是构成生物体的基本成分之一,是生物体维持生命活动所需能量的主要来源,是生物体合成其他有机化合物的基本原料。某些糖类还有特殊的生理功能,例如肝脏中的肝素有抗凝血作用,血型物质中的糖与免疫活性有关。从化学结构特点来看,糖类是多羟基醛或多羟基酮和它们的脱水缩合产物及其衍生物。或者说糖类是多羟基醛或多羟基酮以及水解后能产生多羟基醛或多羟基酮的一类有机化合物。如葡萄糖是多羟基醛,果糖是多羟基酮,蔗糖是由葡萄糖和果糖脱水而成的缩合物。其中最简单的糖就是丙醛糖和丙酮糖,其结构式为:

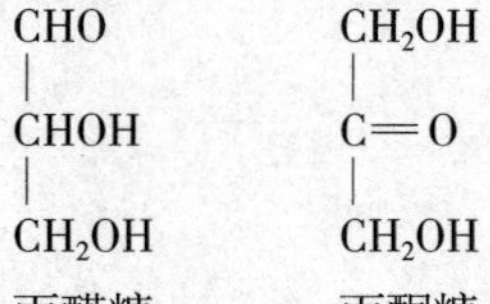

$$
\begin{array}{cc}
\text{CHO} & \text{CH}_2\text{OH} \\
| & | \\
\text{CHOH} & \text{C}=\!\!\text{O} \\
| & | \\
\text{CH}_2\text{OH} & \text{CH}_2\text{OH} \\
\text{丙醛糖} & \text{丙酮糖}
\end{array}
$$

糖类又称碳水化合物。这是由于最初发现的糖类化合物具有 $C_n(H_2O)_m$ 的组成通式。但后来的研究显示,有的分子组成符合这个通式的化合物,却并不具有糖的性质,如甲醛(CH_2O)、乙酸($C_2H_4O_2$)等;相反有些分子组成不符合这个通式的化合物,却具有糖类的性质,如脱氧核糖($C_5H_{10}O_4$)、鼠李糖($C_6H_{12}O_5$)等。因此严格地讲,把糖类称为碳水化合物并不恰当。

根据糖类能否水解和水解后的产物不同,可将其分为以下三类:

单糖:是不能水解的多羟基醛或多羟基酮,如葡萄糖、果糖、核糖等。

低聚糖:又称寡糖,是水解后能生成2~10个单糖分子的糖,其中以二糖最为重要,常见的二糖有麦芽糖、蔗糖、乳糖等。

多糖:又称高聚糖,是水解后能生成 10 个以上单糖分子的糖,如糖原、淀粉、纤维素等。

糖类的名称常根据其来源采用俗名,如蔗糖、葡萄糖即因其来源而得名。

第一节 单 糖

单糖按其结构分为醛糖和酮糖;按分子中所含碳原子的数目又可分为丙糖、丁糖、戊糖和己糖等。在实际应用时通常把这两种分类方法联用而称为某醛糖或某酮糖。最简单的醛糖和酮糖分别是甘油醛和二羟基丙酮。有些糖的羟基被氢原子或氨基取代后,分别被称作去氧糖(如 2- 脱氧核糖)和氨基糖(如 2- 氨基葡萄糖),它们也是生物体内重要的糖类。

单糖是构成低聚糖和多糖的基本单位,了解单糖的结构是研究糖类化学的基础。生物体内最为常见的单糖是戊糖和己糖,其中与医学密切相关的是葡萄糖、果糖、核糖和脱氧核糖;从结构和性质来看,葡萄糖和果糖可作为单糖的代表,因此下面就以这两种己糖为例来讨论单糖的结构。

一、单糖的结构

(一) 葡萄糖的结构

1. 葡萄糖的链状结构和构型　葡萄糖的分子式为 $C_6H_{12}O_6$,具有五羟基己醛的基本结构,属于己醛糖。己醛糖的直链结构式为:

$$H_2C \overset{*}{-} CH \overset{*}{-} CH \overset{*}{-} CH \overset{*}{-} CH - CHO$$
$$\quad\; OH \;\; OH \;\; OH \;\; OH \;\; OH$$

该结构中含有 4 个不同的手性碳原子(C_2、C_3、C_4、C_5),应有 2^4=16 个旋光异构体,自然界中的葡萄糖只是 16 个己醛糖之一。其分子的空间构型用费歇尔(Fischer)投影式表示如(Ⅰ),为了书写方便,还可用(Ⅱ)或(Ⅲ)等简式表示。

```
      CHO              CHO              △
   H ─┼─ OH         ─┼─ OH          ─┼─
  HO ─┼─ H       HO ─┼─            ─┼─
   H ─┼─ OH         ─┼─ OH        ─┼─
   H ─┼─ OH         ─┼─ OH          │
      CH₂OH            CH₂OH          ○
      (Ⅰ)              (Ⅱ)           (Ⅲ)
```

命名单糖时常需标明其构型,一般采用 D/L 标记法表示其不同构型,即以甘油醛作为比较标准,只考虑编号最大的手性碳原子的构型,手性碳原子上的羟基在碳链右边的构型为 D- 型,在碳链左边的构型则为 L- 型。本章所述单糖未标明构型的均为 D-型糖。在 16 种己醛糖旋光异构体中,自然界存在的只有 D-(+)- 葡萄糖、D-(+)- 半乳糖和 D-(+)- 甘露糖,其余 13 种都是人工合成的。

2. 变旋现象和葡萄糖的环状结构　葡萄糖能被氧化、还原,能形成肟、酯等,这些性质与开链醛式结构是一致的 。但是葡萄糖还有一些"异常现象"无法用链状结构解释。

（1）葡萄糖不能使希夫试剂显色，也不能与亚硫酸氢钠加成。

（2）醛在干燥 HCl 作用下可与 2 分子醇作用生成缩醛，而葡萄糖则只能与 1 分子醇作用，生成无还原性的稳定产物（性质类似于缩醛）。

（3）葡萄糖有两种比旋光度（$[\alpha]_D^{20}$）不同的晶体，从冷乙醇中结晶出来的称为 α-型，其新配制的水溶液比旋光度为 +112°；另一种是从热的吡啶中结晶出来的，称为 β-型，其新配制的水溶液比旋光度为 +18.7°。上述两种水溶液的比旋光度都会逐渐变化，并且都在达到 +52.7°时保持稳定不再改变。某些旋光性化合物溶液的旋光度自行改变逐渐达到一个定值的现象称为变旋现象。

基于上述事实，同时受醛可以与醇加成生成半缩醛这一反应的启示，化学家们推测单糖分子中的醛基和羟基应能发生分子内的加成反应，形成环状半缩醛，这种环状结构已经得到实验证实。开链葡萄糖分子中 C_5 上的羟基与 C_1 羰基加成形成六元含氧环，具有这种六元氧环（与吡喃环相似）的单糖称为吡喃糖；有的单糖分子内加成可形成五元含氧环，具有这种五元氧环（与呋喃环相似）的单糖称为呋喃糖。

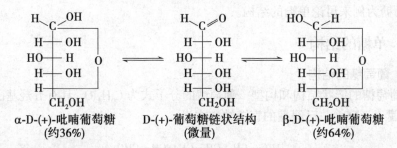

单糖成环时，醛基碳原子 C_1 变成了一个新的手性碳原子，新形成的 C_1-羟基称为半缩醛羟基或苷羟基（亦称为潜在醛基），因此环状结构无论是吡喃型还是呋喃型都有两种异构体。以直立费歇尔投影式表示 D-型糖的环状结构时，其苷羟基在碳链右侧的称为 α-型，苷羟基在碳链左侧的称为 β-型，它们仅仅是顶端碳原子构型不同，故称为端基异构体或异头物，属于非对映异构体。葡萄糖的两种端基异构体分别为 α-D-(+)-吡喃葡萄糖（可从葡萄糖的冷乙醇溶液中结晶析出）、β-D-(+)-吡喃葡萄糖（可从葡萄糖的热吡啶溶液中结晶析出）。

由于葡萄糖的 α-型和 β-型的比旋光度不一样，而在水溶液中两种环状结构中的任何一种均可通过开链结构相互转变，在趋向平衡的过程中，α-型和 β-型的相对含量不断改变，溶液的比旋光度也随之发生改变，当这种互变达到平衡时，比旋光度也就不再改变，此即葡萄糖产生变旋现象的原因。像这种旋光性化合物在溶液中比旋光度能自行改变，并达到一个恒定值的现象称为变旋现象。

α-D-(+)-吡喃葡萄糖 ⟷ 开链式 ⟷ β-D-(+)-吡喃葡萄糖

$[\alpha]_D^{20}$=+112° $[\alpha]_D^{20}$=+18.7°

约36% 微量 约64%

$[\alpha]_D^{20}$=+52.7°

凡是分子中有环状结构的单糖在溶液中都有变旋现象，例如 D-果糖、D-甘露糖等均有变旋现象。

由于在水溶液中葡萄糖的环状结构占绝对优势，开链结构浓度极低，因此凡是涉及羰基的典型可逆反应，如葡萄糖与亚硫酸氢钠或希夫试剂的反应都难以发生。

3. 葡萄糖环状结构的哈沃斯式　上述葡萄糖的环状结构是用直立费歇尔投影式表示的，其中碳链直线排列以及过长而又弯曲的氧桥键显然不合理。为了接近真实并形象地表达葡萄糖的氧环结构，化学上常采用哈沃斯（Haworth）式。葡萄糖的哈沃斯式可看做由费歇尔投影式改写而成，一般写法如下：

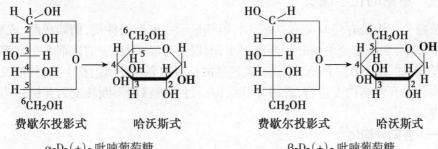

将吡喃环改写成垂直于纸平面的平面六边形，其中粗线表示的键在纸平面前方，细线表示的键在纸平面后方，C_1 和 C_4 在纸平面上；C_5 所连的羟甲基和氢原子分别在环平面上、下方；环上其他碳原子所连的基团，原来在投影式左边的，处于环平面的上方；原来在投影式右边的，处于环平面下方（即"左上右下"）。苷羟基在环平面下方者是 α- 型，在上方者是 β- 型，其他 D- 型糖亦如此。

（二）果糖的结构

果糖与葡萄糖互为同分异构体，所不同的是两者羰基的位置不同，果糖的羰基在 C_2 上，属于己酮糖，自然界中存在的是 D-(−)- 果糖。

与葡萄糖相似，D- 果糖既有链状结构，又存在环状结构。当 D- 果糖链状结构中 C_5 或 C_6 上的羟基与酮基加成时，分别形成呋喃环和吡喃环两种环状结构。自然界中以游离态存在的果糖主要是吡喃型；而以结合态存在的果糖（如蔗糖中的果糖）主要是呋喃型。无论是呋喃果糖还是吡喃果糖又都有各自的 α- 型和 β- 型。在水溶液中，D- 果糖也可以由一种环状结构通过链状结构转变成其他各种环状结构，因此果糖也有变旋现象，达到互变平衡时，其比旋光度为 92°。

二、单糖的物理性质

单糖都是结晶性物质,具有吸湿性,易溶于水(尤其在热水中溶解度很大),难溶于有机溶剂,糖的水溶液浓缩时易形成黏稠的过饱和溶液——糖浆。水 - 醇混合溶剂常用于糖的重结晶。单糖都有甜味,但甜度各不相同。凡能发生开链结构和环状结构互变的单糖都有变旋现象。

三、单糖的化学性质

单糖分子中既有羟基又有羰基。其羟基显示一般醇的性质,例如成酯、成醚等。在水溶液中,含羰基的单糖分子浓度很小,所以能与醛、酮反应的试剂不一定都能与单糖反应(如 $NaHSO_3$、HCN 等)。有关羟基的反应主要在环状结构上进行;涉及羰基的反应则在开链结构上进行,此时环状结构通过平衡移动不断转变为开链结构而参与反应。

(一) 差向异构化

含有多个手性碳原子的旋光异构体,若彼此间只有一个手性碳原子的构型不同而其余都相同者,则它们互称为差向异构体。例如 D- 葡萄糖和 D- 甘露糖只是手性碳原子 C_2 的构型不同,其他手性碳原子的构型完全相同,所以它们互为差向异构体,称为 C_2- 差向异构体。此外,葡萄糖和半乳糖只是手性碳原子 C_4 构型不同,属于 C_4- 差向异构体。

用稀碱溶液处理 D- 葡萄糖、D- 甘露糖和 D- 果糖中的任何一种,都可得到这三种单糖的互变平衡混合物,这是因为糖在稀碱作用下可形成烯醇式中间体,烯醇式中间体很不稳定,能可逆地进行不同方式的互变异构化,从而实现三种单糖之间的相互转变。生物体内,在酶的催化下,也能发生类似转化。

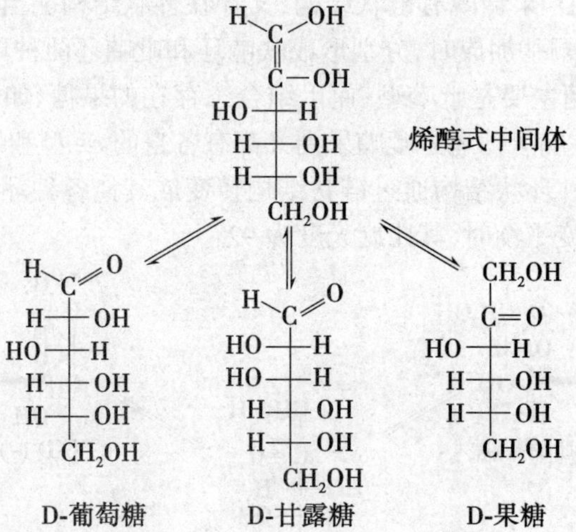

在上述互变异构化反应中既有醛糖和酮糖(D- 葡萄糖、D- 甘露糖与 D- 果糖)之间的互变异构化,也有差向异构体(D- 葡萄糖和 D- 甘露糖)之间的互变异构化,其中差向异构体之间的互变异构化称差向异构化。

在碱性条件下,酮糖能显示某些醛糖的性质(如还原性),就是因为此时酮糖可异构化为醛糖。

（二）氧化反应

1. **与弱氧化剂反应** 单糖无论是醛糖或酮糖都可与碱性弱氧化剂发生氧化反应。常用的碱性弱氧化剂有托伦（Tollens）试剂、斐林（Fehling）试剂和班氏（Benedict）试剂。单糖被托伦试剂氧化产生银镜，与班氏试剂或斐林试剂反应生成砖红色的 Cu_2O 沉淀。

$$单糖 +Ag^+（配离子）\xrightarrow{OH^-}糖酸（混合物）+Ag\downarrow$$

$$单糖 +Cu^{2+}（配离子）\xrightarrow{OH^-}糖酸（混合物）+Cu_2O\downarrow$$

酮糖能发生上述反应是因为在碱性条件下能异构化为醛糖。

凡能与托伦试剂、班氏试剂、斐林试剂反应的糖称还原糖；不能反应的糖称非还原糖。单糖都是还原糖。托伦试剂、班氏试剂、斐林试剂常用于单糖的定性或定量测定。

班氏试剂是由硫酸铜、碳酸钠和柠檬酸钠配制成的溶液，其优点是比较稳定。过去临床检验中曾经用班氏试剂检验尿液中是否含有葡萄糖，并根据生成氧化亚铜沉淀的颜色深浅及量的多少来判断尿糖（尿液中的葡萄糖称尿糖）的含量。

2. **与溴水反应** 溴水是一种酸性弱氧化剂，能把醛糖氧化成为醛糖酸，而不能氧化酮糖。醛糖溶液中加溴水，稍微加热后，溴水的红棕色即可褪去，利用这个性质可区别醛糖和酮糖。

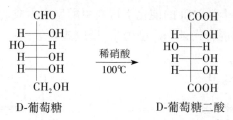

3. **与稀硝酸反应** 用强氧化剂如稀硝酸氧化醛糖时，醛基和羟甲基均被氧化成羧基，生成糖二酸。如 D-葡萄糖被硝酸氧化则生成 D-葡萄糖二酸。

在体内酶的作用下 D-葡萄糖亦可转化为 D-葡萄糖醛酸。在肝脏中 D-葡萄糖醛酸可与一些有毒物质如醇类、酚类化合物结合并由尿液排出体外，起解毒作用。临床上常用的护肝药物"肝泰乐"就是葡萄糖醛酸。

（三）成脎反应

单糖和过量的苯肼一起加热即生成糖脎。生成糖脎是 α-羟基醛或 α-羟基酮的特有反应。糖脎的生成分为三步：单糖先与苯肼作用生成苯腙；α-羟基被苯肼氧化成新的羰基；新的羰基再与苯肼作用生成二苯腙，即糖脎。D-葡萄糖、D-甘露糖、D-果糖与苯肼反应生成糖脎的总反应如下：

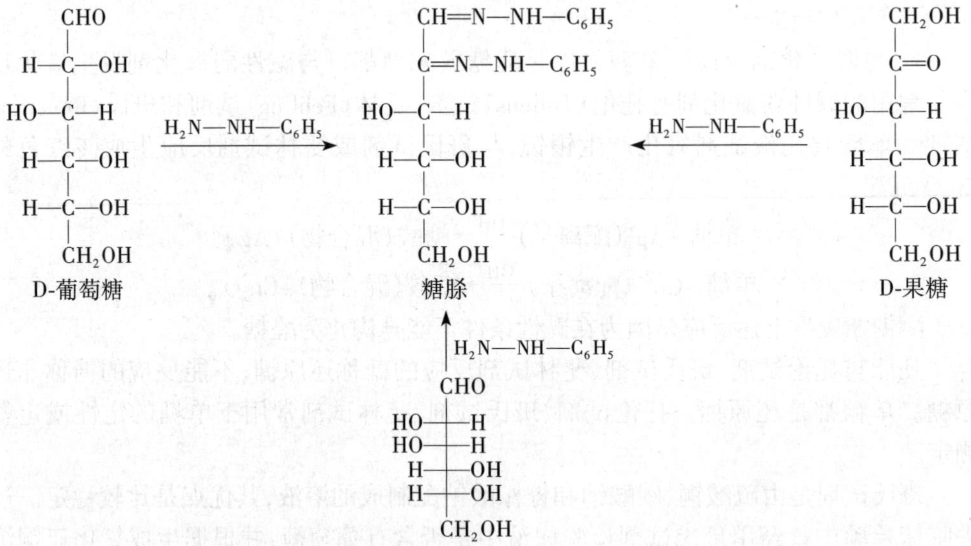

D-葡萄糖 ——H₂N—NH—C₆H₅→ 糖脎 ←——H₂N—NH—C₆H₅—— D-果糖

H₂N—NH—C₆H₅

D-甘露糖

从以上反应可以看出,D-葡萄糖、D-甘露糖、D-果糖都生成同一种糖脎,即无论醛糖或酮糖,成脎反应仅仅发生在 C_1 和 C_2 位上,不涉及其他碳原子,故除了 C_1 和 C_2 的结构不同以外,其他碳原子构型相同的几种糖,都生成同一种糖脎。因此,对于可生成同一种糖脎的几种糖来说,只要知道其中一种糖的构型,则另外几种糖 C_3 以下的结构完全相同,这对测定单糖的构型很有价值。

糖脎是难溶于水的黄色结晶。一般来说,不同的糖所生成的糖脎,其结晶形状和熔点是不同的;另外相同条件下,不同的糖成脎速度也各不相同,例如 D-果糖成脎比 D-葡萄糖成脎快很多,因此常用显微镜观察晶型及结晶速度来鉴别不同的糖。

(四) 成苷反应

单糖环状结构中的苷羟基活泼性高于一般的醇羟基,能与含活泼氢的化合物(如含羟基、氨基或巯基的化合物)脱水,生成的产物称为糖苷,这种反应则称为成苷反应。

例如:D-葡萄糖在干燥 HCl 的催化下可与甲醇反应生成 D-葡萄糖甲苷。成苷的产物是 α- 型和 β- 型的混合物,以 α- 型为主,反应式如下:

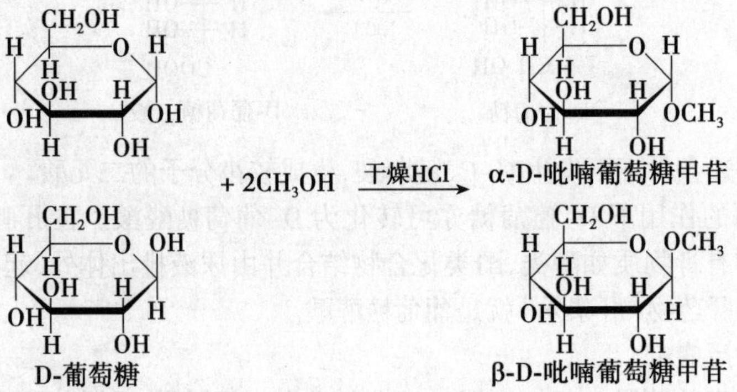

D-葡萄糖 + 2CH₃OH ——干燥HCl→ α-D-吡喃葡萄糖甲苷

β-D-吡喃葡萄糖甲苷

形成糖苷时,单糖脱去苷羟基后的部分称糖苷基,非糖部分称配糖基或苷元。例如上述葡萄糖甲苷中,去掉苷羟基的葡萄糖部分为糖苷基,甲氧基为配糖基。连接糖苷基和配糖基的键称苷键,苷键也有 α- 型和 β- 型两种构型。根据苷键上原子的不同,苷键又有氧苷键、氮苷键、硫苷键等。一般所说的苷键指的是氧苷键,在核苷中的苷键是氮苷键。

在糖苷分子中已没有苷羟基,不能通过互变异构转变为开链式结构,所以糖苷没有还原性和变旋现象,也不能与苯肼成脎。由于糖苷实质上也是一种缩醛,所以它和其他缩醛一样,在中性和碱性条件下比较稳定,而在酸或酶作用下,苷键能够水解生成原来的化合物。氧苷键很容易水解,在同样条件下氮苷键的水解速度则较慢。生物体内有的酶只能水解 α- 糖苷,有的酶只能水解 β- 糖苷。例如甲基 -α-D- 葡萄糖苷能被麦芽糖酶水解为甲醇和葡萄糖,而不能被苦杏仁酶水解。相反,甲基 -β-D- 葡萄糖苷能被苦杏仁酶水解,却不能被麦芽糖酶水解。

糖苷大多为白色、无臭、味苦的结晶性粉末,能溶于水和乙醇,难溶于乙醚。

在动植物体中的许多糖都是以糖苷形式存在,多为 β- 糖苷。很多中草药的有效成分也是糖苷类化合物,例如,杏仁中的苦杏仁苷具有祛痰止咳作用;白杨和柳树皮中的水杨苷具有止痛作用;人参中的人参皂苷有调节中枢神经系统增强机体免疫功能等作用;黄芩中的黄芩苷有清热泻火、抗菌消炎等作用。

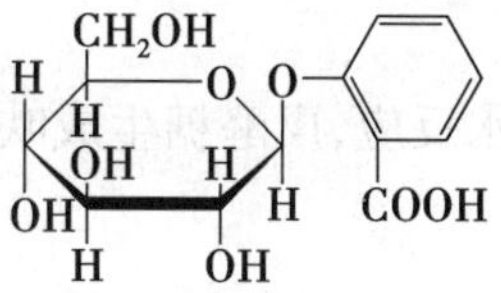

水杨苷 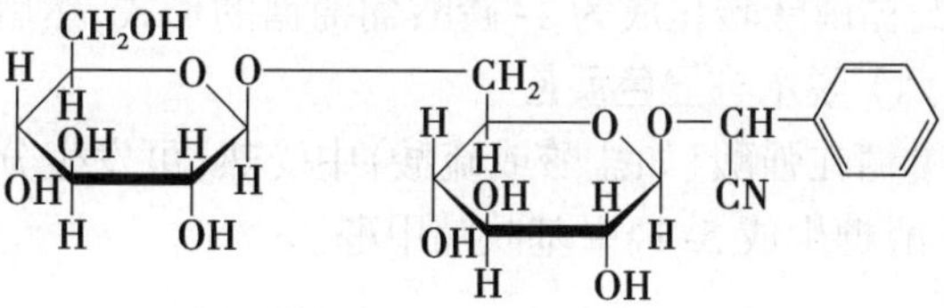   苦杏仁苷

知识链接

苦杏仁苷的毒性

许多蔷薇科植物(如杏、扁桃、樱桃、苹果、山楂、桃、李、枇杷等)种子的核仁中均含有苦杏仁苷,因其有苦味且在杏仁中含量最高而得名。苦杏仁苷的糖苷配基具有 α- 羟基腈结构,在人体内受到两种酶的作用而进行如下降解反应:

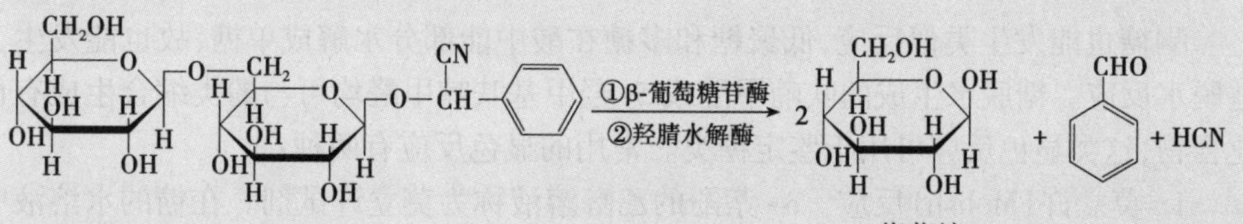

①β-葡萄糖苷酶   ②羟腈水解酶

D- 葡萄糖 + HCN

苦杏仁苷是中药杏仁中的一种有效成分。小剂量口服时,由于释放少量氢氰酸,对呼吸中枢产生抑制作用而镇咳。大剂量口服时,因生成较多氢氰酸能使延髓生命中枢先兴奋而后麻痹,并能抑制体内酶的活性而阻断生物氧化链,从而引起中毒,严重者甚至导致死亡。

杏仁也可食用,但食用前必须先在水中浸泡多次,并加热煮沸,以减少甚至消除其中的苦杏仁苷。

苦杏仁苷在酸性溶液中水解产生 HCN 气体,遇碱性苦味酸试纸变红色(生成异性紫酸钠),此法可用于氰苷的初步鉴别。

(五) 成酯反应

单糖环状结构中所有的羟基都可以被酯化,例如在生物体内,α-D- 葡萄糖在酶的作用下,与磷酸作用可生成 α-D- 葡萄糖 -1- 磷酸酯、α-D- 葡萄糖 -6- 磷酸酯和 α-D- 葡萄糖 -1,6- 二磷酸酯。生成 α-D- 葡萄糖 -1- 磷酸酯的反应如下:

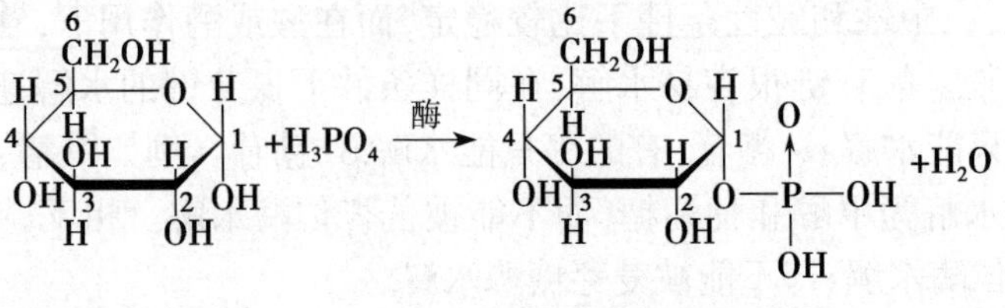

α-D- 葡萄糖　　　　　　α-D- 葡萄糖 -1- 磷酸酯
　　　　　　　　　　　　　　(1- 磷酸葡萄糖)

其他重要的磷酸酯还有 3- 磷酸甘油醛、磷酸二羟基丙酮,6- 磷酸果糖、1,6- 二磷酸果糖等。

糖的磷酸酯是体内糖代谢的中间产物。例如体内糖原的合成和分解都必须首先将葡萄糖磷酸转化成为 1- 磷酸葡萄糖的形式,然后才能完成整个反应过程。

(六) 脱水与显色反应

单糖在强酸(如盐酸或硫酸)中受热,可发生分子内脱水反应,戊醛糖生成呋喃甲醛,己醛糖生成 5- 羟甲基呋喃甲醛。

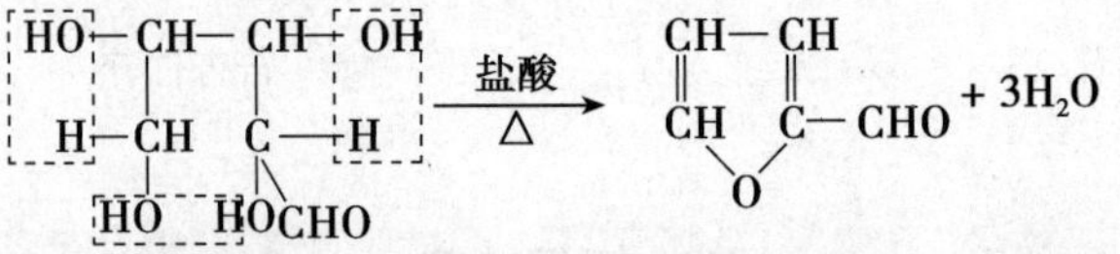

戊醛糖　　　　　　　　呋喃甲醛

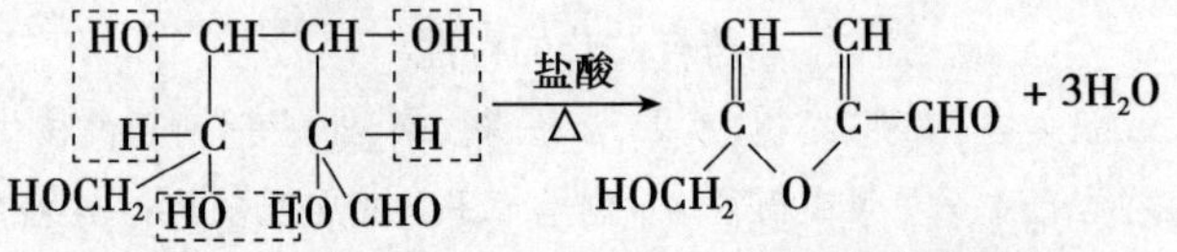

己醛糖　　　　　　　　5-羟甲基呋喃甲醛

酮糖也能发生类似反应,低聚糖和多糖在酸中能部分水解成单糖,故也能发生上述脱水反应。糖脱水生成的呋喃甲醛或 5- 羟甲基呋喃甲醛均可与酚类缩合生成有色化合物,这类显色反应可用于鉴定糖类。常用的显色反应有两种:

1. 莫立许(Molish)反应　α- 萘酚的乙醇溶液称为莫立许试剂。在糖的水溶液中加入莫立许试剂,然后沿试管壁缓慢加入浓硫酸,静置,密度比较大的浓硫酸沉到管底。在糖溶液与浓硫酸的交界面很快出现美丽的紫色环,此反应称为莫立许反应。

单糖、低聚糖和多糖均能发生莫立许反应,而且这个反应非常灵敏,因此常用于糖类物质的鉴定。

2. 塞利凡诺夫(Seliwanoff)反应　间苯二酚的盐酸溶液称塞利凡诺夫试剂。在酮糖(游离态或结合态)的溶液中,加入塞利凡诺夫试剂并加热,很快出现鲜红色产物,此反应称塞利凡诺夫反应。

同样条件下,醛糖比酮糖的显色反应慢 15~20 倍,现象不明显,据此可鉴别醛糖和酮糖。

四、与医药学有关的单糖

(一) D-核糖和 D-2-脱氧核糖

D-核糖和 D-2-脱氧核糖是两种极为重要的戊醛糖,具有左旋光性,它们也具有开链结构和环式结构,通常以呋喃糖形式存在。它们的结构式如下:

α-D-呋喃核糖　　　　D-核糖(链状结构)　　　　β-D-呋喃核糖

α-D-2-脱氧呋喃核糖　　　D-2-脱氧核糖(链状结构)　　　β-D-2-脱氧呋喃核糖

D-核糖或 D-2-脱氧核糖以其 β-呋喃糖上的苷羟基与某些含氮有机碱(生物化学中称其为碱基)的氮原子上的氢脱水,以氮苷键结合形成核苷。核苷再以戊糖 C_5 上的羟基与磷酸成酯形成核苷酸。它们是组成核糖核酸(RNA)和脱氧核糖核酸(DNA)的基本单位(第十四章第三节)。

(二) D-葡萄糖

D-葡萄糖是自然界分布最广的单糖,在葡萄中含量较多,因而得名,它是构成糖苷和许多低聚糖、多糖的组成部分。D-葡萄糖的水溶液具有右旋光性,所以又称其为右旋糖,其甜度约为蔗糖的 70%。

葡萄糖在人体内能直接参与新陈代谢过程。在消化道中,葡萄糖能不经过消化过程而直接被人体吸收,在人体组织中氧化放出热量,是人体进行生命活动所需能量的主要来源。人和动物的血液中也含有葡萄糖(血糖),正常人空腹时的血糖浓度为 3.9~6.1mmol/L,保持血糖浓度的恒定具有重要的生理意义。一般情况下,人的尿液中无葡萄糖,但某些糖尿病患者因血糖过高超过其肾糖阈时,其尿液中就出现葡萄糖(尿糖)。

葡萄糖在工业上多由淀粉水解制得。在医药上可用作营养品,具有强心、利尿和解毒的作用;在人体失血、失水时常用葡萄糖溶液补充体液,增加能量;还可用于治疗水肿、心肌炎、血糖过低等。

(三) D-果糖

D-果糖是最甜的一种糖,以游离状态存在于水果和蜂蜜中。D-果糖的水溶液具有左旋光性,因此又称其为左旋糖。果糖也可和磷酸形成磷酸酯,1,6-二磷酸果糖临床上用于急救及抗休克等。体内的果糖-6-磷酸酯和果糖-1,6-二磷酸酯都是糖代谢的重要中间产物。

(四) D-半乳糖

D-半乳糖是 D-葡萄糖的 C_4 差向异构体,两者结合形成乳糖,存在于哺乳动物的乳汁中。半乳糖具有右旋光性,其甜度仅为蔗糖的 30%。

　　人体中的半乳糖是乳糖的水解产物,半乳糖在酶作用下发生差向异构化生成葡萄糖,然后参与代谢,为母乳喂养的婴儿提供能量。

(五) 氨基糖

　　天然氨基糖是己醛糖分子中 C_2 上的羟基被氨基取代的衍生物,例如 D- 氨基葡萄糖、D- 氨基甘露糖、D- 氨基半乳糖。

　　氨基糖及其 N- 乙酰基衍生物不仅是肌腱、软骨等结缔组织中黏多糖的主要成分,也是血型物质的组成成分。

D-氨基葡萄糖(α-或 β-型)　　　　D-氨基半乳糖(α-或 β-型)

课堂互动

葡萄糖在维持生命活动中有哪些重要作用?

第二节　二　糖

　　低聚糖中最简单又最重要的一类是二糖。二糖(又称双糖)是能水解生成两分子单糖的糖,这两分子单糖可以相同也可以不同。从结构上看,二糖是一种特殊的糖苷,连接两个单糖的苷键可以是一分子单糖的苷羟基与另一分子单糖的醇羟基脱水,也可以是两分子单糖都用苷羟基脱水而成,二糖分子中是否保留有苷羟基,在其性质上有很大差别。

　　二糖的物理性质类似于单糖,能形成结晶,易溶于水,有甜味,有旋光活性等。常见的二糖有麦芽糖、乳糖和蔗糖,三者的分子式均为 $C_{12}H_{22}O_{11}$,它们互为同分异构体。

一、麦芽糖

　　麦芽中含有淀粉酶,它可催化淀粉水解生成麦芽糖,麦芽糖也因此而得名。在人体中,麦芽糖是淀粉水解的中间产物。淀粉在稀酸中部分水解时,也可得到麦芽糖。

　　麦芽糖是由一分子 α-D- 吡喃葡萄糖 C_1 上的苷羟基与另一分子 D- 吡喃葡萄糖 C_4 上的醇羟基脱水,通过 α-1,4- 苷键连接而成的糖苷。

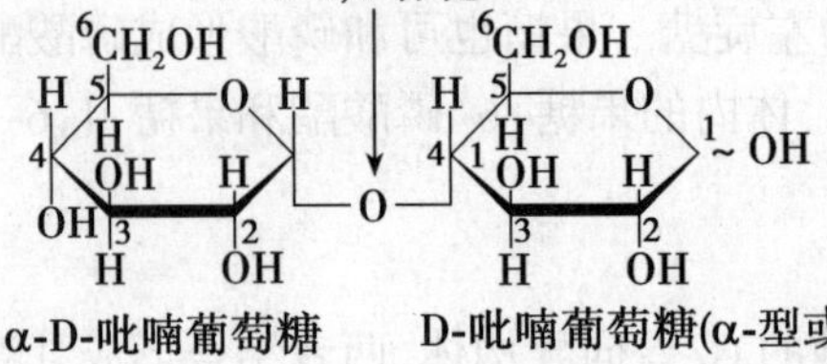

α-1,4-苷键

α-D-吡喃葡萄糖　　D-吡喃葡萄糖(α-型或β-型)

麦芽糖分子中还保留着一个苷羟基,所以仍有 α- 型和 β- 型两种异构体,并且在水溶液中可以通过链状结构相互转变。这一结构特点决定了麦芽糖仍保持单糖的一般化学性质,如具有变旋现象和还原性,是还原性二糖,能与托伦试剂、费林试剂或班氏试剂作用;也能发生成苷反应、成酯反应和成脎反应。在酸或酶的作用下,1 分子麦芽糖能水解生成 2 分子的葡萄糖。

$$C_{12}H_{22}O_{11}+H_2O \xrightarrow{H^+ 或酶} 2C_6H_{12}O_6$$
麦芽糖   D- 葡萄糖

麦芽糖是右旋糖,它是饴糖的主要成分,甜度约为蔗糖的 70%,常用作营养剂和细菌培养基。

二、乳糖

乳糖存在于哺乳动物乳汁中,牛乳中含 4%~5%,人的乳汁中含 7%~8%。牛奶变酸是因为其中所含乳糖变成了乳酸的缘故。

乳糖是由一分子 β-D- 吡喃半乳糖 C_1 上的苷羟基与另一分子 D- 吡喃葡萄糖 C_4 上的醇羟基脱水,通过 β-1,4- 苷键连接而成的糖苷。

β-1,4-苷键
β-D-吡喃半乳糖   D-吡喃葡萄糖(α-型或β-型)

由于乳糖分子中也保留了一个苷羟基,因此它也具有单糖的一般化学性质,如具有变旋现象和还原性,是还原性二糖,能与托伦试剂、费林试剂或班氏试剂作用;也能发生成苷反应、成酯反应和成脎反应。在酸或酶的作用下,1 分子的乳糖能水解生成 1 分子的半乳糖和 1 分子的葡萄糖。

$$C_{12}H_{22}O_{11} + H_2O \xrightarrow{H^+ 或酶} C_6H_{12}O_6 + C_6H_{12}O_6$$
乳糖   D- 半乳糖   D- 葡萄糖

乳糖也是右旋糖,没有吸湿性,微甜,它是婴儿发育必需的营养物质,可从制取乳酪的副产物乳清中获得,在医药上常用作散剂、片剂的填充剂。

三、蔗糖

蔗糖是自然界分布最广的二糖,尤其在甘蔗和甜菜中含量最丰富,所以蔗糖又有甜菜糖之称。普通食用的红糖、白糖、冰糖都是从甘蔗或甜菜中提取的食糖,都属于蔗糖的范畴。

蔗糖是由一分子 α-D- 吡喃葡萄糖 C_1 上的苷羟基与另一分子 β-D- 呋喃果糖的 C_2 上的苷羟基脱水,通过 α-1,2- 苷键(也可称为 β-2,1- 苷键)连接而成的糖苷。

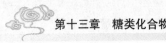

α-D-吡喃葡萄糖　　　　β-D-呋喃果糖

由于蔗糖分子结构中已没有苷羟基,在水溶液中不能互变异构化为开链结构,所以蔗糖没有变旋现象,不能形成糖苷和糖脎,也没有还原性,是非还原性二糖,不能与托伦试剂、费林试剂、班氏试剂等弱氧化剂作用。

蔗糖在酸或酶的作用下可水解生成果糖和葡萄糖的等量混合物。

$$C_{12}H_{22}O_{11} + H_2O \xrightarrow{\text{水解}} C_6H_{12}O_6 + C_6H_{12}O_6$$

蔗糖　　　　　　　　　　D-葡萄糖　D-果糖

$[\alpha]_D^{20}$　+66.7°　　　　　　　+52.7°　　　−92°

−19.7°

蔗糖是右旋糖,而其水解产物是左旋的,与水解前的旋光方向相反,所以把蔗糖的水解反应称蔗糖的转化,水解后的混合物称转化糖,能催化蔗糖水解的酶称转化酶。蜂蜜的主要成分是转化糖。蔗糖水解前后旋光性的转化,是由于水解产物中果糖的左旋强度大于葡萄糖的右旋强度所致。

蔗糖是白色晶体,溶于水而难溶于乙醇,甜味仅次于果糖。它富有营养,主要供食用,在医药上常用作矫味剂和配制糖浆。

第三节　多　　糖

多糖是能水解生成许多(几百、几千甚至上万个)单糖分子的一类天然高分子化合物。根据水解后所得单糖是否相同分为均多糖(或同多糖)和杂多糖,如淀粉、糖原和纤维素属于均多糖,水解产物均为葡萄糖,可用通式$(C_6H_{10}O_5)_n$表示;而黏多糖就属于杂多糖,水解后可得到氨基己糖和己糖醛酸等。

多糖的结构单位是单糖,相邻结构单位之间以苷键相连接,常见的苷键有 α-1,4- 苷键、β-1,4- 苷键和 α-1,6- 苷键 3 种。由于连接单糖单位的方式不同,可形成直链多糖和支链多糖。直链多糖一般以 α-1,4- 苷键或 β-1,4- 苷键连接,支链多糖的链与链的分支点则常是 α-1,6- 苷键。

在多糖分子中保留了苷羟基的单糖单位极少,所以其性质与单糖和二糖有较大差别。多糖没有甜味,一般为无定形粉末,大多不溶于水,个别能与水形成胶体溶液,没有变旋现象和还原性,不能生成糖脎。多糖属于糖苷类,在酸或酶催化下也可以水解,生成分子量较小的多糖直到二糖,最终完全水解成单糖。

生物体内存在两种功能的多糖。一类主要参与形成动植物的支撑组织,如植物中的纤维素,甲壳类动物的甲壳素等;另一类是动植物的贮存养分,如植物淀粉和动物糖原。研究发现,许多植物多糖具有重要的生理活性。如黄芪多糖可促进人体的免疫功能。香菇多糖具有明显抑制肿瘤生长的作用,鹿耳多糖可抗溃疡,V-岩藻多糖可诱导癌细胞"自杀"。多糖在保健食品的开发利用方面具有广阔的前景。

一、淀粉

淀粉的结构

淀粉是植物体中贮存的养分,广泛存在于植物的种子和块茎中,如大米含 75%~85%,小麦含 60%~65%,玉米约含 65%,马铃薯约含 20%。淀粉是人类的主要食物,也是酿酒、制醋和制造葡萄糖的原料,在制药上常用作赋形剂。

淀粉是无臭、无味的白色粉末。用热水处理可将淀粉分离为两部分,可溶性部分为直链淀粉,不溶而膨胀成糊状的部分为支链淀粉。

两类淀粉都能在酸或酶的作用下逐步水解,生成较小分子的多糖(糊精),最终产物是 α-D- 葡萄糖。其水解过程大致为:

$$(C_6H_{10}O_5)_n \longrightarrow (C_6H_{10}O_5)_{n-x} \longrightarrow C_{12}H_{22}O_{11} \longrightarrow C_6H_{12}O_6$$

淀粉 → 紫糊精 → 红糊精 → 无色糊精 → 麦芽糖 → 葡萄糖

所谓紫糊精、红糊精等是根据糊精遇碘呈现的颜色不同而进行的区分。糊精能溶于冷水,水溶液具有很强的黏性,可作黏合剂。

两类淀粉的结构单位都是 α-D- 葡萄糖,但在结构和性质上有一定区别。天然淀粉是直链淀粉和支链淀粉的混合物,两者比例因植物品种不同而异。

(一) 直链淀粉

直链淀粉又称可溶性淀粉或糖淀粉,在淀粉中的含量为 10%~30%。直链淀粉一般是由 200~300 个 α-D- 葡萄糖单位通过 α-1,4- 苷键连接而成的链状化合物。

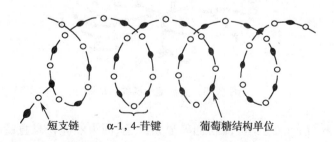

α-1,4-苷键

直链淀粉分子的长链并非直线型,这是因为单键可以自由旋转,分子内的羟基间又可形成氢键,所以直链淀粉借助分子内羟基间的氢键有规则地卷曲形成螺旋状空间排列,每一圈螺旋有 6 个 α-D- 葡萄糖单位。直链淀粉的螺旋状结构如图 13-1 所示。

直链淀粉遇碘显深蓝色,这个反应非常灵敏,且加热反应液时蓝色消失,冷却后

短支链　　α-1, 4-苷键　　葡萄糖结构单位

图 13-1　直链淀粉的螺旋状结构示意图

蓝色又复现。目前认为这是由于直链淀粉螺旋状结构中间的通道正好适合碘分子钻进去,并依靠分子间的引力形成蓝色的淀粉 - 碘配合物(图 13-2)。当直链淀粉受热时,维系其螺旋状结构的氢键就会断开,淀粉 - 碘配合物分解,因此蓝色消失;冷却时淀粉 - 碘配合物的结构和蓝色能自动恢复。

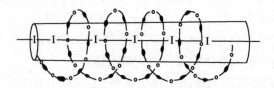

图 13-2 淀粉 - 碘配合物结构示意图

(二)支链淀粉

支链淀粉又称胶淀粉,在淀粉中的含量为 70%~90%,不溶于冷水,与热水作用则膨胀成糊状。在黏性较强的糯米中就含有较多的支链淀粉。支链淀粉分子中一般含 600~6000 个 α-D- 葡萄糖单位,α-D- 葡萄糖单位通过 α-1,4- 苷键连接成直链,直链上每隔 20~25 个葡萄糖单位出现一个支链,而支链上还有分支,分支处是通过 α-1,6- 苷键连接的,形成高度分支化的结构(图 13-3),分子结构比直链淀粉复杂得多。

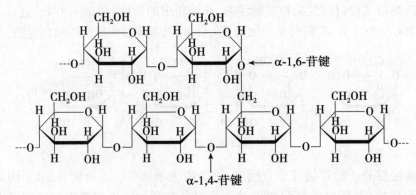

支链淀粉分子的部分结构

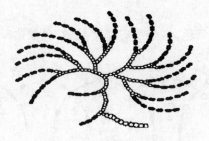

图 13-3 支链淀粉结构示意图

无直链淀粉混杂的纯支链淀粉遇碘显紫红色,而天然淀粉是直链和支链的混合物,故遇碘呈蓝紫色。各种淀粉与碘的显色反应均可用于检验淀粉和碘的存在。

课堂互动

用化学方法鉴别下列各组化合物：

1. 葡萄糖、蔗糖和淀粉

2. 葡萄糖和果糖

二、糖原

糖原是动物体内合成的一种多糖，所以也称动物淀粉，主要存在于动物的肌肉和肝脏中，分别称肌糖原和肝糖原。肝脏中糖原的含量为 10%~20%，肌肉中糖原的含量约为 4%。

糖原水解的最终产物是 α-D- 葡萄糖，因此糖原的结构单位同淀粉一样，也是 α-D- 葡萄糖。糖原与支链淀粉的结构很相似，结构单位也是由 α-1,4- 苷键和 α-1,6- 苷键相连而成，但糖原分子中结构单位数目更多（6000~20 000 个），分支更短、更密集。经测定，在以 α-1,4- 苷键连接而成的直链上，每隔 8~10 个葡萄糖单位就出现一个通过 α-1,6-苷键连接的分支，每条短链上有 12~18 个葡萄糖单位（图 13-4）。

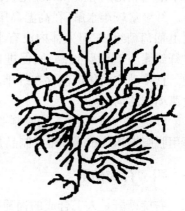

图 13-4　糖原结构示意图

糖原是白色无定形粉末，可溶于水形成透明的胶体溶液，遇碘显棕红色或紫红色。

糖原是葡萄糖在动物体内的贮存形式，具有重要的生理意义。肌糖原是肌肉收缩所需的主要能源；而肝糖原在维持血糖正常浓度方面起重要作用。

$$肝糖原 \underset{血糖浓度高于正常值时}{\overset{血糖浓度低于正常值时}{\rightleftharpoons}} 血糖$$

三、纤维素

纤维素是自然界含量最多、分布最广的一种多糖，是构成植物细胞壁的主要成分，也是植物体的支撑物质。木材中约含纤维素 50%，棉花中含量高达 98%，脱脂棉和滤纸几乎是纯的纤维素制品。

纤维素的结构单位也是 β-D- 葡萄糖，葡萄糖单位之间通过 β-1,4- 苷键相连而成直链，一般不存在分支，每个纤维素分子至少含有 1500 个葡萄糖单位。

$$\begin{array}{c}\text{CH}_2\text{OH}\quad\text{CH}_2\text{OH}\quad\text{CH}_2\text{OH}\quad\text{CH}_2\text{OH}\end{array}$$

β-1,4-苷键

虽然纤维素与直链淀粉的分子都是长链状分子，但由于两者苷键不同，纤维素分子并不形成直链淀粉那样的螺旋状结构,而是由许多纤维素分子的链与链之间通过分子间氢键绞成绳索状纤维束(图 13-5)。

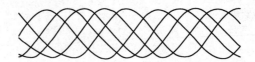

图 13-5 绳索状纤维束示意图

纤维素是白色固体,有较强的韧性;不溶于水、稀酸、稀碱和一般的有机溶剂,能溶于浓氢氧化钠溶液和二硫化碳;遇碘不显色。

纤维素较难水解,在高温高压下与无机酸共热,才能水解生成葡萄糖。纤维素虽然由葡萄糖组成,但人体内没有水解纤维素的酶,所以纤维素不能作为人类的食物,但纤维素有刺激肠胃蠕动、促进排便等作用,因此食物中含一定量的纤维素是有益的。食草动物消化道内存在纤维素水解酶,能把纤维素水解为葡萄糖,所以纤维素是食草动物的饲料。

纤维素的用途很广,用于制造纸张、纺织品、火棉胶、电影胶片、羧甲基纤维素等。医用脱脂棉和纱布等纤维素制品是临床上的必需品。

四、右旋糖酐

右旋糖酐是人工合成的葡萄糖多聚物,因为它是右旋糖脱水的产物而得名,又称葡聚糖,分子式为 $(C_6H_{10}O_5)_n$。右旋糖酐分子中的 D- 葡萄糖单位间主要以 α-1,6- 苷键连接成长链,杂有少量的 α-1,3- 苷键和 α-1,4- 苷键连接的分支。

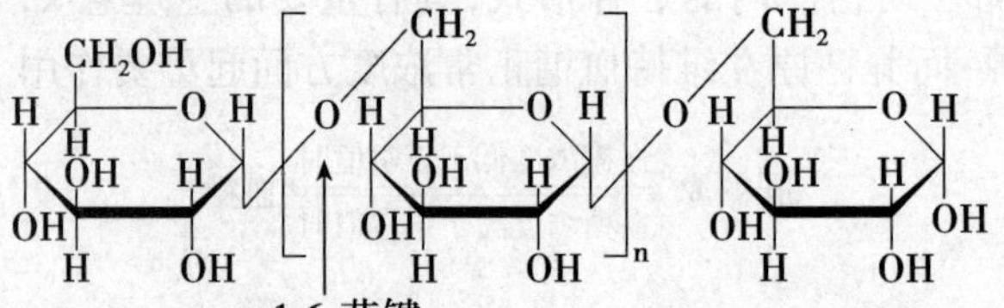

右旋糖酐是临床上常用的血浆代用品,人体大量失血后可用于补充血容量,并具有提高血浆胶体渗透压、改善微循环等作用。

五、黏多糖

黏多糖又称为氨基多糖,一般是由 N- 乙酰氨基己糖和己糖醛酸组成的二糖结构单位聚合而成的直链高分子化合物,因其中很多具有黏性,故称黏多糖。生物体内的黏多糖常与蛋白质结合成黏蛋白而存在。常见的黏多糖有透明质酸、肝素、硫酸软骨素等。

(一)透明质酸

透明质酸是由 N- 乙酰氨基葡萄糖和 D- 葡萄糖醛酸以 β-1,3- 苷键连接成二糖单位,并以此为重复单位通过 β-1,4- 苷键连接而成的高分子化合物。

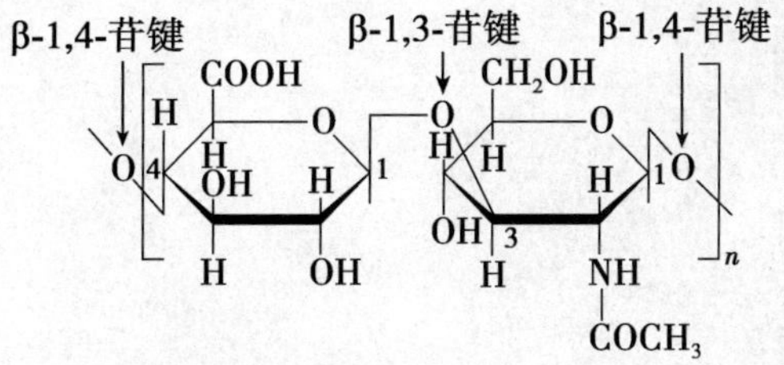

透明质酸是分布最广的黏多糖,存在于一切结缔组织中,眼球的玻璃体、角膜、关节液、脐带、细胞间质、某些细菌细胞壁以及恶性肿瘤中均含有。它与水形成黏稠的凝胶,有黏合、润滑和保护细胞的作用。

(二)肝素

肝素是分子较小而结构较复杂的黏多糖,由 L-2- 硫酸艾杜糖醛酸与 6- 硫酸 -N-磺酰 -D- 氨基葡萄糖以 β-1,4- 苷键结合成二糖单位;由 D- 葡萄糖醛酸与 6- 硫酸 -N-磺酰 -D- 氨基葡萄糖以 α-1,4- 苷键结合成另一种二糖单位,两者以 α-1,4- 苷键交替连接而成肝素。

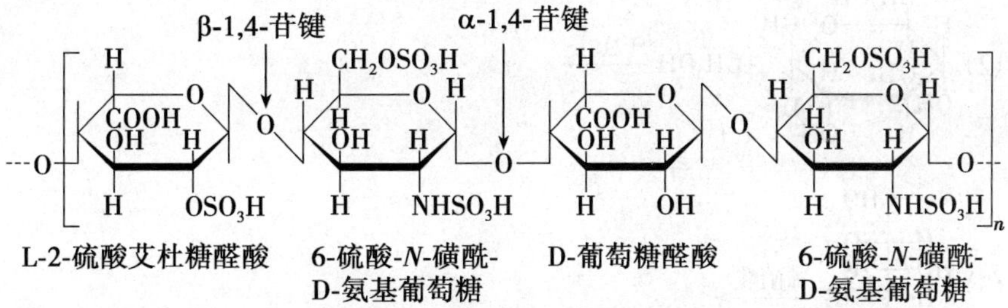

β-1,4-苷键   α-1,4-苷键

L-2-硫酸艾杜糖醛酸   6-硫酸-N-磺酰-D-氨基葡萄糖   D-葡萄糖醛酸   6-硫酸-N-磺酰-D-氨基葡萄糖

肝素广泛存在于动物的肝、肺、脾、肾、肌肉、肠、血管等组织中,因最初在肝中发现而得名。肝素具有阻止血液凝固的特性,是动物体内一种天然的抗凝血物质,能使血液在体内不发生凝固,是凝血酶的对抗物。临床上肝素用作血液的抗凝剂,还可用于防止某些手术后可能发生的血栓形成及脏器的粘连。

(三)硫酸软骨素

硫酸软骨素是软骨和骨骼的重要成分,存在于结缔组织、皮肤、肌腱、心脏瓣膜、唾液中。

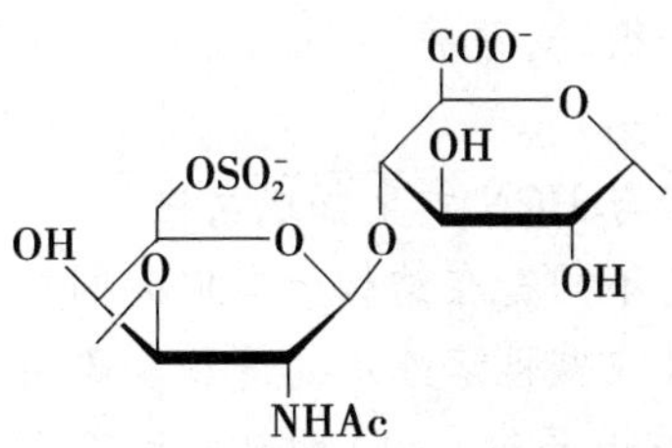

硫酸软骨素 A

硫酸软骨素有 A、B 和 C 3 种。其中,硫酸软骨素 A 是由葡萄糖醛酸和 N- 乙酰氨基半乳糖 -4- 硫酸通过 β-1,3- 苷键和 β-1,4- 苷键反复交替连接而形成的多聚糖。在肌体中,硫酸软骨素与蛋白质结合形成糖蛋白。动脉粥样硬化病变时,硫酸软骨素 A 含量降低。因此,可用硫酸软骨素 A 治疗动脉粥样硬化。

(石宝珏)

复习思考题

1. 名词解释
(1) 变旋现象
(2) 差向异构体
(3) 苷键
(4) 糖苷
(5) 血糖

2. 完成下列反应

(1) 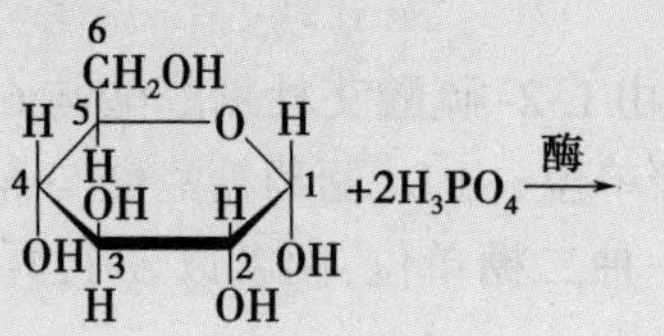 $+2H_3PO_4 \xrightarrow{\text{酶}}$

(2) 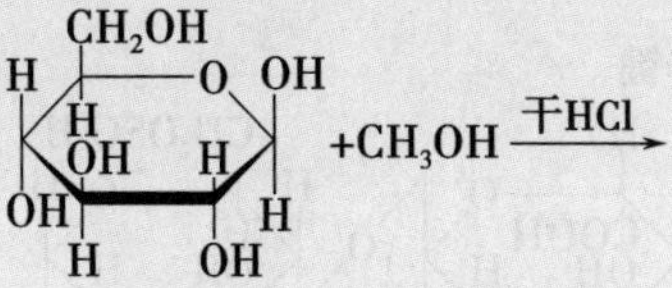 $+CH_3OH \xrightarrow{\text{干}HCl}$

(3) 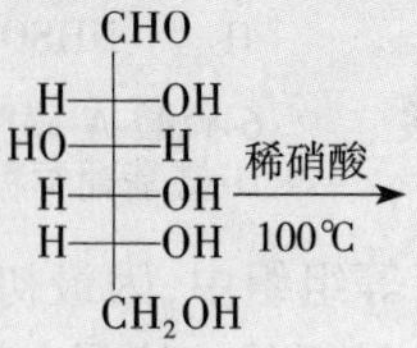 $\xrightarrow[100℃]{\text{稀硝酸}}$

3. 用化学方法鉴别下列各组化合物
(1) 葡萄糖、果糖和蔗糖
(2) 纤维素和淀粉
(3) 乳糖、蔗糖和淀粉
(4) D- 葡萄糖和 D- 葡萄糖甲苷
(5) 葡萄糖酸、蔗糖、果糖、麦芽糖

4. 简答题
(1) 为什么葡萄糖不能与 HCN 发生加成反应?
(2) 能生成相同糖脎的不同糖在结构上有何异同?
(3) 为什么糖苷在中性或碱性溶液中无变旋现象,而在酸性溶液中却有?
(4) 为什么酮糖能被碱性弱氧化剂(如班氏试剂)氧化,却不能被酸性弱氧化剂(如溴水)氧化?

5. 从结构单位、苷键类型和分子形状列表比较直链淀粉、支链淀粉、糖原和纤维素四种多糖的异同。

第十四章

课件
14章PPT

氨基酸、蛋白质、核酸

扫一扫
知重点

 学习要点

1. 氨基酸的定义、分类、结构、命名和理化性质。
2. 蛋白质的定义、结构和理化性质。
3. 核酸、多肽、酶的定义和结构。

蛋白质和核酸是最重要的生物大分子。蛋白质是一切生物体细胞的主要组成成分,是生物体形态结构的物质基础,也是生命活动所依赖的物质基础。一切基本的生命活动过程几乎都离不开蛋白质的参与。例如,肌肉的收缩是由肌球蛋白和肌动蛋白相对滑动实现的;催化生物化学反应的酶、调节代谢的某些激素、能使细菌和病毒失去致病作用的抗体都是蛋白质;生命活动所需要的小分子物质(如氧气)的运输均由蛋白质来完成。核酸是生物遗传的物质基础,它作为合成蛋白质的模型,通过指导蛋白质的合成而使生物自身的性状代代相传。病毒是仅由蛋白质和核酸结合而成的一种生命形式,亚病毒甚至只含蛋白质或只含核酸,也表现出生命的特征。因此,蛋白质和核酸都是生命的物质基础。

蛋白质由约 20 种氨基酸组成,核酸由几种基本核苷酸组成。

第一节 氨 基 酸

氨基酸在自然界中主要以蛋白质或多肽形式存在于动植物体内,不同来源的蛋白质在酸、碱或酶的作用下逐步降解,最后彻底水解为多种 α- 氨基酸的混合物,所以α- 氨基酸是组成蛋白质的基本单位。

一、氨基酸的结构、分类和命名

(一) 氨基酸的结构和分类

羧酸分子中烃基上的氢原子被氨基取代而生成的化合物称氨基酸。氨基酸的种类很多。根据分子中氨基和羧基的相对位置不同,可分为 α- 氨基酸、β- 氨基酸、γ- 氨基酸等。如:

$$CH_3—CH—COOH \qquad \qquad CH_2—CH—COOH \qquad \qquad CH_3—CH—CH_2—COOH$$
$$\qquad \qquad | \qquad \qquad \qquad \qquad \qquad | \qquad \qquad \qquad \qquad \qquad \qquad |$$
$$\qquad \qquad NH_2 \qquad \qquad \qquad \qquad \qquad NH_2 \qquad \qquad \qquad \qquad \qquad \qquad NH_2$$

$$CH_3CHCOOH \qquad \qquad CH_3CHCH_2COOH \qquad \qquad CH_3CHCH_2CH_2COOH$$
$$\qquad | \qquad \qquad \qquad \qquad \qquad | \qquad \qquad \qquad \qquad \qquad \qquad |$$
$$\qquad NH_2 \qquad \qquad \qquad \qquad \qquad NH_2 \qquad \qquad \qquad \qquad \qquad \qquad NH_2$$

α- 氨基酸 $\qquad \qquad \qquad$ β- 氨基酸 $\qquad \qquad \qquad$ γ- 氨基酸

组成蛋白质的氨基酸有 20 余种,除甘氨酸外,几乎都是 L- 型的 α- 氨基酸,这是天然氨基酸的一般结构特征,其结构通式和费歇尔投影式如下:

$$\begin{array}{c} NH_2 \\ | \\ R—CH—COOH \end{array} \qquad \qquad \begin{array}{c} COOH \\ | \\ H_2N—\!\!\!\!—H \\ | \\ R \end{array}$$

式中 R 代表侧链基团,不同 α- 氨基酸的区别只是 R 不同。本节重点讨论 α- 氨基酸。表 14-1 列出了蛋白质水解所得的 20 种 α- 氨基酸,其中标有"*"号的 8 种氨基酸在人体内不能合成,必须通过食物提供,这些氨基酸称必需氨基酸。

氨基酸又可根据 R 基团的结构分为脂肪族氨基酸、芳香族氨基酸和杂环氨基酸;还可根据分子中所含氨基和羧基的相对数目不同而分为中性氨基酸(氨基和羧基数目相同)、酸性氨基酸(羧基多于氨基)和碱性氨基酸(氨基多于羧基)。

(二) 氨基酸的命名

氨基酸的系统命名法与羟基酸相同,即以羧酸为母体,氨基为取代基称"氨基某酸"。氨基的位次习惯上用希腊字母 α、β、γ 等标示。但氨基酸通常是根据其来源或性质用俗名。例如天冬氨酸源于天门冬植物的幼苗,甘氨酸因具有甜味而得名。有时还用中文或英文缩写符号表示(表 14-1)。

表 14-1 常见的 α- 氨基酸

名称	缩写符号		结构式	等电点
中性氨基酸				
甘氨酸(glycine) (氨基乙酸)	甘	Gly	$CH_2—COO^-$ $\quad \|$ $\quad ^+NH_3$	5.97
丙氨酸(alanine) (α- 氨基丙酸)	丙	Ala	CH_3CHCOO^- $\qquad \|$ $\qquad ^+NH_3$	6.00
丝氨酸(serine) (α- 氨基 -β- 羟基丙酸)	丝	Ser	$CH_2(OH)CHCOO^-$ $\qquad \qquad \|$ $\qquad \qquad ^+NH_3$	5.68
半胱氨酸(cysteine) (α- 氨基 -β- 巯基丙酸)	半胱	Cys	$CH_2(SH)CHCOO^-$ $\qquad \qquad \|$ $\qquad \qquad ^+NH_3$	5.05
* 苏氨酸(threonine) (α- 氨基 -β- 羟基丁酸)	苏	Thr	$CH_3CH(OH)CHCOO^-$ $\qquad \qquad \qquad \|$ $\qquad \qquad \qquad ^+NH_3$	5.70
* 蛋氨酸(methionine) (α- 氨基 -γ- 甲硫基丁酸)	蛋	Met	$CH_3SCH_2CH_2CHCOO^-$ $\qquad \qquad \qquad \qquad \|$ $\qquad \qquad \qquad \qquad ^+NH_3$	5.74

续表

名称	缩写符号		结构式	等电点
*缬氨酸（valine） （α-氨基-β-甲基丁酸）	缬	Val	$(CH_3)_2CHCHCOO^-$ 　　　　$\overset{+}{N}H_3$	5.96
*亮氨酸（leucine） （α-氨基-γ-甲基戊酸）	亮	Leu	$(CH_3)_2CHCH_2CHCOO^-$ 　　　　　　$\overset{+}{N}H_3$	6.02
*异亮氨酸（isoleucine） （α-氨基-β-甲基戊酸）	异亮	Ile	$CH_3CH_2CH(CH_3)CHCOO^-$ 　　　　　　　　$\overset{+}{N}H_3$	5.98
*苯丙氨酸（phenylalanine） （α-氨基-β-苯基丙酸）	苯丙	Phe	$C_6H_5CH_2CHCOO^-$ 　　　　　$\overset{+}{N}H_3$	5.48
酪氨酸（tyrosine） （α-氨基-β-对羟苯基丙酸）	酪	Tyr	$p-HOC_6H_4CH_2CHCOO^-$ 　　　　　　　　$\overset{+}{N}H_3$	5.66
脯氨酸（proline） （α-四氢吡咯甲酸）	脯	Pro		6.30
*色氨酸（tryptophan） ［α-氨基-β-(3-吲哚)丙酸］	色	Try	CH_2CHCOO^- 　　　$\overset{+}{N}H_3$	5.80
天冬酰胺（asparagine） （α-氨基丁酰氨酸）	天胺	Asn		5.41
谷氨酰胺（glutamine） （α-氨基戊酰氨酸）	谷胺	Gln		5.65
酸性氨基酸				
天冬氨酸（aspartic acid） （α-氨基丁二酸）	天	Asp	$HOOCCH_2CHCOO^-$ 　　　　　$\overset{+}{N}H_3$	2.77
谷氨酸（glutamic acid） （α-氨基戊二酸）	谷	Glu	$HOOCCH_2CH_2CHCOO^-$ 　　　　　　　$\overset{+}{N}H_3$	3.22
碱性氨基酸				
精氨酸（arginine） （α-氨基-δ-胍基戊酸）	精	Arg	$H_2N\overset{NH}{\overset{\|}{C}}NH(CH_2)_3CHCOO^-$ 　　　　　　　　$\overset{+}{N}H_3$	10.76
*赖氨酸（lysine） （α，ω-二氨基己酸）	赖	Lys	$H_2N(CH_2)_4CHCOO^-$ 　　　　　$\overset{+}{N}H_3$	9.74
组氨酸（histidine） ［α-氨基-β-(4-咪唑)丙酸］	组	His	CH_2CHCOO^- 　　　$\overset{+}{N}H_3$	7.59

二、氨基酸的性质

α-氨基酸都是无色晶体,熔点很高,一般在 200~300℃,在熔化的同时分解并放出二氧化碳。一般能溶于水而难溶于乙醇、乙醚、苯等有机溶剂。组成蛋白质的 α-氨基酸除甘氨酸外都具有旋光性。

氨基酸分子中因同时含有氨基和羧基,所以氨基酸能发生氨基和羧基的典型反应,同时具有两种基团在分子内相互影响而表现出的一些特殊性质。

(一) 氨基酸的两性电离和等电点

氨基酸分子中同时含有碱性的氨基和酸性的羧基,具有酸碱两性。因此氨基酸既能与酸反应,又能与碱反应成盐,这种由分子内的碱性基团和酸性基团相互作用(质子转移)形成的盐称为内盐。

$$\underset{\underset{NH_2}{|}}{R-CH-COOH} \rightleftharpoons \underset{\underset{NH_3^+}{|}}{R-CH-COO^-}$$

内盐粒子中正电荷和负电荷共存,所以又称其为两性离子或偶极离子。实验证明,一般情况下,氨基酸是以两性离子的形式存在于晶体或水溶液中,这种特殊的离子结构,是其具有高熔点、能溶于水而不溶于有机溶剂等性质的根本原因。

氨基酸在水溶液中存在着解离平衡。在溶液中氨基酸带有何种电荷,取决于溶液的酸碱性。溶液的 pH 减小,碱性电离程度增大,有利于氨基酸以阳离子的形式存在;溶液的 pH 增大时,酸性电离程度增大,氨基酸的阴离子逐渐增加。通过调节溶液的 pH,使氨基酸的酸性与碱性电离程度相同,此时氨基酸主要以两性离子的形式存在,氨基酸呈电中性。这种使氨基酸处于电中性状态的溶液的 pH 称氨基酸的等电点,用 pI 表示。

$$\underset{\underset{NH_2}{|}}{R-CH-COOH}$$

$$\underset{\underset{NH_2}{|}}{R-CH-COO^-} \underset{OH^-}{\overset{H^+}{\rightleftharpoons}} \underset{\underset{NH_3^+}{|}}{R-CH-COO^-} \underset{OH^-}{\overset{H^+}{\rightleftharpoons}} \underset{\underset{NH_3^+}{|}}{R-CH-COOH}$$

$$\begin{array}{ccc} \text{阴离子} & \text{两性离子} & \text{阳离子} \\ \text{pH>pI} & \text{pH=pI} & \text{pH<pI} \end{array}$$

当溶液的 pH<pI 时,氨基酸主要以阳离子形式存在,在电场中向负极移动;当溶液的 pH>pI 时,氨基酸主要以阴离子形式存在,在电场中向正极移动。处于等电状态(pH=pI)的氨基酸,在电场中不向任何电极移动。各种氨基酸由于其组成和结构不同,因此具有不同的等电点。等电点是氨基酸的一个特征常数,常见氨基酸的 pI 见表14-1。由于羧基的电离略大于氨基,中性氨基酸的 pI 略小于 7,一般为 5.0~6.3。而酸性氨基酸的 pI 为 2.8~3.2,碱性氨基酸的 pI 为 7.6~10.8。

氨基酸在等电点时,两性离子在溶液中的浓度最大,而在水中的溶解度最小。根据氨基酸的 pI 不同,可以通过调节溶液的 pH,使不同氨基酸在各自的等电点结晶析出;在同一 pH 缓冲溶液中,各种氨基酸电泳的方向和速率不同,据此可以分离、提纯和鉴定氨基酸。

（二）脱羧反应

α- 氨基酸与 $Ba(OH)_2$ 共热,即脱去羧基生成伯胺。

$$R-\underset{\underset{NH_2}{|}}{CH}-COOH \xrightarrow[\triangle]{Ba(OH)_2} R-CH_2-NH_2 + CO_2$$

脱羧反应也可因某些细菌的脱羧酶作用而发生,例如蛋白质腐败时鸟氨酸转变为腐胺(1,4- 丁二胺),赖氨酸转变为毒性强且有强烈气味的尸胺(1,5- 戊二胺)。脑内存在的重要神经递质 γ- 氨基丁酸是由谷氨酸中 α- 羧基脱羧后转变而成。

（三）与亚硝酸反应

氨基酸中的氨基与亚硝酸作用时,氨基被羟基置换,同时放出氮气。反应可定量完成。

$$R-\underset{\underset{NH_2}{|}}{CH}-COOH + HNO_2 \longrightarrow R-\underset{\underset{OH}{|}}{CH}-COOH + N_2\uparrow + H_2O$$

利用这个反应,由反应所得氮气的体积,可计算出氨基酸和蛋白质分子中氨基的含量,这一方法称范斯莱克(Van Slyke)氨基氮测定法。

（四）与茚三酮反应

α- 氨基酸与水合茚三酮溶液共热,生成蓝紫色的化合物,称罗曼紫,并放出 CO_2。此反应可用于氨基酸的定性鉴定或定量分析。

水合茚三酮　+ $H_2N-\underset{\underset{R}{|}}{CH}-COOH$ $\xrightarrow{\triangle}$ 罗曼紫 + $CO_2\uparrow$ + H_2O

（五）成肽反应

一个 α- 氨基酸分子中的羧基与另一个 α- 氨基酸分子中的氨基脱水缩合,生成的化合物称为缩氨酸,简称肽。

$$H_2N-\underset{R_1}{CH}-\underset{O}{C}-OH + H-NHCH-COOH \xrightarrow{-H_2O} H_2N-CH-C-N-CH-COOH$$

肽分子中的酰胺键(—C—N—)又称肽键。由 2 个氨基酸分子形成的肽为二肽。二肽分子中仍含有自由的氨基和羧基,因此可以继续与氨基酸脱水缩合成三肽、四肽、五肽等,由较多的氨基酸按上述方式脱水缩合形成的肽称多肽,多肽的链状结构称多肽链。多肽的分子量一般在一万以下。

多肽链

在多肽链中,每个氨基酸单位都是不完整的分子,称氨基酸残基。多肽链两端的残基称末端残基,保留着游离氨基的一端称氨基末端或 N- 端;保留着游离羧基的另一端称羧基末端或 C- 端。习惯上把 N- 端写在左边,C- 端写在右边。

肽的结构不仅取决于组成肽链的氨基酸种类,也与肽链中各氨基酸的排列顺序有关。由于各氨基酸的排列顺序不同,一定数目的不同氨基酸可以形成多种不同的肽。如由甘氨酸和丙氨酸所形成的二肽有两种异构体。

$$H_2NCH_2-\overset{O}{\overset{\|}{C}}-NH-CH-\overset{O}{\overset{\|}{C}}-OH \qquad\qquad H_2NCH-\overset{O}{\overset{\|}{C}}-NH-CH_2\overset{O}{\overset{\|}{C}}-OH$$
$$\quad\qquad\qquad CH_3 \qquad\qquad\qquad\qquad CH_3$$

甘氨酰丙氨酸(可缩写为甘-丙)   丙氨酰甘氨酸(可缩写为丙-甘)

由 3 种不同氨基酸可形成 6 种三肽,由 4 种不同氨基酸可形成 24 种四肽;由多种氨基酸按不同顺序结合,可形成许许多多的多肽。

第二节 蛋 白 质

蛋白质是由不同的 α- 氨基酸按一定的顺序以肽键连接而形成的生物高分子化合物。通常将相对分子质量低于 1 万的称多肽,高于 1 万至数千万的称蛋白质。蛋白质的种类繁多,结构复杂,功能特异。要了解蛋白质的性质和生物学功能,就必须认识蛋白质的结构,即蛋白质分子中氨基酸的种类、数目、排列顺序和空间结构。

一、蛋白质的元素组成

经过对蛋白质的元素分析,结果发现组成蛋白质的元素并不多,含量较多的元素主要有 C(50%~55%)、H(6%~7%)、O(20%~23%)、N(15%~17%)4 种,大多数蛋白质还含有少量的 S(0~4%),另外 P、Fe、Cu、Mn、Zn、I 等元素也存在于某些蛋白质中。

由于生物组织中绝大部分氮元素都来自蛋白质,且各种蛋白质的含氮量都接近于 16%,即每克氮相当于 6.25g 蛋白质,6.25 称蛋白质系数。因此生物样品的测定中只要测出其含氮量,就可大致推算出其中蛋白质的含量。

二、蛋白质的结构

蛋白质的结构

蛋白质分子的基本结构是多肽链,其多肽链不仅有严格的氨基酸组成及排列顺序,而且在三维空间上具有独特的复杂而精细的结构,这种结构是蛋白质理化性质和生物学功能的基础。为了表示蛋白质不同层次的结构,通常将蛋白质的结构分为一级结构、二级结构、三级结构和四级结构。二级及二级以上的结构又总称空间结构或高级结构。

(一) 蛋白质的一级结构

蛋白质多肽链中 α- 氨基酸残基的排列顺序,称蛋白质的一级结构。其中肽键是各氨基酸残基之间的主要连接方式(主键),在某些蛋白质分子的一级结构中尚含有少量的二硫键。有些蛋白质就是一条多肽链,有的则由数条多肽链构成。例如,核糖核酸酶分子含 1 条多肽链,共有 124 个氨基酸残基;血红蛋白含 4 条多肽链,共有 574 个氨基酸残基。

任何蛋白质都有其特定的氨基酸排列顺序,确定蛋白质的结构,首先就是确定其多肽链中氨基酸的排列顺序。目前已有数万种蛋白质的氨基酸排列顺序得到确定，其中胰岛素是首先被阐明一级结构的蛋白质。其中人的胰岛素分子是由 51 个氨基酸组成的 A、B 两条多肽链（图 14-1）。A 链含有 11 种共 21 个氨基酸残基;B 链含有 16 种共 30 个氨基酸残基。A 链和 B 链的氨基酸残基都按特定的顺序排列。在 A_6 和 A_{11} 之间有 1 个链内二硫键，A 链和 B 链通过 A_7 与 B_7、A_{20} 与 B_{19} 间的两个二硫键连接。

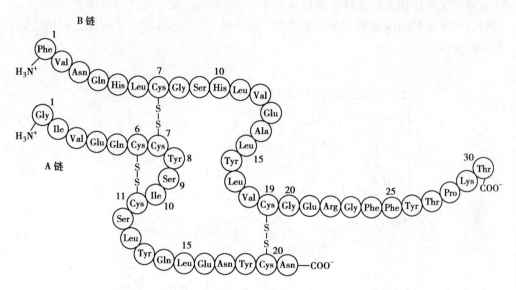

图 14-1 人胰岛素分子的一级结构

（二）蛋白质的空间结构

蛋白质的空间结构是指多肽链在空间进一步盘曲折叠形成的构象，包括二级结构、三级结构和四级结构。分子的多肽链并不是以线型的形式随机伸展的结构，而是卷曲、折叠成特有的空间结构。

1. 二级结构 蛋白质分子多肽链的主链骨架借助肽键之间的氢键所形成的空间结构，包括 α- 螺旋（图 14-2）、β- 折叠、β- 转角等形式，称蛋白质的二级结构。α-螺旋是多肽链中各肽键平面通过 α-C 的旋转，以螺旋方式按顺时针方向盘旋延伸，螺旋之间靠氢键维系。α- 螺旋是蛋白质中最常见、最典型、含量最丰富的二级结构。

β- 折叠是借相邻肽段间的氢键将若干肽段结合在一起形成一种铺开的折扇形状。β- 转角是在多肽链的主链骨架呈 180° 回折呈发夹状。

纤维状蛋白质主要由 α- 螺旋组成，例如毛发、指甲、皮肤中的角蛋白、肌肉中的肌球蛋白以及血凝块中的纤维蛋白，它们的多肽链几乎全都卷曲成 α- 螺旋。球状蛋白质中有的含有较多的 α- 螺旋，如血红蛋白和肌红蛋白，有的含有少量 α- 螺旋，如溶菌酶和糜蛋白酶。

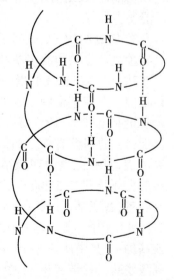

图 14-2 蛋白质的 α- 螺旋结构（片段）示意图

2. 三级结构　蛋白质的多肽链在主链借助肽键之间的氢键形成二级结构基础上,其相隔较远的氨基酸残基侧链(R-)之间还可借助于多种副键而进行范围广泛的卷曲、折叠,所形成的特定整体排列称蛋白质的三级结构。

蛋白质三级结构的形成和维持主要是靠侧链之间的副键,包括氢键、盐键(离子键)、二硫键、酯键、疏水键和范德华力(图14-3)。疏水键由于数量多,是维持蛋白质三级结构的主要作用力。在球状蛋白质分子中,疏水基总是埋藏在分子内部,而亲水基团则趋向水而暴露或接近于分子的表面(图14-4),所以球状蛋白质如血红蛋白、肌红蛋白都能溶于水。

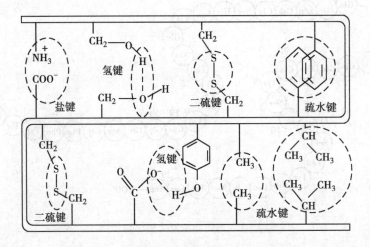

图 14-3　维持蛋白质分子空间结构的各种副键

研究表明,具有三级结构的蛋白质才具有生物功能,三级结构一旦被破坏,蛋白质的生物功能便丧失。

3. 四级结构　许多蛋白质由两条或多条具有独立三级结构的多肽链构成,这些多肽链称亚基。由亚基构成的蛋白质称寡聚蛋白。寡聚蛋白中各亚基借助于各种副键(氢键、盐键、疏水键和范德华力等)而形成的空间排列方式称蛋白质的四级结构。分散的亚基一般没有生物活性,只有完整的四级结构才有生物活性。相对分子质量在 55 000 以上的蛋白质几乎都有亚基,各亚基可以相同,也可以不同,数目从2 个到上千个不等。例如血红蛋白(Hb)由 4 个

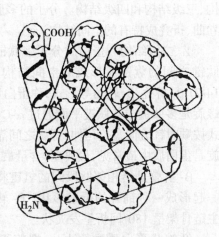

图 14-4　肌红蛋白三级结构示意图

亚基构成,其中两条 α- 链,两条 β- 链。α- 链含 141 个氨基酸残基,β- 链含 146 个氨基酸残基。α- 链和 β- 链的三级结构十分相似,并和仅含有一条多肽链的肌红蛋白相似。每个亚基的多肽链都卷曲成球状,把一个血红素包裹其中,4 个亚基通过侧链间副键两两交叉紧密镶嵌,形成一个球状的血红蛋白(图14-5)。

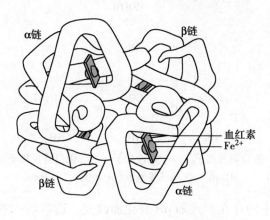

图 14-5 血红蛋白四级结构示意图

知识链接

折叠病

　　蛋白质分子的氨基酸序列没有改变,只是其三维空间结构的异常就可能引起疾病,这种病称"构象病"或"折叠病"。

　　由于蛋白质折叠异常而造成分子聚集甚至沉淀或不能正常转运到位所引起的疾病很多,比如英国曾一度流行的"疯牛病"、老年痴呆症、囊性纤维病变、家族性高胆固醇症、白内障等。随着对蛋白质折叠研究的不断深入,更多的病因和更有针对性的治疗方法会被找到。现在已经研究发现,一些小分子可以穿越细胞,作为配体与突变蛋白质结合,能抑制或逆转功能蛋白质病理构象的改变过程,从而达到防治或缓解某些疾病,因此设计出治疗"折叠病"的新药。

三、蛋白质的性质

(一) 蛋白质的两性电离和等电点

　　蛋白质分子多肽链中总有游离的氨基和羧基存在,其侧链上也常含有酸性基团和碱性基团,因此蛋白质与氨基酸相似,也具有两性电离和等电点的性质,在水溶液中,蛋白质可解离为阴离子、阳离子,也可形成两性离子。

　　蛋白质在水溶液中的解离平衡,以及加酸或加碱时平衡移动的方向可用下式表示(式中 H_2N-P-COOH 代表蛋白质分子,羧基代表分子中所有的酸性基团,氨基代表分子中所有的碱性基团)。

$$\underset{\substack{\text{蛋白质负离子}\\ \text{pH}>\text{pI}}}{\overset{\text{COO}^-}{\underset{\text{NH}_2}{P}}} \underset{\text{OH}^-}{\overset{\text{H}^+}{\rightleftharpoons}} \underset{\substack{\text{两性离子}\\ \text{等电点(pH}=\text{pI)}}}{\overset{\text{COO}^-}{\underset{\text{NH}_3^+}{P}}} \underset{\text{OH}^-}{\overset{\text{H}^+}{\rightleftharpoons}} \underset{\substack{\text{蛋白质正离子}\\ \text{pH}<\text{pI}}}{\overset{\text{COOH}}{\underset{\text{NH}_3^+}{P}}}$$

蛋白质在溶液中的存在形式随 pH 变化而改变。适当调节溶液的 pH,可使蛋白质主要以两性离子的形式存在,故在电场中不向任何电极移动,此时溶液的 pH 称该蛋白质的等电点,用 pI 表示。

不同蛋白质由于所含氨基酸的种类和数目不同,所以等电点也各不相同。一般含酸性氨基酸较多的蛋白质 pI 较低,例如人胃蛋白酶含酸性氨基酸残基 37 个,而碱性氨基酸残基只有 6 个,其 pI≈1;含碱性氨基酸较多的蛋白质 pI 较高,例如鱼精蛋白含精氨酸特别多,其 pI 为 12.0~12.4;含碱性和酸性氨基酸数目相近的蛋白质,其等电点大多略偏酸性,约为 5。人体蛋白质的等电点大多接近于 5,在体液(pH≈7.4)中一般为阴离子形式,并与两性离子组成缓冲对,起着重要的缓冲作用。

在等电点时,蛋白质因不存在电荷相互排斥作用,最易聚集而沉淀析出,所以此时蛋白质的溶解度、黏度和渗透压等都最小。等电点沉淀法是分离提纯蛋白质的一种重要方法。

荷电蛋白质在电场中定向移动的现象称电泳。各种蛋白质的等电点、颗粒大小和形状不同,在一定 pH 的溶液中所带电荷的数量和性质也不同,因此在电场中泳动的方向和速率就存在差别。利用此性质可以从蛋白质混合液中将各种蛋白质彼此分离。

课堂互动

血清白蛋白(pI=4.9)、肌红蛋白(pI=7.0)和糜蛋白酶原(pI=9.1)的蛋白质混合物在什么 pH 时进行电泳,其分离效果最佳?

(二) 蛋白质的胶体性质

蛋白质是高分子化合物,相对分子质量大,在水溶液中形成的颗粒直径一般在 1~100nm,属于胶体分散系,因此蛋白质具有胶体溶液的性质,如布朗运动、丁达尔效应、不能透过半透膜及较强的吸附作用等。

利用蛋白质不能通过半透膜的性质,将蛋白质与小分子物质分离而得以纯化,这种方法称透析法。

(三) 蛋白质的变性

天然蛋白质因受某些物理因素或化学因素的影响,其分子内部原有的高度规律性的空间结构发生改变或破坏,导致蛋白质生物活性的丧失以及理化性质的改变,这种现象称蛋白质的变性。变性后的蛋白质称变性蛋白质。能使蛋白质变性的因素很多。物理因素有加热、高压、紫外线、X-射线、超声波和剧烈搅拌等;化学因素包括加强酸、强碱、尿素、重金属盐及一些有机溶剂等。不同蛋白质对各种变性因素的敏感程度不同。

一般认为蛋白质的变性主要发生二硫键和非共价键的破坏,而不涉及一级结构中肽键的断裂和氨基酸序列的改变。变性后的蛋白质分子形状发生改变,蛋白质溶解度也减小;且因多肽链展开,使酶与肽键接触机会增多,因此变性蛋白质较天然蛋白质易被酶水解消化。变性蛋白质最主要的特征是生物学功能的丧失,例如酶失去催化活性,激素不能调节代谢反应,抗体失去免疫作用,这是蛋白质空间结构破坏的必然结果。

蛋白质变性后,若其空间结构改变不大,就可以恢复原有结构和性质,称可逆变性;若其空间结构改变较大,则其结构和性质不能恢复,称不可逆变性。核糖核酸酶在 8 molL 尿素溶液中的变性就是可逆变性(图 14-6)。

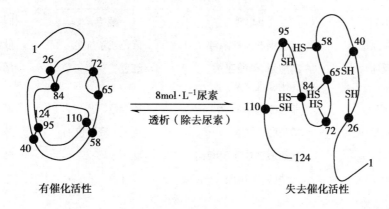

图 14-6　核糖核酸酶可逆变性示意图
(图中 ●—● 表示二硫键)

蛋白质的变性有很多应用。例如"点豆腐"是利用钙、镁盐使豆浆中的蛋白质变性凝固。医药上用乙醇或加热消毒,使细菌和病毒蛋白质变性而失去致病性和繁殖能力。在中药提取中,可用乙醇沉淀除去浸出液中的蛋白质杂质。而在制备具有生物活性的蛋白质制品(如疫苗、酶制剂等)时,就必须选择能防止发生蛋白质变性的工艺条件。

(四) 蛋白质的沉淀

1. 盐析法　向蛋白质溶液中加入大量的中性盐,使蛋白质发生沉淀的现象称盐析。维持蛋白质溶液稳定的主要因素是蛋白质分子表面的水化膜和所带的同性电荷。盐析作用的实质是盐类离子强烈的亲水作用破坏了蛋白质分子表面的水化膜,同时相反电荷的离子能中和蛋白质的电荷。盐析是沉淀蛋白质的方法之一。常用的盐析剂有 $(NH_4)_2SO_4$、Na_2SO_4、$NaCl$ 和 $MgSO_4$ 等。

不同蛋白质盐析时所需的浓度也各不相同,因此可用不同浓度的中性盐溶液使蛋白质分批析出沉淀,这种蛋白质的分离方法称分段盐析。

用盐析法分离得到的蛋白质仍保持蛋白质的生物活性,只需经过透析法或凝胶层析法除去盐后,即可得到较纯的且保持原生物活性的蛋白质。

2. 加有机溶剂　某些有机溶剂如乙醇、丙酮等是脱水剂,可以破坏蛋白质周围的水化膜,使蛋白质沉淀。

3. 加重金属盐　某些重金属盐如硝酸银、醋酸铅及氯化高汞等中的阳离子与蛋白质分子结合,生成不溶性的蛋白质盐沉淀。此法常易使蛋白质变性。

4. 加生物碱试剂　某些生物碱如苦味酸、三氯醋酸、鞣酸和磺柳酸等可使蛋白质沉淀。这是因为蛋白质在 pH<pI 的溶液中带正电荷,能与这些有机酸结合生成不溶性的盐沉淀出来。

(五) 蛋白质的颜色反应

蛋白质分子内含有许多肽键和某些带有特殊基团的氨基酸残基,可与不同试剂产生各种特有的颜色反应(表 14-2)。利用这些反应可以对蛋白质进行定性鉴定和定量分析。

表 14-2　蛋白质的颜色反应

反应名称	试　剂	颜　色	作用基团
缩二脲反应	硫酸铜的碱性溶液	紫色或紫红色	肽键
米伦反应	硝酸汞、硝酸亚汞和硝酸混合液	红色	酚羟基
茚三酮反应	茚三酮稀溶液	蓝紫色	氨基
黄蛋白反应	浓硝酸 - 氨水	黄色 - 橙红色	苯环
坂口反应	次氯酸钠或次溴酸钠	红色	胍基
乙醛酸反应	乙醛酸、浓硫酸	紫红色	色氨酸

课堂互动

1. 为什么可以用蒸煮的方法给医疗器械消毒?

2. 误服重金属盐引起中毒时,为什么服用大量牛奶、蛋清或豆浆能解毒?

四、酶

酶是一类具有催化作用的蛋白质。生物体内几乎所有的代谢反应都是在酶催化下进行的,所以酶又称生物催化剂。酶所催化的反应物称底物,酶所具有的催化能力称酶的活性,如果酶失去催化能力称酶的失活。有些酶属于单纯的蛋白质,另一些则含有非蛋白质部分,因而属于结合蛋白质类。

酶具有高效率的催化作用,比一般催化剂高 $10^6 \sim 10^{13}$ 倍。酶能在机体中十分温和的条件下使各种代谢反应顺利地进行。例如食物蛋白质在消化道内多种蛋白水解酶作用下,在 37℃时 3~4 小时即可水解成氨基酸;但在实验室则需加入 30% 的硫酸,加热到100℃以上,还需经历 24 小时才能彻底水解。

酶具有高度的专一性,即一种酶只能催化一种或一类反应。如脲酶只能催化尿素水解,脂肪酶只能催化脂肪酯类(包括其他酯类)水解。

酶具有高度的不稳定性,很容易受机体内各种因素的影响,如温度、pH 或各种离子浓度的细微改变都可改变酶的活性;凡可使蛋白质变性的各种因素,都可使酶失活。

第三节　核　酸

1868 年,瑞士生物学家米歇尔(J. F. Miescher)从白血球的细胞核中提取到一种富含磷元素的酸性物质,将其称核素(nuclein)。1898 年更名为核酸。核酸是生物体内一类具有重要生物功能和生理活性的高分子化合物。

一、核酸的分类

根据分子中含戊糖的种类不同,核酸可分为核糖核酸(RNA)和脱氧核糖核酸(DNA)两大类。

RNA 约 90% 存在于细胞质中,约 10% 存在于细胞核中。它直接参与体内蛋白质的合成。根据 RNA 在蛋白质合成过程中所起的作用不同,又可分为核蛋白体 RNA、信使 RNA 和转运 RNA 三类。

核蛋白体 RNA(rRNA)又称核糖体 RNA,细胞内 RNA 的绝大部分(80%~90%)都是核蛋白体组织。它是合成蛋白质多肽链的场所。参与蛋白质合成的各种成分最终必须在核蛋白体上将氨基酸按特定的顺序组装成多肽链。

信使 RNA(mRNA)是合成蛋白质的模板,在合成蛋白质时,控制氨基酸的排列顺序。

转运 RNA(tRNA)在蛋白质的合成过程中,是搬运氨基酸的工具。氨基酸由各自特异的 tRNA 搬运到核蛋白体,才能组装成多肽链。

DNA 主要存在于细胞核和线粒体内,它是生物遗传的主要物质基础,承担体内遗传信息的贮存和发布。

二、核酸的组成成分

核酸在酸、碱或酶作用下可逐步水解,其水解过程如下:

$$\underset{(\text{RNA 或 DNA})}{\text{核酸}} \xrightarrow{H_2O} \text{核苷酸} \xrightarrow{H_2O} \begin{cases} \text{磷酸} \\ \text{核苷} \xrightarrow{H_2O} \begin{cases} \text{戊糖(核糖或脱氧核糖)} \\ \text{碱基(嘌呤碱或嘧啶碱)} \end{cases} \end{cases}$$

从核酸完全水解的产物可见,核酸由磷酸、戊糖与碱基三部分组成(表 14-3)。

表 14-3　核酸的化学成分

组成	RNA	DNA
无机酸	磷酸	磷酸
戊糖	核糖	2- 脱氧核酸
嘌呤碱	腺嘌呤 A　鸟嘌呤 G	腺嘌呤 A　鸟嘌呤 G
嘧啶碱	胞嘧啶 C　尿嘧啶 U	胞嘧啶 C　胸腺嘧啶 T

（一）戊糖

组成 RNA 的戊糖是 D- 核糖,组成 DNA 的戊糖是 D-2- 脱氧核糖。它们都以 β-呋喃型的环式结构存在于核酸中。

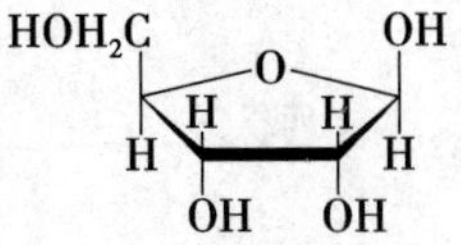

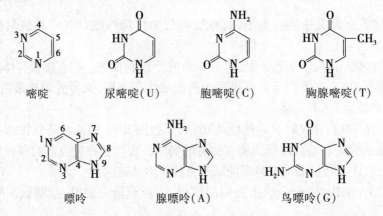

β-D-核糖 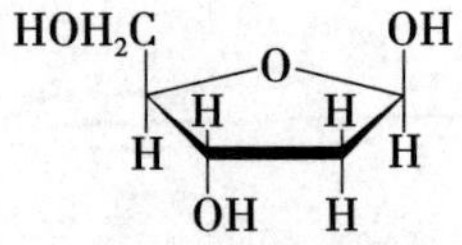　　　　　　　β-D-2-脱氧核糖

（二）碱基

核酸中存在的碱基是嘧啶碱和嘌呤碱,它们是含氮杂环化合物嘧啶和嘌呤的衍生物。其结构及缩写符号为:

嘧啶　　　尿嘧啶（U）　　　胞嘧啶（C）　　　胸腺嘧啶（T）

嘌呤　　　腺嘌呤（A）　　　鸟嘌呤（G）

三、核苷和核苷酸

（一）核苷

由核糖或脱氧核糖与嘌呤碱或嘧啶碱缩合而成的糖苷称核苷。两种戊糖在形成核苷时,均以其 β- 苷羟基与嘌呤碱的 9 位氮或嘧啶碱的 1 位氮上的氢脱水形成氮苷键。核苷可按其组成成分命名,例如腺嘌呤与核糖组成的核苷称腺嘌呤核苷(简称腺苷);尿嘧啶与核糖组成的核苷称尿嘧啶核苷(简称尿苷);胸腺嘧啶与 2- 脱氧核糖组成的核苷称胸腺嘧啶脱氧核苷(简称脱氧胸苷)。

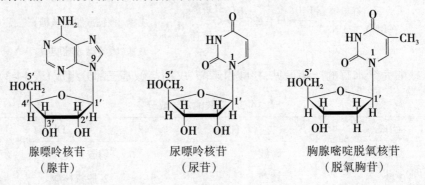

腺嘌呤核苷　　　　尿嘌呤核苷　　　　胸腺嘧啶脱氧核苷
（腺苷）　　　　　　（尿苷）　　　　　（脱氧胸苷）

（二）核苷酸

核苷分子中的核糖或脱氧核糖的 3′ 或 5′ 位的羟基与一分子磷酸脱水缩合生成的酯称核苷酸。生物体内大多数为 5′-核苷酸。核苷酸可简称某苷酸或一磷酸某苷。例如:

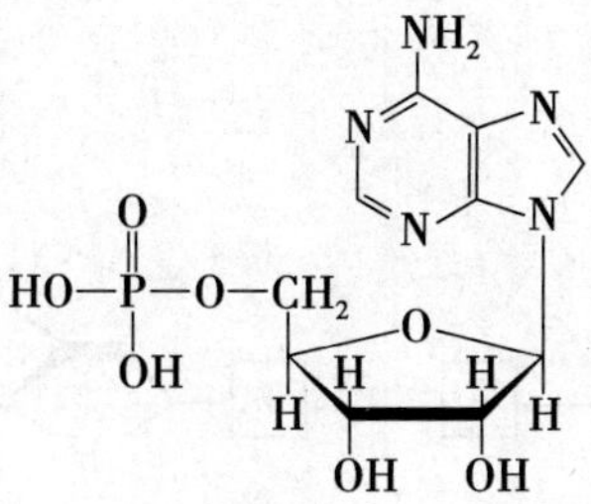

腺苷酸（AMP）
一磷酸腺苷

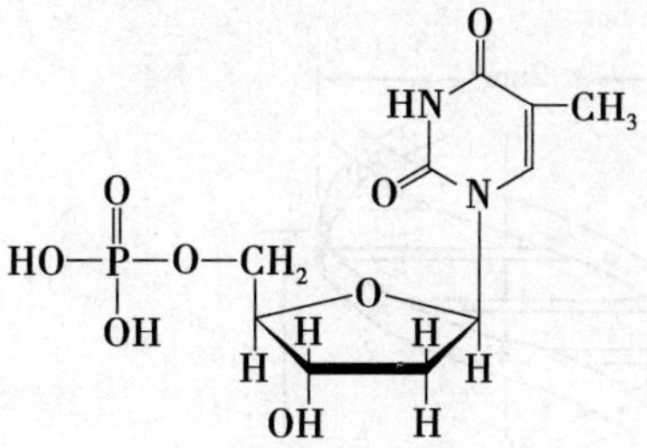

脱氧胸苷酸（dTMP）
一磷酸脱氧胸苷

核苷酸是组成核酸的基本单位,正如蛋白质是由许多氨基酸基本单位组成的一样,核酸是由许多核苷酸按特定的顺序连接而成。

四、核酸的结构

（一）核酸的一级结构

各种核苷酸的排列顺序和连接方式即为核酸的一级结构,又称核苷酸序列。在核酸分子中,连接相邻核苷酸的化学键是 3′,5′- 磷酸二酯键,一个核苷酸 3′ 位的羟基与另一核苷酸 5′ 位的磷酸残基脱水形成磷酯键。如此延续进行,就构成了由许多核苷酸组成的多核苷酸链。

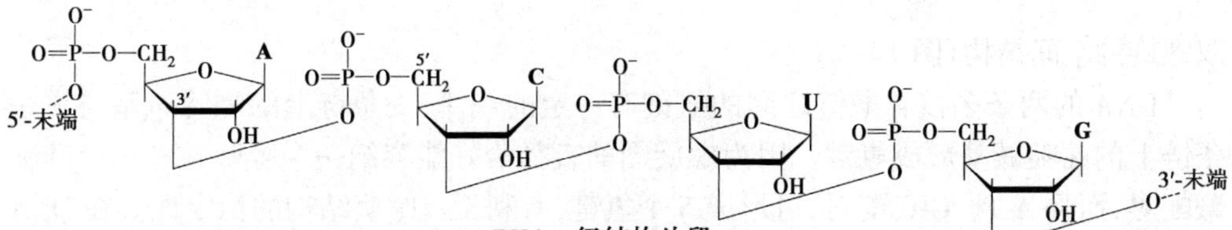

RNA一级结构片段

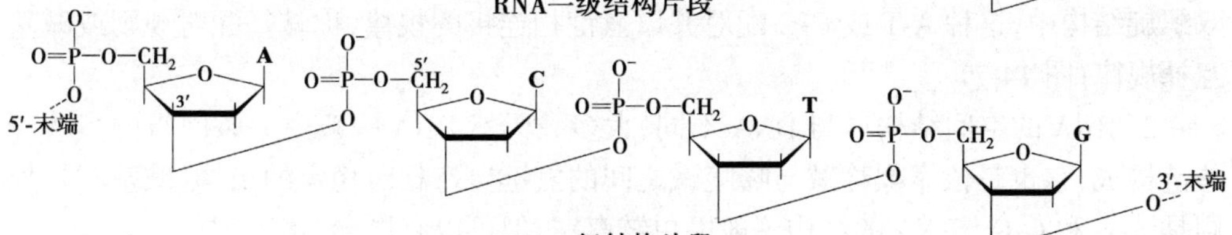

DNA一级结构片段

由于同类核酸都有同样的磷酸戊糖骨架,差别主要是戊糖 1′ 位上的碱基,所以也可用碱基顺序来表示核酸的一级结构。例如上列 DNA 片段可用简式表示为:

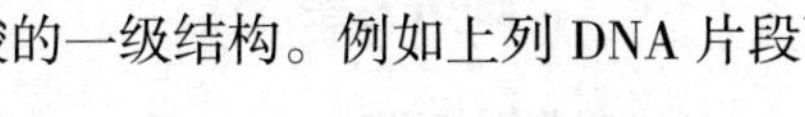

　　　　　　A　C　T　G
5′-末端 —|—|—|—|— 3′-末端

（横线代表磷酸戊糖骨架）

（二）核酸的二级结构

1. DNA 的双螺旋结构　1953 年,Watson 和 Crick 提出了著名的 DNA 分子双螺旋结构模型。大多数 DNA 分子的二级结构为双螺旋结构。

DNA 分子由两条走向相反的多核苷酸链绕同一轴心相互平行,盘旋成右手双螺旋结构。双螺旋的螺距为 3.4nm,直径为 2.0nm,每 10 个单核苷酸构成一圈螺旋。两条核苷酸链之间的碱基以特定的方式配对并形成氢键,使两条核苷酸链结合并维持

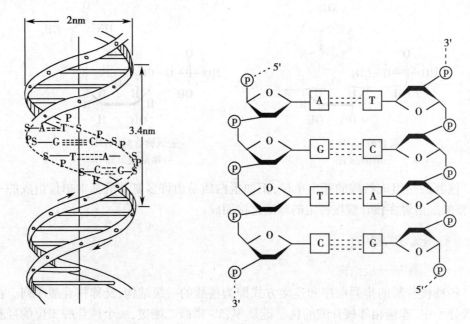

图 14-7　DNA 的双螺旋结构和碱基配对示意图

左图:S 表示脱氧核糖;P 表示磷酸二酯键　右图:呋喃环表示脱氧核糖;Ⓟ表示磷酸二酯键

双螺旋的空间结构(图 14-7)。

　　DNA 的两条多核苷酸链之间的氢键有一定的规律,一条链上的嘌呤碱基与另一条链上的嘧啶碱基形成氢键。因为螺旋圈的直径恰好能容纳一个嘌呤碱和一个嘧啶碱配对,而且 A-T、G-C 配对,可形成 5 个氢键,有利于双螺旋结构的稳定性。在 DNA双螺旋结构中,这种 A-T 或 G-C 配对并以氢键相连接的规律,称碱基配对规则或碱基互补规律(图 14-7)。

　　2. RNA 的空间结构　与 DNA 不同,大多数天然 RNA 一般由一条回折的多核苷酸链构成,它也是依靠嘌呤碱与嘧啶碱之间的氢键保持相对稳定的结构,碱基互补规则是 A-U 和 G-C。RNA 的结构一般以单链存在,但可以有局部二级结构。

知识链接

治疗艾滋病药物——AZT

　　AZT 是核苷类抗病毒药的一种。艾滋病是由艾滋病病毒(人类免疫缺陷病毒 HIV)感染引起的。当 HIV 进入宿主细胞后,HIV 病毒携带的反转录酶就会利用病毒的 RNA 合成 DNA,所合成的 DNA 模板通过整合酶的作用装配到宿主基因中去,完成病毒的繁殖。反转录酶是艾滋病病毒复制过程中的一个重要酶,在人类细胞中无此酶存在。AZT(3′-叠氮-3′-脱氧胸腺嘧啶,又称叠氮胸苷)在细胞内转化为(AZTTP),AZTTP 可竞争性抑制病毒反转录酶对三磷酸胸苷(TTP)的利用,用 AZTTP 替代 TTP 合成 DNA,由于其结构中 3′位为叠氮基,而不是烃基,当其结合到病毒 DNA 链的 3′末端时,不能进行磷酸二酯键的结合,从而终止病毒 DNA 链的延长,抑制病毒繁殖。

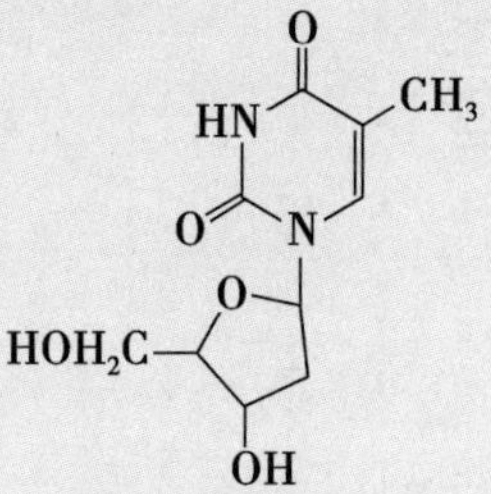

胸腺嘧啶脱氧核苷 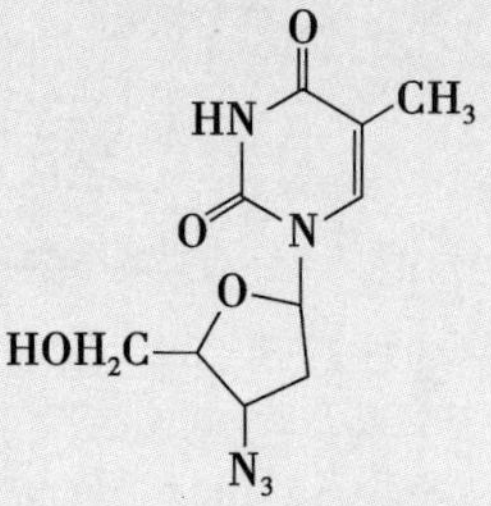　　　　　3′-叠氮基胸腺嘧啶脱氧核苷

（马思提）

 复习思考题

1. 用化学方法鉴别下列各组化合物

(1) 水杨酸和丝氨酸　　　(2) 蛋白质溶液,淀粉溶液和苯酚溶液

2. 下列氨基酸水溶液在等电点时呈酸性还是碱性? 在 pH=7.4 的溶液中它们主要带何种电荷? 电泳方向如何?

(1) 甘氨酸　　(2) 精氨酸　　(3) 谷氨酸　　(4) 色氨酸

3. 蛋白质的沉淀和变性有何不同? 乙醇为什么能使蛋白质变性? 蛋白质变性的实质是什么?

4. 根据蛋白质的性质回答下列问题

(1) 为什么硫酸铜、氯化汞溶液能杀菌?

(2) 蛋白质盐析时,pH 为多大时沉淀效果最好?

第十五章

萜类和甾族化合物

 学习要点

1. 萜类的结构、分类和通性。
2. 甾族化合物的结构。
3. 萜类及甾族化合物在医药学上的应用。

第一节 萜 类

萜类化合物是所有异戊二烯低聚物及其氢化物和含氧衍生物的总称。它在动植物界广泛存在,其种类繁多、数量庞大、结构复杂、性质各异,几乎所有的植物中都含有萜类化合物。萜类化合物是许多中草药的有效成分,也是植物挥发油(香精油)、树脂和色素的主要成分,并且具有一定的生物活性。挥发油(香精油)是一类具有芳香气味的油状液体,如松节油、薄荷油等,从许多植物花草中可以提取。开链萜烯的分子组成符合$(C_5H_8)_n$通式。对挥发油的研究发现,很多含有分子式为$C_{10}H_{16}$的成分,还有许多与萜烯结构类似的有链状或环状的烷、烯及含氧的醇、醚、醛、酮、羧酸、酯、内酯以及苷等,目前对萜类化合物的研究已较为普遍。

一、萜类的结构

萜类分子在结构上的共同点是分子中的碳原子数都是 5 的整倍数,可以看成是由若干个异戊二烯结构单元主要以头尾相接而成的。如:

$$CH_2{=}\underset{\underset{\text{尾}}{|}}{\underset{CH_3}{C}}{-}\underset{\text{头}}{CH}{=}CH_2$$

异戊二烯

$$C{=}\underset{\underset{\text{尾}}{|}}{\underset{C}{C}}{-}\underset{\text{头}}{C}{=}C$$

异戊二烯碳架

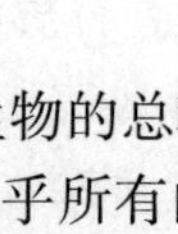

异戊二烯

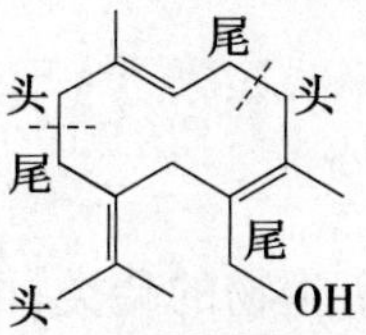

金合欢醇
（倍半萜类）

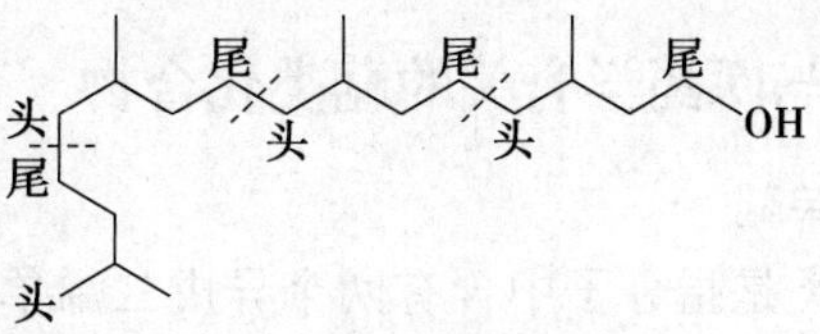

植物醇
（二萜类）

这种结构特点叫做萜类化合物的异戊二烯规则。异戊二烯规则是从对大量萜类分子构造的测定中归纳出来的,反过来它能指导测定萜类的分子构造。

二、萜类的分类和命名

根据组成萜类化合物分子的异戊二烯单位的数目,可将萜类化合物分成以下几类(表 15-1)。

表 15-1 萜的分类

类别	异戊二烯单位	碳原子数	举例
单萜	2	10	蒎烯、薄荷醇、柠檬醛
倍半萜	3	15	金合欢醇
二萜	4	20	维生素 A、松香酸
二倍半萜	5	25	少见
三萜	6	30	鲨烯、甘草次酸
四萜	8	40	胡萝卜素、动物色素
多萜或复萜	>8	>40	生物胶、古塔胶

萜类化合物的命名,我国一般按英文俗名意译,再接上"烷""烯""醇"等命名而成;或是根据来源用俗名,如樟脑,薄荷醇等。

IUPAC 规定的系统命名法较生僻、繁琐,多不用。

三、萜类的生理活性

萜类化合物是中草药的有效成分,有多方面的生物活性。它对循环系统、消化系统、呼吸系统、神经系统等方面都有重要的作用,如紫杉醇有抗癌活性;青蒿素有抗疟疾活性;银杏内酯有防治心血管疾病的作用、穿心莲内酯有抗炎活性、雷公藤内酯有抗白血病及抗肿瘤的活性等等。挥发油中的单萜、倍半萜具有祛痰、止咳、平喘、祛风、发汗、解热、镇痛、抗菌、驱虫、活血化瘀、生津止渴等作用。

四、萜类的通性

萜类化合物是带有香味或不带香味的液体或固体。多数具挥发性,含手性碳原子,有旋光性,难溶于水,易溶于有机溶剂。化学性质表现出所含官能团的性质。例如,双键可以发生加成反应、氧化反应;羰基可以发生加成反应;羧基显酸性、可成酯;内酯结构易水解开环等。

五、与医药学有关的萜类化合物

(一) 单萜

单萜类是指分子中含有两个异戊二烯单元及其含氧衍生物的萜类,可分为开链单萜、单环单萜、双环单萜等结构种类。

1. 开链单萜 柠檬醛又称枸橼醛或柑醛,是开链单萜中最重要的化合物。广泛存在于各种挥发油中,主要是在柠檬草、橘子油中,可作香料,也是合成维生素 A 的主要原料。天然柠檬醛是顺反异构体的混合物。

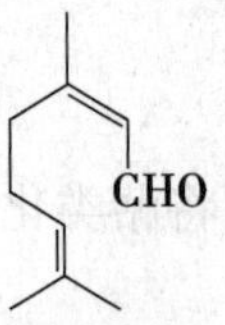

柠檬醛	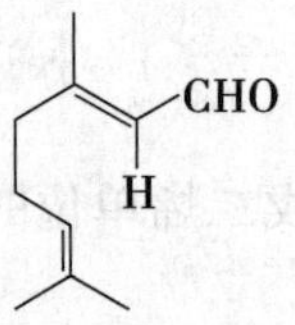 α- 柠檬醛(E- 型)	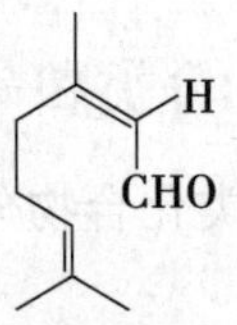 β- 柠檬醛(Z- 型)
(枸橼醛、柑醛)	(香叶醛)	(橙花醛)

2. 单环单萜 单环单萜类分子中都含有 1 个六元环。其中比较重要的有柠檬烯和薄荷醇等。

柠檬烯　　　　　薄荷醇

柠檬烯存在于柠檬油、橘子油等许多香精油中,分子中有 1 个手性碳原子,有 1 对对映异构体。

薄荷醇存在于薄荷油中,熔点低,具有芳香凉爽气味,有杀菌、防腐作用,并有局部止痛的效力。分子中有 3 个手性碳原子,4 对对映异构体,分别称为薄荷醇、异薄荷醇、新薄荷醇、新异薄荷醇。天然的薄荷醇为左旋体,用于医药、化妆品及食品工业中,如清凉油、牙膏、糖果、烟酒等。

3. 双环单萜 双环单萜由 1 个六元碳环分别与三元环、四元环、五元环共用 2 个碳原子所构成。其中蒎烯和樟脑最为常见。

蒎烯又称松节烯,是松节油的主要成分(占 80%~90%),有 α- 蒎烯和 β- 蒎烯两种异构体。α- 蒎烯的含量又比 β- 蒎烯多,用做油漆、蜡等的溶剂,是合成冰片、樟脑等的重要化工原料。

樟脑化学名称为 2- 莰酮(α- 莰酮),存在于樟脑树中,它是白色闪光晶体,易升华,具有令人愉快的香味。可驱虫、防蛀,也是医药工业的原料,可用来配制十滴水、清凉油等。

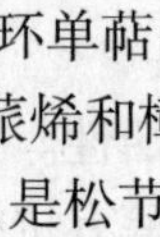

α- 松节烯 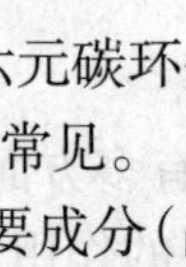　　　β- 松节烯 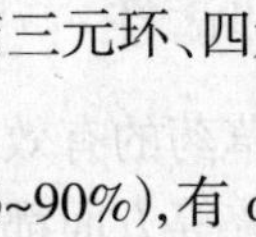　　　樟脑(2- 莰酮)

(二) 其他萜类化合物

1. **青蒿素** 青蒿素是从中药青蒿中分离得到的过氧化物倍半萜,具有抗恶性疟疾的作用。青蒿素难溶于水及油,为了改善其溶解性,对青蒿素的结构进行修饰,合成了水溶性的青蒿琥珀酸单酯和油溶性的蒿甲醚,广泛应用于临床。20 世纪 60 年代,全球每年因为疟疾死亡人数高达 300~400 万人。青蒿素的发现及其类似物的研究开发,是中国科学家在医药研究领域标志性的成果,也是中国医药学在抗疟疾治疗药物领域的重大国际贡献。中国中医科学研究院的首席科学家屠呦呦,因为创制了新型抗疟药青蒿素和双氢青蒿素而获得 2015 年诺贝尔生理学或医学奖。

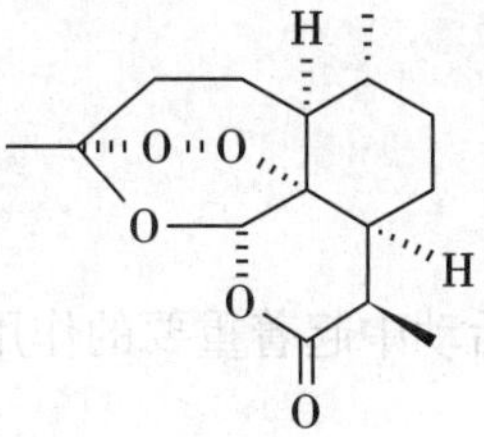

青蒿素 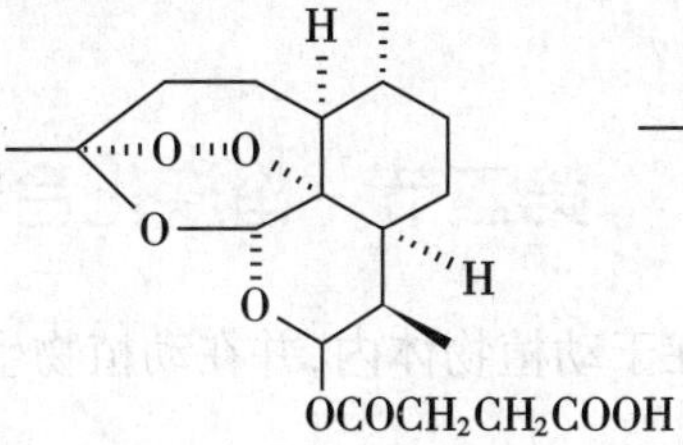　　　　　青蒿琥珀酸单酯 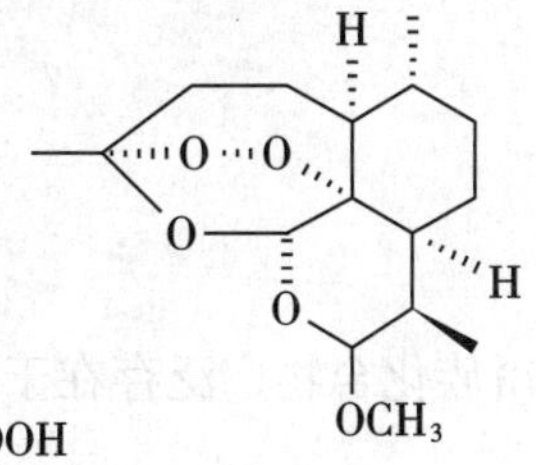　　　　　蒿甲醚

2. **维生素 A 及 β- 胡萝卜素** 维生素 A_1 属于二萜,为单环双萜醇,黄色结晶,主要存在于动物肝脏、鱼肝油、牛乳、蛋黄中。它是脂溶性维生素,是哺乳动物正常发育所必需的物质,体内缺乏维生素 A 则发育不健全,并能引起眼膜和眼角膜硬化症,初期的症状就是夜盲症。

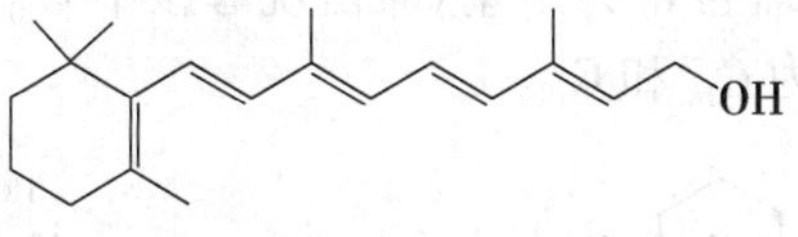

维生素 A_1

β- 胡萝卜素是由 8 个异戊二烯结构单元组成的四萜类,红色结晶,广泛分布于植物的叶、花、果实、动物乳汁、脂肪中,在动物肝脏中,在酶的作用下可以裂解成两分子维生素 A_1,所以 β- 胡萝卜素又称维生素 A 原。

知识链接

维生素 A 与夜盲症

维生素 A 又称为视黄醇,人体内以全反式存在。在感受弱光或暗光的视网膜杆状细胞内,全反式视黄醇异构化为 4- 顺视黄醇(习惯上称 11- 顺视黄醇),再氧化为 4- 顺视黄醛(习惯上称 11- 顺视黄醛)。4- 顺视黄醛与视蛋白结合生成视紫红质。弱光可以使视紫红质中 4- 顺视黄醛和视蛋白发生构型、构象改变,生成含全反式视黄醛的光视紫红质。光视紫红质再经过一系列构象变化,生成变视紫红质Ⅱ,引起视觉神经冲动,并释放出反式视黄醛和视蛋白。全反式视黄醛再经还原生成全反式视黄醇,从而完成视循环。由全反式视黄醇到变视紫红质Ⅱ,需要一个过程,称为暗适应。我们日常生活中突然由亮处进入到暗处时会看不清楚物体,过一会才能看清,就属于暗适应。

如果维生素A缺乏,视循环的起始物质4-顺视黄醛会补充不足,则视紫红质的合成会减少,人体对暗光的敏感度就会降低,暗适应能力减弱,严重者出现夜盲症。在人初乳、牛奶、动物肝脏和蛋黄等中,维生素A的含量比较丰富。

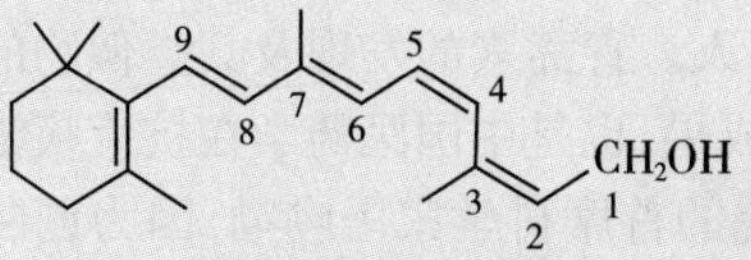

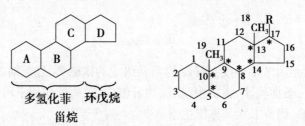

4-顺视黄醇 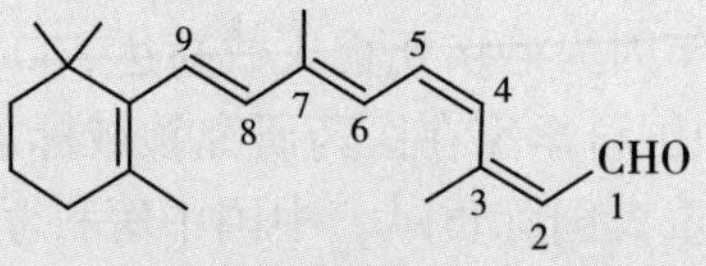　　　　　　　　　　4-顺视黄醛

第二节　甾族化合物

甾族化合物广泛存在于动植物体内,并在动植物生命活动中起着重要的作用。

一、甾族化合物的结构

(一) 甾族化合物的基本结构

甾族化合物分子中,都含有1个环戊烷多氢菲(甾烷)的基本结构。甾烷结构中的4个稠合环分别用A、B、C、D来表示,碳原子的编号是从A环开始按固定顺序来进行编号。甾烷骨架环上C_{13}、C_{10}和C_{17}三个碳原子也可以连有侧链,侧链不同就构成不同的甾体母核,C_{13}和C_{10}常常为甲基(雌甾烷母核中C_{10}为H),称为角甲基,C_{13}和C_{10}的角甲基碳原分别编为C_{18}和C_{19}。

多氢化菲　环戊烷
甾烷

(二) 甾族化合物的立体结构

甾族化合物的甾环上有7个手性碳原子,理论上有2^7=128个旋光异构体,但由于4个环稠合及空间位阻等的影响,能够稳定存在的立体异构体很少,而且一种构型只有一种构象。

甾族化合物中4个碳环的稠合,理论上可以顺式稠合(ea稠合),也可以反式稠合(ee稠合)。在自然界存在的甾族化合物中,B、C环都是反式稠合(用"B/C反"表示),C、D环大多也为反式稠合(C/D反)(强心苷元和蟾毒苷元例外),只有A、B环的稠合具有顺式和反式两种类型。因此,甾族化合物可分为两种类型,正系(A/B环顺式)和别系(A/B环反式)。

1. 正系(5β-型)　C_5上的H与C_{10}的角甲基在环平面的同侧,用实线表示。

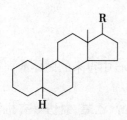

5β-型甾族化合物　　　　A/B 顺(ea 稠合)、B/C 反(ee 稠合)、C/D 反(ee 稠合)

2. 别系(5α- 型)　C_5 上的 H 与 C_{10} 的角甲基不在环平面的同侧,伸向后方,用虚线表示。

5α-型甾族化合物　　　　A/B 顺(ea 稠合)、B/C 反(ee 稠合)、C/D 反(ee 稠合)

二、甾族化合物的命名

用系统命名法命名甾族化合物时,需先确定甾体母核,然后在其前后标明各取代基的位置、构型、数目、名称。由于系统命名较复杂,通常用与其来源或生理作用有关的俗名。

甾烷结构中 C_{13}、C_{10} 和 C_{17} 侧链与甾体母核名称的对应关系见表 15-2。

表 15-2　C_{13}、C_{10} 和 C_{17} 侧链与甾体母核名称的对应关系

R	R_1	R_2	甾体母核名称
—H	—H	—H	甾烷
—H	—CH₃	—H	雌甾烷
—CH₃	—CH₃	—H	雄甾烷
—CH₃	—CH₃	—CH₂CH₃	孕甾烷
—CH₃	—CH₃	CH₃ | —CH—CH₂CH₂CH₃	胆烷
—CH₃	—CH₃	CH₃　　　CH₃ |　　　| —CH—CH₂CH₂CH₂CHCH₃	胆甾烷

三、与医药学有关的甾族化合物

(一) 胆甾醇 (胆固醇)

胆甾醇是最早发现的一个甾族化合物,因最初是从胆石中得来的固体醇而得名。存在于人及动物的血液、脂肪、脑髓及神经组织中。

胆固醇是无色或略带黄色的结晶,微溶于水,溶于乙醇、乙醚、氯仿等有机溶剂。胆固醇的氯仿溶液中加入乙酐和浓硫酸,则发生颜色变化,先呈现浅红色,再变为蓝紫色,最后变为绿色。在临床上及中草药分析中,常用此反应做胆固醇、强心苷、甾族皂苷等甾族化合物的定性检验。

胆固醇是细胞膜的重要组成成分,同时也是胆酸和其他甾体激素等的前体,在人体内有重要的作用。但在人体中,胆固醇含量过高可引起胆结石、动脉硬化等疾病。食物中的动物油脂过多时会提高血液中胆固醇的含量,而植物油特别是大豆油、葵花籽油中富含谷固醇及维生素 E,对胆固醇的吸收有阻碍作用。近来有研究表明,深海鱼含有大量的不饱和脂肪酸,其降低血清中胆固醇的作用超过了植物油。

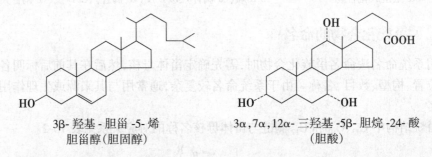

3β- 羟基 - 胆甾 -5- 烯　　　　　3α,7α,12α- 三羟基 -5β- 胆烷 -24- 酸
胆甾醇(胆固醇)　　　　　　　　　　　(胆酸)

(二) 胆酸

人和动物胆汁中的主要成分为胆汁酸,是由几种胆甾酸与甘氨酸或牛磺酸结合而成的混合物。胆酸是其中的一种。

胆酸是油脂的乳化剂,是消化液的组成成分之一,其生理作用是使脂肪乳化,促进它在肠内的水解和吸收。故胆酸又被称为"生物肥皂"。

(三) 甾体激素

激素俗称荷尔蒙(hormone),是由动物体内各种内分泌腺分泌的一类具有生理活性的化合物,对机体的生长发育、生殖代谢和性功能起重要的调节、控制作用。激素根据其化学结构分为两大类:含氮激素(胺、氨基酸、多肽和蛋白质)和甾体激素。甾体激素又根据来源不同分为肾上腺皮质激素和性激素两类。

1. 性激素　性激素是高等动物性腺(睾丸、卵巢及黄体)的分泌物,具有控制性生理、促进动物发育、维持第二性征(如声音、体形等)的作用。其生理作用很强,极少量就能产生很大的影响。性激素包括雄激素、雌激素和孕激素。

(1) 雄激素:主要由睾丸和肾上腺皮质分泌,睾丸酮(testosterone)是雄激素的一种,生物活性最强,有促进肌肉生长、声音变低沉、维持男性第二性征的作用。

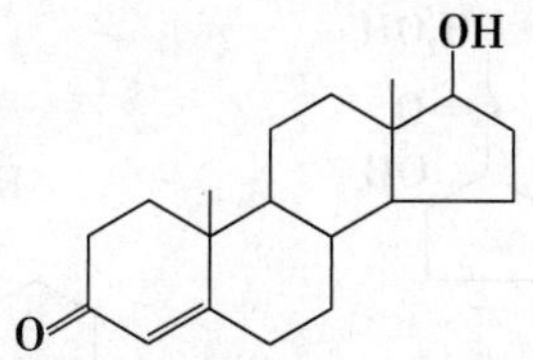

17β- 羟基 - 雄甾 -4- 烯 -3- 酮
（睾丸酮）

（2）雌激素及孕激素：雌激素中以雌二醇的活性最强。是由卵巢分泌的一种天然雌激素。具有促进女性器官发育成熟和维持第二性征以及与孕激素一起完成性周期、妊娠等作用。主要用于治疗卵巢功能不全所引起的病症，如子宫发育不全、月经失调等。

孕甾酮（progesterone）由排卵后生成的黄体所分泌，又称黄体酮。临床上用于治疗习惯性流产、子宫功能性出血、痛经及月经失调等。

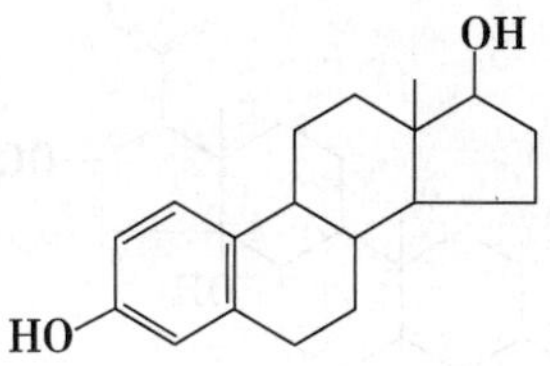

β- 雌二醇 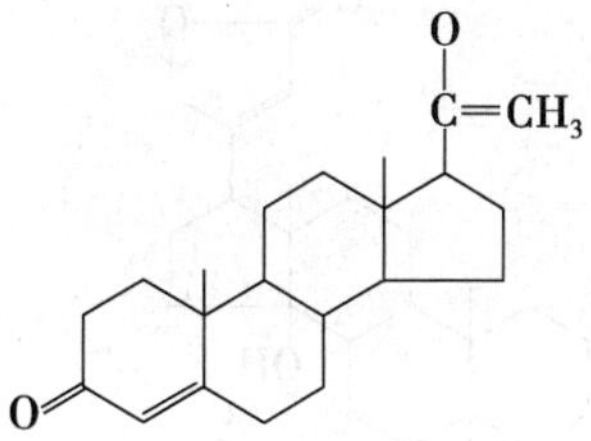　　　　　　　孕甾酮（黄体酮）

课堂互动

写出黄体酮的化学名称。

2. 肾上腺皮质激素　肾上腺皮质激素是哺乳动物肾上腺皮质分泌的甾体类激素的总称，按生理作用分为糖皮质激素和盐皮质激素两大类。糖皮质激素调节机体糖、脂肪、蛋白质的生物合成和代谢；盐皮质激素调节机体水、盐代谢和维持电解质平衡。如可的松、氢化可的松（皮质醇）、皮质酮、醛固酮及去氧皮质酮等，在医药上，肾上腺皮质激素主要用做抗风湿、抗炎等。

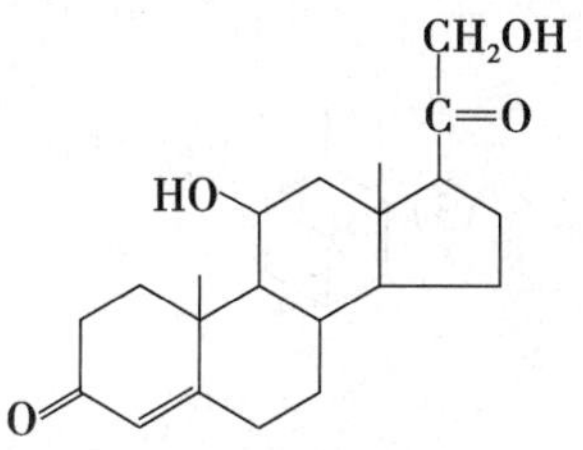

皮质酮 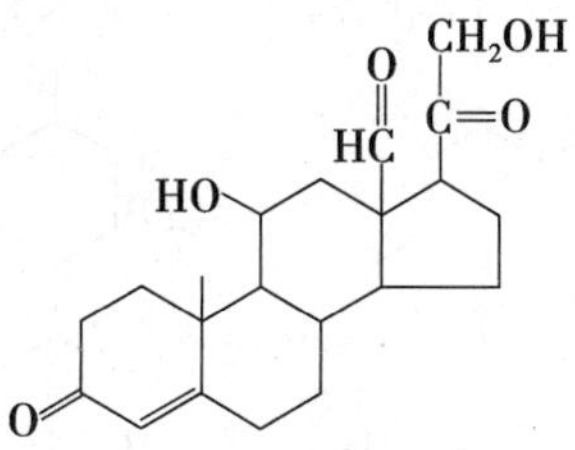　　　　　　　　醛固酮

可的松　　　　　　　　　　　　　　氢化可的松

(四) 强心苷、蟾毒

强心苷是一类存在于生物界对心脏有减慢心跳、增加强度功能的甾体苷类。自然界许多有毒的植物中都存在强心苷,尤其是玄参科和夹竹桃科植物,如玄参科植物毛地黄叶中的毛地黄毒苷等。强心苷在临床上用作强心剂,用于治疗心力衰竭和心律失常等。但它们有毒,若超过安全剂量,则会中毒而停止心跳。强心苷的苷元是甾族化合物,其结构中 C_{17} 多含有 $\alpha,\beta-$ 五元不饱和内酯环或六元不饱和内酯环。

毛地黄毒苷元　　　　　　　　　　　蟾毒苷元

蟾毒是蟾蜍的腮腺分泌物中的一种甾体激素,有强心、消炎和止痛等作用。治疗牙痛的蟾酥、散瘀解毒的药物有此成分。蟾毒结构比较复杂,其中蟾毒苷元为甾体结构。

(张　红)

复习思考题

1. 萜类化合物的结构有什么特点?

2. 甾族化合物的基本骨架是什么? 请列举几种重要的甾族化合物。

3. 如何判断甾族化合物的正系、别系?

4. 指出下列化合物各属于哪类萜?

(1)　　　　　　　(2)　　　　　　　(3)

(4)

第十六章

医药用高分子化合物简介

 学习要点

1. 高分子化合物的基本概念、分类、结构及基本特性。
2. 高分子化合物在医药学上的应用。

　　高分子化合物在我们的日常生活中并不陌生,衣、食、住、行中使用的棉、麻、丝、淀粉、蛋白质、竹、木、塑料、橡胶等,都是天然的或合成的高分子化合物。20 世纪 30 年代以来,人工合成的越来越多的高分子材料,迅速改变了人们的生活和世界的面貌。随着高分子科学的发展,为医药学提供了更多新材料、新药物、新手段。本章主要介绍与医药学有关的有机高分子化合物。

第一节　高分子化合物概述

一、高分子化合物的基本概念

(一) 高分子化合物的定义

　　高分子化合物是相对分子质量很大、具有重复结构单元的一类化合物,简称高分子,又称高聚物或聚合物。例如淀粉、纤维素、合成塑料等,都具有很大的相对分子质量。

(二) 基本概念

　　1. **主链**　构成高分子的基本骨架结构。最常见的是由碳原子构成的碳链。

　　2. **单体**　能够聚合成高分子化合物的小分子化合物称作单体。如乙烯是聚合成聚乙烯的单体。

　　3. **链节**　是高分子中重复出现的那部分结构单元,又称结构重复单元。例如:

$$n\,CH_2{=}CH_2 \longrightarrow \left[\!\!\begin{array}{c}CH_2{-}CH_2\end{array}\!\!\right]_n$$

乙烯　　　　聚乙烯

　　4. **聚合度**　聚合物分子中,单体单元的数目称为聚合度。是高分子化合物链节重复的次数,也是衡量聚合物大小的指标。如果高分子由一种单体聚合而成,其聚合

度为 n；如果由两种单体聚合而成，其聚合度为 $2n$。

高分子的相对分子质量应该等于聚合度与链节相对质量的乘积。虽然是同一高分子化合物，但不同的分子个体的 n 值并不完全相同，所以每个高分子的相对分子质量也不完全相同。

二、高分子化合物的分类

高分子化合物种类繁多，很多新品种又相继问世，为了更好地介绍高分子化合物，一般可按主链结构、性能、用途和来源将其分类。

(一) 按主链结构分类

1. 碳链高分子　主链完全由碳原子组成。如聚乙烯。

$$-\!\!\left[CH_2\!-\!CH_2\right]_n$$

2. 杂链高分子　主链除碳原子外，还含有氧、硫、氮等杂原子。如聚环氧乙烷。

$$-\!\!\left[O\!-\!CH_2\!-\!CH_2\right]_n$$

3. 元素有机高分子　主链上不一定有碳原子，而是由硅、氧、铝、硼等其他元素构成，但侧链是有机基团。如硅橡胶。

$$-\!\!\left[\begin{array}{c}CH_3\\|\\Si\!-\!O\\|\\CH_3\end{array}\right]_n$$

4. 无机高分子　主链和侧基均无碳原子，由无机基团构成，如聚氟磷氮。

$$-\!\!\left[\begin{array}{c}F\\|\\P\!=\!N\\|\\F\end{array}\right]_n$$

(二) 其他分类方法

1. 按性能分类，可分为塑料、纤维和橡胶三大类。

2. 按来源分类，可分为天然高分子、合成高分子和半合成高分子。天然高分子包括天然橡胶类、多糖类、多肽类、核酸类、蛋白质类和无机高分子化合物等。合成高分子包括碳链高分子和聚苯乙烯。

3. 按用途分类，可分为通用高分子、工程高分子、医用高分子、药用高分子和功能高分子等。

4. 按分子形状分类，可分为线形高分子、交联高分子、支化高分子等。

三、高分子化合物的命名

高分子化合物的系统命名法基本原则是：①确定聚合物的最小重复单元。②对重复单元中的次级单元进行排序。③由小分子有机化合物的 IUPAC 命名重复单元。④在此重复单元名称前加一个"聚"字。

如：聚(1-氯代乙烯)，聚(1-苯基乙烯)。

$$-[CH_2-CH]_n-$$
$$\quad Cl$$

$$-[CH-CH_2]_n-$$

聚(1-氯代乙烯)　　　　聚(1-苯基乙烯)

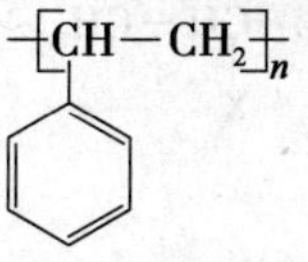

在实际工作中,主要采用习惯命名或商品名。

习惯命名法主要以制备方法或原料命名。

以1种单体聚合得到的高分子,在单体名称前加"聚"字,如聚乙烯、聚氯乙烯、聚甲醛等。以两种单体聚合得到的高分子,在链节结构名称前加"聚"字,如聚对苯二甲酸乙二酯、聚己二酰己二胺等。

以两种或两种以上不同单体聚合的,常用单体名或其简称,后缀为"树脂"或"橡胶"二字,如酚醛树脂、丁苯橡胶、氯丁橡胶、醇酸树脂等。

也常以商品名、俗名或译名,如特氟隆(聚四氟乙烯)、有机玻璃(聚甲基丙烯酸甲酯)、尼龙(nylon)等。

还有用英文缩写符号的。如聚氨酯的英文缩写为PU,丁二烯与苯乙烯共聚物的英文缩写为PBS。

四、高分子化合物的合成方法

高分子化合物根据其原料的结构不同,合成方法也不同。主要有两类方法:一类是加成聚合反应(简称加聚反应),一类是缩合聚合反应(简称缩聚反应)。另外还有开环聚合。

(一) 加聚反应

加聚反应是单体经加成而聚合形成高分子化合物的反应。有均聚(由一种单体加聚)和共聚(由两种以上单体加聚)两种类型,加聚反应发生在不饱和键上。

加聚反应可以按自由基反应历程和离子型反应历程来进行。都经过链的引发、链的增长和链的终止三个阶段。下面主要以乙烯基单体聚合为例,讨论自由基型聚合反应的历程。

链的引发:主要有引发剂引发和光、热和辐射等激发。

$$R\cdot + CH_2=CH \longrightarrow R-CH_2-CH\cdot$$

引发剂

$$CH_2=CH \xrightarrow{光照} \cdot CH_2-CH\cdot$$

链的增长:

$$R-CH_2-CH\cdot + CH_2=CH \longrightarrow R-CH_2-CH-CH_2-CH\cdot$$

$$\longrightarrow \cdots \longrightarrow R-[CH_2-CH]_n-CH_2-CH\cdot$$

链的终止:

$$R{\sim\sim}CH_2{-}\underset{X}{\overset{}{CH}}\cdot + \cdot\underset{X}{\overset{}{CH}}{-}CH_2{\sim\sim}R \longrightarrow R{\sim\sim}CH_2{-}\underset{X}{\overset{}{CH}}{-}\underset{X}{\overset{}{CH}}{-}CH_2{\sim\sim}R$$

（二）缩聚反应

缩聚反应指含有两个或两个以上官能团的单体相互缩合,生成高分子化合物,同时生成小分子副产物(水、醇、氨等)的反应。发生缩聚反应前后,原料和产物的化学组成发生变化。例如,聚酯、聚酰胺、酚醛树脂和有机硅高分子等。

利用形成酯键得到的聚合物称为聚酯。如聚对苯二甲酸乙二酯(PET),即涤纶树脂,它是产量最高的合成纤维,也是重要的工程塑料。用乙二醇和对苯二甲酸可直接合成涤纶。

$$(n{+}1)HOCH_2CH_2OH + nHOOC{-}\!\!\!\!\bigcirc\!\!\!\!{-}COOH \longrightarrow$$

$$H\!\!\left[OCH_2CH_2OOC{-}\!\!\!\!\bigcirc\!\!\!\!{-}CO\right]_n OCH_2CH_2OH + 2nH_2O$$

聚酰胺分子链上有 -CONH- 键,尼龙 -66 由己二酸和己二胺聚合而成,是聚酰胺中最重要的品种。

$$nH_2N(CH_2)_6NH_2 + nHOOC(CH_2)_4COOH \longrightarrow \left[NH(CH_2)_6NH\overset{O}{\overset{\|}{C}}(CH_2)_4\overset{O}{\overset{\|}{C}}\right]_n$$

有机硅聚合物由二甲基二氯硅烷水解,先生成羟基化合物,后者再缩聚而成。

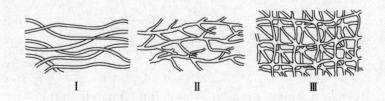

$$\underset{CH_3}{\overset{CH_3}{Cl\,Si\,Cl}} \xrightarrow{H_2O} \left[\underset{CH_3}{\overset{CH_3}{HO\,Si\,OH}}\right]_n \xrightarrow{(n{-}1)H_2O} \left[\underset{CH_3}{\overset{CH_3}{Si}}{-}O\right]_n$$

第二节　高分子化合物的结构与性质

一、高分子化合物的结构

高分子化合物一般呈链状结构,高分子链主要有两种结构类型,一类是线型结构(包括有支链的),一类是体型结构(也称网状结构)。见图 16-1。

图 16-1　高分子链的结构类型

　Ⅰ 不带支链的　Ⅱ 带支链的　Ⅲ 交联的

线型结构的高分子如聚乙烯,分子链又细又长,其直径与长度之比可达1:1000以上。这种分子在无外力作用时,任意卷曲。由于其主链的 σ-键可以自由旋转,所以线型高分子化合物具可塑性和弹性。在溶剂中,经溶胀后最终可完全溶解在溶剂中。受热软化甚至熔融的是热塑性材料,但其硬度和脆性小。

体型结构的高分子化合物如酚醛树脂,链和链之间相互交联,不能相互移动,而且键也不能自由旋转,所以体型高分子化合物没有弹性和可塑性。由于这类高分子链段之间相互交联,空隙小,故只能有限溶胀,而不能溶解。受热也不能熔融,但其硬度和脆性都很大。

二、高分子化合物的特性

高分子化合物具有一些与小分子化合物不同的物理特性。主要有:

1. 质轻　高分子化合物一般比金属轻,密度为 $1\sim2g/cm^3$。其强度可与金属匹敌。最轻的泡沫塑料的密度大约只有 $0.01g/cm^3$。

2. 结晶性　高分子化合物的结晶态与低分子化合物不同,是指分子链在其分子间作用力的影响下,有规则地排列成有序结构。结晶态的高分子也并不完全由结晶相所构成,也会有无定形区,整个分子由几个结晶区和非结晶区构成,结晶区内的链段排列整齐,非结晶区部分链段是卷曲而又互相缠绕的。

高分子化合物的结晶性影响其性质。纤维具有的高强度与它的高结晶态有关,而橡胶则非常柔软,它是由非结晶态高分子构成的。

3. 强度高　高分子化合物具有良好的机械强度。其机械强度主要取决于聚集状态、聚合度及分子间作用力等。聚合度越大,分子间作用力就越大,强度也就越大。如果分子链的极性强,或有氢键存在,那么其强度就非常高。如,芳纶-1414纤维,具有耐磨、耐疲劳、耐冲击等特点,有"人造钢丝"之称。

4. 可塑性　线型高分子化合物受热达到一定温度,就会软化成黏性的流体状态,因而具有良好的可塑性。这一过程时间较长,为高分子化合物的加工成型带来方便,也使其得到广泛的应用。

5. 电性能　高分子化合物是一种优良的电绝缘体。由于高聚物分子中的化学键绝大多数是共价键,不会形成电流,具有较好的电绝缘性,是一种理想的电绝缘材料。

第三节　高分子化合物在医药学上的应用

一、高分子化合物在医学上的应用

医用高分子
材料

随着合成高分子材料科学与工业的发展,为医学领域提供不同品种、不同要求的高分子材料。医用高分子属于特殊功能性高分子,是用于人体、以医疗为目的的高分子材料。因而它必须安全无毒,化学稳定性高,具有生物功能性、组织相容性和血液相容性,不致癌、不溶血、不凝血、不致敏等,有时还需具有生物降解性。

用于医疗的高分子化合物种类繁多,有天然的和合成的,下面主要介绍几种常用的医用高分子化合物。

（一）聚乙烯（PE）

$$\mathrm{-\!\!\left[CH_2\!-\!CH_2\right]_{\mathit{n}}}$$

聚乙烯由乙烯聚合而成，聚乙烯由于聚合方法不同，主要有三类：低密度聚乙烯、高密度聚乙烯及线型低密度聚乙烯，它们的结构有很大的不同。聚乙烯不溶于水，大部分呈半透明状。

聚乙烯是用途极为广泛的高分子化合物。在医用方面主要可作薄膜、人工关节、人工喉、注射制品以及药品包装等。

（二）聚氯乙烯（PVC）

$$\mathrm{-\!\!\left[CH_2\!-\!\underset{\underset{Cl}{\vert}}{CH}\right]_{\mathit{n}}}$$

聚氯乙烯是目前医疗领域应用最为广泛的一类高分子材料。氯乙烯经本体聚合可制得 PVC 树脂。

PVC 主要优点是化学稳定性好，耐酸、碱，透明性好，易成型，且本身具阻燃性。在医学上用作注射制品，输血袋、输液袋、血导管等。

（三）聚甲基丙烯酸甲酯（PMMA）

$$\mathrm{-\!\!\left[CH_2\!-\!\underset{\underset{O}{\overset{\overset{CH_3}{\vert}}{\underset{\vert}{C}}}}{\underset{C=O}{}}\right]_{\mathit{n}}}$$

PMMA 俗称有机玻璃，具有透光性好、机械加工性优良、稳定性好、粘结性能好、抗冲击、不易破碎等特点。常用作人工关节、人工颅骨及口腔科材料等。PMMA 人工晶体是硬性材料的首选，但用作隐形眼镜就不太舒服，现多用由亲水性聚合物如聚甲基丙烯酸羟乙酯等水凝胶制成的隐形眼镜，可以紧密地贴在角膜上，透光、透氧及亲水性都很好。

（四）聚乳酸（PLA）

$$\mathrm{H\!\!\left[O\!-\!\underset{\underset{H}{\vert}}{\overset{\overset{CH_3}{\vert}}{C}}\!-\!\overset{O}{\underset{}{C}}\right]_{\mathit{n}}\!\!OH}$$

聚乳酸是一种聚羟基酸。通过乳酸环化二聚物的化学聚合或乳酸的直接聚合可以得到高分子量的聚乳酸。以聚乳酸为原料得到的制品，无毒、无刺激、强度高、可塑性好，具有良好的生物相容性、较好的生物降解性，并且在可降解热塑性高分子材料中，PLA 具有最好的抗热性。

聚乳酸纤维是一种新型的可完全生物降解的合成纤维，系从谷物中取得，其制品废弃后在土壤或海水中经微生物作用可分解为二氧化碳和水，燃烧时不会散发毒气，不会造成污染。

聚乳酸在医用上主要用于手术缝合线以及药物缓释体系（注射用微球，埋植剂），骨板或骨钉等。用聚乳酸制成的骨板或骨钉不仅强度高，而且有生物相容性，在人体内可分解吸收。

（五）硅橡胶

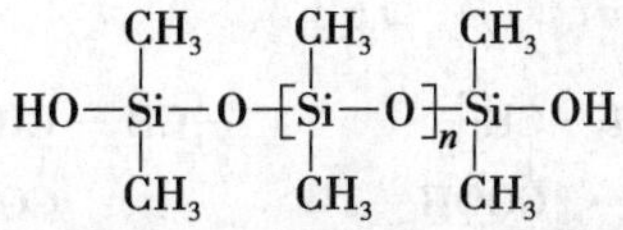

$$HO\overset{\underset{\displaystyle CH_3}{|}}{Si}-O\left[\overset{\underset{\displaystyle CH_3}{|}}{Si}-O\right]_n\overset{\underset{\displaystyle CH_3}{|}}{Si}-OH$$

用作医药材料的硅橡胶，主要是已交联并呈体型结构的聚烃基硅氧烷橡胶。其具有较高耐温性、耐氧化、疏水性、耐老化透明度高、生理惰性、与人体组织和血液不粘连、生物适应性好、不致癌等特点，但机械性能较差，耐酸碱能力不如橡胶。由于硅橡胶制品柔软、光滑、无毒及良好的加工性能，而且可以煮沸或高压蒸气消毒，所以用它可以制造多种医用制品。如导管、静脉插管、脑积水引流装置，以及人工心脏、人造眼角膜、人工肺等多种人造器官。

（六）胶原蛋白

胶原蛋白广泛存在于动物体内的结缔组织、皮肤、骨和软骨中。在细胞培养中，胶原能促进多数细胞的生长、分化、生殖和代谢，因此被广泛用于止血、伤口愈合以及组织再生引导材料、烧伤创面敷料等方面。但胶原的机械强度小、降解太快，所以目前一般通过热交联等物理化学方法、生物方法或与其他材料复合的方法改性，从而提高它的综合使用性能。

（七）甲壳素和壳聚糖

甲壳素又名甲壳质、几丁质，是一种广泛存在于虾、蟹等的外壳、昆虫的甲壳、软体动物的壳和骨骼中的天然多糖。壳聚糖是甲壳素在碱性条件下脱去乙酰基的产物，是目前已知的天然多糖中唯一的碱性多糖。

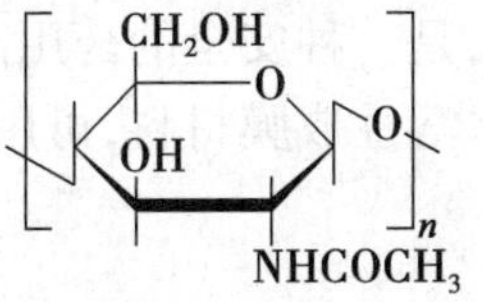

甲壳素 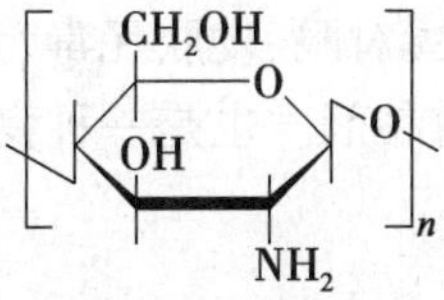　　　　　　　壳聚糖

壳聚糖的化学结构与纤维素非常相似，又具有纤维素所没有的特性。壳聚糖无毒无刺激，有很好的生物相容性、生物活性和可生物降解性，且具有抗菌、消炎、止血、免疫等作用。用壳聚糖制成薄膜、非纺织纸或与其他材料复合，广泛用于抗凝血材料、骨修复材料、人工皮肤、可吸收手术缝合线、药物载药系统、人造生物膜等医学领域。

二、高分子化合物在药学上的应用

在药用高分子化合物中，有的具有生理活性，可作为高分子药物使用；有的作为载体药物，可用于局部或选择性针对病变部位给药；有的用作药物缓释剂。这里简介几种合成的药用高分子化合物。

（一）聚乙烯基吡啶氧化物

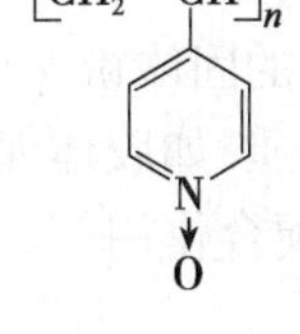

聚乙烯基吡啶氧化物是一种有效的抗矽肺药物。

（二）聚丙烯酸和聚丙烯钠（PAA，PAA-Na）

$$\begin{matrix} -\!\!\left[CH_2\!-\!CH\right]_{\!n} \\ |\\ COOH \end{matrix} \qquad \begin{matrix} -\!\!\left[CH_2\!-\!CH\right]_{\!n} \\ |\\ COONa \end{matrix}$$

PAA　　　　　　　　　PAA-Na

PAA 和 PAA-Na 能很好地溶于水中，聚丙烯酸具有羧酸的性质，可与氨水、三乙醇胺、三乙胺等发生中和反应，可与多价金属离子结合成不溶性的盐。其浓溶液的黏度增大，变成凝胶。所以聚丙烯酸和聚丙烯钠在医药上可作搽剂、软膏等外用药剂及化妆品中的基质。

聚丙烯酸在较高温度下可与乙二醇、甘油、环氧丙烷等形成交联体型高聚物，这种高聚物不溶于水，但可吸水溶胀。聚丙烯酸钠也可发生类似反应，生成一种高吸水性树脂，可吸收自身重量 300~800 倍的水，广泛用于医用尿布、吸血巾、妇女卫生巾等一次性复合卫生材料的主要填充剂或添加剂。

（三）聚乙烯醇（PVA）

$$\begin{matrix} -\!\!\left[CH_2\!-\!CH\right]_{\!n} \\ |\\ OH \end{matrix}$$

聚乙烯醇由聚醋酸乙烯经醇解而得，是一种水溶性的高聚物。能很快溶于冷水和热水中，而在酯、醚、酮及高级醇中微溶或不溶。聚乙烯醇分子链上的羟基易发生醚化、酯化和缩醛化反应，与双官能团试剂发生交联反应而生成不溶性高聚物，与硼酸水溶液作用发生不可逆的凝胶化现象。

医药级聚乙烯醇对眼、皮肤无毒、无刺激，是一种安全的药用高分子材料，可用作外用辅料，药液的增黏剂。也是一种良好的水溶性成膜材料，可用于制备药物的缓释剂及透皮剂。

（四）聚乙二醇（PEG）

$$HO\!-\!\!\left[CH_2\!-\!CH_2\!-\!O\right]_{\!n}$$

聚乙二醇是聚醚类的高分子化合物，由于聚合条件不同而产生聚合度不同的几种聚合物。聚乙二醇可溶于水及大多数极性溶剂。高分子链两端的羟基可参与化学反应，而主链是醚的结构，故其性质稳定，不易发生反应，耐热，不易发霉，无毒性，无免疫原性，无腐蚀性，对皮肤无刺激性及敏感性。

聚乙二醇可用作药物缓释剂，服用时，药物的释放由高分子在体内的溶解速度控制；也可用于液体药剂的增黏、增溶及稳定剂；还可用作薄膜片的增塑剂、致孔剂。

（五）聚乙烯吡咯烷酮（PVP）

PVP 是白色、乳白色或略带黄色的固体粉末。作为一种合成水溶性高分子化合物，具有水溶性高分子化合物的一般性质，如胶体保护作用、成膜性、粘接性、吸湿性、增溶性、凝聚作用及与某些化合物的配合作用等。其中最具特色并被广泛应用的是它优异的溶解性、配合能力及生理相容性等。

　　PVP 在医药领域的应用广泛,其作为一种药物辅料被许多国家收于药典中。可用作粘接剂、赋形剂、包衣剂、助溶剂、缓释剂等;可与一些药物形成可溶性复合物。如与碘形成的配合物聚乙烯吡咯烷酮碘是一种新型长效杀菌消毒剂,它具有与碘酒同等的杀菌消毒效果,却没有对生物体的刺激性和其他副作用。在液体药剂中,PVP 用于一些注射液中,一方面起助溶的作用,另一方面也起到分散稳定的作用,在眼科用药时,可以减少对眼的刺激性,延长药物的作用时间。

课堂互动

高分子化合物在药物缓释方面有什么作用?

 复习思考题

　　1. 高分子化合物有哪些主要的特性?

　　2. 高分子化合物的结构主要有哪几种类型? 试分别举例说明。

　　3. 下列哪些属于高分子化合物?

（1）PVC　　　　（2）有机玻璃　　　（3）油漆

（4）猪肉　　　（5）木材　　　　（6）尼龙

　　4. 合成高分子化合物的方法有哪些? 试举例说明。

　　5. 若要制作手术缝合线,采用哪种高分子材料更好?

（王志江）

扫一扫
测一测

实 验 指 导

- - - - - - - - - - -

第一部分　有机化学实验基本知识

一、实验目的

有机化学是一门实验性学科。有机化学实验课教学是有机化学教学的重要环节,是有机化学课程不可缺少的一个重要组成部分。许多有机化学的理论和规律都是在大量实验的基础上总结、归纳出来的,并接受实验的检验而得到发展和逐步完善。通过实验可以帮助学生理解、验证和巩固课堂讲授的基本理论和基本知识,培养学生正确掌握有机化学实验的基本操作技能,培养学生独立思考的习惯,分析问题、解决问题的能力和创新能力;培养学生理论联系实际、实事求是和认真踏实的科学态度。有机化学实验课始终与有机化学理论并存。为了保证有机化学实验的正常进行,学生必须遵守有机化学实验室规则和安全知识。

二、实验室规则

实验室是实验教学的重要场所,学生进入有机化学实验室必须严格遵守实验室规则,养成良好的习惯。

1. 着装整洁,保持安静,注意安全。

2. 实验前要认真预习有关实验的全部内容,明确实验的目的要求、基本原理、操作步骤和有关的注意事项,了解实验所需的试剂、原料、仪器和装置,并写出预习报告。

3. 在实验过程中,要遵从教师的指导,做到精神集中,规范操作,仔细观察,积极思考,分析比较,实事求是地做好实验记录。不得擅自离开实验室。

4. 仪器、原料、试剂和工具应在指定的地点使用,用后立即放回原处。暂时不用的器材,不要放在桌面上,以免碰倒损坏。破损仪器应及时报损补充,并按规定赔偿。污水、污物、残渣、火柴梗、废纸、玻璃碎片等应放到指定的地点,不得乱丢,更不能丢入水槽;废酸、废碱等废液应倒入指定的缸中。

5. 实验完毕后必须将所用的仪器洗净,放置整齐。

6. 将实验原始记录或实验报告交指定老师检查。值日的学生应将实验室内外的清洁卫生搞好,并将有关实验仪器和药品整理就绪。

7. 关好水、电、门、窗。

三、实验室安全知识

有机化学实验所用药物、试剂多数是易燃、易爆、有毒、有腐蚀性的,所用仪器大部分又是易破碎的玻璃制品,还要使用电器设备。若粗心大意或使用不当,就会发生如灼伤、割破、燃烧、爆炸或触电等意外事故。因此,要重视实验室的安全规则,严格按照反应的条件操作,正确选择和使用仪器装置,采取必要的安全和防护措施,以保证实验的顺利进行。

(一) 安全规则

1. 实验开始前应检查仪器是否完整无损,装置安装是否正确稳妥,实验进行中要经常注意反应进行的情况和装置有无漏气、破裂等现象。不得随便离开。

2. 使用易燃药品、试剂时,应远离火源。勿将易燃溶剂放在敞口容器内直火加热,必须在水浴中进行。蒸馏或回流易燃有机物时,装置不能漏气。不得将易燃易挥发物倒入废液缸内,要专门处理。使用酒精灯或酒精喷灯时,先熄灭火焰再加入酒精,并用火柴引火.不能用另外的酒精灯火焰直接引火。

3. 切勿使易燃易爆的气体接近火源,乙醚和汽油等常用有机溶剂的蒸汽与空气混合时极为危险,可能会因一个热的表面或者一个火花、电花而引起爆炸。蒸馏时,须检查仪器装配是否合适,有无堵塞现象,使用仪器必须耐压。对易爆的固体、危险的残渣,不能重压或撞击,必须小心处理。防止反应过于猛烈。

4. 必须严格遵守剧毒药品的保管、使用操作规程。使用有毒试剂或反应过程中产生有毒气体或液体的实验,应在通风橱中进行。有毒残渣要按规定做妥善而有效的处理。有些有毒物质会渗入皮肤,因此使用时必须戴橡皮手套。对沾染过有毒物质的仪器和用具,用后应立即清洗处理。使用药品、试剂后要将手洗净,避免中毒。严禁在实验室内抽烟、进食。

5. 使用电器前应先检查其外壳是否漏电。不能用湿手或手握湿的物体接触电器。电器设备用毕应立即拔去电源,以防事故发生。

6. 熟悉灭火器、沙箱以及急救药箱等安全用具的放置地点和使用方法。进行可能发生危险的实验时,应采取必要的安全措施,如戴防护眼镜、面罩、手套等。

(二) 事故的处理

1. 强酸强碱接触皮肤,应立即用大量流水冲洗,酸灼伤再用 5% 碳酸氢钠溶液洗、水洗,碱灼伤再用硼酸溶液(也可用 1% 醋酸溶液)洗、水洗。

2. 试剂溅入眼中,可立即用生理盐水冲洗,或用干净橡皮管接上水龙头,用细水流对准眼冲洗,然后再用 1% 碳酸氢钠溶液或 1% 硼酸溶液洗涤。

3. 溴灼伤皮肤,立即用 2% 硫代硫酸钠溶液洗至伤处呈白色,亦可用酒精洗涤。然后涂上甘油。

4. 玻璃割伤后,要仔细观察伤口有无玻璃碎粒,应先取出伤口处的玻璃碎粒。用蒸馏水洗净伤口,涂上碘酒后包扎好。如伤势严重,流血不止时,应先做止血处理,然后送到医务室诊治。

5. 烫伤轻者涂搽烫伤软膏,重者立即送医务室诊治。

6. 实验室如果发生了着火事故,应沉着镇静,及时采取措施,控制事故不要扩大。首先,立即熄灭附近所有火源,切断电源,移开未着火的易燃物。然后,根据易燃物的性质和火势采取有效的方法灭火。①地面或桌面着火,若火势不大,可用湿抹布来扑灭;②反应瓶内着火,可用石棉板盖住瓶口,火即熄灭;③油类着火,要用沙或灭火器灭火;④电器着火,应切断电源,用适宜的灭火器灭火。

四、实验常用玻璃仪器

(一) 常用玻璃仪器和标准磨口玻璃仪器(实验图 1)

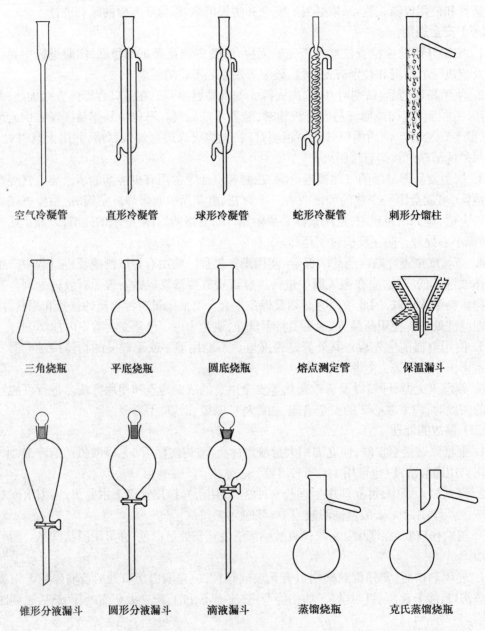

| 空气冷凝管 | 直形冷凝管 | 球形冷凝管 | 蛇形冷凝管 | 刺形分馏柱 |

| 三角烧瓶 | 平底烧瓶 | 圆底烧瓶 | 熔点测定管 | 保温漏斗 |

| 锥形分液漏斗 | 圆形分液漏斗 | 滴液漏斗 | 蒸馏烧瓶 | 克氏蒸馏烧瓶 |

实验图 1 有机化学实验常用玻璃仪器

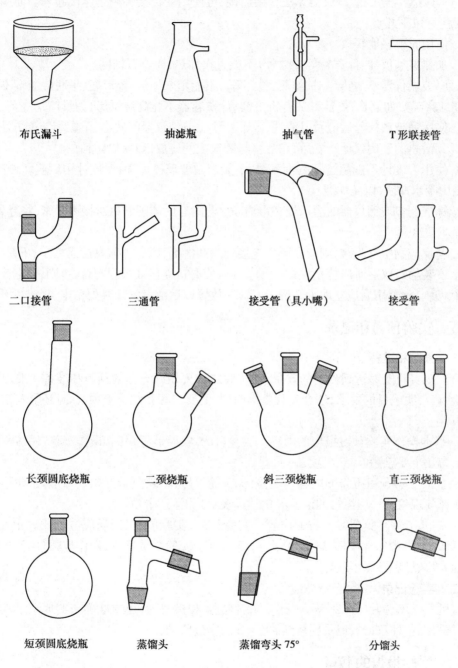

布氏漏斗　　　　抽滤瓶　　　　抽气管　　　　T 形联接管

二口接管　　　　三通管　　　　接受管（具小嘴）　　　　接受管

长颈圆底烧瓶　　　　二颈烧瓶　　　　斜三颈烧瓶　　　　直三颈烧瓶

短颈圆底烧瓶　　　　蒸馏头　　　　蒸馏弯头 75°　　　　分馏头

实验图 1(续)

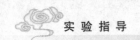

（二）注意事项

有机化学制备实验使用标准磨口玻璃仪器较方便,凡属同类型规格的磨口仪器可相应连接;不同类型规格的磨口仪器无法直接连接,可使用变径接头使之连接起来。使用玻璃仪器时要注意以下几点:

1. 使用时要轻取轻放。

2. 加热玻璃仪器(除试管等少数外)不能直火加热,要垫石棉网。

3. 厚玻璃仪器不耐热(如抽滤瓶、量杯等),不能用来加热;锥形瓶、平底烧瓶等不能用于减压;广口容器(如烧杯)不能贮放有机溶剂;计量容器不能高温烘烤(如量筒)。

4. 使用完玻璃仪器后应及时清洗,晾干。注意玻璃仪器的洗涤、干燥和装配方法。

5. 具活塞的玻璃仪器清洗后,在活塞与磨口之间应放纸片,以防粘住。

6. 使用温度计不能超过其测量范围,不能当做玻璃棒搅拌;温度计用后应缓慢冷却,不能立刻用冷水冲洗,以免炸裂。

7. 标准磨口玻璃仪器的磨口处必须洁净。若附有固体则磨口对接不紧密,将导致漏气,甚至损坏磨口。

8. 若反应物中有强碱,则应在磨口连接处涂润滑剂,以免因碱腐蚀而粘牢,不易拆开。

9. 安装磨口仪器时应特别注意整齐、正确,使磨口连接处很好吻合,否则,仪器易破裂。

10. 磨口仪器用后应立即拆卸洗净,否则,放置以后磨口的连接处粘牢,很难拆开。

五、实验预习和记录

（一）预习和准备

为了使实验能够达到预期的效果,在实验之前要做好充分的预习和准备。要求反复阅读实验内容,明确目的要求,领会实验基本原理、简要步骤和注意事项,而且还需写出简要的预习报告。

1. 基本操作实验预习报告的内容　实验目的、实验装置草图、操作步骤(用流程图表示或概括为几个要点)和注意事项。

2. 性质实验预习报告的内容　实验目的、简要操作步骤(最好用表格形式,包括反应现象和解释其现象——用简短的语言或化学式表示)和注意事项。

3. 有机制备实验预习报告的内容　实验目的、实验原理(用反应方程式表示)、相关原料、产物的主要物理常数(如熔点、沸点、溶解度等)、实验装置草图、操作步骤(用流程图表示或概括为几点)和注意事项。

（二）实验记录

有机化学实验除了做到认真操作,仔细观察,积极思考,还要准确如实地记录观察到的现象、测得的各种数据。记录要做到简要明确,字迹整洁。

六、实验报告的书写

实验完成后,整理预习报告和实验记录,归纳结果,分析出现的问题,写出实验报告。一般用表格形式简单明了。

实例1:

实验七　醛和酮的性质

一、实验目的

1. 通过实验验证醛和酮的化学性质。
2. 掌握醛和酮的鉴别方法。

二、实验内容、记录与解释

内容	操作步骤	实验现象	解释(反应式)、结论
银镜反应	1° HCHO 2° CH_3CHO 3° C_6H_5CHO 4° CH_3COCH_3　各加：1ml 托伦试剂	有银镜生成 有银镜生成 有银镜生成 无现象	(Ar) R-CHO+ $[Ag(NH_3)_2]^+ \rightarrow$ (Ar) $RCOONH_4 + Ag\downarrow + H_2O$ ∴ 银镜反应可以区别醛和酮
斐林反应			

三、思考题

实例2:

实验十三　乙酰水杨酸的制备

一、实验目的

1. 掌握乙酰化反应的原理和实验操作方法。
2. 完成乙酰水杨酸的制备。
3. 进一步熟悉掌握重结晶提纯法。

二、实验原理

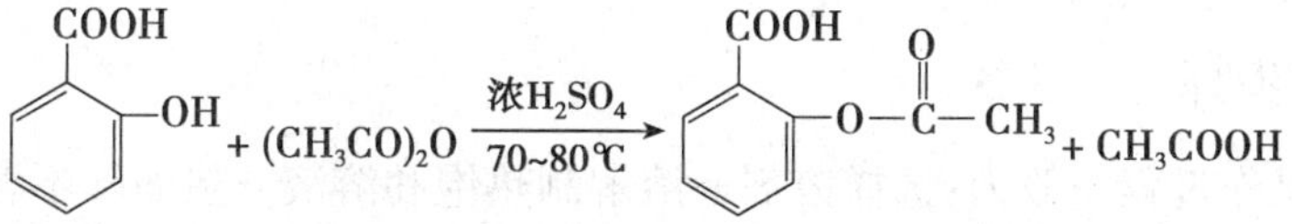

三、仪器装置草图(略)

四、实验步骤

组装仪器→在 125ml 锥形烧瓶中 +2g 水杨酸 +5mL 乙酸酐 +5 滴浓硫酸→水浴加热 70~80℃ (5~10 分钟),冷却至晶体完全析出→抽滤,用冰水洗涤,晾干,得粗制产品→精制粗产品→精制品抽滤,晾干,称重,测熔点,计算产率→用三氯化铁 1~2 滴检验纯度。

五、实验记录与计算

产物名称	产物外观	产物质量(g)	产物熔点(℃)	产率
乙酰水杨酸	白色针状晶体			

六、思考题

第二部分　有机化学实验

实验一　重　结　晶

一、实验目的

1. 学习用重结晶法提纯固态有机化合物的原理和方法。
2. 熟练进行热过滤和抽滤的操作。

二、实验原理

固体有机物在溶剂中的溶解度均随温度的变化而改变,一般情况下,升高温度溶解度增大,降低温度溶解度减小,重结晶的原理就是利用混合物中各组分在某种溶剂中的溶解度不同,使化合物晶体在高温下溶解,在低温下从饱和溶液里析出,而使它们相互分离,再经过滤(常压过滤除去难溶性杂质,减压过滤除去吸附在晶体表面上的母液和可溶性杂质)而将杂质除去,达到分离、提纯的目的。重结晶操作的关键是选择合适的溶剂。

三、仪器和药品

循环水泵、电热套、保温漏斗、短颈漏斗、布氏漏斗、表面皿、200ml 烧杯、100ml 锥形瓶、吸滤瓶、胶塞、玻璃棒、滤纸、铁架台、酒精灯、天平。

乙酰苯胺、活性炭、沸石、蒸馏水。

四、实验步骤

重结晶的操作过程一般为:选择溶剂→溶解制热饱和溶液→热滤除不溶杂质(脱色)→冷却析出晶体→过滤收集洗涤晶体→晶体的干燥→计算。

在 200ml 烧杯中放 3g 乙酰苯胺粗品,加入 70ml 纯水加热至沸腾,并不断搅动促进溶解,若有未溶解的样品,可再酌加少量的纯水(约 5ml),搅动直至乙酰苯胺全部溶解(如果加热后仍有不溶解性物质,可视为不溶性杂质)。将热溶液稍冷后,加入少量的活性炭,搅动使其均匀分布在溶液中,继续煮沸 5 分钟如仍不能脱色,可重复上述操作,趁热过滤除去不溶性杂质,热滤过程中热水漏斗和溶液均用小火加热,以免冷却。

用锥形瓶收集滤液,加塞静置,冷却,有乙酰苯胺析出,抽气过滤,抽干后,用少量蒸馏水均匀洒在滤饼上浸没晶体,进行晶体的洗涤工作,然后抽滤。抽滤完成后,先拔掉抽滤瓶上的橡皮管,再关掉抽水泵,以防倒吸。最后,连同滤纸一起取出晶体,放在表面皿上晒干,或在100℃以下烘干,然后称量,计算回收率。

五、注意事项

1. 溶剂的选择　遵循"相似相溶"原理,应符合下述4个条件:

(1) 与被提纯化合物不起反应。

(2) 被提纯的物质在加热时溶解度大,冷却时溶解度小;被提纯的物质与杂质的溶解度有明显的差别。

(3) 溶剂的沸点适中,容易挥发,易于结晶而分离除去。

(4) 溶剂价廉无毒性质稳定,常用的有机试剂有乙醇、丙酮、乙醚和乙酸乙酯等。

2. 热滤的方法

(1) 叠好菊花纸。为了有较大的过滤面积,加快过滤速度,需将滤纸叠成菊花形(实验图2)。将叠好的菊花形滤纸放在玻璃漏斗中用热水润湿,漏斗尽可能以短粗颈为好,以免滤液在颈中结晶、堵塞。

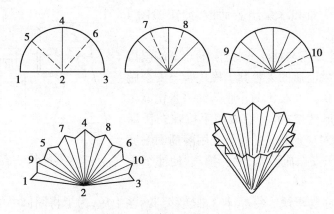

实验图 2　菊花形滤纸的折叠

(2) 将保温漏斗固定在铁架台上,放入玻璃漏斗,将热水注入其夹层,用酒精灯在侧管上加热,如实验图3所示。

(3) 热滤时需要仪器热、溶液热,动作快,以防液体或仪器冷却,晶体过早在漏斗中析出。如发现此现象,应用少量热的溶剂洗涤,使晶体溶解进入到滤液中,如果析出太多,应重新加热再进行热过滤,如果溶剂具有低沸点、易燃性,务必在熄灭酒精灯后再开始过滤,以免燃烧。最后,将溶液瓶加盖放置冷却。滤液除了水溶液可用烧杯接收外,其他都应用锥形瓶再加盖。

保温漏斗
(内放热水)

实验图 3　保温过滤装置

3. 样品的溶解　被提纯样品与溶剂混合加热溶解过程中,除水作溶剂外,为了避免溶剂的挥发,必须进行回流。即使如此也难免溶剂挥发损失,尤其需要热过滤时,可增补少量溶剂。

4. 活性炭的使用　活性炭是一种多孔物质,可以吸附色素和树脂状杂质,但同时它也可以吸附样品,所以加入量不能多,一般为样品的1%~5%。使用时不能在已沸腾或接近沸腾的溶液中加入活性炭,这会引起暴沸,应将热溶液稍冷后加入并振荡,使其均匀分散在溶液中,活性炭在水溶液中脱色效果最好,在非极性溶剂中脱色效果较差。

5. 晶体析出 冷却结晶的目的是进一步将被提纯物与溶解在溶剂中的杂质分离,为了保证晶体形状好,颗粒大小均匀,晶体内不含杂质和溶剂,控制好冷却速度是晶体析出的关键,采用在室温下慢慢冷却有固体出现时,再用冷水或冰冷却,否则冷却太快会使晶体颗粒太小,且晶体表面易吸附液体杂质,难以洗涤;冷却太慢,晶体颗粒过大,会将溶液夹在里面,为干燥带来困难。

如果溶液已冷却,但结晶未出现,可用玻璃棒摩擦瓶壁,以形成晶核使溶质分子成定向排列,促使晶体析出。

如果被纯化物呈油状析出,虽然长时间的冷却,可以使其成为晶体析出,但含杂质较多,这时可重新加热溶解,然后慢慢冷却,当油状物析出时剧烈搅拌,使油状物在均匀分散的条件下固化,如还不能固化,则需更换合适的溶剂。

6. 抽滤操作 抽滤的目的是将留在溶剂(母液)中的可溶性杂质与晶体彻底分离,抽滤装置由布氏漏斗、抽滤瓶、安全瓶和水泵组装而成,如实验图4所示。

布氏漏斗以橡皮塞与抽滤瓶相连,漏斗下端斜口正对抽滤瓶支管,抽滤瓶的支管套上橡皮管与安全瓶相连,再与水泵连接。在布氏漏斗底部铺一张比漏斗底直径略小的圆形滤纸(可将滤纸用手按在布氏漏斗上,成圆痕剪出对应形状),过滤前先用溶剂润湿滤纸,打开水泵,关闭安全瓶活塞,然后抽气,使滤纸紧贴在漏斗底部。

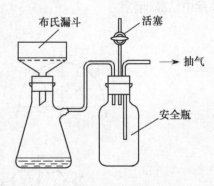

实验图4 抽滤装置

7. 晶体的洗涤与干燥 将晶体全部转移到漏斗中后,为了将固体中的母液尽量抽干,可用干净的玻璃塞挤压晶体,同时开动水泵进行抽滤。抽干后,打开安全瓶上的活塞,并关闭水泵,用玻璃棒或不锈钢小刀将晶体挑松动,用少量冷的溶剂进行洗涤,然后再进行抽滤操作,抽去溶剂,重复洗涤2次,将晶体吸附的母液及可溶性杂质洗干净。最后打开活塞,停止抽气,取出晶体进行干燥。母液蒸发或回收溶剂后还可取得部分晶体粗品。

六、思考题

1. 重结晶一般包括几个步骤? 每一步的目的是什么?
2. 使用活性炭要注意什么? 它对哪种溶剂的溶液脱色效果较好?
3. 常压过滤和减压过滤各自的作用是什么?

实验二 熔点的测定

一、实验目的

1. 学习熔点测定的原理和意义。
2. 掌握毛细管法测定物质熔点的操作技术。

二、实验原理

熔点:在大气压下,固态物质加热熔化过程中,处于固液态平衡时的温度(此时固态和液态的蒸气压相等)称为该物质的熔点。每一个纯净的固体有机化合物都具有一定的熔点。

一个纯化合物从开始熔化(始熔)至完全熔化(全熔)的温度范围叫熔点范围或熔程,一般不超过 0.5~1.0℃。当含有杂质时,会使其熔点下降,且熔程也变宽。

由于大多数有机化合物的熔点都在 300℃以下,较易测定,故利用测定的熔点,可以估计出有机化合物的纯度。

影响熔点测定准确性的因素很多,如:温度计的误差及读数的准确性、样品填入毛细管的均匀程度、样品的干燥程度、毛细管内的清洁程度等。尤其是当接近熔点时,升温速度不能快,一般每分钟不超过 1~2℃,因此在进行实验时,一定需要耐心、细致、正确的操作。

三、仪器和药品

熔点测定管(b 形管)、200℃温度计、铁架台、铁夹、铁环、药匙、酒精灯、表面皿、玻璃棒(内径 5mm、长 50 cm)、毛细管(内径 1mm、长 7~8cm)、胶塞。

苯甲酸(熔点 122.4℃)、乙酰苯胺(熔点 114.3℃)。

四、实验步骤

熔点测定的方法有两种:毛细管法和显微熔点测定法。毛细管法的优点是仪器简单、方法简便,应用较广泛;显微测定法的优点是通过放大镜可观察试样晶体在加热中的变化情况,适用于测定高熔点的微量化合物,本书介绍用 b 形管装置进行熔点测定的方法。

1. 熔点管的制备 取一根熔点测定用毛细管,呈 45°角在酒精灯焰边缘上边旋转边加热,使底部融化,端口封闭,这一操作称熔封。注意熔封部位不能过长、过厚或弯曲,应使其严密、底薄,以免影响传热性能。

2. 试样填装 将待测熔点的干燥样品置于干净的表面皿上,研成细末堆积在一起。将熔点管的开口一端向下插入粉末中,将试剂挤入管中,重复几次。取一根长玻璃管,垂直于另一表面皿上,将装有样品的熔点管开口向上,让其从玻璃管口上端自由落下,反复几次夯实,直至试样的高度 2~3mm 为止,这样使样品紧密地填装在熔点管熔封一端。擦去黏附在熔点管外的粉末,以免污染传热液。

3. b 形管熔点测定装置(实验图 5) 将 b 形管的颈上部用铁夹夹住并固定在铁架台上,倒入导热液(液体石蜡),液面略高于 b 形管的上侧管即可,在管口配有一个带缺口的胶塞(或软木塞),将装有试样的熔点管用橡胶圈固定在温度计水银球旁边,熔点管中的样品部分应位于水银球中部,然后将温度计插在胶塞中,刻度面向塞子开口处,水银球位于 b 形管的两侧管之间。

4. 熔点的测定 上述装置安装好后,用酒精灯在 b 形管的侧管末端缓慢加热,利用溶液对流传热,开始时升温快些,每分钟 3~6℃,到距离熔点 10~15℃时,减慢升温速度,使其控制在每分钟 1~2℃,愈接近熔点升温速度应愈慢,加热的同时,要仔细观察温度上升和熔点管中样品的情况,当管中的样品开始塌陷和湿润、接着出现小液滴时,表示样品开始熔化(始

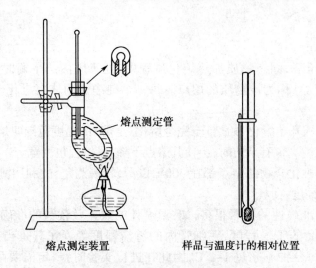

熔点测定装置　　　　　　　样品与温度计的相对位置

实验图 5　b 形管熔点测定装置

熔),记下此时温度计的读数;继续观察,到固体样品恰好完全熔化成透明的液体(全熔)时,再记下温度计的读数,这两个读数就是熔点范围(熔程)。

本实验的样品是苯甲酸和乙酰苯胺,每个样品测 3 次,第一次为粗测,加热可稍快,测知大概熔程后,再作后两次精测。

五、注意事项

1. 通过以上操作,可以完成:①对未知物通过测定熔点确定成分;②对已知物通过测定熔点确定纯度;③对混合物进行熔点测定,判定是否为同一化合物。

2. 传热液选择,熔点在 80℃以下的用蒸馏水,熔点在 200℃以下的用液状石蜡或浓硫酸;如果温度过高,超过 220℃以上,硫酸会分解,石蜡会产生蒸气而易燃。

3. 熔点测定的关键是控制好加热速度,因为一方面必须有充分的时间让热量由熔点管外传至管内,使固体熔化;另一方面,只有缓慢加热,才有足够的时间同时观察温度计的读数和样品变化情况。每测 1 次,要换 1 次毛细管样品,并且要等 b 形管冷却后,才可以再测第二根熔点管,也可以用两个 b 形管交替使用。

4. 加热的传热液必须冷却后才可以倒入回收瓶中(可重复使用)。温度计放冷后,用废纸擦去传热液,才能冲洗,否则容易炸裂。如要取得精确的熔点数据,必须对所用普通温度计进行校正。

六、思考题

1. 熔点测定为什么要用带切口的塞子?

2. 是否可以用第一次测定时已熔化后又固化的有机化合物再做第二次测定? 为什么?

3. 测定熔点时,若遇下列情况,将产生什么结果?

①熔点管壁太厚;②熔点管不洁净;③熔点管底部未完全封严;④样品研的不细或装的不紧密;⑤加热太快。

实验三　蒸馏和沸点的测定

一、实验目的

1. 熟悉常压蒸馏的基本原理、应用范围及沸点测定的方法。
2. 熟练掌握蒸馏装置的安装和使用方法。

二、实验原理

沸点：当液体的蒸气压与外界大气压相等，此时气液共存的温度。

蒸馏：将液体加热至沸腾，使液体变为蒸气，然后使蒸气冷却，再冷凝为液体的过程。

蒸馏是分离和提纯液体化合物最常用的一种方法，也是测定液体沸点的一种方法。每个纯的有机化合物在一定的压力下均有恒定的沸点。

有机物质沸点范围越小(0.5~1℃)，纯度越高，但是不能认为沸点固定的物质都是纯物质，有些二元和三元恒沸混合物也有固定的沸点。

如果是混合液体，由于组成混合液中的各组分具有不同的沸点，蒸馏过程中，低沸点的组分先蒸出，高沸点的组分后蒸出，不挥发的物质留在容器中，就可以达到分离或提纯的目的。用常压蒸馏方法分离液态有机物时，只有两种组分的沸点相差30℃以上，才能达到较好的分离效果。

用蒸馏的方法可以测定液体的沸点，采用常量法，该种测定沸点方法所用样品液需10ml 以上，如要节约样品的用量，可采用微量法测定。

三、仪器和药品

圆底烧瓶、蒸馏头、温度计(100℃)、直形冷凝管、接液管、接液瓶、加热装置(水浴锅或电热套)、70% 工业酒精、沸石。

四、实验步骤

1. 蒸馏装置　常压蒸馏装置主要由热源(水浴或电热套)，蒸馏烧瓶、冷凝管和接收器组成，如实验图 6 所示。

常压蒸馏装置的安装有以下次序：

(1) 安装气化部分：以热源高度为准，固定圆底烧瓶在铁架台上的位置，用铁夹夹住圆底烧瓶支管上部的瓶颈处，瓶口配 1 个塞子，打孔插入温度计，使温度计水银球的上端与蒸馏烧瓶支管的下端在同一水平线上。

(2) 安装冷凝管：用另一个铁架台固定冷凝管，铁夹固定其重心部分(中上部)不能太紧，稍能转动即可；调整冷凝管的位置，使其与烧瓶支管相连接并且使冷凝管和蒸馏烧瓶的支管在同一直线上。冷凝管的侧管分别在上、下两方，下端进水口不能倒装，上端的出水口用胶管连接后导入水槽中。

(3) 安装接收部分：冷凝管的尾部与接液管相连，接液管插入接液瓶(锥形瓶)中，接液管的支管不能封闭，否则会引起爆炸。蒸馏易挥发、易燃有毒液体时，应在支管上接一长胶管通入水槽或户外。若蒸馏液易吸水，应在支管上装一干燥管与大气相通，对于沸点很低的馏出物，可把接液瓶放置冷水或冰水浴中。

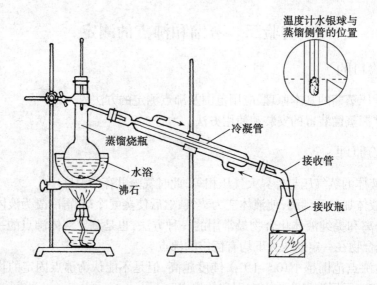

温度计水银球与
蒸馏侧管的位置

蒸馏烧瓶

冷凝管

接收管

水浴

沸石

接收瓶

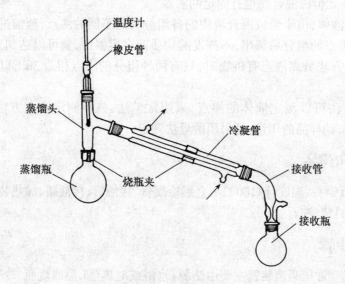

温度计

橡皮管

蒸馏头

冷凝管

蒸馏瓶

烧瓶夹

接收管

接收瓶

实验图 6　蒸馏装置

2. 蒸馏操作

（1）加料：将 50ml 70% 的工业酒精，通过长颈漏斗沿壁、面对支管注入烧瓶中，以防液体流入支管。蒸馏物一般占蒸馏瓶体积的 1/3~2/3。加入几粒沸石，装好温度计，检查装置的气密性，缓慢向冷凝管内通冷水。

（2）加热：先小火使烧瓶底部均匀受热，然后增大火力，注意观察烧瓶中的现象和温度计的读数变化，当瓶中蒸气上升到温度计水银球部时，温度计读数急剧上升，水银球部分出现液滴。待蒸馏液沸腾，开始控制温度，以馏速每秒 1~2 滴为宜，并且整个蒸馏过程中应使水银球上始终保持有液滴存在。此时的温度计读数即为馏出液的沸点。当温度未到馏出液沸点之前，常有少量低沸点液体先蒸出，称馏头，需弃掉。温度稳定后，更换接液瓶，收集的即是产物，又称馏分，纯度很高。记录下弃掉馏头后蒸出第 1 滴馏分和蒸出最后 1 滴馏分时温度计的读数，这就是通过常量法测出的该馏分的沸点范围（又称沸程），液体的沸点范围可代表其纯度。其值越窄,纯度越高。当一化合物蒸馏完后,若维持原来温度,就不会再有馏分蒸出,温度计的读数会突然下降,此时应停止蒸馏,不能蒸干,否则会引起意外事故。

(3) 蒸馏完毕后,先关闭热源,稍冷却后,停止通水,拆卸仪器的次序与安装相反。用量筒测出收集的馏分体积,计算回收率。

五、注意事项

1. 蒸馏装置安装的顺序原则是,从左到右,先下后上,侧面观察整套仪器的轴线应在同一平面上,整个装置要做到横平竖直,所有的铁夹和铁架要整齐地放在仪器背后,无论安装、拆卸仪器,都只允许铁架上一个螺旋松动,否则操作者一个人两只手应付不过来,易损坏仪器。

2. 沸石为多孔性物质,受热后形成的小气泡成为液体沸腾的中心,起到助沸止爆作用,如未加沸石,应停止加热,冷却后再加入。任何情况下,沸石都应在加热前加入,绝对不能将沸石加到热的液体中。

3. 蒸馏装置必须与大气相通,密闭蒸馏会因产生蒸气导致体系内压力过大,引起爆炸事故。

4. 要根据被蒸馏液体的沸点选择适当的冷凝管,沸点大于 130℃时用空气冷凝管,沸点小于130℃时用直形冷水冷凝管。蒸馏更低沸点的液体并且需加快蒸馏时,选用蛇形冷凝管。

六、思考题

1. 什么叫沸程?沸程大小与馏分的纯度有什么关系?
2. 如蒸馏前忘记加入沸石,且已加热到几乎沸腾,应该怎么办?
3. 为什么蒸馏时,不能将液体蒸干?
4. 蒸馏某一液体时,出现馏头呈乳浊液状,原因是什么?

实验四　水蒸气蒸馏

一、实验目的

1. 学习水蒸气蒸馏的原理和使用范围。
2. 掌握水蒸气蒸馏的操作方法。

二、实验原理

互不相溶的液体混合物在一定温度下有一定的蒸气压,并等于各组分的蒸气压之和,即 $p_总=p_A+p_B$。若 p_A 为水的蒸气压,p_B 为与水不相混溶的高沸点有机物的蒸气压。当 $p_总$ 与大气压相等时,液体沸腾,此时的温度就是水与该有机物所组成的混合物的沸点,所以混合物的沸点低于其中任一组分的沸点。因此,常压下利用水蒸气蒸馏法,能在低于100℃的情况下将高沸点的组分与水一起蒸馏出来。蒸馏时混合物的沸点不变,直至其中一组分几乎全部蒸出,温度才上升至留在瓶中的液体的沸点。水蒸气蒸馏常用于液体和固体有机物的分离和提纯。用水蒸气蒸馏的方法进行提纯的物质必须具备以下几个条件:

1. 不溶或难溶于水。
2. 共沸下与水不发生化学反应。

3. 在 100℃左右时,必须具有一定的蒸气压(0.67~1.33kPa)。

三、仪器和药品

水蒸气发生器(500ml 锥形瓶或圆底烧瓶或白铁皮制的水蒸气发生器)、500ml 长颈圆底烧瓶、250ml 锥形瓶、25cm 直形冷凝管、接液管、125ml 分液漏斗(梨形)、玻璃管。

冬青油、蒸馏水。

四、实验步骤

水蒸气蒸馏装置如实验图 7 所示。

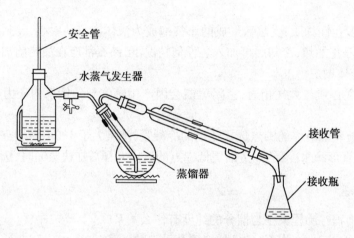

实验图 7 水蒸气蒸馏装置

水蒸气发生器(内装 3/4 容量的水和数粒沸石)的导气管通过 T 形管与蒸馏器(圆底烧瓶)的蒸气导入管连接,T 形管下端连接一段橡皮管并配有螺旋夹。蒸馏器的蒸气导出管与直形冷凝管连接,冷凝管下端的接液管伸入接收瓶中。

在蒸馏器内加入 5ml 冬青油和 5ml 蒸馏水。

先开通冷凝水,打开 T 形管上的螺旋夹,再加热水蒸气发生器至水沸腾,当 T 形管口处冲出大量气体时,立即拧紧螺旋夹,使水蒸气进入蒸馏烧瓶中,蒸馏开始进行。同时用小火将烧瓶放在石棉网上加热,以避免部分水蒸气在烧瓶中冷凝而增加水的体积(注意瓶内液体沸腾厉害时停止加热),调节加热速度,控制蒸馏速度为 2~3 滴 / 秒。一直蒸馏到馏液透明、无明显油珠,表示已经蒸完。打开 T 形管上的螺旋夹,移去热源,依次拆下接收瓶、接液管、冷凝管、圆底烧瓶等。

馏液用分液漏斗分离得到冬青油,弃去水。所得冬青油可加干燥剂除去残存的水分,然后再蒸馏提纯。

五、注意事项

1. 水蒸气发生器(如为白铁制成,必须设有液面镜,即在发生器一侧连接一段玻璃管,借以观察发生器内的水位)装有安全管(插到底部,但不能接触底部,起调节发生器内蒸气压大小的作用),如蒸馏系统发生阻塞,水将从安全口喷出,此时应打开 T 形管上的螺旋夹,放气,然后检查蒸馏器内导气管下口是否已经堵塞。加热水蒸气发生器可用电炉、煤油炉或酒精喷灯、煤气灯。

2. 作为蒸馏器的圆底烧瓶需与桌面成 45°倾斜。导气管下端应有一定的弯角,使它位于瓶底中央,而接近瓶底,使水蒸气和蒸馏物充分接触并起搅拌作用,同时避免蒸馏物从导管溢出,经冷凝管而流入接收瓶,以便得到良好的蒸馏效果。

3. 水蒸气发生器与蒸馏器的导管连接后,应保持水平,它们之间接有 T 形管,其作用是为了便于及时放出在此冷凝下来的积水,因为导气管中生成的冷凝水若流入蒸馏器中,将增大其内容物体积,容易因沸腾或产生泡沫,使蒸馏物从蒸气导出管溢出。此外,也是为了便于及时放气,在蒸馏系统发生阻塞时进行检查。

4. 蒸馏物若有挥发性固体(如在水蒸气蒸馏樟脑、冰片时)而且已有阻塞冷凝管的趋势时,可停止向冷凝管通入冷水片刻,待固体熔化后再通入冷水。

六、思考题

1. 适用水蒸气蒸馏的物质应具备什么条件?

2. 进行水蒸气蒸馏时,蒸气导入管的末端为什么要插入到接近容器的底部?

3. 在水蒸气蒸馏过程中,经常要检查什么事项? 若安全管中水位上升很高,说明什么问题,如何处理才能解决?

4. 水蒸气蒸馏是否完成应如何判断?

实验五　烃和卤代烃的性质

一、实验目的

1. 熟悉烃和卤代烃的主要化学性质。

2. 掌握烷烃、烯烃、炔烃和芳香烃的鉴别方法。

3. 进一步认识不同烃基结构和不同卤素原子的卤代烃的活泼性差异。

4. 学会乙炔制取的实验操作。

二、仪器和药品

试管(大、小)、试管夹、铁架台、带滴管的塞子、支试管、烧杯、酒精灯、温度计、量筒、石棉网。

0.03mol/L $KMnO_4$ 溶液、3mol/L H_2SO_4 溶液、0.05mol/L 硝酸银溶液、0.3mol/L 硝酸银溶液、0.05mol/L 氨水溶液、0.1mol/L 硝酸银醇溶液、碳化钙、饱和食盐水、浓硝酸、浓硫酸、苯、甲苯、溴苯、液状石蜡、饱和溴水、松节油、1-溴丁烷、溴化苄、1-氯丁烷、1-碘丁烷。

三、实验步骤

1. 烷烃的性质

(1) 取 1 支试管,加入 0.03mol/L $KMnO_4$ 溶液 1ml 和 2 滴 3mol/L H_2SO_4,摇匀,再加入液状石蜡 1ml 振摇,观察有无变化,并解释原因。

(2) 取 1 支试管,加入饱和溴水 1ml,再加入液状石蜡 1ml,振摇,观察有无变化,并作解释。

2. 烯烃的性质

(1) 取 1 支试管, 加入饱和溴水 1ml, 再加入松节油(主要成分是不饱和环状烯烃 α- 蒎烯和 β- 蒎烯, 可作为烯烃的代表来检验烯烃的性质)1ml, 振摇试管, 观察和解释所发生的变化。

(2) 取 1 支试管, 加入 0.03mol/L KMnO₄ 溶液 1ml 和 2 滴 3mol/L H₂SO₄, 摇匀, 再加入松节油 1ml, 振摇, 观察和解释所发生的变化。

(3) 取 1 支试管, 加入硝酸银氨溶液 1ml(硝酸银氨溶液的配制方法是取 0.3mol/L 硝酸银溶液 0.5ml 于一试管中, 再滴加稀氨水, 直到沉淀恰好溶解为澄清液), 再加入松节油 1ml, 振摇, 观察有无变化, 并作解释。

3. 乙炔的性质和制备

(1) 取 3 支试管, 分别加入 0.03mol/L KMnO₄ 溶液 2ml 和 3mol/L H₂SO₄ 溶液 5 滴、2ml 饱和溴水、2ml 硝酸银氨溶液, 然后把乙炔发生器的导气管口依次插入 3 支试管中, 同时振摇试管, 观察和解释所发生的变化。

(2) 乙炔的制备: 取一带导管的干燥支试管, 支试管配上带有滴管的塞子, 在滴管内装入饱和食盐水适量。在支试管中放入 2g 碳化钙, 盖紧塞子, 再慢慢滴入少许饱和食盐水, 则水与管内碳化钙作用, 生成的乙炔即由导管引出。

4. 芳香烃的性质

(1) 硝化反应: 取干燥大试管 1 支, 加入 1.5ml 浓硝酸, 再加入 2ml 浓硫酸, 充分混合, 将热的混酸用水冷却至室温后, 慢慢滴入 1ml 苯, 同时振荡试管, 然后放在 60℃的水浴中加热, 10 分钟后, 把试管里的物质倒入盛有约 20ml 水的小烧杯里, 观察生成物的颜色、状态, 并用手扇闻其气味, 写出化学反应式。

(2) 磺化反应: 取干燥大试管 1 支, 加入甲苯 1ml, 然后小心加入浓硫酸 2ml, 此时管内液体分层, 小心摇匀后, 将试管浸在 80℃水浴中, 边加热边振荡, 数分钟后, 反应液不分层而成均一状态时, 表示反应已完成。取出试管, 用水冷却, 将管内的反应液倾倒至盛有 10~15ml 水的小烧杯中, 观察生成物的颜色、状态, 并闻其气味, 写出化学反应式。

(3) 氧化反应: 取 2 支试管, 分别加入 0.03mol/L KMnO₄ 溶液 5 滴和 3mol/L H₂SO₄ 5 滴, 摇匀, 然后分别加入 10 滴苯和甲苯, 剧烈振荡(必要时在水浴中加热)几分钟, 观察并解释所发生的变化。

5. 卤代烃的性质

(1) 不同烃基结构的反应: 取 3 支干燥试管, 各加入 0.1mol/L 硝酸银醇溶液 1ml, 然后分别加入 2~3 滴 1- 溴丁烷、溴化苄和溴苯。振摇试管, 观察有无沉淀析出。10 分钟后, 将无沉淀的试管在 70℃水浴中加热 5 分钟后再观察, 解释发生的现象, 并写出它们活泼性的次序及化学反应。

(2) 不同卤原子的反应: 取 3 支干燥试管, 各加入 0.1mol/L 硝酸银醇溶液 1ml, 然后分别加入 2~3 滴 1- 氯丁烷、1- 溴丁烷和 1- 碘丁烷, 如前操作方法观察沉淀生成的速度, 记录活泼性次序, 并解释发生的现象。

四、思考题

1. 比较饱和烃与不饱和烃的结构特征及化学性质。

2. 用简单的化学方法鉴别苯、甲苯和环己烷。

3. 如何解释不同卤代烃的不同活泼性?

实验六 醇、酚、醚的性质

一、实验目的

1. 熟悉醇、酚、醚的主要化学性质。
2. 掌握伯醇、仲醇和叔醇,一元醇、多元醇以及苯酚等物质的鉴别方法。

二、仪器和药品

试管、酒精灯、镊子、小刀、滤纸、量筒、烧杯、滴管。

乙醇、无水乙醇、正丁醇、仲丁醇、叔丁醇、甘油、0.2mol/L 苯甲醇溶液、苯酚、0.2mol/L 邻苯二酚溶液、乙醚、金属钠、酚酞试剂、1.5mol/L 硫酸、浓硫酸、0.2mol/L 盐酸、浓盐酸、0.17mol/L 重铬酸钾溶液、卢卡斯试剂、2.5mol/L 氢氧化钠溶液、0.3mol/L 硫酸铜溶液、饱和碳酸氢钠溶液、饱和溴水、0.06mol/L 三氯化铁溶液、0.03mol/L 高锰酸钾溶液。

三、实验步骤

1. 醇与金属钠的反应 取 1 支干燥的试管,注入 1ml 无水乙醇,并投入表面新鲜的金属钠一小粒(绿豆大小),观察现象(是否生成气体? 生成什么气体? 如何检验它?)。在反应过程中,可见试管内溶液逐渐变稠,当钠反应完全后,冷却,试管内凝成固体。然后向试管内加水 2ml,并滴入 2 滴酚酞指示剂,观察有什么现象发生并解释原因。

2. 与卢卡斯试剂的反应 取 3 支干燥试管,分别加入正丁醇、仲丁醇、叔丁醇各 10 滴,然后再各加入 1ml 卢卡斯试剂,振摇,观察有何现象发生并解释原因。

3. 醇的氧化反应 取 4 支试管,各加入 1.5mol/L 稀硫酸 1ml 和 0.17mol/L 重铬酸钾溶液 10 滴,然后在此 4 支试管中,依次分别加入 10 滴正丁醇、仲丁醇、叔丁醇及蒸馏水(作对照用),将混合液摇匀,观察有什么现象发生并解释原因。

4. 甘油与氢氧化铜的反应 取 2 支试管,各加入 2.5mol/L 氢氧化钠溶液 1ml 和 0.3mol/L 硫酸铜溶液 10 滴,摇匀,配制成新鲜的氢氧化铜,然后再分别加入甘油及乙醇各 1ml,振摇,观察现象并解释原因。

5. 酚的弱酸性 取苯酚 0.5g 放入试管中,加水 5ml 振摇,使其成乳浊状(原因是什么),并将乳浊液分到 2 支试管中。在一支试管中逐滴滴入 2.5mol/L 氢氧化钠溶液,并加以振荡至溶液变澄清为止(试解释其原因)。然后在此澄清溶液中,再逐滴滴入 2mol/L 盐酸溶液呈酸性(观察有何现象发生,并加以解释)。在另一支试管中,加入 1ml 饱和碳酸氢钠溶液,振摇,观察现象并解释原因。

6. 酚与溴水反应 在试管中加入 0.2mol/L 苯酚溶液 2 滴,然后慢慢加入饱和溴水,直至白色沉淀生成,该现象如何解释。

7. 酚与三氯化铁的反应 取 3 支试管,分别加入 0.2mol/L 苯酚溶液、0.2mol/L 邻苯二酚溶液、0.2mol/L 苯甲醇溶液各 10 滴,然后再各滴入 1 滴 0.06mol/L 三氯化铁溶液,振摇,观察所出现的颜色,并解释原因。

8. 酚的氧化反应 在试管中加入 0.2mol/L 苯酚 1ml,然后再加入 2.5mol/L 氢氧化钠溶液 10 滴,最后加入 0.03mol/L 高锰酸钾溶液 5~6 滴,观察现象并解释原因。

9. 醚生成锌盐的反应 取 2 支干燥大试管，分别加入浓盐酸、浓硫酸各 2ml，放在冰浴中冷却至 0℃。另取 2 支试管各加乙醚 1ml，也放在冰浴中冷却。之后再把冷却后的乙醚分别加到盛有浓盐酸和浓硫酸的试管中，振摇，观察现象（注意是否能闻到乙醚气味）。然后在溶有乙醚的盐酸和硫酸的试管中加入冰水 5ml，振摇，再观察其出现的现象（注意乙醚气味是否保留），并解释原因。

四、思考题

1. 在配制卢卡斯试剂时应注意些什么？卢卡斯试剂鉴别伯醇、仲醇、叔醇的方法是什么？卢卡斯试剂用于鉴别有何限制？

2. 苯酚为什么比苯易于发生亲电取代反应？

3. 乙醚生成锌盐时为什么要进行冷却？生成的锌盐加水后发生什么变化？

实验七 醛和酮的性质

一、实验目的

1. 通过实验验证醛和酮的化学性质。
2. 掌握醛和酮的鉴别方法。

二、仪器和药品

250ml 烧杯、酒精灯、100℃温度计、石棉网、10mm×100mm 试管。

2,4- 二硝基苯肼溶液、饱和亚硫酸氢钠溶液、希夫试剂、碘溶液、甲醛水溶液、乙醇、乙醛、2.5mol/L 盐酸、0.5mol/L 氨水、0.05mol/L $AgNO_3$ 溶液、丙酮、苯甲醛、斐林试剂 A 和 B、1.25mol/L NaOH 溶液。

三、实验步骤

1. 醛酮的亲核加成反应

（1）与饱和亚硫酸氢钠溶液加成：取 4 支干燥小试管，分别加入 2ml 新配制的饱和亚硫酸氢钠溶液，然后分别滴加乙醛、苯甲醛、丙酮、苯乙酮各 5~8 滴，振荡摇匀后放入冰水中，几分钟后观察现象。

（2）与 2,4- 二硝基苯肼的反应：取 4 支小试管标号，各加入 1ml 2,4- 二硝基苯肼，然后分别加入 2 滴甲醛、乙醛、丙酮和苯甲醛，用力摇匀后，静置观察有无结晶析出，并注意颜色的变化，解释现象。

2. 碘仿反应 在 4 支小试管中，分别加入 5 滴甲醛、乙醛、乙醇、丙酮，再各滴加 1ml 的 1.25mol/L NaOH 溶液和碘溶液数滴，直到碘的颜色恰好褪去，随之析出浅黄色沉淀，若无析出沉淀，可在水浴中温热几分钟（50~60℃），冷却后再观察并解释现象。

3. 区别醛酮的反应

（1）银镜反应：在 4 支小试管中各加入 1ml 托伦试剂，然后分别滴加 2~4 滴的乙醛、苯甲醛、丙酮、苯乙酮振荡摇匀，放在 50~60℃水浴中温热 2~3 分钟，观察并解释现象。

（2）斐林反应：在 4 支小试管中各加入斐林试剂 A 和 B 各 1ml，用力振荡摇匀，再分别滴加 8~10 滴甲醛、乙醛、苯甲醛、丙酮，边加边振荡摇匀，一起放入沸水浴中加热 3~5 分钟，观察并解释现象。

四、注意事项

1. 2,4-二硝基苯肼试剂的配制　称取 2,4-二硝基苯肼 3g,溶于 150ml 浓硫酸中,将此溶液缓慢加入 70ml 95% 乙醇溶液中,再用蒸馏水稀释到 100ml,过滤即得。所得试剂需贮存于棕色瓶中。

2. 碘溶液的配制　先将 25g 碘化钾溶于 100ml 蒸馏水中,再加入 12.5g 碘搅拌均匀溶解即得。

3. 托伦试剂的配制　量取 20ml、0.05mol/L 的 $AgNO_3$ 溶液,放在 50ml 锥形瓶中,滴加 0.5mol/L 的氨水振荡,直到生成的棕色 Ag_2O 沉淀刚好溶解,现用现配。

4. 斐林试剂的配制　A 溶液:溶解 7g 的硫酸铜晶体于 100ml 水中,如混浊可过滤。B 溶液:取 34g 酒石酸钾钠和 14g NaOH 溶于 100ml 的蒸馏水中。A、B 两种溶液分别贮存,用时等量混合。

5. 银镜反应中,要得到漂亮的银镜,必须用干净的试管,最好将试管依次用硝酸、水和 1.25mol/L NaOH 溶液洗涤,再用水和蒸馏水淋洗,由于托伦试剂久置后形成的氮化银沉淀易爆炸,所以必须现配制,实验时,切忌用明火直接加热,实验完毕,用稀硝酸洗去银镜。

6. 碘仿反应需注意试样不能多加,否则生成的碘仿会溶于醛酮中。此外,加碱不能过量,加热不能过久,这些都能导致生成的碘仿溶解或分解。

五、思考题

1. 用哪些方法可以鉴别醛和酮?
2. 进行银镜反应注意哪些事项?
3. 碘仿反应可鉴别具有何种结构的有机化合物?

实验八　羧酸和取代羧酸的性质

一、实验目的

1. 验证羧酸和取代羧酸的主要化学性质。
2. 掌握羧酸及取代羧酸的鉴别方法。

二、实验原理

羧酸均有酸性,与碱作用生成羧酸盐。羧酸的酸性比盐酸和硫酸弱,但比碳酸强,因此可与碳酸钠或碳酸氢钠成盐而溶解。饱和一元羧酸中甲酸的酸性最强,二元羧酸中草酸的酸性最强。羧酸和醇在浓硫酸的催化下发生酯化反应,生成有香味的酯。在适当的条件下羧酸可发生脱羧反应。甲酸分子中含有醛基,具有还原性,可被高锰酸钾或托伦试剂氧化。由于两个相邻羧基的相互影响,草酸易发生脱羧反应和被高锰酸钾氧化。

乙酰乙酸乙酯是由酮式和烯醇式两种互变异构体共同组成的混合物,因此它既有酮的性质,如能与 2,4-二硝基苯肼反应生成橙色的 2,4-二硝基苯腙沉淀;又有烯醇的性质,如能使溴水褪色,与三氯化铁溶液作用发生显色反应等。

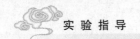

三、仪器和药品

试管、烧杯、酒精灯、试管夹、带软木塞的导管等。

冰醋酸、草酸、苯甲酸、乙醇、异戊醇、乙酰乙酸乙酯、水杨酸、乙酰水杨酸、乳酸、酒石酸、2mol/L 一氯乙酸、2mol/L 三氯乙酸、2,4- 二硝基苯肼、10% 甲酸溶液、10% 乙酸溶液、10% 草酸溶液、10% 苯酚溶液、0.1mol/L 硝酸银溶液、氨水、5% 氢氧化钠溶液、5% 盐酸、0.05 高锰酸钾溶液、0.05mol/L 三氯化铁溶液、5% 碳酸钠溶液、浓硫酸、溴水、饱和石灰水、甲基紫指示剂、pH 试纸。

四、实验步骤

1. 羧酸的酸性

(1) 用干净的玻璃棒分别蘸取 10% 乙酸溶液、10% 甲酸溶液、10% 草酸溶液、10% 苯酚溶液于 pH 试纸上,观察和记录其 pH 值并解释。

(2) 在 2 支试管中分别加入 0.1g 苯甲酸、水杨酸和 1ml 水,边摇边逐滴加入 5% 氢氧化钠溶液至恰好澄清,再逐滴加入 5% 盐酸溶液,观察和记录反应现象并解释。

(3) 在 2 支试管中分别加入 0.1g 苯甲酸、水杨酸,边摇边逐滴加入 5% 碳酸钠溶液,观察和记录反应现象并解释。

2. 取代羧酸的酸性

(1) 取代羧酸酸性比较:取 3 支试管,分别加入乳酸、酒石酸、三氯乙酸各少许,然后各加 1ml 蒸馏水,振荡,观察是否溶解。再分别用 pH 试纸测定其酸性,记录并解释各种酸的酸性强弱。

(2) 氯代酸的酸性增强:取 3 支试管,分别加入 2mol/L 乙酸溶液、一氯乙酸溶液和三氯乙酸溶液各 5 滴,用 pH 试纸检验各种酸的酸性,然后往 3 支试管中再各加入甲基紫指示剂(pH=0.2~1.5,黄至绿;pH=1.5~3.2,绿至紫)2 滴,观察和记录反应现象并解释。

3. 氧化反应

(1) 在洁净的试管中,加入 10 滴 10% 甲酸溶液,边摇边逐滴加入 5% 氢氧化钠溶液至碱性,再加入 10 滴新配制的托伦试剂,在 50~60℃水浴中加热数分钟,观察并解释现象。

(2) 在 3 支试管中分别加入 1ml 10% 甲酸溶液、10% 乙酸溶液、10% 草酸溶液,边摇边逐滴加入 0.05% 高锰酸钾溶液,若不褪色,将 3 支试管同时放入水浴中加热,观察和记录反应现象并解释。

4. 酯化反应   在干燥的试管中加入冰醋酸和异戊醇各 1ml,边摇边逐滴加入 10 滴浓硫酸,将试管放入 60~70℃水浴中加热 10 分钟(勿使管内液体沸腾),取出试管待其冷却后加入 2ml 水,注意所生成酯的气味。记录有何气味和现象并解释。

5. 脱羧反应   在 2 支干燥的试管中,分别加入 1g 草酸、水杨酸,用带导管的塞子塞紧,将试管口略向下倾斜地夹在铁架上,把导管出口插入盛有 1ml 饱和石灰水的试管中,然后用直火加热,观察和记录反应现象并解释。实验结束时,先移去石灰水试管,再移去火源,以防石灰水倒吸入灼热的试管中而炸裂。

6. 水杨酸和乙酰水杨酸与三氯化铁的反应   取 2 支试管(1#、2#),各加入 0.05mol/L 三氯化铁溶液 1~2 滴,各加水 1ml。然后往 1# 试管加少许水杨酸晶体,往 2# 试管加少许乙酰水杨酸晶体,振摇。最后加热 2# 试管,观察并解释发生的变化。

7. 乙酰乙酸乙酯的互变异构现象

(1) 在试管中加入 10 滴 2,4- 二硝基苯肼试剂和 3 滴 10% 乙酰乙酸乙酯,观察和记录反应现象并解释。

(2) 在试管中加入乙酰乙酸乙酯 2 滴,加乙醇 2ml,再加 0.05mol/L 三氯化铁溶液 1 滴,注意颜色变化。再加溴水到颜色刚好消失。注意不久颜色又会重现,观察并解释发生的变化。

五、说明

1. 酯化反应温度不能过高,若超过乙酸异戊酯和异戊醇的沸点,会引起两者挥发,使现象不明显。

2. 羧酸一般无还原性,但由于甲酸与草酸的结构特殊,均能被氧化而具有还原性。

3. 水杨酸与甲醇所生成的酯叫水杨酸甲醇,又叫冬青油,有特殊的香味。

六、思考题

1. 做脱羧实验时,若将过量的二氧化碳通入石灰水中时,将会出现什么现象?

2. 甲酸是一元羧酸,草酸是二元羧酸,它们都有还原性,可以被氧化。其他的一元羧酸和二元羧酸是否也能被氧化?

3. 如何鉴别甲酸、乙酸与草酸?

4. 为什么酯化反应要加硫酸? 为什么酯的碱性水解比酸性水解效果好?

实验九 羧酸衍生物的性质

一、实验目的

1. 验证酰卤、酸酐、酯、酰胺的主要化学性质。
2. 掌握羧酸衍生物的鉴别方法。

二、实验原理

羧酸衍生物一般指的是酰卤、酸酐、酯和酰胺类化合物。它们的分子中都含有酰基,因而具有相似的化学性质。由于酰基上所连的基团不同,而使其反应活性不同,其活性顺序为:酰卤 > 酸酐 > 酯 > 酰胺。尿素是一种特殊的酰胺,将尿素加热至熔点以上则生成缩二脲。缩二脲在碱性溶液中与稀硫酸铜溶液作用,呈紫红色反应,该反应叫做缩二脲反应。凡含有两个以上酰胺键(肽键)的化合物均有此反应。

三、仪器和药品

酒精灯、10mm × 100mm 试管、18mm × 150mm 试管、烧杯、试管夹等。

乙酰氯、乙酸酐、乙酸乙酯、乙酰胺、花生油、乙醇、苯胺、尿素(脲)、1mol/L 盐酸羟胺甲醇溶液、2.5mol/L 氢氧化钠溶液、10mol/L 氢氧化钠溶液、1.5mol/L 硫酸溶液、0.3mol/L 硫酸铜溶液、1.5mol/L 亚硝酸钠溶液、0.05mol/L 三氯化铁溶液、3mol/L 脲溶液、2% 硝酸银溶液、1% 硫酸铜溶液、10% 氢氧化钠溶液、浓硫酸、稀盐酸、饱和食盐水、饱和碳酸钠溶液、红色石蕊试纸。

四、实验步骤

1. 水解反应

(1) 酰卤的水解:在盛有 1ml 水的试管中,沿管壁慢慢加入 5 滴乙酰氯,略加摇动,观察和记录反应现象并解释之。待反应结束后,再加入 2 滴 2% 硝酸银溶液,观察有何变化。

(2) 酸酐的水解:在盛有 1ml 水的试管中,加入 5 滴乙酸酐,摇匀后,在温水浴中加热数分钟,用石蕊试纸试之,有何气味和现象并解释。

(3) 酯的水解:在 3 支试管中(编号为 1、2、3)分别加入 1ml 乙酸乙酯和 1ml 蒸馏水,再在 1 号试管中加入 1ml 稀硫酸,2 号试管中加入 1ml 10% 氢氧化钠溶液,3 号试管中加入 1ml 蒸馏水,摇匀后将 3 支试管同时放入 60~70℃水浴中,边摇边观察混合液是否变为澄清,试解释。

(4) 酰胺的水解:在 2 支试管中,各加入 0.5g 乙酰胺,在一支试管中加入 1ml 10% 氢氧化钠溶液,另一支试管中加入 1ml 稀硫酸,煮沸,并将湿润的红色石蕊试纸放在试管口,有何气味和现象并解释。

2. 醇解反应

(1) 酰卤的醇解:在干燥的试管中加入 1ml 无水乙醇,边摇边逐滴加入 10 滴乙酰氯,待试管冷却后,慢慢加入 2ml 饱和碳酸钠溶液,静置后观察现象并嗅其气味。

(2) 酸酐的醇解:在干燥的试管中,加入 15 滴无水乙醇和 10 滴乙酸酐,再加入 1 滴浓硫酸,振摇,待试管冷却后,慢慢加入 2ml 饱和碳酸钠溶液,静置后观察现象并嗅其气味。

3. 酰氯的氨解 在一干燥的试管中,加入新蒸馏过的淡黄色苯胺 5 滴,然后慢慢滴加乙酰氯 10 滴,待反应结束后,再加入 5ml 水,搅拌均匀,观察现象。

4. 油脂的皂化反应 在大试管中加入花生油 20 滴,乙醇 20 滴,10mol/L 氢氧化钠溶液 20 滴,振摇使混合,把试管放在沸水浴中加热,不断振摇,混合均匀,皂化反应即完成。然后加入 10ml 热的饱和食盐溶液,搅拌,高级脂肪酸钠浮于表面。放冷,过滤。集取高级脂肪酸钠,保留滤液。

取高级脂肪酸钠少许,放入试管中,加 2ml 蒸馏水,加热振摇使其溶解。然后滴加 1.5mol/L 硫酸,振摇,使溶液呈酸性,观察并解释实验结果。

取滤液,加入自制的氢氧化铜胶状沉淀(由 2.5mol/L 氢氧化钠溶液与 0.3mol/L 硫酸铜溶液各 5 滴混合而成)振摇,观察并解释所发生的变化。

5. 生成异羟肟酸铁的反应 取试管两支,各加 10 滴 1mol/L 盐酸羟胺甲醇溶液,分别加入乙酸乙酯和乙酸酐 1 滴,摇匀后加 2.5mol/L 氢氧化钠溶液至刚好呈碱性,加热煮沸,冷却后加稀盐酸使呈弱酸性,再滴加 1~2 滴 0.05mol/L 三氯化铁溶液。观察并解释发生的变化。

6. 脲的水解反应 在试管中加入脲少许,加 1~2ml 水,加 1~2 滴 10% 氢氧化钠溶液,试管口放一片湿润的红色石蕊试纸。加热,观察并解释发生的变化。

7. 脲与亚硝酸的反应 在试管中放入 1ml 3mol/L 脲溶液,0.5ml 1.5mol/L 亚硝酸钠溶液,逐滴加入 1.5mol/L 硫酸,振摇,冷却,观察反应生成的气体是 N_2 还是 NO、NO_2(亚硝酸分解时产生的 NO 和 NO_2,有颜色和刺激性气味,而 N_2 无色无味)。解释发生的变化。

8. 缩二脲反应 在干燥的试管中加入 0.5g 尿素,小心加热至熔化,继续加热至熔化物凝固,冷却后加入 1ml 水,搅拌使其溶解,将上层溶液倾入另一试管中,加 5 滴 10% 氢氧化钠溶液和 3 滴 1% 硫酸铜溶液,观察和记录反应现象。

五、说明

1. 乙酰氯很活泼,与水或醇反应均较剧烈,应注意安全。试管口不能对准人,特别不能对着眼。

2. 皂化是否完全的测定方法:取几滴皂化液于一试管中,加 2ml 蒸馏水,加热并不断振荡。若此时无分层现象,表示皂化已经完全。

六、思考题

1. 为什么酯、酰卤、酸酐、酰胺的水解反应速度不同?
2. 用简单的化学方法鉴别乙酰氯、乙酸酐、乙酸乙酯、乙酰胺。
3. 油脂水解生成高级脂肪酸钠和甘油,如何证明?
4. 用什么反应可以简便地证明化合物为羧酸衍生物?
5. 脲与亚硝酸反应产生的气体是 NO、NO_2 还是 N_2,产生的原因是什么?此反应有什么意义?

实验十　有机含氮化合物的性质

一、实验目的

1. 验证胺、重氮盐的重要化学性质。
2. 掌握胺类化合物的鉴别方法。

二、实验原理

胺是一类碱性的有机化合物,能与酸作用生成盐。伯胺和仲胺能发生酰化反应,生成相应的酰胺,而叔胺则不能。伯胺和仲胺还可与苯磺酰氯作用生成苯磺酰胺,叔胺则不发生此反应,伯胺所生成的苯磺酰胺能溶于氢氧化钠溶液中,通常利用磺酰化反应来区别或分离伯、仲、叔 3 种胺。脂肪胺和芳香胺与亚硝酸反应生成不同的产物,也可用于胺类化合物的鉴别。芳香伯胺在低温和强酸性水溶液中能与亚硝酸发生重氮化反应,其产物能进一步与酚或芳香胺发生偶联反应,生成有颜色的偶氮化合物,仲胺生成 N- 亚硝基胺,叔胺与亚硝酸作用,反应发生在苯环上,生成对 - 亚硝基化合物。芳香胺容易发生取代反应,如苯胺与溴水作用生成 2,4,6- 三溴苯胺的白色沉淀。

三、仪器和药品

试管、烧杯、试管夹、温度计、酒精灯等。

甲胺、苯胺、N- 甲基苯胺、N,N- 二甲基苯胺、乙酰氯、苯酚、碘甲烷、苯磺酰氯、β- 萘酚碱性溶液、10% 氢氧化钠溶液、0.05% 高锰酸钾溶液、浓盐酸、饱和溴水、亚硝酸钠、碘化钾 - 淀粉试纸、红色石蕊试纸、pH 试纸。

四、实验步骤

1. 碱性　在 2 支试管中分别加入 2 滴甲胺、苯胺和 1ml 水,充分振荡后,分别用红色石蕊试纸和 pH 试纸检验是否显碱性,并比较它们的碱性强弱。最后滴加浓盐酸至显酸性,观

察和记录反应现象。

2. 酰化反应 取 3 支干燥的试管分别加入 5 滴苯胺、N- 甲基苯胺、N,N- 二甲基苯胺,再沿管壁慢慢加入 5 滴乙酰氯,摇匀后,观察和记录反应现象并解释之。若观察不出变化,可将试管温热 2 分钟,冷却后再加 1ml 水和 10% 氢氧化钠溶液至显碱性,再观察。

3. 苯胺的溴代反应 取苯胺 1 滴于试管中,加水 2ml,振荡,使其全部溶解,滴加饱和溴水 2~3 滴,观察现象。

4. 氧化反应 在 3 支试管中分别加入 3 滴苯胺、N- 甲基苯胺和 N,N- 二甲基苯胺,再各加入 2 滴 10% 氢氧化钠溶液和 3 滴 0.05% 高锰酸钾溶液,摇匀后于水浴中加热,观察和记录反应现象。

5. 兴斯堡(Hinsberg)试验 在 3 支试管中分别加入 5 滴苯胺、N- 甲基苯胺、N,N- 二甲基苯胺,再各加入 1.5ml 10% 氢氧化钠溶液和 5 滴苯磺酰氯,塞住管口,用力振荡 3 分钟,拿下塞子,在水浴中加热至苯磺酰氯气味消失为止。冷却溶液,用 pH 试纸检查是否呈碱性,若不呈碱性,应加氢氧化钠使呈碱性,观察和记录反应现象。边摇边逐滴加入浓盐酸至酸性,再观察有何变化。

6. 胺与亚硝酸反应 取 3 支大试管,编号,分别加入苯胺、N- 甲基苯胺、N,N- 二甲基苯胺各 5 滴,然后各加入 1ml 浓盐酸和 2ml 水。另取试管 3 支(1#、2#、3#),各加入 0.3g 亚硝酸钠晶体和 2ml 水,振摇使溶解,并把所有试管放在冰浴中冷却到 0℃。

1# 试管:慢慢滴加亚硝酸钠溶液,不断振摇,直到取出反应液 1 滴,滴在碘化钾 - 淀粉试纸上,出现蓝色,停止加入亚硝酸钠。加入数滴 β- 萘酚碱性溶液,析出橙红色沉淀。

2# 试管:慢慢滴加亚硝酸钠溶液,有黄色固体或黄色油状物析出,加碱到碱性而不变色。

3# 试管:按同法加入亚硝酸钠溶液,有黄色固体生成,加碱到碱性,固体变绿色。解释上述一系列变化,并得出相应的结论。

7. 季铵的生成 在干燥试管中,加 4 滴 N,N- 二甲基苯胺,再加碘甲烷 6 滴,振荡,塞住管口,放置约 20 分钟,观察有无黄色晶体生成;加水后,季铵盐溶于水中。

8. 重氮化反应和偶联反应 取苯胺 10 滴,加 15 滴水和 15 滴浓盐酸,将试管放在冰水中冷却至 0~5℃,慢慢加入 1.5mol/L 亚硝酸钠溶液,随时加以搅拌(注意保持温度在 5℃ 以下),直到反应液对淀粉 - 碘化钾试纸呈现蓝色为止,放置 5 分钟,即得重氮盐溶液,保存在冷却剂中。

取重氮盐溶液 1ml,加 3 滴苯酚碱性溶液,振荡,观察现象。

五、说明

1. 亚硝酸不稳定,所以临用时以亚硝酸钠和盐酸反应生成。芳香族伯胺的重氮化反应,如反应已达终点,即有亚硝酸过剩,它使碘化钾氧化成碘,碘遇淀粉呈蓝色,所以可用碘化钾 - 淀粉试纸检查重氮化反应的终点。

$$2NaI+2HNO_2 \longrightarrow I_2+2NO+2NaOH$$

2. 重氮化反应需在低温下进行且亚硝酸不宜过量,否则生成的重氮盐易分解;酸需过量,以避免生成的重氮盐与尚未作用的芳胺发生偶联反应。

六、思考题

1. 甲胺和苯胺的碱性何者较强? 如何解释?

2. 若用脂肪胺与亚硝酸反应,现象与芳香胺有什么差别?

3. 苯胺的重氮盐为什么要保存在冰水浴中,温度升高会产生什么现象?

4. 有何种简便方法区别伯、仲、叔胺以及芳香胺与脂肪胺?

5. 试述重氮化反应的注意事项。

实验十一　有机化合物的鉴别实验

一、实验目的

1. 掌握常见有机化合物的分类试验与鉴别方法。

2. 进一步掌握常见有机化合物的化学性质。

3. 熟悉常见的鉴别方法。

二、实验原理

如果要确定一种新发现的有机化合物的分子结构,那是一项复杂而艰巨的工作。但在实际工作中常遇见的未知物,如果已知一定的范围,则可通过分类试剂(如溶解度试剂、官能团试剂)先进行分类,以便缩小范围,再通过官能团试验,特征性反应进行鉴别。有机化合物的物理性质如沸点、熔点、折光率以及红外光谱等,均能为确认未知物提供详尽的依据。

本实验列举的方法,包括 8 种化合物的鉴别,这 8 种化合物分别属于烷烃、烯烃、卤烷、醇、醛、酮、羧酸、胺类化合物。

水溶性羧酸能使蓝色石蕊试纸变红。水溶性胺类其碱性一般能使红色石蕊试纸变蓝。酮、醛都含羰基,与 2,4- 二硝基苯肼(DPNH)溶液作用产生黄色沉淀。脂肪醛与班氏(Benedict)试剂显阳性反应,酮则不能。醇类多数与铬酸溶液作用后,在 2~3 秒内就形成蓝绿色混悬液。烯烃(及其他易氧化物质)会使高锰酸钾溶液的紫色消失并出现棕色沉淀。卤烷在铜丝上于火焰中燃烧会出现绿色火焰(Beilstein 试验)。烷烃在上述的所有试验中均显阴性。本实验对 8 类化合物的鉴别操作方法见流程图。

三、仪器和药品

铜丝圈、点滴板、水浴锅。

乙醛、丙酮、正丁醇、冰醋酸、三氯甲烷、液状石蜡、三乙胺、环己烯、2,4- 二硝基苯肼、蓝色石蕊试纸、红色石蕊试纸、95% 乙醇溶液、铬酸酐 - 硫酸试剂、1% 高锰酸钾溶液、班氏试剂、水。

四、实验步骤

1. 酸碱性试验　取样品(或未知物)5 滴(固体取 0.1g),加 3ml 水,振摇后,用蓝色石蕊试纸及红色石蕊试纸(或用 pH 广范试纸)试之,观察颜色变化。

2. 2,4- 二硝基苯肼(DPNH)试验　取样品(或未知物)5 滴(固体约取 40mg,溶于 1ml 95% 乙醇溶液),再加入 1~2 滴 DPNH 试剂,振摇后,放置约 15 分钟,观察有无黄色沉淀出现,或用玻璃棒轻轻摩擦试管壁再观察结果。

3. 铬酸试验　取样品(或未知物)5 滴(固体约取 30mg),加入 1ml 丙酮溶解后,再加入 10 滴铬酸酐 - 硫酸试剂,摇动试管,观察 2 分钟内颜色变化。

阳性结果:伯醇或仲醇在2秒钟内形成不透明的蓝绿色混悬液或乳浊液。芳香醛在20~120秒钟或更长时间才使试剂变色。如实验中发现溶液仍保持橘黄色或略带黑色,作为阴性结果。

4. 高锰酸钾试验　溶解5滴样品(未知物)于1ml水中,逐滴加入1%高锰酸钾溶液,观察颜色变化,如紫色褪去,再逐滴加入1%高锰酸钾溶液,直至不褪色为止。计量所加入溶液滴数,如反应未立即进行,放置5分钟后再观察。

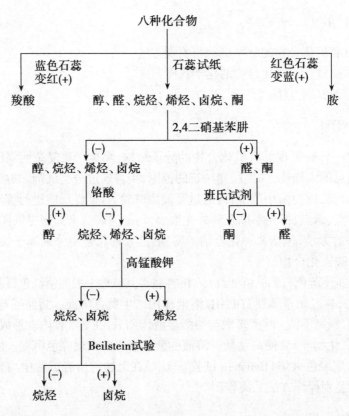

阳性结果:如能使1滴以上的溶液紫色消退,并有棕色二氧化锰沉淀出现,即为阳性结果。含双键、叁键的不饱和烃均显阳性。但是易氧化的化合物如醛、芳香醛、酚类、甲酸及甲酸酯也会显阳性结果。醇类液体如含有易氧化杂质时,也会与少量溶液作用。故在实验中需注意逐滴加入1%高锰酸钾溶液,若只能使第1滴溶液褪色,则作为阴性结果。多数纯净醇类在5分钟内不会与高锰酸钾溶液作用。共轭烯烃、带侧链的芳香烃与本实验所用的中性高锰酸钾溶液不加热时不会显阳性。

5. Beilstein试验　取钢丝圈先在酒精灯火焰上加热至红,并在火焰中无绿色或蓝绿色呈现时,待其冷却后,将少量样品(或未知物)黏附在钢丝圈上,再在火焰边缘上灼烧,观察焰色。

阳性结果:灼烧时可见绿色或蓝色火焰,这是由于卤烷分解生成卤化铜(Cu_2X_2)所显焰色(但氟化物不能发生上述反应)。

6. 班氏(Benedict)试验　取10滴样品(或未知物)溶于2ml水中,再加入2ml班氏试剂,在沸水浴上加热,观察有无沉淀及沉淀颜色。阳性结果:脂肪醛类在试验中有橙色或砖红色沉淀生成,为阳性结果。其他化合物如还原糖及 α-羟基酮也会有阳性反应。酮类及芳香醛均显阴性。

实验十二　乙酸乙酯的制备

一、实验目的

1. 学习分液漏斗的使用方法。
2. 熟悉蒸馏、洗涤、干燥等基本操作。
3. 掌握酯化反应的原理和酯的制备操作。

二、实验原理

羧酸和醇在酸催化下发生酯化反应生成酯。本实验是以乙酸和乙醇为原料,浓硫酸作催化剂,在 110~120℃的温度下进行反应制备乙酸乙酯。反应方程式如下:

$$CH_3COOH+CH_3CH_2OH \underset{\text{水解}}{\overset{\text{酯化}}{\rightleftharpoons}} CH_3COOCH_2CH_3+H_2O$$

酯化反应是一个可逆反应,生成的酯可以水解生成羧酸和醇,为了提高酯的产率,可采用下列措施:①使某一反应物醇或酸过量。过量的反应物的选择考虑原料是否易得、价格是否便宜或者是否容易回收等因素。②将反应中生成的酯或水及时除去,以破坏反应平衡,使平衡向右移动。

本实验中采用在浓硫酸的催化下,用过量的乙醇与乙酸反应,并将生成的产物用分馏柱分馏,不断地脱离反应系统的方法制备乙酸乙酯。

三、仪器和药品

150ml 三口烧瓶、250ml 直形冷凝管、125ml 分液漏斗、接液管、100℃温度计、200℃温度计、500W 电炉、150mm 刺形分馏柱、60ml 蒸馏烧瓶、60ml 滴液漏斗、50ml 锥形烧瓶、砂浴盘(或电热套)、pH 试纸。

乙醇、冰醋酸、浓硫酸、饱和食盐水、无水硫酸镁、2mol/L 碳酸钠溶液、4.5mol/L 氯化钙溶液。

四、操作步骤

1. 乙酸乙酯粗品的制备　乙酸乙酯制备装置如实验图 8 所示。

在 150ml 三口烧瓶中,加入 10ml 乙醇,在振荡下分次加入 10ml 浓硫酸,混合均匀,加入 2~3 粒沸石。用铁夹将三口烧瓶固定在铁架台上,左侧瓶口插入温度计,温度计的水银球部分应距离烧瓶底约 1cm。右侧瓶口装置滴液漏斗,滴液漏斗的下端应插入液面以下约 1cm(若漏斗末端不够长,可用橡皮管接上一段玻管)。在滴液漏斗中,加入 20ml 冰醋酸和 20ml 乙醇。中间瓶口装置刺形分馏柱,分馏柱的上端用软木塞封闭,它的支管与冷凝管连接。冷凝管的下端依次连接接液管、锥形瓶。装置完毕后,小心加热,使反应体系升温至 110~120℃,此时冷凝管口应有液体蒸出。保持反应瓶中的温度,并将滴液漏斗中的混合液慢慢滴入反应瓶中(约 70 分钟滴完)。滴完后继续保温 10 分钟。将收集到的馏液置于梨形分液漏斗中,用 10ml 饱和食盐水洗涤,分离下面水层,上层液体再用 20ml 2mol/L 碳酸钠溶液洗涤,一直洗到上层液体 pH 为 7~8 为止。然后再用 10ml 水洗 1 次,用 4.5mol/L 氯化钙溶液 10ml 洗两次。

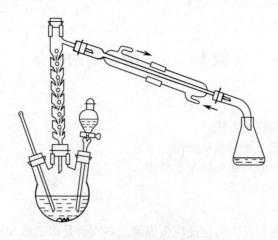

实验图 8　乙酸乙酯的制备装置

静置,弃去下面水层,上面酯层自分液漏斗上口倒入干燥的 50ml 锥形瓶中,加适量无水硫酸镁干燥,加塞,放置,直至液体澄清,得到乙酸乙酯粗品。

2. 蒸馏精制　将乙酸乙酯粗品通过漏斗过滤至 60ml 蒸馏烧瓶中,加沸石,在水浴上加热蒸馏。用已知重量的 50ml 锥形瓶收集 73~78℃的馏液,称重、密塞,贴上标签。

3. 计算产率

$$产率(\%)=\frac{实际产量}{理论产量}\times100\%$$

五、说明

1. 反应温度必须严格控制在 110~120℃,温度低反应不完全,温度过高会增多副产物(如乙醚)而降低酯的产量。

2. 滴液漏斗的末端应插入液面以下 1cm,若不插入液体中,滴入的乙醇、乙酸受热蒸发,反应不完全。若插入太深,压力增大导致反应物难以滴入。

3. 要控制滴液速度,使与馏液蒸出的速度大体保持同步。若滴加太快会使乙酸和乙醇来不及作用而被蒸出,或使反应温度迅速下降,两者都会影响酯的产量。

4. 乙酸乙酯粗品中含有少量的乙醇、乙醚、乙酸和水,所以需经一系列的洗涤步骤。其目的如下:①用饱和食盐水可洗去部分乙醇和乙酸等水溶性杂质。使用饱和食盐水的目的是增大有机相和水相的密度差别,使分层更加容易。②用碳酸钠溶液可洗去残留在酯中的乙酸。③用水洗去酯中留存的碳酸钠,否则,后面用氯化钙溶液洗去酯中的乙醇时,产生碳酸钙沉淀而难以分离。④用氯化钙液洗去残留在酯中的乙醇。

六、思考题

1. 酯化反应有什么特点? 本实验采用什么措施使反应尽量向正反应方向进行?

2. 哪些是本实验成败的关键?

3. 乙酸乙酯粗品中可能有哪些杂质? 这些杂质是如何生成的? 如何除去?

4. 乙酸乙酯的理论产量怎样计算?

实验十三　乙酰水杨酸的制备

一、实验目的

1. 掌握乙酰化反应的原理和实验操作方法。完成乙酰水杨酸的制备。
2. 进一步熟悉掌握重结晶提纯法。

二、实验原理

水杨酸分子中的羟基可与乙酰氯、乙酸酐(甚至冰醋酸)进行乙酰化反应,生成乙酰水杨酸。

反应速度以酰氯最快,乙酸酐次之,冰醋酸最慢。为了操作方便价格便宜,收率高,本实验以乙酸酐为乙酰化试剂。

三、仪器和药品

125ml 锥形烧瓶、200℃温度计、150ml 烧杯、滴管、布氏漏斗、石棉网、酒精灯、表面皿、量筒、水泵。

浓硫酸、饱和碳酸钠溶液、水杨酸、乙酸酐、乙醇、0.06mol/L 三氯化铁溶液。

四、实验步骤

1. 乙酰水杨酸的制备　取 2g 干燥水杨酸放入 125ml 锥形烧瓶中,加入 5ml 乙酸酐,随后滴加 5 滴浓硫酸,振摇锥形瓶使水杨酸全部溶解。然后在 70~80℃水浴上加热 5~10 分钟,放置冷却至室温,即有乙酰水杨酸晶体析出。否则可用玻璃棒摩擦锥形烧瓶壁(或在冰水中冷却),促其析出晶体。晶体析出后再加 50ml 水,继续在冰水中冷却,直至晶体完全析出。抽滤,用少量冰水洗涤晶体。尽量抽干。把晶体放到表面皿上晾干。即得粗制的乙酰水杨酸。

将粗品放入 150ml 烧杯中,在搅拌下加入 25ml 饱和碳酸钠溶液,继续搅拌几分钟,直至无二氧化碳气泡产生为止,用布氏漏斗过滤。用 5~10ml 水冲洗布氏漏斗。洗液与滤液合并,倾入预先装有 3~5ml 浓盐酸与 10ml 水的烧杯中,搅拌均匀,即有乙酰水杨酸析出。放在冷水中冷却,使晶体完全析出。抽滤。晶体用干净玻璃塞压紧,尽量抽去滤液。再用少量冰水洗涤 2~3 次,抽去水分,在表面皿上晾干。测熔点。称重。计算产率。

2. 计算产率

$$产率(\%)=\frac{实际产量}{理论产量}\times100\%$$

3. 纯度检查　取晶体少量溶于 10 滴 95% 乙醇溶液中,加 0.06mol/L 三氯化铁溶液 1~2 滴。振摇,观察颜色变化。如溶液变紫红色则说明样品不纯,若无颜色变化说明样品纯度较高。

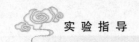

五、说明

1. 纯乙酰水杨酸的熔点为 135~136℃。

2. 反应温度不宜过高,否则将有副反应发生。

3. 加热至沸仍有不溶物或溶液混浊,则要过滤。过滤前,滤纸先用热乙醇湿润。

4. 乙酰水杨酸容易水解,避免加热干燥。适宜在 80℃以下烘干。产品密封保存于干燥处。

5. 产品遇三氯化铁试液如显紫色,表示产品中混有杂质水杨酸,后者可能因贮存不当,或制备时精制不够完善而存在。可用重结晶法进一步纯化。

六、思考题

1. 本实验如用冰醋酸进行乙酰化反应,其反应式应怎样写?

2. 本实验使用的仪器为什么必须干燥?

3. 反应时加浓硫酸的目的是什么?

4. 反应的副产物是什么?怎样把它们除去?

5. 在制备乙酰水杨酸过程中,应注意哪些问题才能保证有较高的产率?

实验十四　糖的化学性质

一、实验目的

1. 熟悉糖类物质的主要化学性质。

2. 熟悉糖类物质的鉴别方法。

二、实验原理

1. 糖的还原性　单糖和具有半缩醛羟基的二糖都具有还原性,都是还原性糖,它们能还原托伦试剂、斐林试剂和班氏试剂。无半缩醛羟基的二糖和多糖无还原性,不能还原上述试剂。

2. 糖的颜色反应　糖在强酸的作用下发生脱水反应,反应产物能与酚类作用,生成有颜色的物质,利用这些反应可以鉴别某些糖。例如,酮糖与塞利凡诺夫试剂作用,加热很快呈现鲜红色;所有的糖都能与莫立许试剂反应,在糖溶液与浓硫酸的交界面出现美丽的紫色环。

3. 糖脎的生成　还原糖与盐酸苯肼所生成的糖脎是结晶,难溶于水。

4. 糖的水解反应　蔗糖无还原性,但蔗糖在强酸性条件下水解,生成的葡萄糖和果糖能与班氏试剂作用。

淀粉为多糖,本身无还原性,遇碘呈蓝色;它在强酸性条件下水解生成麦芽糖、葡萄糖时,则具有还原性。

三、仪器和药品

试管、烧杯、酒精灯、玻璃棒、点滴板。

0.1mol/L 葡萄糖溶液、0.5mol/L 葡萄糖溶液、0.1mol/L 果糖溶液、0.5mol/L 果糖溶液、

0.06mol/L 麦芽糖溶液、0.3mol/L 麦芽糖溶液、0.06mol/L 蔗糖溶液、0.3mol/L 蔗糖溶液、20g/L 淀粉溶液、100g/L 淀粉溶液、1mol/L Na_2CO_3 溶液。

托伦试剂、班氏试剂、斐林溶液 A 和斐林溶液 B、莫立许试剂、塞利凡诺夫试剂、苯肼试剂、碘溶液、浓硫酸。

四、实验步骤

1. 糖的还原性

(1) 与托伦试剂的反应:取 5 支管壁干净的试管,编号,各加托伦试剂 2ml,再分别滴入 0.1mol/L 葡萄糖溶液、0.1mol/L 果糖溶液、0.06mol/L 麦芽糖溶液、0.06mol/L 蔗糖溶液和 20g/L 淀粉溶液各 10 滴,振荡混匀,放入 60℃的热水浴中加热数分钟,观察并解释发生的现象。

(2) 与斐林试剂的反应:取斐林溶液 A 和斐林溶液 B 各 2.5ml 混合均匀,分装于 5 支试管中,编号,放入水浴中温热变成深蓝色的溶液后,再分别滴入 0.1mol/L 葡萄糖溶液、0.1mol/L 果糖溶液、0.06mol/L 麦芽糖溶液、0.06mol/L 蔗糖溶液和 20g/L 淀粉溶液各 10 滴,振荡混匀,放入水浴中加热数分钟,观察并解释发生的现象。

(3) 与班氏试剂的反应:取 5 支试管,编号。各加班氏试剂 1ml,再分别滴加 0.1mol/L 葡萄糖溶液、0.1mol/L 果糖溶液、0.06mol/L 麦芽糖溶液、0.06mol/L 蔗糖溶液和 20g/L 淀粉溶液各 10 滴,振荡混匀,放入水浴中加热数分钟,观察并解释发生的现象。

2. 糖的颜色反应

(1) 莫立许反应:取 5 支试管,编号,分别加入 0.5mol/L 葡萄糖溶液、0.5mol/L 果糖溶液、0.3mol/L 麦芽糖溶液、0.3mol/L 蔗糖溶液和 100g/L 淀粉溶液各 1ml,再各加 3 滴新配制的莫立许试剂,混合均匀后将试管倾斜成 45°角,沿试管壁慢慢加入浓硫酸 1ml(注意不要振动试管),观察两液面间的颜色变化。

(2) 塞利凡诺夫反应:取 5 支试管,编号,各加塞利凡诺夫试剂 1ml,再分别滴入 0.1mol/L 葡萄糖溶液、0.1mol/L 果糖溶液、0.06mol/L 麦芽糖溶液、0.06mol/L 蔗糖溶液和 20g/L 淀粉溶液各 5 滴,振荡混匀,放入沸水浴中加热,观察并解释发生的现象。

(3) 淀粉与碘溶液的反应:往试管中加 4ml 水、1 滴碘溶液和 1 滴 20g/L 淀粉溶液,观察颜色变化。

3. 生成糖脎的反应

取 4 支试管,编号,分别滴入 10 滴 0.5mol/L 葡萄糖溶液、0.5mol/L 果糖溶液、0.3mol/L 麦芽糖溶液、0.3mol/L 蔗糖溶液,再各加水 10 滴、苯肼试剂 10 滴,振荡混匀,放入沸水浴中加热,35 分钟后取出试管,自行冷却。观察并解释发生的现象。

4. 水解反应

(1) 蔗糖的水解:在试管中加入 2ml 0.3mol/L 蔗糖溶液和 2 滴浓硫酸,混合均匀,放入沸水浴中加热 10~15 分钟,取出试管。冷却后用 1mol/L Na_2CO_3 溶液中和至无气泡生成。加班氏试剂 1ml,振荡混匀后放入水浴中加热,观察并解释发生的现象。

(2) 淀粉的水解:在试管中加入 20g/L 的淀粉溶液 2ml 和浓硫酸 2 滴,混匀,放入沸水浴中加热 25 分钟后,用玻璃棒取出少许水解液于点滴板的凹穴中,滴入碘溶液 1 滴,直至不变色时取出试管。冷却后用 1mol/L Na_2CO_3 溶液中和至无气泡生成。加班氏试剂 1ml,振荡混匀后放入沸水浴中加热,观察并解释发生的现象。

五、注意事项

1. 葡萄糖也能与塞利凡诺夫试剂作用,但速度明显比酮糖慢。

2. 莫立许反应很灵敏,但不专一,不少非糖类物质也能得阳性结果,因此反应阳性的不一定是糖类,但反应阴性的肯定不是糖类。

3. 苯肼的毒性大,实验时应小心,如果不慎弄到皮肤上,应尽快先用稀醋酸冲洗,之后再用水冲洗。

六、思考题

1. 何谓还原糖?它们在结构上有什么特点?如何区别还原性糖和非还原性糖?

2. 蔗糖与班氏试剂长时间加热时,有时也能得到阳性结果,怎样解释此现象?

3. 为什么可以利用碘溶液定性了解淀粉水解进行的程度?

实验十五 糖的旋光度测定

一、实验目的

1. 了解旋光仪的构造。
2. 掌握使用旋光仪测定物质旋光度的方法。
3. 熟悉比旋光度的计算。

二、实验原理

某些有机物因是手性分子,能使偏振光振动平面发生旋转,这些物质称为旋光性物质。旋光性物质使偏振光的振动平面旋转的角度称为旋光度(用 α 表示)。由于物质的旋光度与溶液的浓度、溶剂、温度、旋光管长度和所用光源的波长等都有关系,因此常用比旋光度(用 $[\alpha]_\lambda^t$ 表示)来表示物质的旋光性。比旋光度和旋光度之间的关系可用下式表示:

$$[\alpha]_\lambda^t = \frac{\alpha_\lambda^t}{\rho_B \cdot l}$$

α—被测定的旋光度。

ρ_B—被测物质 B 的质量浓度,单位为 g/ml,当测定物是纯液体时,ρ_B 为该物质的密度。

l—旋光管的长度,单位为 dm。

λ—入射光波长。一般是钠光,其波长为 589nm。

t—测定时的温度(℃)

比旋光度是旋光性物质的一个物理常数,而且每种旋光性物质的比旋光度是固定不变的。测定旋光度可用于鉴定旋光性物质,也可确定旋光性物质的纯度和含量。测定旋光度的仪器称为旋光仪,其简图如实验图 9 所示。

光线从光源经过起偏镜,再经过盛有旋光性物质的旋光管时,因物质的旋光性致使偏振光不能通过检偏镜,必须转动检偏镜才能通过。因此,要调节检偏镜进行配光。由标尺盘上转动的角度,可以指示出检偏镜转动的角度,即为该物质在当前条件下的旋光度。

常用旋光仪的视场是分为三部分的,称三分视场(实验图 10)。当整个视场的三部分有

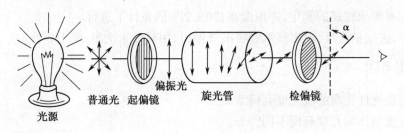

实验图 9　旋光仪的简图

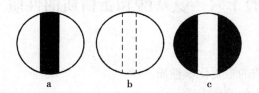

实验图 10　旋光仪目镜视场的调节

同等最大限度的偏振光通过时,整个视场亮度是一致的,即为零点视场,如实验图 10b 所示。否则整个视场显出明亮不同的三部分,如实验图 10a 和 c 所示。

三、仪器和药品

旋光仪、蒸馏水、葡萄糖。

四、实验步骤

1. 接通电源,等待 3~5 分钟,使灯光稳定。

2. 旋光仪零点的校正　用蒸馏水冲洗旋光管数次,然后装满蒸馏水,使液面凸出管口,将玻璃盖沿管口边缘轻轻平推盖好(不能有气泡),然后旋上螺丝帽盖,使不漏水,注意不要旋得过紧,过紧会使玻璃盖产生扭力;管内也不能有空隙,否则影响测定结果。将样品管擦干,放入旋光仪内,罩上盖子。转动检偏镜,在视场中找出两种不同影式(实验图 10a 和 c),变换之间使视场达到亮度一致,即零点视场(实验图 10b)。观察读数盘是否在零点。如果不在零点,应记下读数,重复操作 3~4 次,取平均值,测样品时在读数中加上或减去该数值。若零点相差太大,应对仪器重新校正。

3. 旋光度的测定　准确称取 2.5g 葡萄糖样品,在 10ml 容量瓶中配成溶液,依上法则测定旋光度(测定之前必须用溶液洗旋光管 2 次,以免受污物影响)。这时所得的读数与零点之间的差值即为该物质的旋光度。记下样品管的长度及溶液的温度,然后按公式计算其比旋光度。

五、注意事项

1. 所有镜片不得用手擦拭,应用擦镜纸擦拭。

2. 仪器连续使用时间不宜超过 4 小时。如需要使用较长时间,中间应关灯 10~15 分钟,待钠光灯冷却后再使用。在连续使用时,不宜经常开关。

3. 旋光度与温度有关,当用钠光测定时,温度每升高 1℃,大多数旋光性物质的旋光度

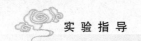

实验指导

减少 0.3%。对要求较高的测定,需恒温在(20±2)℃的条件下进行。

4. 测毕,关闭钠光灯,取出盛液管将溶液倒出,用蒸馏水洗净,擦干放好。

六、思考题

1. 测定旋光性物质的旋光度有何意义?
2. 旋光度与比旋光度有何不同?
3. 使用旋光仪应注意哪些事项?

实验十六　氨基酸和蛋白质的性质

一、实验目的

1. 熟悉氨基酸、蛋白质的主要化学性质。
2. 掌握氨基酸、蛋白质的鉴别方法。

二、仪器和药品

试管、酒精灯、烧杯

0.6mol/L 亚硝酸钠溶液、盐酸(1mol/L、2.5mol/L)、0.13mol/L 甘氨酸溶液、酪氨酸悬浊液、蛋白质溶液、0.03mol/L 茚三酮试剂、氢氧化钠溶液(1mol/L、2.5mol/L 及 5mol/L)、硫酸铜溶液(0.2mol/L、饱和溶液)、饱和硫酸铵溶液、硫酸铵粉末;0.2mol/L 苯酚溶液、浓硝酸、0.02mol/L 醋酸铅溶液、0.3mol/L 硝酸银溶液、饱和鞣酸溶液、饱和苦味酸溶液。

三、实验步骤

1. 氨基酸的亚硝酸实验　在一试管中加入约 0.1g 甘氨酸,2.5mol/L 盐酸 5ml,缓慢地加入 0.6mol/L 亚硝酸钠溶液 15ml,摇匀后观察产生的气泡并解释所发生的变化。

2. 氨基酸和蛋白质的颜色反应

(1) 茚三酮反应:取 3 支试管,编号,分别加入甘氨酸溶液、酪氨酸悬浊液和蛋白质溶液各 1ml,然后各加茚三酮试剂 2~3 滴,在沸水中加热 10~15 分钟,观察并解释发生的变化。

(2) 黄蛋白反应:取 4 支试管,编号(1#、2#、3#、4#),分别加入甘氨酸、酪氨酸悬浊液、苯酚和蛋白质溶液各 1ml,然后各加浓硝酸 6~8 滴,在沸水浴中加热,观察现象。放冷,往 1#、2#、3#、4#试管内滴加 5mol/L 氢氧化钠溶液至碱性,观察并解释发生的变化。

(3) 缩二脲反应:取 1 支试管,加入 1ml 蛋白质溶液和 2.5mol/L 氢氧化钠溶液 1ml、0.2mol/L 硫酸铜溶液 3 滴,观察并解释发生的变化。

3. 蛋白质的盐析　取 1 支离心管,加入蛋白质溶液和饱和硫酸铵溶液各 2ml,混合后静置数分钟,球蛋白即析出,将其离心,离心后的上清液用吸管小心吸出移至另一离心管,分次少量加入硫酸铵粉末,边加边振摇,直至粉末不再溶解为止。静置数分钟,可见清蛋白沉淀析出。离心并吸出上清液。向上述两离心管的沉淀内各加入蒸馏水 2ml,用玻璃棒搅拌,观察沉淀能否复溶。

4. 蛋白质的变性

(1) 用重金属盐沉淀蛋白质:取 3 支试管,编号(1#、2#),各加蛋白质溶液 1ml,然后分别加入醋酸铅溶液、0.2mol/L 硫酸铜溶液、硝酸银溶液各 2 滴,观察并解释发生的变化。在 1#、2#

272

试管中,分别滴加过量的醋酸铅溶液和饱和硫酸铜溶液,观察并解释所发生的变化。

(2) 用有机酸沉淀蛋白质:取 2 支试管,各加入蛋白质溶液 5 滴,然后各加 1 滴 2.5mol/L 盐酸酸化,再在 1# 试管加饱和鞣酸 2 滴、2# 试管加饱和苦味酸 2 滴,观察沉淀生成(若未出现沉淀,可再滴加相应的酸)。

5. 蛋白质的两性反应 取 2 支试管,各加蛋白质溶液 1ml。1# 试管加 2.5mol/L 盐酸 10 滴,2# 试管加 1mol/L 氢氧化钠溶液 10 滴,摇匀。再沿 1# 试管壁慢慢加入氢氧化钠溶液 1ml,不要摇动,即分成上下两层,观察在两层交界处发生的现象;2# 试管按同法加入 2.5mol/L 盐酸 1ml,观察并解释在两层交界处发生的现象。

四、注意事项

1. 取鸡蛋清用生理盐水稀释 10 倍,通过 2~3 层纱布滤去不溶物即得本实验所需蛋白质溶液。

2. 所有 α- 氨基酸、多肽和蛋白质均可与茚三酮反应,并且反应很灵敏,在 pH 为 5~7 的溶液中反应最好。除脯氨酸及羟脯氨酸与茚三酮反应产生黄色外,其余均为蓝紫色。

3. 黄蛋白反应是含芳环的氨基酸如 α- 氨基苯丙酸,酪氨酸和色氨酸以及含有这些氨基酸残基的蛋白质所特有的颜色反应。

4. 缩二脲反应是任何多肽、蛋白质所共有的颜色反应,因为这类分子中含有多个肽键 —C—NH—,所生成的紫色物质是含铜的配合物。
  ‖
  O

5. 对蛋白质具有盐析作用的中性盐主要是碱金属盐、镁盐和硫酸铵等。

6. 蛋白质常以其可溶性的钠、钾盐的形式存在,如遇重金属离子,就可转变为蛋白质的重金属盐而沉淀,同时引起蛋白质变性,在生化分析上常用重金属盐除去溶液中的蛋白质。用硫酸铜和醋酸铅等沉淀蛋白质时,不可过量,否则过多的铜、铅离子将被吸附在沉淀上而使沉淀溶解。

五、思考题

1. 用硫酸铵和苦味酸都可使蛋白质从溶液中沉淀析出,两者有何不同?

2. 为什么硝酸银和氯化汞是良好的杀菌剂?

3. 为什么皮肤溅上硝酸时即会出现黄色瘢痕?

实验十七 氨基酸的纸色谱法

一、实验目的

1. 掌握纸色谱的操作方法。
2. 了解纸色谱的基本原理。

二、实验原理

纸色谱主要是以滤纸为载体的分配色谱。纸色谱中固定相为滤纸纤维上吸附的水分(约占 22%),流动相(亦称展开剂)一般是被水饱和的有机溶剂。纸色谱常用于亲水性较强的成

分(如氨基酸和酚类等)的分离鉴定。

将欲分离的氨基酸混合物点样在一定尺寸的滤纸的一端,然后让展开剂从点样的一端通过滤纸的毛细作用向前移动,当展开剂移动至点有氨基酸样品的区域时,样品中各组分在两相中不断进行分配。由于它们的分配系数不同,结果在流动相中具有较大溶解度的组分移动速度较快,而在水中溶解度较大的组分移动速度较慢,从而达到分离的目的。相同的情况下,用已知的氨基酸作对照,则停留在滤纸条上同一位置的氨基酸为同一种氨基酸,即可进行鉴定。

氨基酸是无色化合物,层析后需在纸上喷洒茚三酮溶液显色,即在滤纸上有氨基酸的位置出现色斑。根据色斑位置还可确定各成分的比移值(R_f)。在一定条件下,比移值(R_f)对于每种化合物都是一个特定的值,可作为各组分的定性指标。

三、仪器和药品

仪器:色谱缸、滤纸、毛细管、喷雾器、铅笔、直尺。

药品:0.2% 丙氨酸溶液、0.2% 亮氨酸溶液、0.5% 茚三酮无水乙醇溶液、正丁醇 - 冰醋酸 - 水(4∶1.5∶1)。

四、实验步骤

1. 点样 取一条 15cm×5cm 的滤纸,用铅笔在离一端 2cm 处画一横线,作为点样位置。用 3 支毛细管,一支蘸取 0.2% 丙氨酸溶液,一支蘸取 0.2% 亮氨酸溶液,一支蘸取两者的等量混合液,依次在点样线上点样,彼此间隔 1~1.5cm,点样所得的原点,直径控制在 3mm 左右,然后将其晾干或在红外灯下烘干(注意,切勿用手接触滤纸点样端及中部)。

2. 展开 向色谱缸(内径 8~10cm,高 25cm 左右)中加入 10~15ml 展开剂。将滤纸放在色谱缸中,原点(点样点)以下的部分浸在展开剂中(实验图 11)进行展开。待展开剂沿滤纸条上升超过 10cm(约 45 分钟),展开完毕,立即取出滤纸,用铅笔标出展开剂到达的前沿线。

3. 显色 将展开完毕的滤纸在 150℃ 干燥箱中烘 10 分钟左右(或用电吹风吹),使展开剂挥发。取出后,喷上 0.5% 茚三酮无水乙醇溶液,然后烘干,即出现氨基酸与茚三酮反应生成的色斑。如实验图 12 所示。

4. 计算比移值(R_f) 测量各色斑中心点至起始线的距离以及溶剂前沿线至起始线间的距离,计算本实验中各物质的 R_f 值。

实验图 11 纸色谱装置

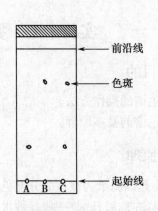

实验图 12 纸色谱示意图

五、注意事项

1. 无论是准备工作中还是实验过程中,都不要用手触摸滤纸条中间部分。

2. 点样对实验成功非常重要。点样动作要轻,点一个样待干后再点另一个样。点样后需待斑点干燥后方可进行展开。

六、思考题

1. 亮氨酸与丙氨酸的结构相比较,试判断哪一种在展开剂与固定相(吸附水)之间的分配系数大,因而比移值(R_f)较大? 如果丙氨酸与丝氨酸比较,哪一种的比移值(R_f)较大?

2. 在纸色谱时,色谱缸为什么要求尽量密闭?

实验报告格式

1. 展开剂为:

2. 绘出纸色谱的示意图,并计算其上各斑点的 R_f 值

$$R_f = \frac{色斑中心点至起始线的距离}{前沿线至起始线间的距离}$$

3. 实验记录与结果   室温 _____

样品溶液		化合物 移动的距离(cm)	展开剂 移动的距离(cm)	R_f 值	
丙氨酸 亮氨酸					
混合样品 (C)	I				I 为:
	II				II 为:

实验十八 偶氮苯及其衍生物的分离及鉴定

一、实验目的

1. 了解色谱的基本原理。

2. 熟悉薄层色谱的操作及分离鉴定的方法。

二、实验原理

薄层色谱(薄层层析)是近年来在柱色谱和纸色谱的基础上发展起来的一种微量、快速而又简单的色谱法。它与柱色谱和纸色谱相比,具有分离效率高、灵敏度高、应用面广及层析后可用各种方法显色等优点。

薄层色谱是将吸附剂均匀地铺在玻璃板上成为固定相,铺好薄层后的玻璃板称为薄层板。薄层色谱的展开是在薄层板的薄层中进行的。当展开剂在吸附剂上展开时,由于吸附剂对各组分吸附能力不同,展开剂对各组分的解吸能力不同,各组分向前移动的速度不同。吸附能力强的组分相对移动得慢些,而吸附能力弱的组分移动得快些。当展开剂上升到一

定高度后,停止展开时,各组分停留在薄层板上的位置不同,而使混合物的各组分得以分离。这一过程称为层析。

层析后,试样中的各组分在薄层板上移动的相对位置常用比移值(R_f)来表示(计算方法见后),在同一层析条件下,每一种化合物具有一定的R_f值,故R_f值可作为定性分析的依据。例如,一种未知样品与纯品在同一条件下进行层析,若两者R_f值相同,即可定性认为该未知样品中可能含有与标准品相同的成分。

薄层色谱除可用于定性分析外,还可与比色法相配合作定量分析。

三、仪器和药品

载玻片、点样毛细管、层析缸、毛细吸管、烘箱。

硅胶 G、1% 偶氮苯对照品溶液、0.01% 对 - 二甲氨基偶氮苯对照品溶液、偶氮苯和对 - 二甲氨基偶氮苯样品、展开剂(四氯化碳:三氯甲烷 =7:3)。

四、实验步骤

1. 薄层板的制备　薄层色谱中最常用的吸附剂有氧化铝和硅胶等。常用的黏合剂有煅石膏($CaSO_4 \cdot H_2O$)、淀粉、羧甲基纤维素钠(CMC-Na)等。此外,在实际工作中,流动相展开剂常用两种或两种以上溶剂组成的混合溶剂,分散效果往往比用单纯溶剂好。

称取市售硅胶 G 或 GF254 1.2g 加蒸馏水 3ml,在研钵中调成均匀的糊状,如有气泡可加 1~2 滴乙醇,均匀涂布于载玻片(7.5cm×2.5cm)上。用手左右摇晃,使表面均匀光滑。把铺好的薄层板放于试管架上室温晾干(约 30 分钟),再移入烘箱,缓慢升温至 110℃,恒温半小时进行活化,取出稍冷后备用。

薄层板制备的好坏直接影响色谱的分离效果,在制备过程中应注意以下几点:

(1) 要制备均匀而不带块状的糊状涂层浆料,应把硅胶加到溶剂中去,边加边搅拌混合物。若把溶剂加到吸附剂中,常会产生团块。

(2) 涂板前,先用洗涤液把玻璃浸泡、洗净,最后用水洗涤、烘干。铺板速度要快。

(3) 铺板尽量均匀,不能有气泡、颗粒等,且厚度为 0.21~1mm。

2. 点样　用管口平整的毛细管插入样品溶液中吸取少量样品液,轻轻接触到距离薄层板下端 1~1.5cm 处(实验图 13),如一次加样量不够,可在溶剂挥发后重复滴加,斑点扩展后直径不超过 2~3mm。样品的量与显色剂的灵敏度、吸附剂的种类、薄层的厚度有关,量少不易检出,量大易造成拖尾或斑点相互交叉。一块薄板上如需点几个样品时,样品的间隔为 0.5~1cm,而且必须在同一水平线上。

实验图 13　薄层板点样示意图

3. 展开　展开要在密闭的容器中进行。将展开剂 5ml 倒入层析缸中,盖上盖子,让层析缸内蒸气饱和 5~10 分钟,否则易出现边缘效应(同一样品斑点不在同一水平线上,样品在薄层两边的上行高度较中间为高)。再将点好试样的薄层板放入层析缸中进行展开(实验图 14)。点样位置保持在液面之上。当展开剂升到薄层前沿(距离顶端 1~1.5cm)或各组分已明显分开时,取出薄层板并尽快在展开剂的前沿用铅笔轻轻画出前沿线,然后将薄层板于空气流通处晾干(实验图 15)。

4. 显色　化合物本身有颜色,可直接观察它的斑点;若本身无色,可采用如下几种方法。

实验图 14 层析缸

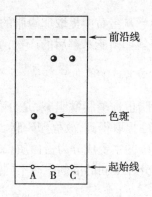

实验图 15 薄层色谱示意图

（1）紫外灯照射法：主要用于含不饱和键的化合物。如果该物质有荧光，可直接在能发出 254nm 或 366nm 波长紫外灯下观察。注意紫外灯光的强度，太弱影响检出。如果化合物本身没有荧光，但在 254nm 或 366nm 波长处有吸收，可在荧光板的底板上观察到无荧光斑点。

（2）碘蒸气法：可用于所有有机化合物。将已挥发干的薄板放入碘蒸气饱和的密闭容器中显色，许多物质能与碘生成棕色斑点。

（3）碳化法：将碳化试剂如 50%H_2SO_4 溶液、50%H_3PO_4 溶液、浓 HNO_3、25% 或 70% 高氯酸溶液等薄层上喷雾，加热，出现黑色碳化斑点。使用该法时的黏合剂等应是无机化合物。

（4）专属显色剂显色法：显色剂专与某些官能团反应，显出颜色或荧光，而揭示出化合物的性质。

5. R_f 值的计算　通常用比移值（R_f）表示物质的位置。

$$R_f = \frac{\text{化合物由原点移动到斑点中心的距离}}{\text{展开剂由原点移动的距离}}$$

根据上述方法计算本次实验中各化合物的 R_f 值，指出混合样品中各组分属于何种物质？

五、注意事项

1. 展开过程应封闭，展距一般为 8~15cm。薄层板放入展开室时，展开剂不能浸过样点。一般情况下，展开剂浸入薄层下端的高度不宜超过 0.5cm。

2. 展开剂每次展开后，都需要更换，不能重复使用。

3. 展开后的薄层板可用适当的方法使溶剂挥发完全，然后进行显色。

六、思考题

1. 在薄层色谱法中主要有哪些显色方法？

2. 若增加展开剂中四氯化碳的量，R_f 值将有什么变化？说明原因。

实验十九　蛋黄中卵磷脂的提取及组成鉴定

一、实验目的

1. 掌握从动物中提取有效成分的一般原理和方法。

2. 熟悉从蛋黄中提取卵磷脂的操作。

3. 了解卵磷脂水解后的产物,巩固对卵磷脂组成结构的认识。

二、实验原理

卵磷脂也称磷脂酰胆碱,是分布最广的一种磷脂,存在于动物的各种组织细胞内,因最初从蛋黄中提取得到,故称卵磷脂。

蛋黄中的主要成分为蛋白质(20%)、脂类(脂肪 20%,卵磷脂 8%、脑磷脂少量)、水(50%)。上述各成分在不同的溶剂中有不同溶解性,见实验表 1。

实验表 1 卵磷脂在不同溶剂中的溶解性

	蛋白质	脂肪	卵磷脂	脑磷脂
乙醇	不溶	溶	溶	不溶
氯仿	不溶	溶	溶	溶
丙酮	不溶	溶	不溶	不溶

根据实验表 1 中所列各成分的溶解性不同,用乙醇作溶剂提取,可将脂肪、卵磷脂与其他成分分离,应用卵磷脂不溶于丙酮的性质则又可将卵磷脂与脂肪分开。实验操作流程如下所示:

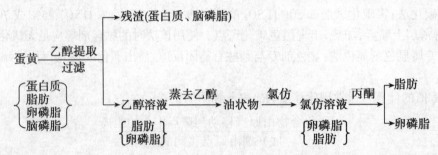

卵磷脂属类脂,具有酯的结构。在碱性条件下,卵磷脂可水解得到甘油、脂肪酸、磷酸和胆碱。

脂肪酸在碱性溶液中生成肥皂,酸化后析出游离脂肪酸,遇 Pb^{2+} 形成脂肪酸铅盐白色沉淀。

甘油与氢氧化铜反应,生成深蓝色甘油铜溶液。

胆碱与克劳特试剂(由碱式硝酸铋与碘化钾组成)反应,生成红色沉淀。

磷酸可用生成磷钼酸铵黄色沉淀进行检查。

三、仪器和药品

研钵、蒸发皿、布氏漏斗、抽滤瓶、玻璃漏斗、玻璃棒、试管夹、水浴锅。

95% 乙醇溶液、三氯甲烷、丙酮、10% 氢氧化钠溶液、5% 硫酸铜溶液、钼酸铵试剂、克劳特试剂、浓硝酸、浓硫酸、10% 醋酸铅溶液、蓝色石蕊试纸、熟鸡蛋黄 1 个。

四、实验步骤

1. 卵磷脂的提取

(1) 取熟鸡蛋黄 1 个,置于研钵中研细,加入 15ml 95% 乙醇溶液研磨,搅拌均匀。减压过滤,收集滤液。残渣自漏斗移入研钵内再加 15ml 95% 乙醇研磨过滤(滤液应完全透明),两次滤液合并于蒸发皿内。

(2) 将蒸发皿置于沸水浴上蒸去乙醇至干,得到黄色油状物。

(3) 冷却后,加入三氯甲烷 2~3ml,搅拌使油状物溶解。

(4) 在搅拌下慢慢加入 10~15ml 丙酮,即有卵磷脂析出,搅动使其成团黏附于玻璃棒上,溶液倒入回收瓶内。

2. 卵磷脂的水解及组成鉴定

(1) 水解:取一支干净试管,加入提取的卵磷脂和 5ml 10% 氢氧化钠溶液,放入沸水浴中加热 10 分钟,并用玻璃棒加以搅拌,卵磷脂即水解。冷却后,在玻璃漏斗中用少量棉花过滤。滤液供下面检查用。

(2) 脂肪酸的检查:取棉花上沉淀少许,加水 5ml 搅拌,观察有无泡沫生成,滤出清液。以浓硝酸酸化后加入 10% 醋酸铅溶液数滴,观察有何现象。

(3) 甘油的检查:取小试管一支,加入 5% 的硫酸铜溶液 1 滴,10% 的氢氧化钠溶液 2 滴,振摇,有氢氧化铜沉淀生成。加入水解液,沉淀溶解后,得深蓝色甘油铜溶液。

(4) 胆碱的检查:取滤液 1ml,滴加浓硫酸中和(以蓝色石蕊试纸检查),加克劳特试剂 1 滴,有砖红色沉淀生成。

(5) 磷酸检查:取一支干净试管,加入 10 滴滤液和 5 滴 95% 乙醇溶液,用 2 滴硝酸酸化,然后再加 1ml 钼酸铵试剂,观察有何现象产生。最后直接用火加热 5~10 分钟,有黄色磷钼酸铵沉淀生成。

五、注意事项

1. 本实验中的乙醚、丙酮及乙醇均为易燃品,浓硝酸及浓硫酸具有腐蚀性。使用时要注意安全。

2. 抽滤时应选用布氏漏斗,滤纸要小于漏斗的内径,以全部覆盖漏斗上的小孔为宜。

3. 抽滤之前,先用乙醇或三氯甲烷浸湿滤纸,不能用水浸湿滤纸。

六、思考题

1. 加丙酮之前为何要加少量的三氯甲烷?

2. 卵磷脂有何生理作用?

实验二十 海带中甘露醇的提取及鉴定

一、实验目的

1. 掌握从植物中提取有效成分的一般原理和方法。

2. 熟悉从海带中提取甘露醇的操作。

3. 了解甘露醇的物理和化学性质。

二、实验原理

甘露醇又名己六醇,可用来降低体内渗透压、消除水肿和利尿。在防止肾衰,治疗青光眼、中毒性肺炎和循环虚脱症等方面具有重要作用。

甘露醇为白色针状晶体，无臭，略有甜味，不潮解。易溶于水，溶于热乙醇，微溶于低级醇类和低级胺类，不溶于有机溶剂。在无菌溶液中较稳定，不易被空气氧化，熔点166℃。

甘露醇在海带中的含量较高，海带洗涤液中甘露醇的含量为15g/L，是提取甘露醇的重要资源。

三、仪器和药品

电炉、布氏漏斗、抽滤瓶、回流装置、离心机。

pH试纸、95%乙醇溶液、硫酸（1∶1）、30%氢氧化钠溶液、粉末活性炭、1mol/L 三氯化铁溶液、1mol/L NaOH 溶液、海带。

四、实验步骤

1. 甘露醇的提取

（1）将海带加20倍量自来水，室温浸泡2~3小时。浸泡液用30%NaOH溶液调pH为10~11，静置8小时，凝聚沉淀多糖类黏性物质，过滤除去胶状物质，滤液用1∶1 H_2SO_4 中和至pH 6~7，进一步除去胶状物，得中性提取液。

（2）沸腾浓缩中性提取液，不断捞出胶状物，将清液浓缩至原体积的1/4后，冷却至60~70℃，趁热加入95%乙醇溶液（2∶1），搅拌均匀，冷却至室温，离心收集灰白色松散沉淀物。

（3）取沉淀物，悬浮于8倍量的95%乙醇溶液中加热回流30分钟，出料，冷却过滤，2500r/min离心得粗品甘露醇，重复操作1次，乙醇重结晶1次。

（4）取此样品重溶于2倍量蒸馏水中，再按5%质量比加入粉末活性炭，不断搅拌，加热至沸腾，趁热过滤，用少许水洗活性炭2次，合并洗涤液，高温浓缩，搅拌溶液、冷却至室温，结晶，抽滤，烘干即可得到精品甘露醇。

2. 甘露醇的鉴定　取所制得的甘露醇成品饱和溶液1ml，加入1mol/L三氯化铁溶液与1mol/L NaOH溶液各0.5ml，即生成棕黄色沉淀，振摇不消失，滴加过量的1mol/L NaOH溶液，即溶解变成棕色溶液，符合此现象，可初步断定为甘露醇。

五、注意事项

1. 海带宜选新鲜的，并切成细小碎块。

2. 原料浸泡用水适中，用时不宜过长，以省去海带晒制的过程，使甘露醇不会从海带表面结晶析出，提高得率。

3. 加入活性炭脱色，再滤除活性炭。

4. 精制过程要耐心、细致。

六、思考题

1. 分析影响甘露醇得率的影响因素。

2. 从海带中还能提取哪些活性成分？

3. 甘露醇在医药上有何用途？

主要参考书目

[1] 陆涛 . 有机化学[M]. 第 7 版 . 北京:人民卫生出版社,2011.

[2] 吕以仙 . 有机化学[M]. 第 7 版 . 北京:人民卫生出版社,2008.

[3] 魏祖期 . 基础化学[M]. 第 8 版 . 北京:人民卫生出版社,2013.

[4] 邢其毅,裴伟伟,徐瑞秋等 . 基础有机化学[M]. 第 3 版 . 北京:高等教育出版社,2005.

[5] 马祥志 . 有机化学[M]. 第 3 版 . 北京:中国医药科技出版社,2010.

[6] 余瑜,尚京川 . 医用化学实验[M]. 第 2 版 . 北京:科学出版社,2013.

[7] 陈洪超 . 有机化学[M]. 第 3 版 . 北京:高等教育出版社,2009.

[8] 谢吉民 . 医学化学[M]. 第 5 版 . 北京:人民卫生出版社,2006.

[9] 唐玉海 . 医用有机化学[M]. 第 2 版 . 北京:高等教育出版社,2007.

[10] 倪沛洲 . 有机化学[M]. 第 6 版 . 北京:人民卫生出版社,2007.

复习思考题答案要点和模拟试卷

《有机化学》教学大纲